新世纪 Dreamweaver CS3 中文版应用教程

孙印杰　牛　玲　陈　莹　等编著

電子工業出版社
Publishing House of Electronics Industry
北京·BEIJING

内容简介

Dreamweaver 是 Adobe 公司推出的一款专业网页设计软件，其功能强大，操作简单，是同类软件中的佼佼者，受到众多的网页设计者们的好评与青睐。本书从网页设计入门知识开始，全面介绍了该软件的最新版本 Dreamweaver CS3 中文版的功能、特性、基本组成及运用等基础知识，并穿插大量的典型实例，详尽说明使用 Dreamweaver CS3 中文版的方法和操作技巧。内容主要包括网页设计基础知识，Dreamweaver CS3 的功能、工作流程及界面组成，站点的设置与管理，文本、图像、多媒体组件、表格、框架、AP 元素、表单、超链接等网页元素的添加与设置，层叠样式表 CSS 的使用与编辑，HTML 代码的使用，动态特效技术，库与模板的使用，Spry 构件和 Spry 效果的添加，以及创建、发布与维护站点等。

全书以基本概念、入门知识为基础，以实际操作为主线，结构清晰、详略得当，具有较强的可读性和可操作性，是学习使用 Dreamweaver CS3 中文版制作网页及管理站点的入门级参考书。本书针对初、中级用户编写，可作为网页制作初学者的自学教程，也可用做各种电脑培训班、辅导班的教材。

图书在版编目（CIP）数据

新世纪 Dreamweaver CS3 中文版应用教程 / 孙印杰等编著.—北京：电子工业出版社，2008.11
新世纪电脑应用教程
ISBN 978-7-121-07365-6

I. 新… II.孙… III.主页制作－图形软件，Dreamweaver CS3－教材 IV.TP393.092

中国版本图书馆 CIP 数据核字（2008）第 139090 号

责任编辑：祁玉芹
印　　刷：北京市天竺颖华印刷厂
装　　订：三河市鑫金马印装有限公司
出版发行：电子工业出版社
　　　　　北京市海淀区万寿路 173 信箱　邮编 100036
开　　本：787×1092　1/16　印张：20.5　字数：525 千字
印　　次：2008 年 11 月第 1 次印刷
印　　数：5000 册　　定价：29.80 元

凡所购买电子工业出版社图书有缺损问题，请向购买书店调换。若书店售缺，请与本社发行部联系，联系及邮购电话：（010）88254888。

质量投诉请发邮件至 zlts@phei.com.cn，盗版侵权举报请发邮件至 dbqq@phei.com.cn。

服务热线：（010）88258888。

出 版 说 明

电脑作为一种工具，已经广泛地应用到现代社会的各个领域，正在改变各行各业的生产方式以及人们的生活方式。在进入新世纪之后，不掌握电脑应用技能就跟不上时代发展的要求，这已成为不争的事实。因此，如何快速、经济地获得使用电脑的知识和应用技术，并将所学到的知识和技能应用于现实生活和实际工作中，已成为新世纪每个人迫切需要解决的新问题。

为适应这种需求，各种电脑应用培训班应运而生，目前已成为我国电脑应用技能教育队伍中一支不可忽视的生力军。而随着教育改革的不断深入，各类高等和中等职业教育中的电脑应用专业也有了长足的发展。然而，目前市场上的电脑图书虽然种类繁多，但适合我国国情的、学与教两相宜的教材却很少。

2001 年推出的《新世纪电脑应用培训教程》丛书，正好满足了这种需求。由于其定位准确、实用性强，受到了读者好评，产生了广泛的影响。但是，三年多来，读者的需求有了提高，培训模式和教学方法都发生了深刻的变化，这就要求我们与时俱进，萃取其精华，推出具有新特色的《新世纪电脑应用教程》丛书。

《新世纪电脑应用教程》丛书是在我们对目前人才市场的需求进行调查分析，以及对高等院校、职业院校及各类培训机构的师生进行广泛调查的基础上，约请长期工作在教学第一线并具有丰富教学与培训经验的教师和相关领域的专家编写的一套系列丛书。

本丛书是为所有从事电脑教学的老师和需要接受电脑应用技能培训或自学的人员编写的，可作为各类高等院校及下属的二级学院、职业院校、成人院校的公修电脑教材，也可用做电脑培训班的培训教材与电脑初、中级用户的自学参考书。它的鲜明特点就是“就业导向，突出技能，实用性强”。

本丛书并非目前高等教育教材的浓缩和删减，或在较低层次上的重复，亦非软件说明书的翻版，而是为了满足电脑应用和就业现状的需求，对传统电脑教育的强有力的补充。为了实现就业导向的目标，我们认真调研了读者从事的行业或将来可能从事的行业，有针对性地安排内容，专门针对不同行业出版不同版本的教材，尽可能地做到“产教结合”。这样也可以一定程度地克服理论（知识）脱离实际、教学内容游离于应用背景之外的问题，培养适应社会就业需求的“即插即用”型人才。

传统教材以罗列知识点为主，学生跟着教材走，动手少，练习少，其结果是知其然而不知其所以然，举一反三的、实际应用和动手能力差。为了突出技能训练，本丛书在内容安排上，不仅符合“由感性到理性”这一普遍的认知规律，增加了大量的实例、课后的思考练习题和上机实践，使读者能够在实践中理解和积累知识，在知识积累的基础上进行有创造性的实践，而且在内容的组织结构上适应“以学生为中心”的教学模式，强调“学”重于“教”，使教师从知识的传授者、教学的组织领导者转变成为学习过程中的咨询者、指导者和伙伴，充分发挥老师的指导作用和学习者的主观能动性。

为了突出实用性，本丛书采用了项目教学法，以任务驱动的方式安排内容。针对某一具体任务，以“提出需求—设计方案—解决问题”的方式，加强思考与实践环节，真正做到“授人以渔”，使读者在读完一本书后能够独立完成一个较复杂的项目，在千变万化的实际应用中能够从容应对，不被学习难点所困惑，摆脱“读死书”所带来的困境。

本丛书追求语言严谨、通俗、准确，专业词语全书统一，操作步骤明确且采用图文并茂的描述方法，避免晦涩难懂的语言与容易产生歧义的描述。此外，为了方便教学使用，在每本书中每章开头明确地指出本章的教学目标和重点、难点，结尾增加了对本章的小结，既有助于教师抓住重点确定自己的教学计划，又有利于读者自学。

目前本丛书所涉及到的应用领域主要有程序设计、网络管理、数据库的管理与开发、平面与三维设计、网页设计、专业排版、多媒体制作、信息技术与信息安全、电子商务、网站建设、系统管理与维护，以及建筑、机械等电脑应用最为密集的行业。所涉及的软件基本上涵盖了目前的各种经典主流软件与流行面虽窄但技术重要的软件。本丛书对于软件版本的选择原则是：紧跟软件更新步伐，以最近半年新推出的成熟版本为选择的重点；对于兼有中英文版本的软件，尽量舍弃英文版而选用中文版，充分保证图书的技术先进性与应用的普及性。

我们的目标是为所有读者提供读得懂、学得会、用得巧的教学和自学教程，我们期盼着每个阅读本丛书的教师满意、读者成功。

電子工業出版社

前　　言

Adobe 公司推出的 Dreamweaver 网页设计软件可以说是众多网页设计软件中的佼佼者。作为一款专业的网页设计工具，Dreamweaver 具有可视化的编辑界面和强大的所见即所得的网页编辑功能，它不仅可以制作网页，而且为设计和开发站点提供了良好的操作平台，集网页设计与网站管理功能于一身。用户只要稍稍能看懂 HTML 语言，就可以应用 Dreamweaver 制作出跨平台、跨浏览器的精彩网页。

最近，Macromedia 公司又推出了 Dreamweaver 的最新版本——Dreamweaver CS3 版，新增了许多有效功能，可以帮助用户在更短的时间内完成更多工作，快速地从微不足道的小步骤中释放出来，将精力投注在设计和开发工作上。Dreamweaver CS3 新增了 Ajax 的 Spry 框架、Spry 构件和 Spry 效果的新功能，使设计者可以创建内容更为丰富的动态网页。此外，Dreamweaver CS3 还增加或者增强了与其他程序的集成或协作功能，如与 Photoshop CS3 的增强的集成功能，与 Adobe Device Central 的集成功能以及与 Adobe Bridge CS3 的协作功能。Dreamweaver CS3 的技术改进也在不断增强，如新的浏览器兼容性检查功能可以生成报告，指出所需的各种浏览器与 CSS 相关的问题；提供了一组预设的 CSS 布局，可以帮助设计者快速设计和运行网页，同时还在代码中提供了丰富的内联注释，以帮助用户了解 CSS 页面布局等。

本书全面介绍了 Dreamweaver CS3 的功能、基本组成及基本操作等基础知识，以及创建网页、制作动态特效、制作交互式网页、建立和发布站点、管理与维护网站等的方法和技巧。

全书共分 17 章，各章的内容概括如下。

第 1 章介绍设计网页和开发网站的基本知识。如网页设计构思和布局原则、网站策划与创建原则、网站的开发流程等。

第 2 章介绍 Dreamweaver CS3 的新增功能及其工作环境。

第 3 章介绍规划和设计站点的方法。包括创建站点、创建站点地图、查看本地和远程站点、从远程服务器上获取文件和将文件传送到远程服务器上，以及同步、遮盖和备注等功能的使用方法。

第 4 章介绍 Dreamweaver CS3 中文本的基本操作及应用技巧。包括创建文档的方法、文本的编辑和修改、使用水平线及网页属性的基本设置等。

第 5 章介绍在网页中使用图像的方法和技巧。包括网页图像格式，插入和调整图像，设置图像属性及创建图像映射等。

第 6 章介绍在网页中插入各种多媒体组件的方法。如插入 Flash 动画，Shockwave 电影，Applet 程序，ActiveX 控件及插件等。

第 7 章介绍在网页中使用表格的方法和技巧。包括创建表格，调整表格结构，表格的嵌套及利用表格布局页面等。

第 8 章介绍网页框架的使用方法。包括创建框架网页，设置框架属性，编辑框架网页及解决浏览器不能显示框架的问题等。

第 9 章介绍 AP 元素的基本操作方法。包括创建和编辑 AP 元素、设置 AP 元素的相关属性及 AP 元素和表格间的转换方法等。

第 10 章介绍表单的基本操作方法。包括创建表单的方法、表单属性的设置、验证表单等。

第 11 章介绍在网页中添加超链接和导航工具条方法。包括超链接的概念和路径，超链接的使用，锚点的使用以及导航工具条的使用等。

第 12 章介绍层叠样式表（CSS）的使用方法。包括插入样式表的方式，样式表的优先顺序，CSS 的基本语法与功能，应用类样式以及 CSS 样式各属性设置等。

第 13 章介绍 HTML 的相关知识。如 HTML 的基本语法，定制 HTML 代码及清理多余的 HTML 代码，在各种环境中编辑 HTML 代码的方法等。

第 14 章介绍在 Dreamweaver 中使用行为来为网页设计动态特效的方法。包括行为的基本使用方法，为对象附加行为及获取更多的行为，应用 Dreamweaver 中内置的各种行为的方法等。

第 15 章介绍库与模板的使用方法。包括创建和设置库项目、为网页添加库项目和编辑库项目、创建模板、设置模板的网页属性及导入导出 XML 内容的方法等。

第 16 章介绍 Spry 构件和 Spry 效果的使用方法。包括 Spry 构件和 Spry 效果的基本概念，以及添加 Spry 构件和 Spry 效果的方法。

第 17 章介绍共同开发网站、测试站点及上传网站的方法。包括使用存回与取出开发网站、检查浏览器的兼容性、检查页面或站点内的链接、修复断开的链接、设置下载时间和大小、使用报告测试站点、申请个人主页、将站点上传到服务器和推广网站等。

本书由孙印杰、牛玲和陈莹主持编写。由于编写人员的水平有限，因此在编写过程中难免有失当之处，欢迎广大读者批评、指正（我们的 E-mail 地址是：qiyuqin@phei.com.cn）。

编著者

2008 年 10 月

编 辑 提 示

《新世纪电脑应用教程》丛书自出版以来，受到广大培训学校和读者的普遍好评，我们也收到许多反馈信息。基于读者反馈的信息，为了使这套丛书更好地服务于授课教师的教学，我们为本丛书中新出版的每一本书配备了多媒体教学课件。使用本书作为教材授课的教师，如果需要本书的教学课件，可到网址 www.tqxbook.com 下载。如有问题，可与电子工业出版社天启星文化信息公司联系。

通信地址：北京市海淀区翠微东里甲 2 号为华大厦 3 层　　鄂卫华（收）

邮编：100036

E-mail：qiyuqin@phei.com.cn

电话：（010）68253127（祁玉芹）

目　录

第1章

网页设计基础

教学目标：

在使用 Dreamweaver CS3 制作网页之前，应先了解一些基本的网页设计知识，如网站设计中的常用术语、构成元素、设计和规划原则等。了解了这些知识，用户才能在设计网站的过程中做到心中有数，顺利高效地完成网站的设计与制作。本章介绍网页设计的基本知识，包括网站与网页的一些基本概念、网页的主要构成元素、网页的设计和布局原则、网站的规划以及网站的开发流程等内容。

教学重点与难点：

1. 网页与网站的关系。
2. 网页的主要构成元素。
3. 网页的设计和布局原则。
4. 网站的规划。
5. 网站的开发流程。

1.1　网站与网页概述

网络技术的飞速发展使人们的生活和工作方式发生了翻天覆地的变化，网站、网页，这些词汇大家早已耳熟能详。但是，网站与网页究竟是什么关系，它们各自都有哪些类型，其中又包含哪些元素，恐怕很多人一下子还说不清楚。而这些知识却都是在设计网站之前所必须了解的东西，否则就很容易发生概念的混淆，降低工作效率。

1.1.1 网页与网站的关系

网页的英文名称为 Web Page，是通过浏览器在 Internet 上看到的页面，其中可以包含文字、图片以及各种多媒体内容。

网站是多个相关网页的集合，也称为站点，英文名称为 Web Site。网站中的网页之间有一定的链接关系，可以通过点击被设置为超链接的文字或对象来跳转到相关的网页。

当访问者在浏览器的地址栏中输入一个网站的地址以后，浏览器会自动链接到这个网址所指定的 Web 服务器，打开一个默认的网页（一般是 index.htm 或 default.htm）作为浏览这个网站的开始。这个总是被最先打开的默认页面被称为主页（Home Page）或者首页。访问者可以通过点击主页中的超链接来跳转到到其他网页。

例如，启动 IE 浏览器，在地址栏中输入“http://www.chinatelecom.com.cn”，即可转到中国电信网站的主页，如图 1-1 所示。将鼠标指针指向主页中的文本或图片，若指针变为手形，表示此对象为超链接，单击此对象即可跳转到相关网页。例如，在中国电信网站的主页中单击“客户服务”超链接文本，可跳转到客户服务网页，如图 1-2 所示。

图 1-1　中国电信网站主页

图 1-2　客户服务网页

1.1.2 网站的类型

在设计网站时，设计者需要先确定网站的类型。按照不同的分类方法，网站可分为不同的类型。

按照网站的用途来进行分类，网站可分为门户网站、导航网站、搜索网站、电子商务网站、企业网站、政府部门网站和个人网站等几大类。

（1） 门户网站：指一些大型的综合性商业网站，用于提供各种各样的服务，如搜索信息、论坛、聊天室、电子邮箱、虚拟社区、短信，以及发布新闻、娱乐、体育、音乐、影视、文学等页面的信息服务。国内比较著名的门户网站有新浪（http://www.sina. com.cn）、搜狐（http://www.sohu.com）、网易（http://www.163.com）、雅虎（http://cn.yahoo.com）等。

（2） 导航网站：一种特殊的网站，用于分门别类地提供各类网站链接，以便用户查找并选择所需的网站。通过点击导航网站中的超链接可快速跳转到相关的网站。如图 1-3 所示的教育导航网就是一个包罗了教育方面各类网站链接的导航网站。

（3） 搜索网站：也称为搜索引擎，用于让用户通过输入关键词来搜索相关的网站。搜索网站的用户十分广泛，大多数网民都是通过搜索网站来搜索自己所需的网站的。目前在国内使用频率较高的搜索网站是百度网（http://www.baidu.com），如图 1-4 所示。

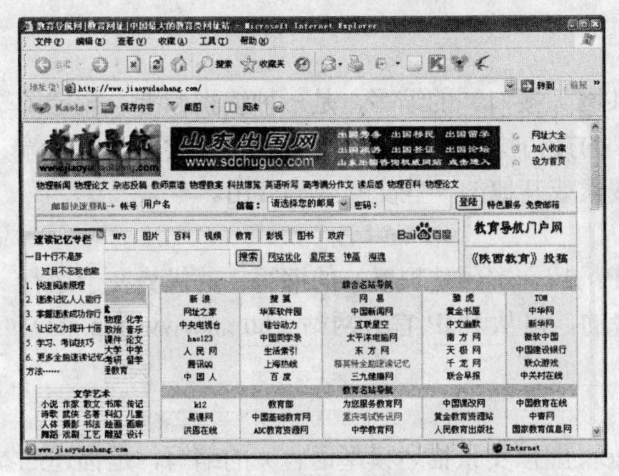

图 1-3　教育导航网

图 1-4　百度搜索网

（4）　电子商务网站：网上交易平台，用于发布和搜索供求信息，进行线上或线下交易等。比较著名的国内电子商务网站有阿里巴巴（http://exporter.alibaba.com）、阿里巴巴旗下的淘宝网（http://www.taobao.com）、卓越网（http://www.amazon.cn）等。

（5）　企业网站：指企业为了宣传自己的形象和产品，或提供一些客户服务等目的而建立的网站，如图 1-1 所示的中国电信网。

（6）　政府部门网站：指政府部门为了发布政府信息和提供在线服务而建立的网站。

（7）　个人网站：指一些由个人为了展示自己或出于兴趣而建立的网站，规模较小。

1.1.3　网页的类型

通常在浏览网页的时候，可以见到带有如.htm、.html、.asp、.php 等不同后缀名称的网页，不同后缀的网页代表不同的网页类型。下面简单介绍一下各种常见的网页类型，如 HTML、ASP、JSP、CGI、PHP 和 VRML 等。

（1）　HTML

带.htm 或.html 后缀的网页简称为 HTML 文件，是最常见到的网页类型。HTML 的中文名称为超文本标记语言，是 HyperText Markup Language 的缩写，该语言主要利用标记来描述网页字体、大小、颜色及页面布局。在 Dreamwerver 中，可以通过代码编辑视图来编辑 HTML 代码以生成对应的网页。

（2）　ASP

ASP 是 Active Server Pages（动态服务器主页）的缩写，主要用于网络数据库的查询与管理，其编辑语言为 JavaScript 等脚本语言。

访问者在浏览该类网页时，发出浏览请求后，服务器会自动将 ASP 的程序代码解释为标准 HTML 格式的网页内容，再返回到浏览者浏览器中显示出来。

应用 ASP 生成的网页比 HTML 网页更具有灵活性。只要结构合理，一个 ASP 页面就可以取代成千上万个网页。

（3）　JSP

JSP 与 ASP 非常相似，不同之处在于 ASP 的编程语言是 VBScript 之类的脚本语言，而 JSP

使用的是 Java。此外，ASP 与 JSP 还有一个本质的区别，即两种语言引擎用完全不同的方式处理页面中嵌入的程序代码。在 ASP 下 VBScript 代码被 ASP 引擎解释执行，在 JSP 下代码被编译成 Servlet 并由 Java 虚拟机执行。

（4） CGI

CGI 是 Common Gateway Interface（公共网关接口）的缩写，是一种编程标准，规定了 Web 服务器调用其他可执行程序（CGI 程序）的接口协议标准。CGI 程序通过读取浏览者输入的请求产生 HTML 网页，通常用于查询、搜索或其他的一些交互式的应用。

（5） PHP

PHP 是 PHP：Hypertext Preprocessor（PHP：超文本预处理器）的缩写，其优势在于运行效率比一般的 CGI 程序要高，而且是完全免费的，可从 PHP 官方网站（http://www.php.net）自由下载。很多论坛都使用了 PHP 技术。

（6） VRML

VRML 是 Virtual Reality Modeling Language（虚拟实景描述模型语言）的缩写，是描述三维的物体及其连结的网页格式。用户可在三维虚拟现实场景中实时漫游，VRML 2.0 在漫游过程中还可能受到重力和碰撞的影响，并可和物体产生交互动作，选择不同视点等（就像玩 Quake）。浏览 VRML 网页需要安装相应的插件，利用经典的三维动画制作软件 3ds max，可以简单而快速地制作出 VRML。

1.1.4 构成网页的元素

构成网页的最基本的元素是文字和图片，当然，网页中还可以包含颜色、影片、声音以及其他多媒体内容。下面介绍一些网页中常见的组成元素。

1. 文本

网页中的信息以文本为主，因为文本可以准确地表达信息的内容和含义，一直以来就是人类最重要的信息载体与交流工具。在网页中使用文本时，可以设置文本的字体类型、大小、颜色和对齐等属性，以达到美化页面的需求。

2. 图像

使用图像不但可以提供信息和装饰网页，还可以直观地展示作品的外观。通常用于网页的图像有三种格式，即 GIF、JPG 和 PNG。目前，GIF 和 JPG 文件格式的图像支持情况最好，大多数浏览器支持这两种图像格式。

3. 动画

在网页中使用动画元素可以使网页更生动。常见的网页动画有两种：一种是 GIF 动画，另一种是 Flash 动画。GIF 动画在早期的网页中应用相当普遍，虽然它只能表现出 200 多种颜色，但制作动画却非常容易，常见的制作软件有 Fireworks 等。Flash 动画具有极好的显示连贯性，可以加入声音，而且体积较小，比较适合应用于网页，常见的制作软件有 Flash 等。

4. 视频和音频

网页中的视频和音频都是通过在网页中插入音频、视频插件来实现的。最流行的音频、视频格式有两种：一种是 AVI，另一种是 RM，两种格式都使用了压缩算法和流媒体技术进行传送。

5. 超链接

超链接是在 Internet 上各网页之间进行跳转的媒介。可以将一个网页中的文本、图像或按钮等对象设置为超链接，并指向另一个网页或某个文档、图像、多媒体文件、可下载软件以及文档内任意位置的任何对象（包括标题、列表、表、层或框架中的文本或图像）。当把鼠标指针放在超链接上时，指针形状会变成小手状，通过单击超链接即可跳转到目标对象。

6. 导航栏

导航栏的作用是引导访问者浏览站点。导航栏实际上就是一组超链接，其链接目标是本站点中的各个网页。导航栏既可以是文本链接，也可以是一些图形按钮。

7. 表单

表单是访问者与网站交互的桥梁。网页中的表单通常用来接收用户在浏览器端的输入，然后将这些信息发送到用户设置的目标端，以实现收集浏览者信息并与其进行交互的目的。Internet 上的许多功能都是通过表单来实现的。根据表单功能与处理方式的不同，通常可以将表单分为用户反馈表单、留言簿表单、搜索表单和用户注册表单等类型。

1.2 网页的设计和布局

一般来说，网页中除了包含主要内容外，还会加入网站名称、广告条、主菜单、计数器和邮件列表等元素，同时，还要针对网页的主题、命名、标志、颜色搭配和字体等要素进行详细的构思和策划。总的来说，网页的版面与布局应遵循平衡和精练的原则。

1.2.1 网页主题

网页的主题是指该网页所要表现的主要思想内涵，可以说是网页的灵魂。网络上的题材五花八门，几乎涉及了社会生活的方方面面。设计者在选择网页主题时，一定要遵循以下几项原则：

（1） 选择自己擅长或喜爱的内容。这个道理很简单，只有选择自己擅长或喜爱的内容，在制作网页时才会做到得心应手；否则，如果自己对目标任务都没有兴趣或热情，怎么可能制作出杰出的作品来呢？

（2） 主题小而精。即主题定位要明确，内容要精焊，不要什么都往网页里放，否则可能就会造成网页的主题不鲜明，没有特色，样样都有，却样样不精。

（3） 不要太滥或目标太高。“太滥”是指到处可见，人人都有的题材。“目标太高”是指在这一题材上已经存在非常优秀、知名度很高的站点，如果想超过它是很困难的，除非有决心及实力竞争。

1.2.2 网页的命名与标志

网页名称是网页主题最精练的概括，好的网页名称往往会给浏览者留下深刻的印象。一般来说，命名网页应遵循以下的原则。

（1） 体现网页的主题精练、概括性强。

（2） 合法、合情并合理。

（3） 字数不要太多，一般控制在 6 个字以内。

（4） 有个性，体现一定的内涵，可给浏览者更多的视觉冲击力和空间想象力。

网站标志简称站标，也称 LOGO，是站点特色和内涵的集中体现。站标一般放在网站的首页上，和商标类似，标志可以是中文文字、英文字母、符号、图案等，其设计创意应立足于网页的主题和内容。图 1-5 所示的分别是百度、网易、新浪和腾讯的站标。

图 1-5 网站 LOGO

1.2.3 网页的色彩

网页的色彩是树立网站形象的关键因素之一，它直观地冲击着访问者的视觉感观。不过，用户在浏览网页时可以发现这样一个规律：大部分网页的主要内容都采用了黑色文字与彩色边框、背景与图像的搭配。这种搭配方式之所以得到众多网页设计者的青睐，是有一定道理的，这种效果可以使网页整体不单调，看主要内容时也不会感到眼花缭乱，符合大多数人的阅读习惯。

在搭配网页色彩时，要注意色彩的鲜明性、独特性、合适性和联想性。鲜明的色彩容易引人注目，独特的色彩能使人印象深刻；色彩的合适性是指色彩与表达的内容气氛相适合；色彩的联想性是指不同的色彩会使人产生不同的联想。在选择色彩时还要注意所选色彩与网页的内涵相关联。下面简单介绍搭配色彩时的基本常识。

1. 非彩色的搭配

黑白是最基本和最简单的搭配，白底黑字非常清晰明了。灰色是万能色，可以和任何彩色搭配，也可以帮助两种对立的色彩和谐过渡。

2. 色彩搭配

色彩千变万化，其搭配是颜色搭配的重点和难点。在搭配色彩时，要注意不同的色彩、不同的色彩饱和度和透明度都会给浏览者不同的感觉。例如绿色可以使人产生优雅、舒适的气氛，黄绿色有青春、旺盛的视觉意境，而蓝绿色则显得幽静、阴森等。

1.2.4 网页中的文字

在浏览器中，默认的标准字体是中文宋体和英文 Times New Roman 字体。也就是说，如果没有设置任何字体，网页将以这两种标准字体显示。在设计网页时，还可以自由使用 Windows 操作系统自带的所有英文字体和中文字体。浏览该网页时，在 Windows 操作系统中都能正确显示。

如果想用特殊的字体来体现某种风格，可以用图像来代替，即把特殊字体的文字做成图像格式，然后在需要这种字体的地方放置文字的图像，从而保证所有人看到的页面都是同一种效果。

在网页中设置字体时，要注意遵循以下几项基本原则。

（1） 不使用超过 3 种的字体类型，以免网页看起来显得杂乱，没有主题。

（2） 不使用太大的字，因为版面空间非常宝贵和有限，粗陋的大字体不能带给浏览者更多的信息。

（3） 最好不要使用不停闪烁的文字，以免分散浏览者的注意力。

（4） 标题的字体比正文要稍大一些，颜色也应有所区别。

1.2.5 网页中的表格

在网页中使用表格可以合理地布局网页的版面，但是如果表格使用不合理，将会减慢网页的下载速度。因此在网页中使用表格，应该遵循以下几项原则。

（1） 整个页面不要都放在一个表格中，应尽量拆分成多个表格。

（2） 单一表格的结构要尽量整齐。

（3） 表格嵌套层次要尽量少。

1.2.6 网页的版面和布局

版面是指浏览器显示的一个完整的页面（包括框架和层），根据浏览者显示器分辨率的不同，同一大小的页面可能会出现不同的尺寸。布局是指以最适合浏览的方式将图像和文字排放在页面的不同位置。

1. 版面设计的主要步骤

在设计网页时，必须精心设计页面的版面和布局，使浏览者在浏览网页时不觉得拥挤和凌乱。进行页面布局的前提条件是确定页面的功能模块，然后设置网页的版面。设计版面的最好方法是先用笔在白纸上将头脑中的草图勾勒下来，然后用 Dreamweaver 来实现。

版面设计可分为画出页面的结构草图、布局细化和调整、确定最终版式三步。

（1） 画出页面的结构草图

此步骤不需要很详细，不必考虑细节功能，只需要画出页面的大体结构即可。为了追求更高的质量，可多画几张，选定一个最满意的作为继续创作的样本。

（2） 布局细化和调整

在结构草图的基础上，将需要放置的功能模块安排在页面上。同时，必须注意突出重点和平衡协调。安排完毕查看总体效果和感觉，将视觉不协调或不美观的地方进行相应的调整。这个过程需要反复地进行，直到满意为止。

（3） 确定最终版式

在布局反复细化和调整的基础上，找出一个比较完美的布局方案，确定为最后的版式。

2. 常见的网页布局

常见的网页布局主要有 π 型、T 型和三型 3 种结构。

（1） π 型结构：顶部通常为网站标志、广告条和主菜单，顶部以下分为 3 个区域，左右两边通常为链接、广告或其他内容，中间部分是主题内容。这种布局的网页整体效果类似符号 π，优点是能够充分利用版面空间，信息量大，但是页面显得比较拥挤，不够灵活。图 1-6 所示是采用 π 型布局的一个网页实例。

（2） T 型结构：顶部通常为网站标志和广告条，下半部分左面是主菜单，右面是主要内容。这种布局方式的优点是页面结构清晰，主次分明，初学网页设计者很容易上手，但显得有些呆板，如果细节色彩搭配不好，很容易给人杂乱的感觉。如图 1-7 所示是采用 T 型结构的一个网页实例。

图 1-6　π 型结构

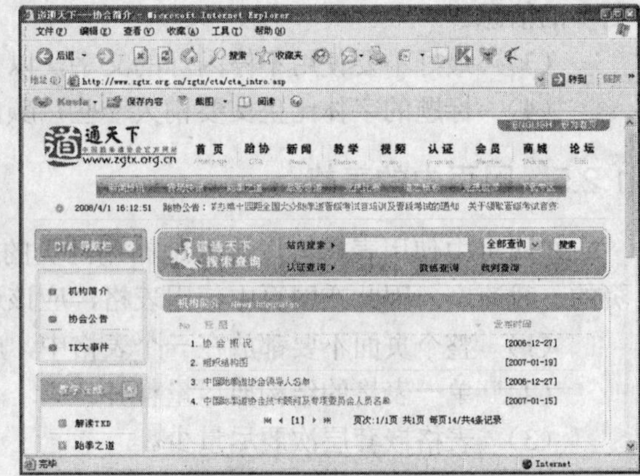

图 1-7　T 型结构

（3）　三型结构：多见于国外站点，特点是用两条横向的色块将整个页面分割为 3 部分，色块中大多放广告条与更新和版权提示，色块之间是主要内容。如图 1-8 所示是采用这种结构的一个网页实例。

图 1-8　三型结构

1.3　网站的规划

想要建立一个成功的网站，建站前的规划与设计工作是极为重要的。建立网站需要规划和设计的内容大体可分为两个方面：一是纯网站本身的设计，如文字排版、图像制作和平面设计等；二是网站的延伸设计，包括网站的主题和浏览群的定位，智能交互，制作策划等。

在网站开发之前，设计者必须决定站点的目标定位、风格、CI 形象、栏目、版块及最基本的目录结构，才能顺利地完成网站的开发与制作。

1.3.1　网站的开发规范

一个大型网站不可能只由一个人或特定的某个人来完成，往往是通过多人的共同努力、互相协助才得以完成的。不同的设计者有不同的建站习惯，为了方便网站的开发，提高开发效率，主设计者在开发网站前一定要先制作网站开发的规范。

在网站开发规范中必须指定站点的目标定位、风格、CI 形象、栏目及版块，以及最基本的目录结构；当然有时还需要一个合理的脚本语言作为参考。网站开发规范，并不是一成不变的，可以根据特殊情况灵活运用。值得注意的是，在灵活运用时一定要和开发小组的其他成员进行沟通，以免出现这样或那样的问题。

1.3.2 网站的目标定位

一个网站要有明确的目标定位，这是在策划网站之前必须首先考虑和解决的问题。只有定位准确，目标鲜明，才可能做出切实可行的计划，按部就班地进行设计。网站的目标定位可以从题材和内容、网站名称及域名几个方面进行考虑。

1. 题材和内容

作为一个初级的网站设计者，网站的主题定位一定要小而精，选择自己所擅长或者喜爱的内容，突出个性和特色。

2. 网站名称

网站名称也是网站设计的一部分，且至关重要。网站名称是否响亮、易记，对网站的形象和宣传推广也有着很大的影响。网站名称最好用中文，字数应该控制在 6 个字以内，且能代表本站特色，使人一看就知道本网站的主题是什么。

3. 网站域名

在申请域名时，一定要选择一个便于记忆的域名，最好是与网站名称相关的域名，如百度的域名为 baidu.com，搜狐的域名为 sohu.com 等。

1.3.3 网站的风格

风格是指站点的整体形象给浏览者的综合感受。这个整体形象包括许多方面，如版面布局、浏览方式、交互性和文字等。一个网站的风格要独树一帜，通过网站的某一点能让浏览者明确分辨出此部分就是该网站所独有的。可以从以下几方面来树立网站的风格。

（1） 建立在有价值的内容之上。有价值的内容是支撑网站浏览量的支点，一个网格空有装饰而无实质性的内容也难以留住浏览者。因此，网站首先必须保证内容的质量和价值性，这是最基本的。

（2） 明确希望站点留给浏览者的印象。在开始设计站点前，要彻底搞清楚自己的站点留给浏览者的印象。这一步骤可以通过自己所希望的印象及别人感受到的印象加以对比，最终来确定该网站的印象。

（3） 着手建立和加强站点印象。确定着眼点印象后，还需要进一步找出其中最有特色的内容，即最能体现网站风格的内容并以其作为网站的特色进行强化和重点宣传。

1.3.4 网站的 CI 形象

CI（Corporate Identity 的缩写）是借用的广告术语，意思是通过视觉来统一企业的形象。一个网站的 CI 形象包括标志、色彩、字体和标语等。准确地讲，有创意的 CI 设计对网站的宣传推广能够起到事半功倍的效果。当一个网站的主题和风格确定以后，就需要根据它们设计相应的网站 CI 形象。标志、色彩、字体与标语是一个网站树立 CI 形象的关键，确切地说是网站的表面文章。设计并完成这几步，可以提高网站整体形象。

1. 设计网站的标志

标志是一个网站的特色和内涵的集中体现，所以必须设计并制作网站的标志。标志的设计、创意来自该网站的名称和内容，能让浏览者一看到标志就联想到这个网站。例如，图 1-9 所示的这个 LOGO 就有机地将站名“e 拇指文学艺术”和它的域名、内容提示结合在一起，让浏览者对它要宣传的内容一目了然。同时，在站标左侧还设计了一个大拇指的图形，更添加了几分形象有趣的效果。

图 1-9 网站标志示例

2. 设计网站的标准色彩

网站给人的第一印象来自于视觉冲击，确定网站的标准色彩是相当重要的一步。不同的色彩搭配产生不同的效果，并可能影响到访问者的情绪。标准色彩指能体现网站形象和延伸内涵的色彩，它要用于网站的标志、标题、主菜单和主色块，给人以整体统一的感觉。一般来说，适合于网页标准色的颜色有蓝色、黄/橙色和黑/灰/白色 3 大系列色。

3. 设计网站的标准字体

标准字体指用于标志、标题和主菜单的特有字体。为了体现站点的特有风格，可以根据需要选择一些特别字体。注意不同操作系统可能支持不同的字体。

4. 设计网站的宣传标语

网站的宣传标语也可以说是网站的精神，网站的目标，最好是用一句话，甚至是一个词来高度概括。图 1-10 所示的是“e 拇指文学艺术”网站的宣传条。

图 1-10 宣传标语示例

1.3.5 网站的栏目和版块

网站的栏目实质上是一个突出显示网站主体的大纲索引，在动手制作网页前，一定要先确定好合理的栏目和版块。在确定栏目和版块时，要遵循以下几个原则。

（1） 紧扣网站的主题。一般做法是将网站的主题按一定的方法分类并将其作为网站的主栏目，且主题栏目个数在总数上要占绝对优势。这样的网站显得专业，主题突出，容易给人留下深刻的印象。

（2） 设计“最近更新”或“网站指南”栏目。如果首页没有安排版面放置最近更新内容信息，就要设立一个“最近更新”的栏目，这样做可使主页更人性化。如果主页层次较多，而又没有站内的搜索引擎，建议设置一个“本站指南”栏目，这样可以帮助初访者快速找到需要的内容。

（3） 设定一个可以双向交流的栏目。设定一个可以双向交流的栏目，比如论坛、留言本或邮件列表等，可以让浏览者留下他们的信息，这远比只留一个 E-mail 地址更具有吸引力。版块的概念要比栏目大一些，每一个版块都有自己的栏目。例如搜狐网站分为新闻、体育、道琼斯、汽车、房地产和健康等版块，而每一个版块下面都有自己的主栏目。在设置版块时，注意各版块要相对独立，相互关联，且版块的内容要围绕站点的主题。

1.3.6 网站的目录结构

网站的目录是指建立网站时创建的目录。网站目录结构的好坏对浏览者没有太大的影响，但对于站点本身的上传和维护、将来内容的扩充和移植有着重要的影响。下面是对建立目录结构的一些建议。

（1） 不要将所有的文件都存放在根目录下。在建立网站时，不要为了一时的方便，将所有文件都存放在根目录下，这样会造成文件管理上混乱等诸多不便，所以要尽可能减少根目录中的文件数。正确的方法是，在网站根目录中开设 images、common、temp 和 media 等子目录。images 目录中存放不同栏目的网页中都要用到的图像，例如站标、广告横幅、菜单、按钮等；common 子目录中存放 css、js、php 和 include 等公共文件；temp 子目录存放客户提供的各种文字图像等等原始资料；media 子目录中存放 Flash、Avi 和 Quick Time 等多媒体文件。

（2） 按栏目内容建立子目录。在根目录中原则上应该按照首页的栏目结构，给每一个栏目开设一个目录，根据需要在每一个栏目的目录中应开设 images 和 media 等子目录用以存放此栏目专用的图像和多媒体文件。如果这个栏目的内容特别多，分出很多下级栏目，可相应的开设其他子目录。对于一些需要经常更新的栏目可以建立独立的子目录，而一些相关性强，不需要经常更新的栏目，可以合并放在一个统一的子目录下。除此之外，所有的程序文件最好存放在特定的目录下，如一些需要下载的文件最好存放在一个目录下。

（3） 目录的层次不要太深。为了维护方便，目录的层次最好不要超过 3 层。

（4） 使用正确的目录名称。注意不要使用中文名称的目录和名称太长的目录。除非有特殊情况，目录、文件的名称应全部用小写英文字母、数字、下画线的组合，其中尽量不要包含汉字、空格和特殊字符。对于一些正规的网站（个人站点除外）目录的命名方式最好尽量以英文为指导，不到万不得已不要以拼音作为目录名称。此外，为了方便分辨网页，还要尽量使用意义明确的目录。

1.3.7 网站信息的准备和收集

内容是网站的灵魂，因此，网站信息的准备和收集是一项非常重要的工作。要准备和收集网站信息，必须从网站的主题和构成网页的基本元素着手。

确定了网站的主题与内容之后，就应该着手进行资料的搜集工作了。设计者需要将网站中待用的文字、图片、动画、背景音乐等资料一一准备好，以备不时之需。搜集来的网页素材应该与网站中的元素相互对应，例如，可能需要将搜集来的文字资料转换成文本文件或其他网页能够识别的文件格式，或者将图片转换成适用于网页的格式等。

1.4 网站的开发流程

一个网站的开发过程，从某种意义上讲是集体智慧和团结的象征。因为一个公司组织开发一个网站时，不是某个人单打独斗就能完成的。除了全面负责网站开发的主管外，参与开发的通常还包括主导网站开发的单位和客户、美术设计人员、程序设计师和维护人员等。为了能让网站开发工作有效地进行，集体之间的协作不出现差错，开发人员都必须遵循网站的开发流程。

一个网站的开发流程是指在开发一个网站时，规定每步应完成的工作。当设计者确定了网站的主题及整体风格、完成了版面设计并且收集并制作好各种所需素材后，就可以开始着手建立网站了。下面介绍网站的主要开发流程。

1.4.1 定义站点

开发网站的首要工作就是要定义该站点，即明确建立网站的目的、确定网站提供的内容及网站资料的搜集。

建立网站的目的很多，例如个人求职、扩大公司知名度、介绍公司新产品、提供信息或游戏娱乐等。随着信息时代的发展，综合型的网站将日益减少。越来越多的网站将趋向于企业产品的宣传及信息咨询服务，一些娱乐休闲型的网站也会渐渐增多。创建网站的目的一定要明确，才不会影响到以后的设计工作。

在明确建立网站的目的之后，需要所有参与网站设计的单位与成员一起构思、讨论，最后取得共识，才能确保以后的开发过程不会发生争论，能够有效地进行开展工作。接下来设计者还需要确定网站提供的内容，这些内容必须按照网站的目的来选择，且不能有内容越多越好的思想。确定内容时，应该有所侧重，与网站主题有关的选择的内容相对来说多一些；与网站主题无关的，则应该少选择一些或者不选择。

当确定网站的内容以后，就应该进行资料的搜集工作，主要是搜集文字、图像、动画及背景音乐等（在设计企业网站时，一般都是由企业提供大部分的文字和图像资料），然后对资料进行整理和筛选，选出网站所需要的资料。

网站制作完毕，还要把它上传到因特网供人浏览，因此还需要配制服务器。目前 Windows 中常用的服务主要是 Windows 2000/XP 下的 IIS 服务器。

1.4.2 建立网站结构

定义站点后，就应该根据网站结构开始搭建网站。网站中通常包括三类网页：首页、主页和内容页。

首页是指浏览者访问网站时首先看到的网页，其中的内容通常很简单，主要用于引导用户进行浏览。

主页是网站的精华部分，绝大部分网站的内容都可在主页中找到缩影。

内容页是网站具体内容的承载页，是制作网站的重点，也是体现网站主题的主体。

1.4.3 首页的设计和制作

对于一个网站来说，首页至关重要，它一般代表着整个网站的制作水平与精华部分。首页的好坏可以直接影响浏览者的情绪。首页的制作也需要先绘制一张草图，草图应包括网站的标志、广告条、菜单栏和友情链接等一些基本的部件。而且需要合理地布置这些部件，根据部件的重要性来摆放。首页的内容一般都是比较概括性的文字，起引导性的作用，所以文字不应该太多。

首页的草图设计好后，即可使用 Dreamweaver 动手制作。在首页中，注意不要使用太多的图像及音频和视频等，因为这些素材的数据量都比较大，是制约网页下载速度的重要因素之一。如果首页的下载速度比较慢，浏览者对这个网站可能就不会有太大的兴趣。

1.4.4 制作其他页面

其他页面的设计和制作不如首页复杂，但设计与制作的方法和首页设计一样，需要注意以下几点：

（1） 要和首页保持相同的风格；

（2） 要有返回首页的超链接；

（3） 目录结构最好不要超过 3 层。

1.4.5 网页的测试与调试

网页的测试与调试主要包括测试网页和验证与调试网站两方面的内容。

1. 测试网页

网页制作完成后，用户需要测试网页以确保网页的正常使用。测试网页主要包括以下几个方面。

（1） 兼容性测试。Dreamweaver 虽然考虑到了网页在不同版本、不同类型的网页浏览器中的兼容性，但是也可能有一些元素必须是更新版本的浏览器才能得以支持。可以在 Dreamweaver 中选择“文件”|“检查页”|“浏览器兼容性”命令来测试所制作的页面，以检查网页在不同版本、不同类型的浏览器中的兼容性。

（2） 超链接测试。在 Dreamweaver 中可以选择“文件”|“检查页”|“链接”命令检查超链接的正确性，以保证没有孤立的链接。用户也可以单击每一个超链接，查看是否有效和正确。

（3） 实地测试。把网页上传到 Internet 服务器，测试超链接及下载速度等问题。

注意： 有可能在本地测试成功的网页上传后却有问题。例如，如果 Internet 服务器的文件名区分大小写，而所做的链接忽略了这一点，则可能导致链接错误。

2. 网站的验证与调试

在网站的验证与调试阶段，要尽最大努力找出网站中的所有错误。在验证与调试期间，要注意网站的可浏览性，因为在不同类型的浏览器中浏览的效果有所差异，最好在几个不同的浏览器中浏览。

1.4.6 发布与维护

当一个网站制作完成，并且验证与调试正确后，即可将该网站发布到 Internet 服务器上，即通常所说的上传网站。

在服务器上发布网站以后，还需要对网站做定期维护、内容的更新和版面的扩展等，以吸引更多的浏览者。

1.5 实例——规划和设计一个个人网站

本节以规划和设计一个小型个人网站为例，介绍网站的规划和设计。

1. 确定主题及风格

通常小型个人网站都是以宣传自我为主题的，可以按照设计者自己的性格和爱好来定义网站的主题及风格。例如，爱好文学的人可以制作一个文学网，主色调采用适合阅读的淡绿色，而爱好体育的人则可以制作一个体育网，主色调采用张扬的黄色等。在本例中，笔者将主题定为休闲娱乐，包含个人文集、幽默笑话、美图欣赏等内容，主色调采用轻松舒适的天蓝色，名称为“休闲角落”。

2. 撰写文字内容

网站主题及整体风格确定后，接下来就要开始搜集材料。文字方面的东西要事先准备好，可用 Word、写字板或记事本等文字编辑软件进行编辑。

3. 准备图片及其他素材

对于图片元素，设计者可以通过用图形图像软件绘制和编辑、用扫描仪扫描或者用数码相机拍照等方式来获得，还可以用摄像机来获得视频文件。

图片上传到计算机中后通常还须根据需要进行处理，如压缩图像文件的大小。在扫描照片时，为使照片更加清晰，一般情况下分辨率选择 300 dpi；为了减小图片体积，最好选择 jpg 格式。

除了图片之外，动画在网页中的作用也很大，设计者可以利用动画制作软件来自己制作动画，也可以请朋友帮忙。

4. 版面设计

本案例将包含首页、主页和内容网页。图 1-11 所示的是“休闲角落”网站的首页及主页两个网页的版面设计简图。

首　页

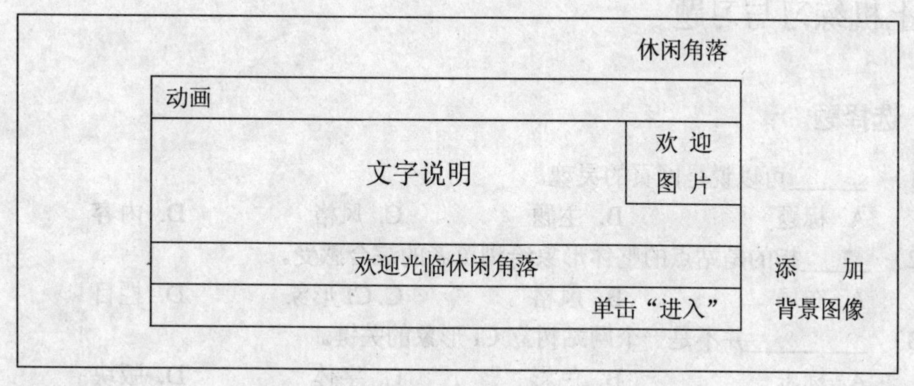

主　页

图像

首页　个人文集　交流区

设为主页
加入收藏
联系站长

图 片 区

卡通　影视　美食　花卉　动物　风景　人物

卡　通
影　视
美　食
花　卉
动　物
风　景
人　物

友情链接

上面一行是
文字超链接

左侧一行是
照片超链接

幽
你
一
默

图 1-11　首页及主页版面设计

1.6　本章小结

本章介绍了网页设计的基础知识，包括网页设计和布局的原则、网站策划与创建的原则、以及网站的开发流程。通过本章的学习，读者应掌握设计网页与开发网站时的一些基本要求等内容。例如网页设计时对网页字体、色彩的要求，开发网站时有关网站的目标、风格和 CI 形象的树立等。

1.7 上机练习与习题

1.7.1 选择题

（1）______可以说是网页的灵魂。

A. 标题　　B. 主题　　C. 风格　　D. 内容

（2）_____指的是站点的整体形象给浏览者的综合感受。

A. 布局　　B. 风格　　C. CI 形象　　D. 栏目

（3）_________并不是一个网站树立 CI 形象的关键。

A. 标志　　B. 色彩　　C. 字体　　D. 版块

（4）适合于网页标准色的 3 大系列颜色中不包括________系列色。

A. 蓝色　　B. 黄/橙色　　C. 红色　　D. 黑/灰/白色

（5）为了维护方便，目录的层次最好不要超过_________。

A. 2 层　　B. 3 层　　C. 4 层　　D. 5 层

1.7.2 填空题

（1）网页的英文名称为___________；网站也称为站点，英文名称为________，是多个网页的集合。

（2）常见的网页构成元素有________、________、________、________、________、________和________等。

（3）一般来说，网页主要由_____、_____、_____、_____和_____等元素组成。

（4）一个网站可以有很多网页，而_________只有一个。

（5）______是指浏览器显示的完整的一个页面，_______是网页的集合。

（6）在浏览器中，默认的标准中文字体是______，英文字体是_________。

（7）______、______、______和______是一个网站树立 CI 形象的关键。

1.7.3 问答题

（1）网站可分为哪几类？

（2）网站的开发需要经过哪几个主要阶段？

（3）在创建网站目录时应注意哪些问题？

（4）制作网页时要注意哪些问题？

（5）测试网页包括哪些方面？

1.7.4 上机练习

（1）规划一个网站并绘出版面设计草图。

（2）根据自己设计的网站主题准备和搜集相关素材。

第 2 章

Dreamweaver CS3 概述

教学目标：

Dreamweaver 是 Adobe 公司推出的一款专业的网页制作软件，目前的最新版本是 Dreamweaver CS3。Dreamweaver 简单易用，具有所见即所得的特性和强大的网页制作功能，一经推出就受到了广大网站设计者的青睐和好评。本章介绍 Dreamweaver CS3 的入门知识，包括该 Dreamweaver 的用途、新增功能、工作界面及自定义工作界面的方法等。

教学重点与难点：

1. Dreamweaver CS3 新增的实用新功能。

2. Dreamweaver 的工作流程。

3. Dreamweaver CS3 的工作界面。

4. 自定义工作界面。

2.1 Dreamweaver 简介

Adobe 公司出品的 Dreamweaver、Flash 和 Fireworks 被合称为“网页制作三剑客”。三个软件相辅相承，是制作网页的最佳选择。其中，Dreamweaver 是一款专业的网页制作工具，主要用于制作网页，制作出来的网页兼容性比较好。Flash 和 Fireworks 分别是动画制作和图形图像制作工具，可用于制作精美的网页动画及处理网页中的图形。在 Flash 中创建的动画和在 Fireworks 中编辑的图片可以直接导入到 Dreamweaver 中使用。

Dreamweaver 的字面意思为“梦幻编织”，该软件有着不断变化的丰富内涵和经久不衰的设计思维，能够充分展现设计者的创意，实现制作者的想法，锻炼用户的能力，让用户成为真正的网页设计大师。

Dreamweaver 是一款可视化的网页制作工具，具有所见即所得的特性，无须编写代码即可完成网页的制作，简单易用，非常适合初学者使用。同时，Dreamweaver 也支持代码设计，为高级程序人员提供了代码编辑环境，方便程序人员应用 HTML 或其他代码进行网页开发，主要包括 HTML、CSS、JavaScript、CFML、ASP 和 JSP 等语言的代码编辑工具和参考资源。设计者可以使用 Roundtrip HTML 技术，无须重新格式化即可直接导入使用记事本等程序手写的 HTML 文档，然后在 Dreamweaver 中根据实际需要重新格式化代码。

2.2 Dreamweaver CS3 的新增功能

软件的每次升级都会给用户带来更多的惊喜，Dreamweaver CS3 同样增添了许多有用的新功能，以弥补上一个版本的不足。下面简单介绍 Dreamweaver CS3 的新增功能。

（1） Ajax 的 Spry 框架

Ajax 的 Spry 框架是一个面向 Web 设计人员的 JavaScript 库，可创建内容更为丰富的动态网页。在 Dreamweaver CS3 中，设计者可以使用 Ajax 的 Spry 框架进行动态用户界面的可视化设计、开发和部署。

（2） Spry 构件

Spry 构件是预置的常用用户界面组件，设计者可以在 Dreamweaver CS3 中使用 CSS 自定义这些组件，然后将其添加到网页中。可以添加到网页中的 Spry 构件有 XML 驱动的列表和表格、折叠构件、选项卡式界面和具有验证功能的表单元素。

（3） Spry 效果

Spry 效果是一种提高网站外观吸引力的简捷方式，差不多可应用于 HTML 页面上的所有元素。通过使用 Spry 效果不但可以放大、缩小、渐隐和高亮显示元素，还可以在一段时间内以可视方式更改页面元素，以及执行更多的操作。

（4） 与 Photoshop CS3 的集成

Dreamweaver CS3 包括了与 Photoshop CS3 的增强的集成功能，这一功能非常有用，可以使设计者在 Photoshop 中选择设计的任一部分将其直接粘贴到 Dreamweaver 网页中，并且不受 Photoshop 图层的限制。当把 Photoshop 图像粘贴到 Dreamweaver 中后，Dreamweaver CS3 会打开一个对话框让设计者在其中为图像指定优化选项。当需要编辑所粘贴的图像时，只须双击该图像即可启动 Photoshop，在源程序中打开原始的带图层的 PSD 文件。

（5） 浏览器兼容性检查

Dreamweaver CS3 的浏览器兼容性检查功能可以生成报告，指出所需的各种浏览器与 CSS 相关的问题。在代码视图中，有问题的代码会以绿色下画线来标记，这样可以使设计者准确地知道是哪里出了问题，以便设计者快速诊断并解决这些问题。

（6） 直接访问 Adobe CSS Advisor

设计者可以在浏览器兼容性检查的过程中通过 Dreamweaver 用户界面直接访问 Adobe CSS Advisor 网站，该网站中包含有关最新 CSS 问题的信息。CSS Advisor 网站中包含了不止一个论坛、Wiki 页面或讨论组，可以使设计者方便地进行技术交流和讨论。

（7） CSS 布局

Dreamweaver 提供了一组预设的 CSS 布局，可以帮助设计者快速设计和运行网页。同时，Dreamweaver 还在代码中提供了丰富的内联注释，以帮助用户了解 CSS 页面布局。网页的版面设计通常可以归类为一列式、两列式或者三列式布局，每种布局都包含许多附加元素，如标题和脚注。Dreamweaver 提供了一个包含基本布局设计的综合性列表，以便设计者可以自定义自己所需的网页布局。

（8） 管理 CSS

Dreamweaver CS3 提供了更多的 CSS 管理功能，可以使设计者轻松地在文档之间、文档标题与外部表之间、外部 CSS 文件之间以及更多位置之间移动 CSS 规则。此外，还可以将内联 CSS 转换为 CSS 规则，并且只须执行拖放操作即可将它们放置在所需位置。

（9） Adobe Device Central 与 Dreamweaver 的集成

Adobe Device Central 与 Dreamweaver CS3 相集成，并且存在于整个 Creative Suite 3 软件产品系列中，使用它可以快速访问每个设备的基本技术规范，还可以压缩 HTML 页面的文本和图像，使它们的显示效果与设备上呈现的完全一样，从而简化了移动内容的创建过程。

（10） 与 Adobe Bridge CS3 相协作

将 Adobe Bridge CS3 与 Dreamweaver CS3 一起使用可以轻松一致地管理图像和资源。通过 Adobe Bridge 能够集中访问项目文件、应用程序、参数设置、XMP 元数据标记和搜索功能。Adobe Bridge 凭借其文件组织和共享功能，以及对 Adobe Atock Photos 的访问功能，提供了更加快速有效的创新工作流程，使用户可以轻松完成印刷、Web、视频和移动等诸多项目的工作。

2.3 Dreamweaver CS3 的工作界面

在 Dreamweaver 中，所有的文档窗口和工具面板都被集成到应用程序窗口中，用户可以在这个集成的工作界面中查看文档和对象属性，并利用工具栏中的工具执行许多常用操作，从而快速更改文档。

2.3.1 工作区布局

Dreamweaver CS3 提供了三种工作区布局：设计器、编码器和双重屏幕。在默认情况下，启动 Dreamweaver CS3 并创建或打开文档后显示的是设计器工作区布局。

1. 设计器

在设计器工作区布局中，所有文档窗口和工作面板都被集成在一个更大的应用程序窗口中，并将面板组停靠在窗口右侧，如图 2-1 所示。

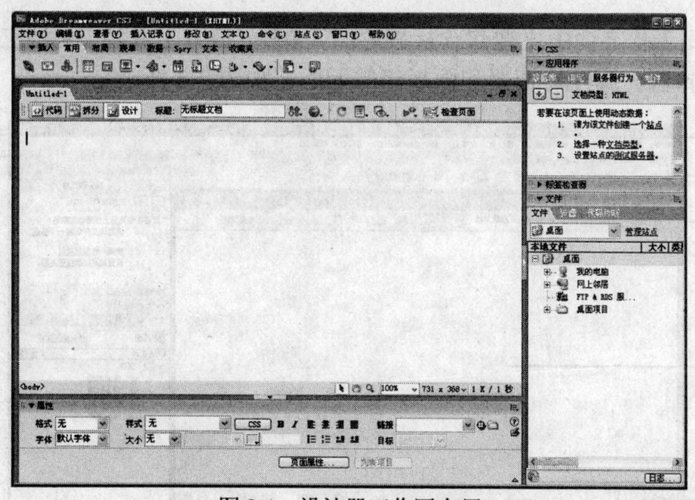

图 2-1 设计器工作区布局

在设计器工作区布局中可以用可视化网页编辑工具来设计和制作网页，用户所添加到文档中的所有内容就是以后访问者在网页中实际看到的内容。在本书以后的章节中，如不特别说明，介绍的都是在设计器工作区布局中进行操作。

2. 编码器

编码器工作区布局也是将所有文档窗口和工作面板都集成在应用程序窗口中，只不过它将面板组停靠在窗口左侧，而且在文档窗口中默认显示“代码”视图，如图 2-2 所示。

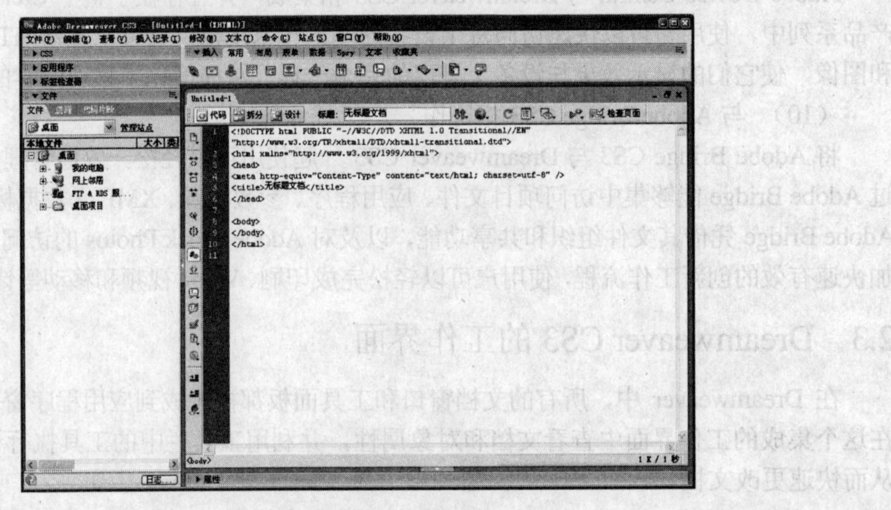

图 2-2　编码器工作区布局

3. 双重屏幕

如果用户有一个辅助显示器，可以利用 Dreamweaver CS3 的双重屏幕工作区布局来编辑网页。在双重屏幕工作区布局中，所有面板都放置在辅助显示器上，而只将文档窗口和属性检查器保留在主显示器上，这样可以使用户最大限度地利用屏幕面积。

2.3.2　工作区元素

Dreamweaver 工作界面中主要包含标题栏、菜单栏、插入工具栏、文档工具栏、文档窗口、状态栏、标记选择器、属性检查器和面板组等元素，如图 2-3 所示。

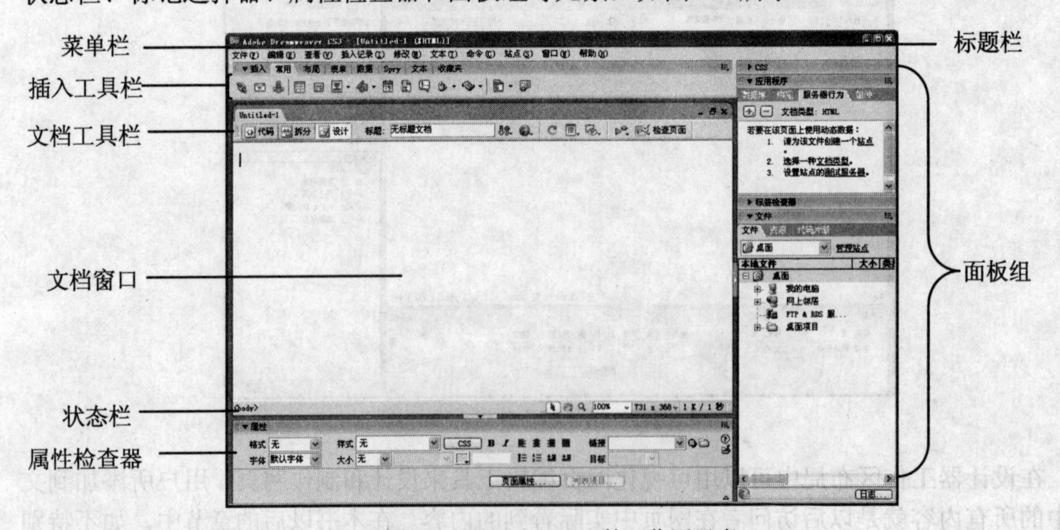

图 2-3　Dreamweaver 的工作区元素

下面简单介绍 Dreamweaver CS3 设计器工作区布局中各元素的主要功能。

1. 标题栏

与其他 Windows 应用程序一样，Dreamweaver CS3 的标题栏中主要包含两个部分：左侧显示控制菜单图标、当前文档名称和应用程序名称；右侧为“最小化”、“最大化/向下还原”、“关闭”3 个控制按钮。

2. 菜单栏

菜单栏几乎包括了 Dreamweaver CS3 中的所有可实现的功能。Dreamweaver 的菜单栏包含 10 个菜单，各菜单的基本功能如下。

（1）“文件”：用于管理文件，如新建文档、打开文档、保存文件等。

（2）“编辑”：用于编辑网页内容，如剪切、复制、粘贴，查找、替换及参数设置等。

（3）“查看”：用于切换视图模式及显示或隐藏标尺、网格线等辅助视图工具。

（4）“插入记录”：用于插入各种网页元素，如图片、多媒体组件、表格、超链接等。

（5）“修改”：用于对页面元素进行修改，如在表格中拆分或合并单元格，对齐对象等。

（6）“文本”：用于对文本进行操作，如设置文本格式、检查拼写等。

（7）“命令”：包含所有的附加命令项。

（8）“站点”：用于创建和管理站点。

（9）“窗口”：用于显示/隐藏控制面板及切换文档窗口。

（10）“帮助”：用于实现联机帮助功能。

3. 插入工具栏

插入工具栏实质上是一个工具栏集，如图 2-4 所示。包括“常用”、“布局”、“表单”、“数据”、“Spry”、“文本”、“收藏夹”7 组按钮工具，用于向文档中插入不同类型的对象。默认状态下显示的是“常用”工具栏。

图 2-4　插入工具栏

4. 文档工具栏

文档工具栏位于文档窗口上方，其中包含编辑文档的常用操作按钮，可用于执行切换视图模式、设置网页标题、进行文件管理、在浏览器中预览网页效果、可视化助理、验证标记、检查浏览器兼容性等操作，如图 2-5 所示。

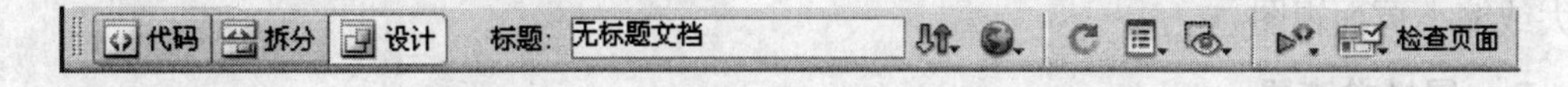

图 2-5　文档工具栏

5. 文档窗口

文档窗口用于显示当前正在编辑的文档，共有代码视图、设计视图及代码与设计视图 3 种视图模式，用户可以根据需要单击文档工具栏中的相应按钮任意切换。

默认状态下，Dreamweaver CS3 的文档窗口与应用程序窗口整合为一个整体，文档的具体路径会显示在应用程序窗口的标题栏中，文档窗口上方显示选项卡标签，标签中只显示文档的名称，如图 2-6 所示。单击选项卡标签可在不同的文档中进行切换。

单击文档窗口右上角的“向下还原”按钮，文档窗口会独立显示，文档窗口的标题栏中会显示文档的具体路径及文件名，如图 2-7 所示。在这种状态下，多个文档窗口会层叠显示，单击所需文档窗口的标题栏可切换到相应的文档中。

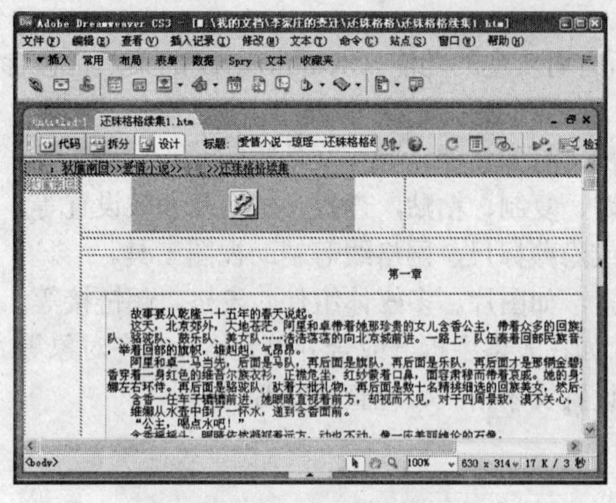

图 2-6　整合状态下的文档窗口

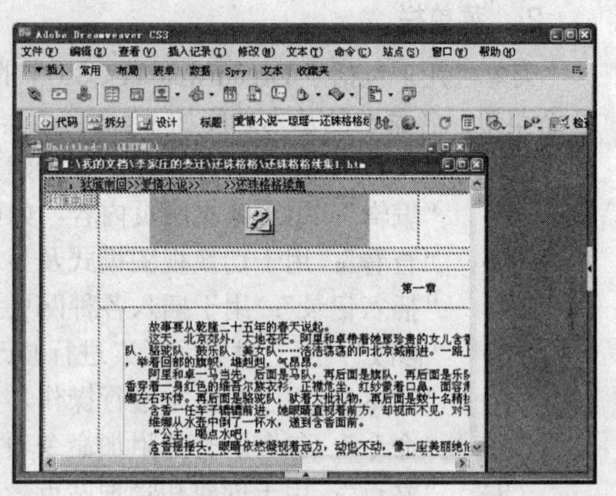

图 2-7　独立的文档窗口

6. 状态栏

Dreamweaver CS3 的状态栏分为两个部分：左半部分为标记选择器，用于显示环绕当前选定内容的标记的层次结构；右半部分用于显示当前编辑文档的状态，主要包括文档窗口的大小、文档大小和下载时间等，以及选取、移动和缩放 3 种文档的编辑状态。状态栏如图 2-8 所示。

<body><table><tr><td><table><tr><td><table><tr><td><table.p5><tr><td>　100%　778 x 461　17 K / 3 秒

图 2-8　状态栏

在标记选择器中单击标记层次结构中的任何标记可以选择该标记及其全部内容。例如，单击<body>标记可选择文档窗口中的所有内容。在使用标记选择器时，用户必须了解一定的 HTML 知识，此部分内容将在以后的章节中单独进行介绍。

当用户打开 Dreamweaver 文档时，默认处于“选取”状态，此状态下“选取工具”按钮处于按下状，只有该状态下时才可对页面进行编辑。如果要查看文档的隐藏部位，可使用“手形工具”按钮移动页面；若要通过缩放查看文档效果，则可使用“缩放工具”按钮放大或缩小页面视图。

7. 属性检查器

不同的对象具有不同的属性，属性检查器用于查看和更改当前所选对象的属性。如果需要修改整个页面的属性设置，如更改页面颜色或背景图片等，应在不选择任何对象的情况下，在属性检查器中单击“页面属性”按钮，打开“页面属性”对话框，从中进行设置。

8. 面板组

面板组是 Dreamweaver 常用资源面板的集合，每个面板组中又包含多个相关的工具面板。通过单击面板组的标签名称或三角按钮可展开/折叠该面板组，单击面板组中的面板标签则可切换到相应的面板。若要显示或隐藏面板或面板组，可执行“窗口”菜单中的相应命令。

2.3.3 文档窗口的使用

文档窗口是用户主要的工作区域，制作和编辑网页的工作都要在这里完成。因此，熟悉在文档窗口中进行工作的方法非常重要。下面简单介绍文档窗口的使用方法。

1. 切换视图

可以在文档窗口中通过代码、设计或代码和设计 3 种不同的视图来查看和编辑文档。代码视图用于查看和编辑网页代码；设计视图用于以可视化的方式来查看和编辑网页；在代码和设计视图中则会同时显示“代码”和“设计”两个窗格，用户可一面编辑代码，一面即时观察网页的实际效果，如图 2-9 所示。

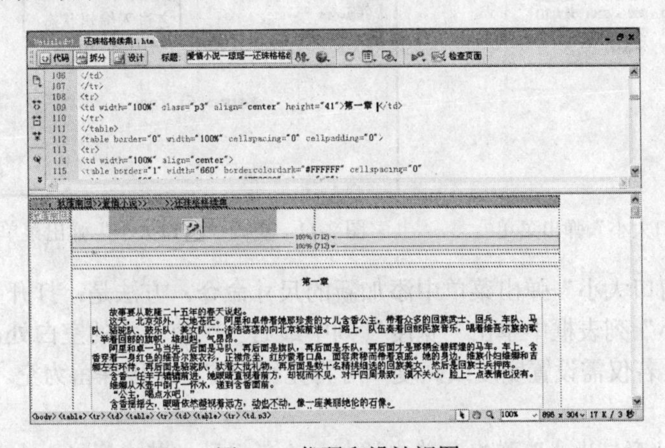

图 2-9 代码和设计视图

切换文档视图的操作方法如下。

（1） 切换到代码视图：选择“查看”|“代码”命令，或者在文档工具栏中单击“代码”按钮。

（2） 切换到设计视图：选择“查看”|“设计”命令，或者在文档工具栏中单击“设计”按钮。

（3） 切换到代码和设计视图：选择“查看”|“代码和设计”命令，或者在文档工具栏中单击“拆分”按钮。

此外，用户还可通过按 Ctrl+`（反引号）组合键在代码视图和设计视图之间切换。如果当前是在代码和设计视图中，则按此快捷键会将活动光标从一个视图窗格切换到另一个视图窗格中。

2. 调整文档窗口的大小

状态栏上显示了文档窗口的当前尺寸（以像素为单位），用户可以根据需要任意调整文档窗口的大小。调整文档窗口大小的方法有以下几种。

（1） 任意调整文档大小：拖动文档窗口右下角的控制柄。

（2） 将文档窗口的大小调整为预定义大小：在状态栏上单击“窗口大小”按钮，从弹出的菜单中选择一种尺寸命令，如图 2-10 所示。“窗口大小”弹出菜单命令中所显示的窗口大小为浏览器窗口的内部尺寸（不包括边框），括号中为显示器分辨率。

如果“窗口大小”弹出菜单中没有用户所需要的尺寸，可选择菜单底部的“编辑大小”命令，打开“首选参数”对话框。在“窗口大小”列表框中单击相近尺寸参数行的宽度值或高度值，使其进入编辑状态，输入一个新值即可，如图 2-11 所示。如果要使文档窗口仅调整为特定的宽度而高度不变，可删除该尺寸行中的高度值。如果要更改显示器尺寸，可单击相应尺寸行中的“描述”框，输入所需的说明性文本。

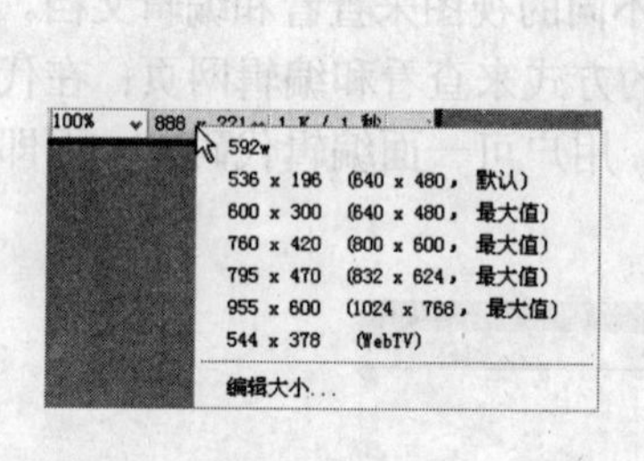

图 2-10 “窗口大小”弹出菜单

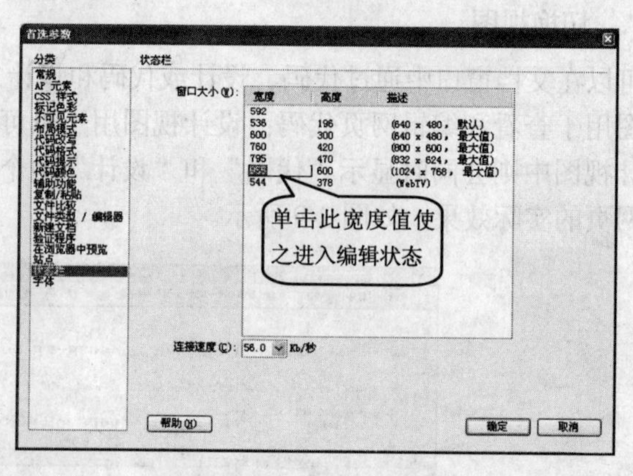

图 2-11 更改“窗口大小”弹出菜单中列出的值

也可以向“窗口大小”弹出菜单中添加新的尺寸命令，方法是：打开“首选参数”对话框，在“窗口大小”列表框中单击“宽度”列中最后一个值下面的空白处，输入宽度值、高度值和描述文字；若仅需设置宽度或高度，可将无须设置的字段保留为空。

★例 2.1: 向“窗口大小”弹出菜单中添加一个新尺寸，其中窗口大小为 800 × 600，显示器分辨率为 1024 × 768，如图 2-12 所示。

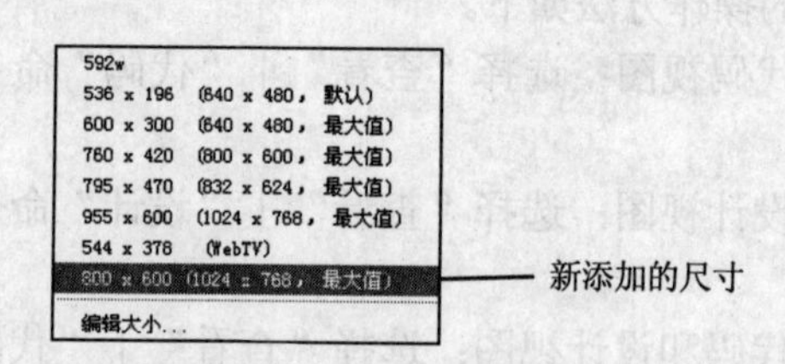

图 2-12 向“窗口大小”弹出菜单中添加新尺寸

（1） 在状态栏上单击“窗口大小”按钮，从弹出的菜单中选择“编辑大小”命令，打开“首选参数”对话框。

（2） 在“窗口大小”列表框中单击“宽度”列中最后一个值下面的空白处，输入 800；单击“高度”列中最后一个值下面的空白处，输入 600；单击“描述”列中最后一个值下面的空白处，输入“(1024 × 768，最大值)”，如图 2-13 所示。

（3） 单击“确定”按钮完成设置。

（4） 单击“窗口大小”按钮弹出菜单查看新添加的尺寸命令。

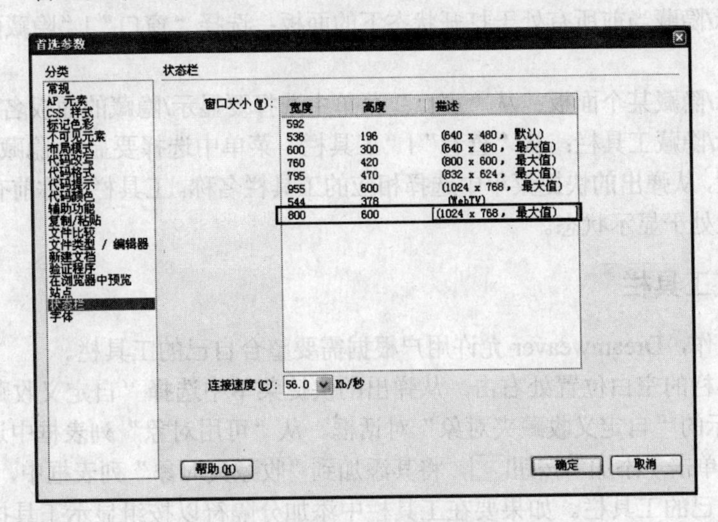

图 2-13 输入新尺寸的值

2.4 自定义工作环境

用户可以根据个人习惯来自定义 Dreamweaver CS3 的工作环境，以便更加便捷地使用 Dreamweaver CS3，提高工作效率。在 Dreamweaver CS3 中，用户不但可以自由选择不同的工作区布局，而且工作界面中的每个工具栏和控制面板都可以显示、隐藏及自由移动，甚至可以定制工具栏及重新组合面板。最后，用户还可以将自定义的工作环境保存起来。

2.4.1 选择工作区布局

对于具有不同水平和习惯的用户，可以根据各自的实际情况来选择工作区布局。例如，对于新手来说，在设计器工作区布局中进行工作比较合适，而对于具有一定编程能力的用户，可能更喜欢使用编码器工作区布局。

切换工作区布局的方法如下。

（1） 切换到设计器工作区布局：选择“窗口”|“工作区布局”|“设计器”命令。

（2） 切换到编码器工作区布局：选择“窗口”|“工作区布局”|“编码器”命令。

（3） 切换到双重屏幕工作区布局：选择“窗口”|“工作区布局”|“双重屏幕”命令。

2.4.2 显示/隐藏面板和工具栏

为了打造一个更有利于工作的环境，用户可以只显示常用的面板和工具栏，而将那些很少用到的面板和工具栏隐藏起来，以免它们占用屏幕空间。显示/隐藏面板和工具栏的方法如下。

（1） 显示/隐藏面板组：单击面板组与文档窗口区域分隔条中央的▶按钮，可隐藏面板组；隐藏面板组后，单击程序窗口右边框中央的◀按钮可显示面板组。

（2） 折叠/展开面板组：面板组处于折叠状态时，面板组名称左侧显示▶按钮，单击它可展开该面板组；当面板组处于展开状态时，面板组名称左侧显示▼按钮，单击它可折叠该面板组。

（3） 显示/隐藏当前所有处于打开状态下的面板：选择“窗口”|“隐藏面板”命令，或按F4键。

（4） 显示/隐藏某个面板：从“窗口”菜单中选择要显示/隐藏的面板名称。

（5） 显示/隐藏工具栏：从“查看”|“工具栏”菜单中选择要显示/隐藏的工具栏名称，或者右击工具栏，从弹出的快捷菜单中选择相应的工具栏名称。工具栏名称前有复选标记（√）的表明该工具栏处于显示状态。

2.4.3 自定义工具栏

为了方便工作，Dreamweaver允许用户根据需要整合自己的工具栏。

在插入工具栏的空白位置处右击，从弹出的快捷菜单中选择“自定义收藏夹”命令，打开如图2-14所示的“自定义收藏夹对象”对话框。从“可用对象”列表框中选择需要经常使用的命令，然后单击“添加”按钮[>>]，将其添加到“收藏夹对象”列表框中，再单击“确定”按钮即可定制自己的工具栏。如果要在工具栏中添加分隔符以按组显示工具按钮，可在“自定义收藏夹”对话框中单击“添加分隔符”按钮。

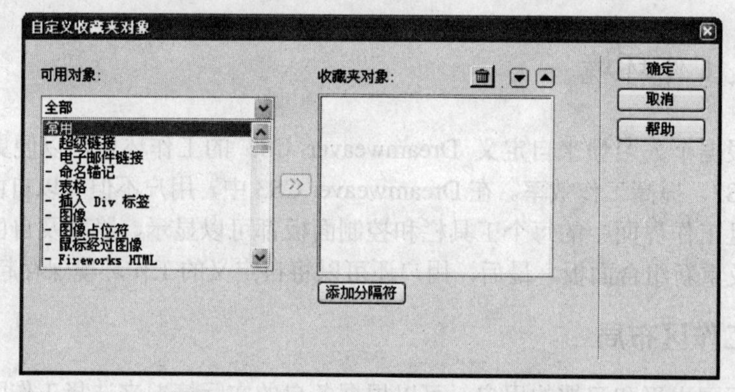

图2-14 “自定义收藏夹对象”对话框

★例2.2：自定义一个“收藏夹”工具栏，其中包括三组按钮：“表格”、“图像”、“Flash”、“日期”；“超链接”、“电子邮件链接”、“导航条”；“命名锚记”、“水平线”。三组按钮之间用分隔符分隔，如图2-15所示。

图2-15 自定义的“收藏夹”工具栏

（1） 在插入工具栏的空白位置处右击，从弹出的快捷菜单中选择“自定义收藏夹”命令，打开“自定义收藏夹对象”对话框。

（2） 从“可用对象”列表框中选择“常用”组中的“表格”选项，单击“添加”按钮将其添加到“收藏夹对象”列表框中。

（3） 参照步骤（2）在“收藏夹对象”列表框中添加“图像”、“Flash”、“日期”选项。

（4） 单击“添加分隔符”按钮，在“收藏夹对象”列表框中添加一个分隔符，如图2-16所示。

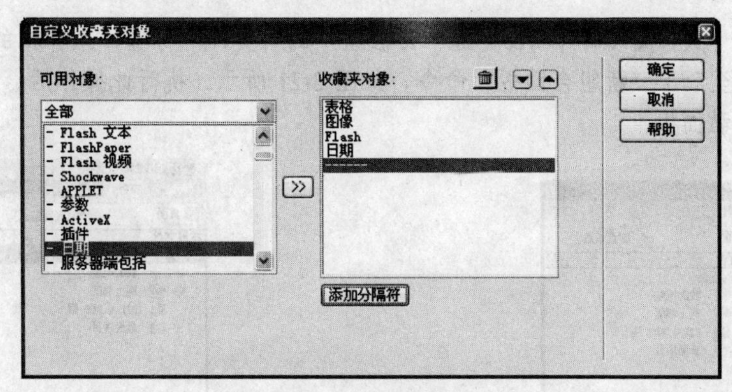

图 2-16　添加按钮和分隔符

（5） 从“可用对象”列表框中选择“常用”组中的“超链接”、“电子邮件链接”、“导航条”选项，添加到“收藏夹对象”列表框中，然后添加一个分隔符，再添加“常用”组中的“命名锚记”选项和“HTML”组中的“水平线”选项，如图 2-17 所示。

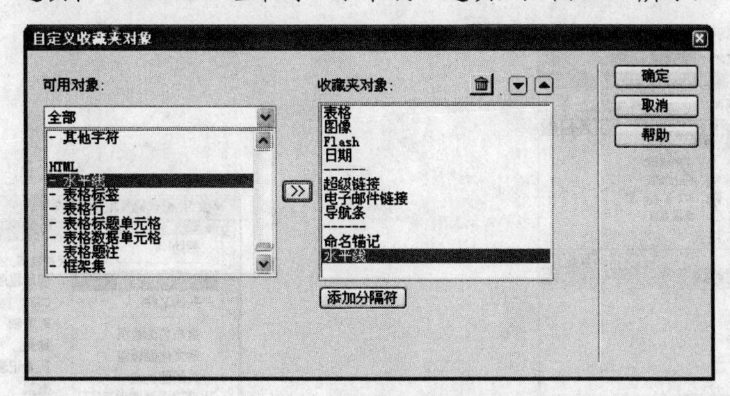

图 2-17　完成按钮的添加

（6） 单击“确定”按钮。

2.4.4 自由组合面板

Dreamweaver 提供了预置的面板组，但用户也可以根据需要对工具面板进行自由组合。组合面板的方法是：先显示要进行组合的面板和要将该面板组合至的目标面板，然后右击要组合的面板标签，从弹出的快捷菜单中选择“将××（面板名称）组合至”子菜单中的目标面板名称，成为一个新的面板组。

此外，还可以将某个特定的面板独立为一个单独的浮动面板，方法是：右击要独立的面板标签，从弹出的快捷菜单中选择“将××（面板名称）组合至”|“新组合面板”命令。拖动浮动面板的标题栏可以自由移动其位置。

★例 2.3：将“文件&代码片断&资源”面板组中的“文件”面板独立为一个浮动面板，如图 2-18 所示；再将独立的“文件”面板组合到“历史记录”面板组中，成为“历史记录&文件”面板组，如图 2-19 所示。

（1） 确认“文件&代码片断&资源”面板组已显示在应用程序窗口中，选择“窗口”|“历史记录”命令，显示“历史记录”面板组，如图 2-20 所示。

（2）右击“文件&代码片断&资源”面板组中的“文件”标签，从弹出的快捷菜单中选择“将文件组合至”|“新组合面板”命令，如图2-21所示。执行此操作后，“文件”面板成为一个独立的浮动面板。

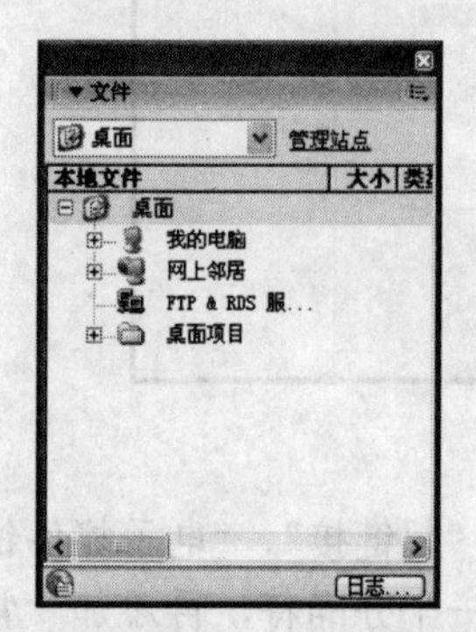

图2-18　独立的“文件”面板

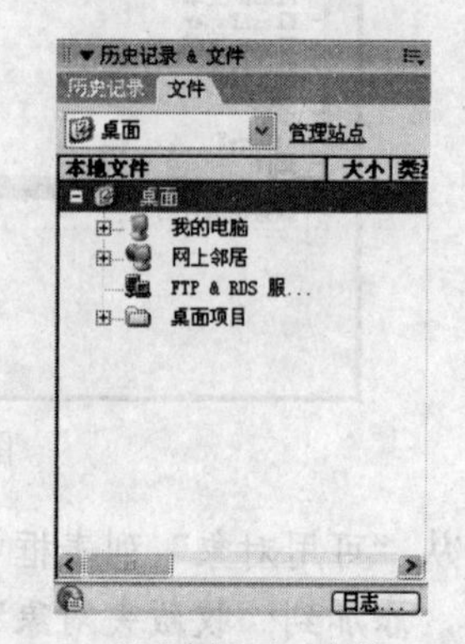

图2-19　“历史记录&文件”面板组

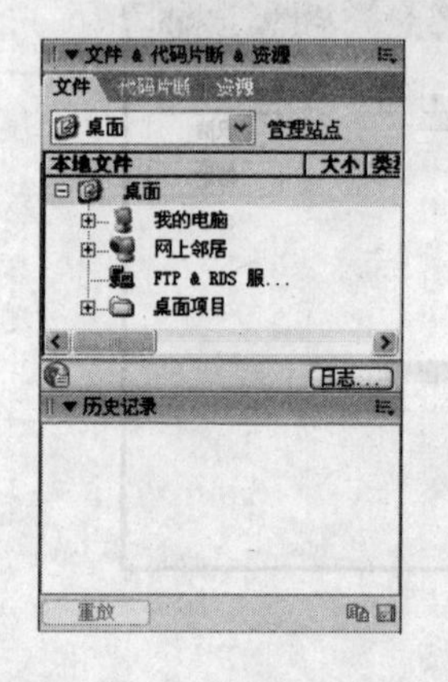

图2-20　显示相关面板组

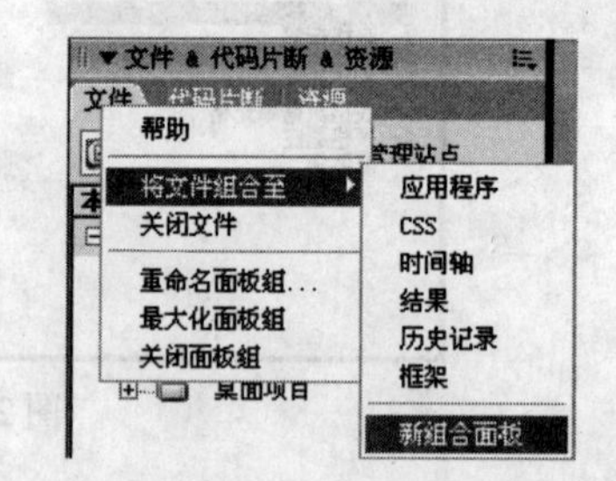

图2-21　将“文件”面板组合至新面板

（3）右击“文件”面板上的“文件”标签，从弹出的快捷菜单中选择“将文件组合至”|“历史记录”命令，将独立的“文件”面板组合到“历史记录”面板组中，成为“历史记录&文件”面板组。

2.4.5　保存自定义工作区布局

当用户自定义了工作区元素后，可以将其保存起来以备后用。Dreamweaver可以让用户保存和恢复不同的面板设置，以便在有不同需要时使用不同的自定义工作区布局。保存后的自定义工作区布局可以记住指定布局中的面板及其他属性设置，如面板的位置和大小、面板的折叠和展开状态、以及应用程序窗口的位置和大小等。

自定义工作区布局后，若要保存该布局，可选择“窗口”|“工作区布局”|“保存当前”命令，打开如图2-22所示的“保存工作区布局”对话框。在“名称”文本框中输入当前自定义工作区布局的名称，单击“确定”按钮。

图 2-22 “保存工作区布局”对话框

已保存的自定义工作区布局的名称会显示在“窗口”|“工作区布局”菜单中，选择此命令即可切换到相应的自定义工作区布局。

2.4.6 隐藏/显示欢迎屏幕

默认情况下，在启动 Dreamweaver 或没有打开任何文档时，会显示如图 2-23 所示的欢迎屏幕。用户可以选择隐藏此欢迎屏幕，并在以后再显示它。当欢迎屏幕被隐藏且没有打开任何文档时，文档窗口处于空白状态。

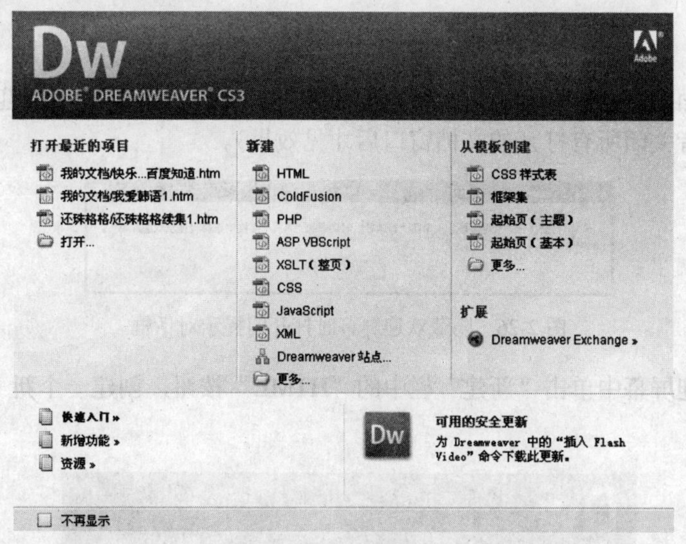

图 2-23 欢迎屏幕

要隐藏欢迎屏幕，只须选中欢迎屏幕左下角的“不再显示”复选框，再次启动 Dreamweaver 时即不会再显示欢迎屏幕。若要再次显示欢迎屏幕，可选择“编辑”|“首选参数”命令，打开“首选参数”对话框，选中“常规”分类下“文档选项”选项组中的“显示欢迎屏幕”复选框，单击“确定”按钮。

2.5 实例——启动 Dreamweaver CS3 并打造个性化工作区布局

Dreamweaver CS3 安装完毕后，根据安装时的不同设置，可能会在桌面或快速启动栏中显示 Dreamweaver 应用程序的快捷图标。本例以从桌面上启动 Dreamweaver CS3 为例介绍该应用程序的启动方法和自定义并保存自定义工作区布局的方法。

（1） 双击桌面上如图 2-24 所示的 Dreamweaver CS3 应用程序快捷图标，启动 Dreamweaver CS3。

图 2-24　Dreamweaver CS3 应用程序快捷图标

（2）在欢迎屏幕左下角选中“不再显示”复选框，如图 2-25 所示。

图 2-25　选中“不再显示”复选框

（3）打开如图 2-26 所示的提示对话框，单击“确定”按钮，隐藏欢迎屏幕（此设置在下次启动程序或者关闭所有打开的文档窗口后才见效果）。

图 2-26　隐藏欢迎屏幕时打开的提示对话框

（4）在欢迎屏幕中单击“新建”栏中的“HTML”按钮，创建一个新 HTML 文档，如图 2-27 所示。

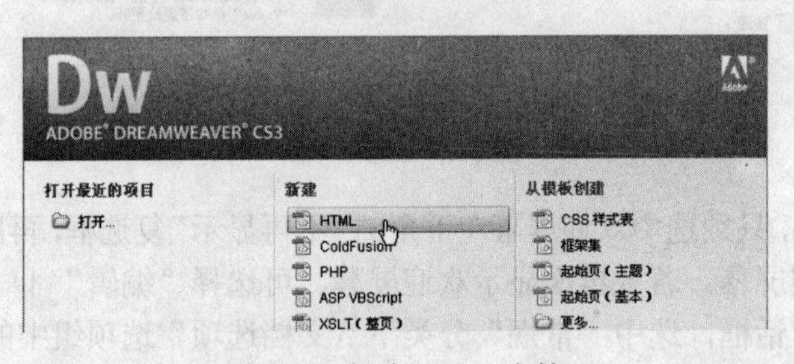

图 2-27　新建 HTML 文档

（5）在新文档窗口的状态栏中单击“窗口大小”按钮，在弹出的菜单中选择“编辑大小”命令，打开“首选参数”对话框。添加一项新尺寸“800×600（1024×768，最大值）”，单击“确定”按钮（参数值的具体添加步骤参照例 2.1）。

（6）单击文档窗口右上角的“还原”按钮，取消窗口最大化状态。

（7）单击“窗口大小”按钮，在弹出的菜单中选择“800×600（1024×768，最大值）”命令，应用此尺寸。

（8）单击属性检查器上边框中央的向下三角按钮，隐藏属性检查器。单击面板组左边框中央的向右三角按钮，隐藏面板组。此时 Dreamweaver CS3 应用程序窗口效果如图 2-28 所示。

图 2-28　自定义工作区布局

（9） 选择“窗口” | “工作区布局” | “保存当前”命令，打开“保存工作区布局”对话框，在“名称”文本框中输入“自定义工作区布局”，单击“确定”按钮，如图 2-29 所示。

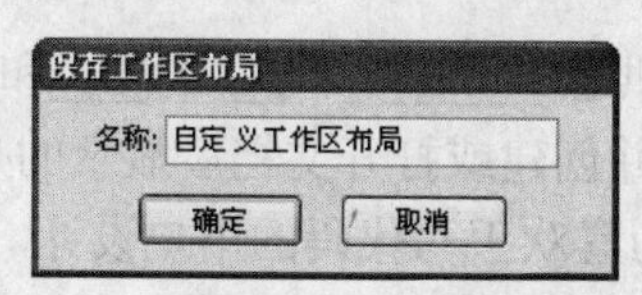

图 2-29　保存自定义工作区布局

（10） 选择“窗口” | “工作区布局” | “设计器”命令，恢复到设计器工作区布局中。

2.6　本章小结

本章介绍了有关 Dreamweaver CS3 应用程序的基本知识，包括 Dreamweaver CS3 的作用、新增功能、工作流程、界面组成及自定义工作环境的方法等。通过本章的学习，读者应熟悉 Dreamweaver CS3 的工作流程，对 Dreamweaver CS3 的操作界面有一个宏观的认识，并学会利用其灵活的界面设计来打造属于自己的工作环境。

2.7　上机练习与习题

2.7.1　选择题

（1） Dreamweaver CS3 新增了一些实用的新功能。使用________功能不但可以放大、缩小、渐隐和高亮显示元素，可以在一段时间内以可视方式更改页面元素，以及执行更多的操作。

A. Spry 框架　　　　　　　B. Spry 构件

C. Spry 效果　　　　　　　　D. 以上都不是

（2） 若要在制作网页时一边编辑代码，一边即时观察网页的实际效果，可在________视图中进行。

A. 设计器　　　　　　　　B. 编码器

C. 双重屏幕　　　　　　　D. 代码和设计

（3） 隐藏当前所有处于打开状态的浮动面板的快捷键是______。

A. F2 键　　　　　　　　B. F4 键

C. F5 键　　　　　　　　D. F10 键

（4） 插入工具栏实质上是一个工具栏集，默认状态下显示的是______工具栏。

A. 常用　　　　　　　　B. 插入

C. 布局　　　　　　　　D. 收藏夹

（5） 状态栏上 34 K / 5 秒 中的 34K 指的是________。

A. 下载时间　　　　　　　B. 文档大小

C. 34 个计时单位　　　　　D. 34 个 K 文件

2.7.2 填空题

（1） Dreamweaver 是一款专业的网页制作工具，它与________、________合在一起被称为网页制作三剑客。

（2） Dreamweaver CS3 提供了________、________和________三种工作区布局。默认情况下，启动 Dreamweaver CS3 并创建或打开文档后显示的是____________工作区布局。

（3） __________界面主要为喜欢手写代码的用户设计，初学者一般使用_________界面。

（4） 具体地说，放置文档窗口的方式有三种，分别是________、_________和_________。

（5） “窗口大小”弹出菜单命令中所显示的窗口大小为__________________________，括号中为______________。

（6） 在“窗口大小”弹出菜单中添加新尺寸时，如果仅需设置宽度或高度，可将不需要设置的字段__________。

（7） 要调整文档窗口的大小，文档窗口必须处于__________状态。

2.7.3 问答题

（1） Dreamweaver 是个什么样的软件？

（2） Dreamweaver CS3 有哪几种工作区布局？

（3） Dreamweaver CS3 的工作界面中主要包含哪些元素？

（4） 如何调整文档窗口的大小？

（5） Dreamweaver CS3 的文档窗口有哪几种视图方式？如何切换？

2.7.4 上机练习

（1） 定制一个个性化的“收藏夹”工具栏。

（2） 根据自己的爱好自定义一种工作区布局，并将其保存起来。

第3章

设置和管理站点

教学目标：

站点是所有属于网站上的文档的存储位置，分为本地站点和远程站点。本地站点放在本地计算机或网络服务器上，而远程站点则位于运行 Web 服务器的计算机上。在 Dreamweaver 中创建网页，应先创建本地站点。本章将介绍网站的规划和设计知识，本地和远程的概念，设置本地和远程信息，创建本地网站的方法及管理 Web 网站。

教学重点与难点：

1. 创建本地站点。
2. 设置本地和远程文件夹
3. 设置 FTP 访问方式。
3. 上传和获取文件。
4. 遮盖及设计备注的应用。

3.1 关于 Dreamweaver 站点

在使用 Dreamweaver 制作网页之前，用户需要在本地先创建一个站点，然后通过测试，确保网站没有断链或其他问题的情况后，即可上传网站了。在创建网站时，需要一个承载本地网站的空间和一个可承载上传网站的空间，即本地文件夹和远程文件夹。下面介绍几个在制作网站的过程中所要接触到的专业术语：本地计算机、Internet 服务器、本地网站和远程网站。

3.1.1 本地计算机和 Internet 服务器

一般来说，用户所浏览的网页存储在 Internet 服务器上。所谓 Internet 服务器，就是用于提供 Internet 服务（包括 WWW、FTP 和 E-mail 等服务）的计算机。对于 WWW 浏览服务来说，Internet 服务器主要用于存储所浏览的 Web 网站和页面。

对于大多数用户来说，Internet 服务器只是一个逻辑上的名称，而不是真正的可知实体，因此用户无法知道该服务器到底有多少台、性能如何、配置如何和到底放置在什么地方等。用户所访问的网站，可能存储在大洋彼岸美国的计算机上，也可能就存储在邻居家的计算机上，但是用户在浏览网页时，不需要了解它的实际位置，只须在地址栏输入网址，按下 Enter 键，就可以轻松实现网页的浏览。

对于浏览网页的访问者来说，他们所使用的计算机被称作本地计算机。因为访问者可直接在计算机上操作，启动浏览器，打开网页，本地计算机对于访问者来说是真正的实体。

本地计算机和 Internet 服务器之间，通过各种线路（如电话线、ADSL 或其他缆线等）进行连接，以实现相互的通信。

3.1.2 本地站点和远程站点

严格地说，网站也是一种文档的磁盘组织形式，由文档和文档所在的文件夹组成。设计良好的网站通常具有科学的结构，使用不同的文件夹将不同的网页内容分类保存，这是设计网站的必要前提。

用户在 Internet 上所浏览的各种网站，其实质就是用浏览器打开存储于 Internet 服务器上的 HTML 文档及其他相关资源。基于 Internet 服务器的不可知性，通常将存储于 Internet 服务器上的网站和相关文档称做远程网站。

虽然 Dreamweaver 可以编辑和管理位于 Internet 服务器上的网站文档，但由于现实中网络的不稳定性及长时间连接 Internet 带来的高额费用，导致使用 Dreamweaver 直接编辑和管理远程网站是不现实的，因此人们提出本地网站的概念来解决上述问题。

利用 Dreamweaver，用户可以在本地计算机上创建出网站的框架，从整体上把握网站全局。由于这时候没有同 Internet 连接，因此有充裕的时间完成网站的设计，进行完善的测试，这样在本地计算机上创建的网站就称作本地站点。在本地站点设计后，可以利用各种上传工具如 CutFTP 等将本地点站上传到 Internet 服务器上，从而形成远程站点。

3.2 创建本地站点

本地站点是用户计算机中存储所有 Web 网站文件和文档的地方。一个本地站点需要有一个名称和一个本地根目录，以告诉 Dreamweaver 将要存放所有站点文件的地方。每个网站都需要有自己的本地站点。

3.2.1 创建站点

对于初学者来说，可以通过使用 Dreamweaver 提供的定义网站向导来创建网站。选择“站点”|“新建站点”命令，打开“(站点名称）的站点定义为”对话框，在“您打算为您的网站起什么名字？”文本框中输入网站名称，如图 3-1 所示。

如果要指定站点的 URL，可在“您的站点的 HTTP 地址（URL）是什么？”文本框中输入。Dreamweaver 使用此地址来确保站点根目录相对链接可在远端服务器上工作，该远端服务器可能以其他文件夹作为站点根目录。例如，如果链接到硬盘上 C:\Sales\images\文件夹中的某个图像文件(Sales 是本地根文件夹)，而站点 URL 是 http://www.mysite.com/SalesApp/（SalesApp 是远程根文件夹），那么应在“HTTP 地址”文本框中输入 URL 确保远端服务器上的链接图像路径为/SalesApp/images/（服务器图像文件夹）。

设置完毕，单击“下一步”按钮，切换到向导的第 2 个对话框，在此可以设置是否使用服务器技术，以生成 Web 应用程序。默认情况下选中“否，我不想使用服务器技术”单选按钮，表示不使用服务器技术创建 Web 应用程序，如图 3-2 所示。如果使用服务器技术创建 Web 应用程序，则应选择“是，我想使用服务器技术”单选按钮，这时在该选项下方会显示“哪种服务器技术”下拉列表框让用户选择要使用的服务器技术类型，可使用的技术有 ColdFusion、ASP.NET、ASP、JSP 或 PHP 等。

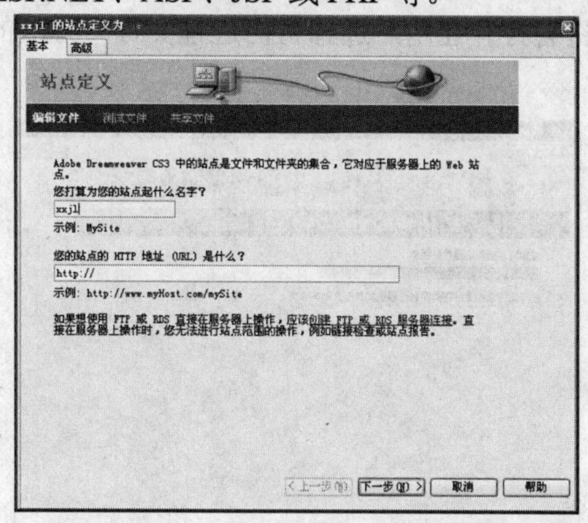

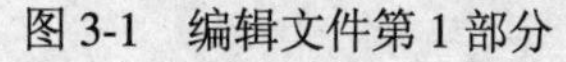
图 3-1　编辑文件第 1 部分

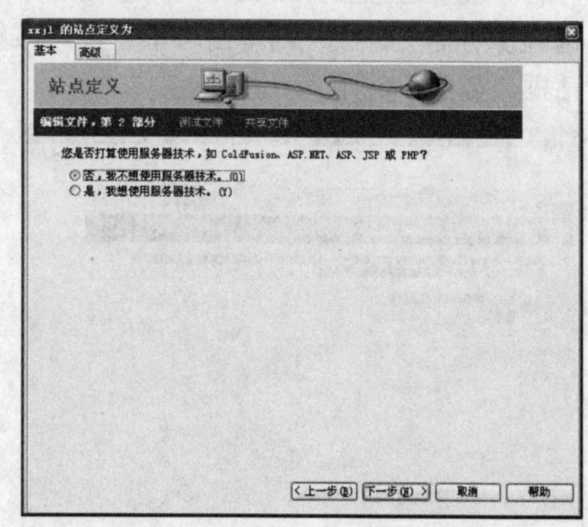

图 3-2　设置是否使用服务器技术

设置完毕，单击“下一步”按钮，切换到向导的第 3 个对话框，在此可选择开发环境。如果选择了使用服务器技术，在此对话框中将会有 3 个选择，如图 3-3 所示。通常情况下，可选择“在本地进行编辑和测试（我的测试服务器是这台计算机）”单选按钮，然后在“您将把文件存储在计算机上的什么位置”文本框中指定所要创建网站的绝对路径。

单击“下一步”按钮，切换到向导的第 4 个对话框，在此可指定一个 URL 前缀，以便工作时 Dreamweaver 可以使用测试服务器显示数据并连接到数据库，如图 3-4 所示。URL 的前缀由域名和 Web 站点的主目录的任何一个子目录或虚拟目录组成。例如，假设应用程序的 URL 是 www.macromedia.com/mycoolapp/start.jsp，则 URL 前缀为 www.macromedia.com/mycoolapp/。

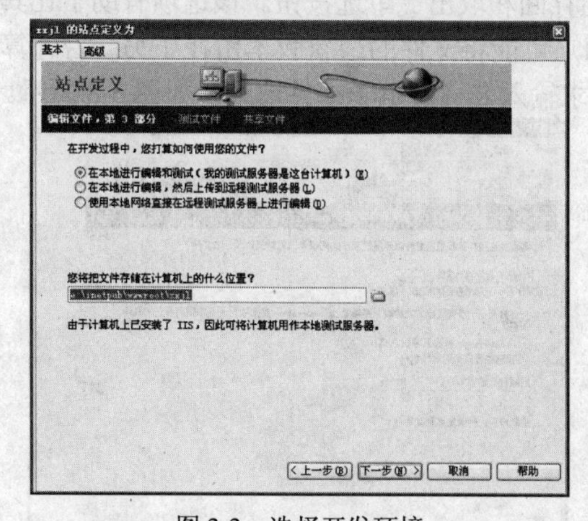

图 3-3　选择开发环境

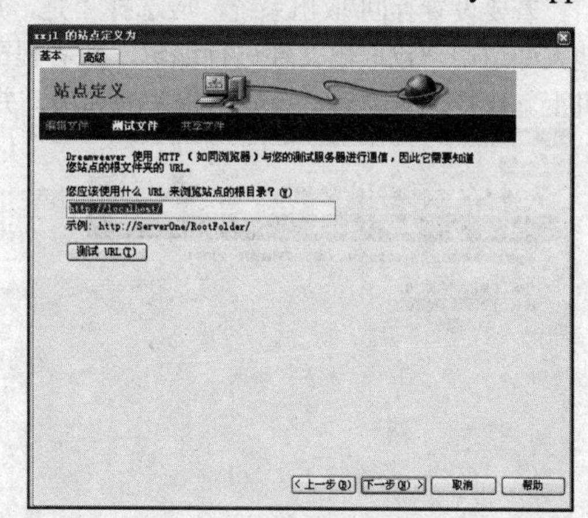

图 3-4　指定 URL 前缀

如果 Dreamweaver 与 Web 服务器运行在同一计算机上，可使用 localhost 来代替域名。例如，假设应用程序的 URL 是 buttercup_pc/mycoolapp/start.jsp，那么可以输入以下 URL 前缀 http://localhost/mycoolapp/。设置完毕，单击“测试 URL”按钮，测试一下设置的 URL 是否正确，以保证 URL 可以正常工作。

测试完毕，单击“下一步”按钮，切换到下一个对话框，在此可确定是否设置远程服务器文件夹。默认选择是“否”单选按钮，如图 3-5 所示。如果要设置远程文件夹，则应选择“是的，我要使用远程服务器”单选按钮。

若不设置远程服务器文件夹，单击“下一步”按钮后，即完成了网站的创建。若选择设置远程服务器文件夹，则单击“下一步”按钮后将会打开让用户选择访问远程文件夹方法的对话框，如图 3-6 所示。

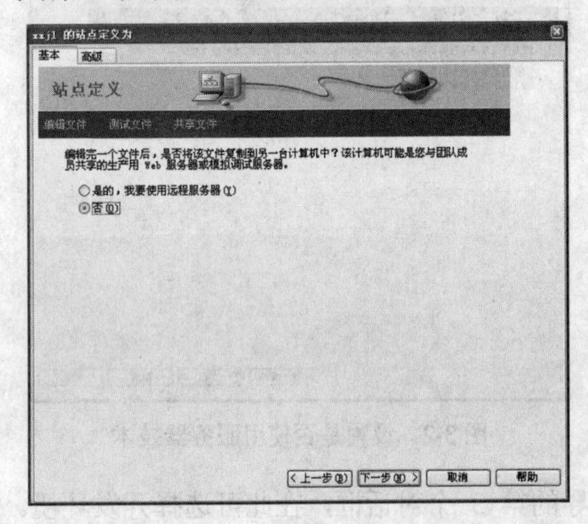

图 3-5 指定是否设置远程服务器文件夹

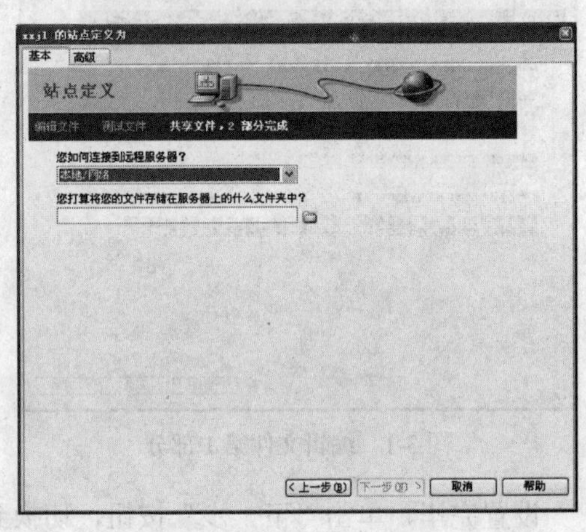

图 3-6 选择访问远程文件夹的方法

从“您如何连接到远程服务器”下拉列表框中选择一种访问方法。系统共提供了五种访问方法：本地/网络、FTP、RDS、WebDAV 和 SourceSafe 数据库。然后，在“你打算将您的文件存储在服务器上的什么文件夹中？”文本框中输入服务器的地址。

单击“下一步”按钮，切换到向导的下一个对话框，在此可设置文件“存回/取出”系统。默认设置为“否，不启用存回和取出”，如图 3-7 所示。

若要设置存回/取出系统，应选择“是，启用存回和取出”单选按钮。该选项有助于让其他人知道用户已取出文件进行编辑，或者提醒用户可能将文件的最新版本留在了另一台计算机上。选择该选项后，会显示相关的选项，并要求输入名称及电子邮件地址，如图 3-8 所示。

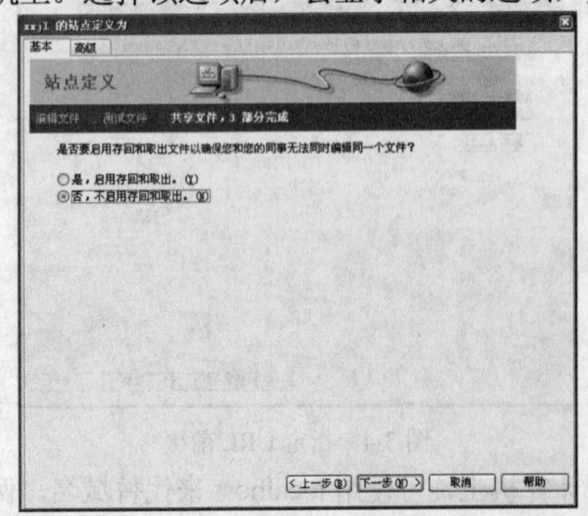

图 3-7 设置是否启用存回和取出

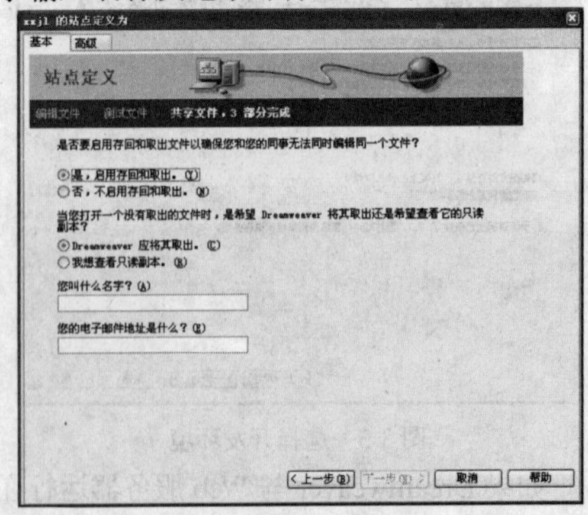

图 3-8 启用存回和取出

设置完毕，单击“下一步”按钮，切换到向导的最后一个对话框，列出用户对当前站点所进行的一系列设置参数，如本地信息、远程信息、测试服务器信息等。确定无误后，单击“完成”按钮，即可完成网站的创建。

★例 3.1: 创建一个本地站点，将其命名为 xxjl，使用 ASP VBScript 服务器技术，暂时不确定连接方式。

（1） 选择“站点”|“新建站点”命令，打开“未命名网站 1 的网站定义为”对话框。

（2） 在“您打算为您的网站起什么名字？”文本框中输入“xxjl”。

（3） 单击“下一步”按钮，切换到下一个对话框。

（4） 选择“是，我想使用服务器技术”单选按钮，在“哪种服务器技术”下拉列表框中选择“ASP VBScript”选项，然后单击“下一步”按钮，切换到下一个对话框。

（5） 选择“在本地进行编辑和测试（我的测试服务器是这台计算机）”单选按钮，在“您将把文件存储在计算机上的什么位置”文本框中输入“E:\webs\xxjl”，然后单击“下一步”按钮，切换到下一个对话框。

（6） 单击“下一步”按钮，切换到下一个对话框，选择“否”单选按钮。

（7） 单击“下一步”按钮，切换到下一个对话框，单击“完成”按钮。完成站点的创建后，该站点会显示在“文件”面板中，如图 3-9 所示。

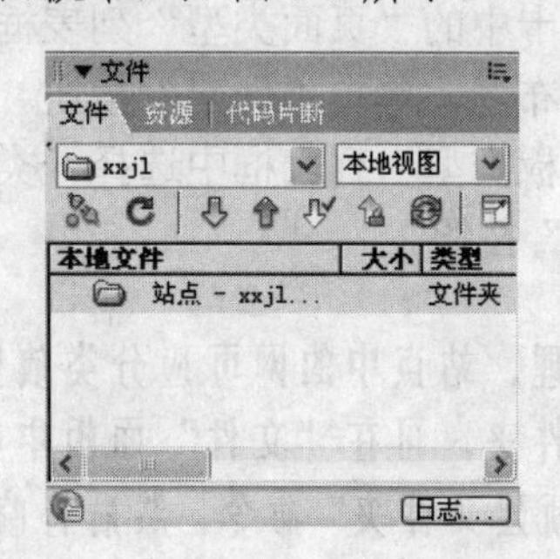

图 3-9 “文件”面板中的站点

3.2.2 新建和保存网页

建立了网站之后，用户就可以创建网站的实体，即各个网页了。Dreamweaver CS3 为处理各种 Web 设计和开发文档提供了灵活的环境，除了可创建和打开 HTML 文档以外，还可以创建和打开各种基于文本的文档，如 CFML、ASP、JavaScript 和 CSS。此外，Dreamweaver 还支持源代码文件，如 Visual Basic.NET、C# 和 Java。

1. 新建文档

在默认设置下，启动 Dreamweaver 后会显示欢迎屏幕，该页面中列出了“打开最近的项目”、“新建”和“从模板创建”三类常用任务，其中“新建”栏中的各个按钮即用于创建相应的新项目。如果要创建列表中不存在的项目，可单击“更多”文件夹图标，打开“新建文档”对话框创建文档；如果要根据模板创建文档，则单击“从范例创建”下对应的模板。

此外，还可以选择“文件”|“新建”命令，打开“新建文档”对话框，选择并创建所需新文档，如图 3-10 所示。

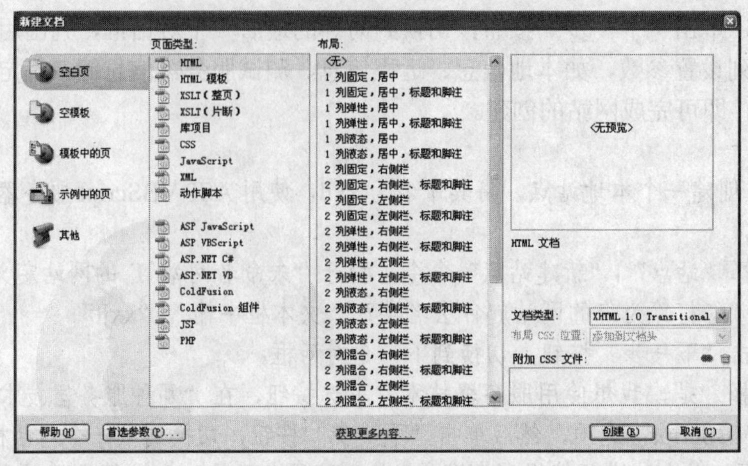

图 3-10 “新建文档”对话框

“新建文档”对话框提供了 5 种创建项目文档的方法：空白页、空模板、模板中的页、示例中的页以及其他。其中“空白页”用于新建空白网页；“空模板”基于模板创建新网页；“模板中的页”基于已有的网页创建新网页；“示例中的页”基于示例网页创建新网页。

在实际工作中，最常用的新建文档的方法是创建空白网页和通过模板创建网页。新建空白文档时，应在“空白页”选项卡中的“页面类型”列表框中先选择一种页面类型，然后在“布局”列表框中选择一种网页布局，单击“创建”按钮。若要基于模板创建网页，则要切换到“空模板”选项卡，在“模板类型”列表框中选择一类模板，然后在“布局”列表框中选择一种网页布局，单击“创建”按钮。

提示：为了方便管理，站点中的网页应分类放置在不同的文件夹中。若要在站点中创建文件夹，可在“文件”面板中右击站点名称，从弹出的快捷菜单中选择“新建文件夹”命令，然后将临时文件名更改为所需的文件名。

2. 保存新文档

新建或修改后的文档要适时进行保存。选择“文件”|“保存”命令，打开“另存为”对话框，从“保存在”下拉列表中选择保存路径，在“文件名”列表框中输入文件名称，保存类型使用默认值，然后单击“保存”按钮即可保存新文档。

3. 设置首页

首页是网站中的重要元素。新建网页后，该网页会显示在“文件”面板中的相关站点下方。右击要设置为主页的网页名称，从弹出的快捷菜单中选择“设成首页”命令，即可将该网页设置为网站首页。

★例 3.2: 在 xxjl 站点中创建一个 main.html 网页，并将其设置为首页。

（1） 选择“文件”|“新建”命令，或者按快捷键 Ctrl+N，打开“新建文档”对话框。

（2） 采用默认选项，即在“空白页”选项卡的“页面类型”列表框中选择“HTML”选项，在“布局”列表框中选择“无”选项。

（3） 单击“创建”按钮，创建一个空白 HTML 文档。

（4） 选择“文件”|“保存”命令，打开“另存为”对话框。从“保存在”下拉列表框中选择 E:\webs\xxjl 文件夹，在“文件名”文本框中输入“main.html”。

（5） 单击“保存”按钮。

（6） 在“文件”面板中右击 main.html 网页，从弹出的快捷菜单中选择“设成首页”命令。

3.3 使用站点地图

可以将 Dreamweaver 站点的本地文件夹视为链接目标的视觉地图，这个视觉地图称为站点地图。站点地图将页面显示为图标，并按在源代码中出现的顺序来显示链接。站点地图是理想的站点结构布局工具。用户可以快速设置整个站点结构，然后创建站点地图的图形。

要使用站点地图，应在“文件”面板中单击“展开/折叠”按钮，展开站点文件窗口，单击工具栏中的“站点地图”按钮，从弹出的菜单中选择“地图和文件”命令。这时将在左窗格中看到站点首页，并在右窗格中显示站点文件，如图 3-11 所示。

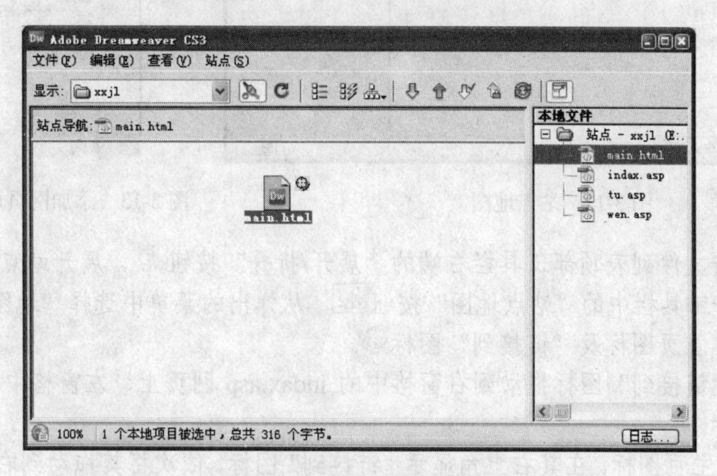

图 3-11 站点地图窗口

拖动左窗格中的“链接到”图标至其他网页，即可建立其他网页与主页间的链接关系，链接到的网页显示为首页的下一级网页。若站点中同时有首页和主页，将首页链接至主页后，可单击地图中的主页，在主页图标旁显示“链接到”图标，将其拖至其他网页，以建立主页与其他网页的链接。

制作好站点地图后，选择“文件”|“保存站点地图”命令，打开“保存站点地图”对话框，指定文件位置与名称，单击“保存”按钮，即可保存站点地图。

站点地图从首页开始显示两个级别深度的站点结构。在站点地图的窗口中，站点的首页总是出现在站点地图的最上端，在首页的下面可以看到与首页链接的文件。

使用站点地图可以方便地将新文件添加到 Dreamweaver 站点，或者添加、修改、删除链接。例如，如果想更换站点中的首页，在站点地图中右击要设置为首页的网页，然后从弹出的快捷菜单中选择“设成首页”命令。

提示： 站点地图仅适用于本地站点。若要创建远程站点的地图，可将远程站点的内容复制到本地磁盘上的一个文件夹中，使用“管理站点”命令将该站点定义为本地站点，然后为其创建站点地图。

★例 3.3: 为 xxjl 站点制作站点地图，如图 3-12 所示。

（1） 在“文件”面板中右击 xxjl 站点名称，从弹出的快捷菜单中选择“新建网页”命令，新建 3 个网页：indax.asp、tu.asp、wen.asp，如图 3-13 所示。

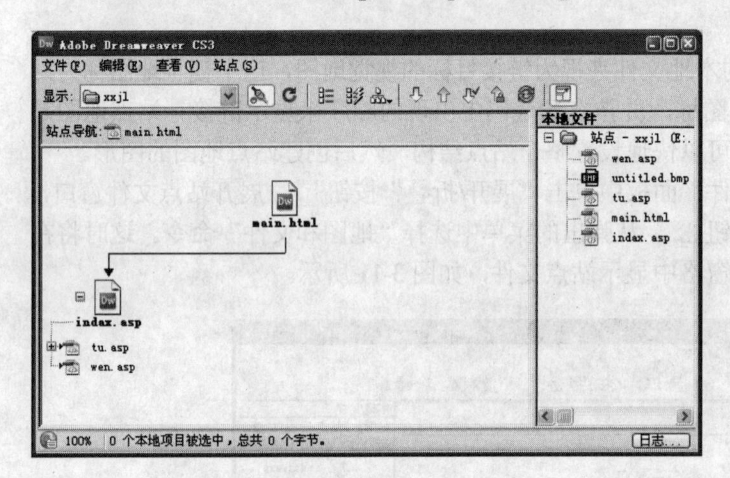

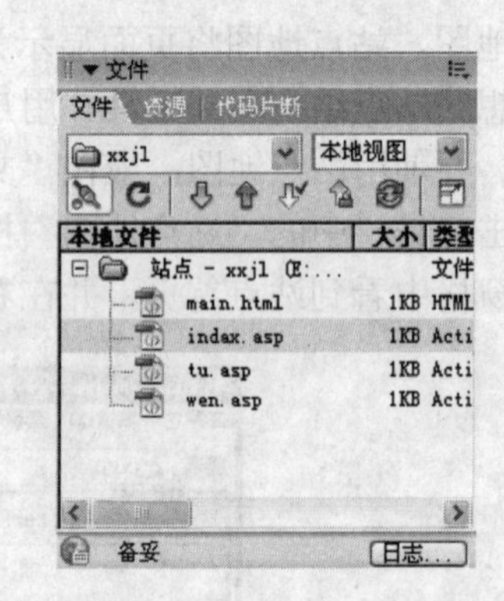

图 3-12　站点地图　　　　图 3-13　添加网页后的“文件”面板

（2） 单击文件列表顶部工具栏右端的“展开/折叠”按钮，展开站点文件窗口。

（3） 单击工具栏中的“站点地图”按钮，从弹出的菜单中选择“地图和文件”命令，在左窗格中显示首页图标及“链接到”图标。

（4） 将“链接到”图标拖动到右窗格中的 indax.asp 网页上，左窗格中的首页图标下方即显示主页图标。

（5）单击主页图标，在其右上角显示“链接到”图标，依次将其拖动到右窗格中的 tu.asp 和 wen.asp 网页上。

（6） 选择“文件”|“保存站点地图”命令，打开“保存站点地图”对话框，在“名称”文本框中输入文件名“ditu”，单击“保存”按钮。

（7） 单击工具栏右端的“展开/折叠”按钮，折叠“文件”面板。

3.4　设置本地和远程文件夹

除了可以通过向导创建站点外，用户还可以应用高级方式创建站点，即在“站点定义为”对话框中切换至“高级”选项卡，进行所需的设置。

应用高级方式创建网站，需要设置本地信息、远程信息和测试服务器等不同的内容。选择“站点”|“新建站点”命令，打开“（站点名称）的站点定义为”对话框，切换到“高级”选项卡，即可设置本地信息、远程信息及测试服务器。

3.4.1 设置本地文件夹

在“站点定义为”对话框的“高级”选项卡中，从“分类”列表框中选择“本地信息”选项，即可设置网站名称、本地根文件夹及默认图像文件夹等内容，如图 3-14 所示。

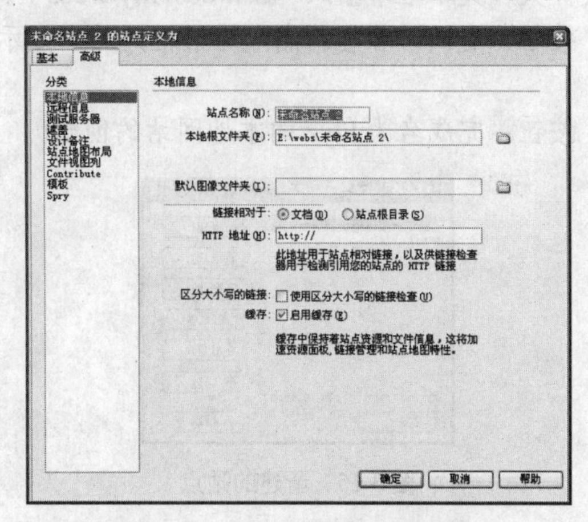

图 3-14 本地信息设置对话框

“本地信息”选项页中各选项功能如下。

（1）“站点名称”：用于设置网站名称。

（2）“本地根文件夹”：用于从本地磁盘上指定一个文件夹以存储站点文件。可直接在文本框中输入路径，也可通过单击“文件夹”图标确定文件夹位置。

（3）“默认图像文件夹”：用于设置存放图像的默认文件夹名称及其路径。如果用户在文件中插入图像，保存文件时，默认状态下系统会提示用户将图像保存在该图像文件夹中。

（4）“链接相对于”：用于更改用户创建的链接到站点中其他页面的链接的相对路径。默认情况下 Dreamweaver 使用文档相对路径创建链接。如果选择“站点根目录”选项更改路径设置，应确保在“HTTP 地址”文本框中指定了 HTTP 地址。此设置仅应用于使用 Dreamweaver 以可视方式创建的新链接，更改此设置不会转换现有链接的路径。

（5）“HTTP 地址”：用于输入已完成的 Web 站点将使用的 URL。标识网站的 URL，可以使网站内使用绝对 URL 的超链接得以验证。

（6）“使用区分大小写的链接检查”：Dreamweaver 在检查链接时，如果要确保链接的大小写与文件名的大小写匹配，应选择该选项。此选项用于文件名区分大小写的 UNIX 系统，Windows 系统一般不使用此选项。

（7）“启用缓存”：用于创建本地高速缓冲，提高链接和站点管理任务的速度。如果不选择此选项，Dreamweaver 在创建网站前将再次询问用户是否希望创建缓存。建议选择此选项。

★例 3.4：用高级方式创建名为 klyz 的本地站点。

（1）在启动 Dreamweaver 前，打开“我的电脑”，在 E:\ webs 文件夹中新建一个名为“my webs”的文件夹。

（2）启动 Dreamweaver，选择“站点”|“管理站点”命令，打开“管理站点”对话框。

（3）单击“新建”按钮，从弹出的下拉菜单中选择“站点”命令，打开“(站点名称)

的网站定义为”对话框，切换到“高级”选项卡。

（4） 在“分类”列表框中选择“本地信息”选项，然后在“站点名称”中输入站点名称“klyz”。

（5） 在“本地根文件夹”文本框中输入“E:\webs\ my webs \”。

（6） 单击“确定”按钮，返回“管理站点”对话框，其中显示新建的站点，如图 3-15 所示。

（7） 单击“完成”按钮，完成名为 klyz 的本地网站的创建。

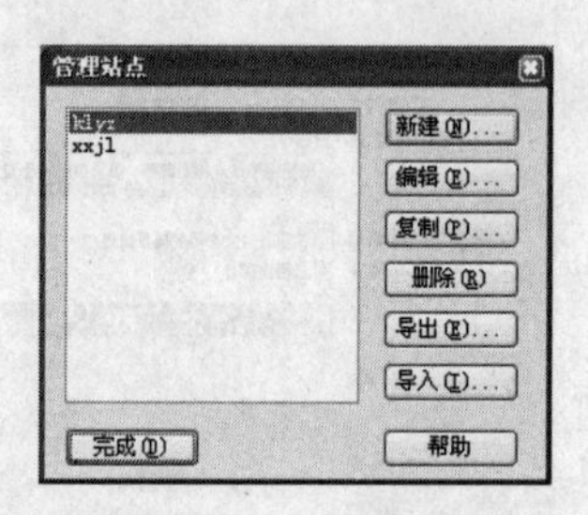

图 3-15　新建的站点

3.4.2　设置远程文件夹

在“文件”面板中选择要设置远程信息的站点，选择“站点”|“管理站点”命令，打开如图 3-16 所示的“管理站点”对话框。单击“编辑”按钮，打开“(文件名称) 的站点定义为”对话框，切换到“高级”选项卡，选择“分类”列表框中的“远程信息”选项，显示“访问”下拉列表框，其中包含 6 种不同的访问方式，如图 3-17 所示。

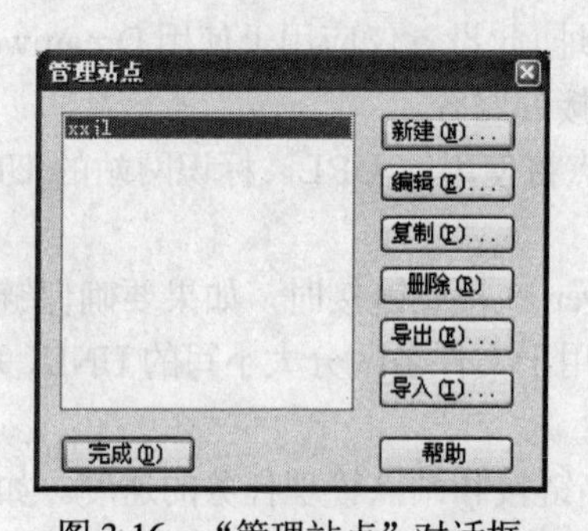

图 3-16　“管理站点”对话框

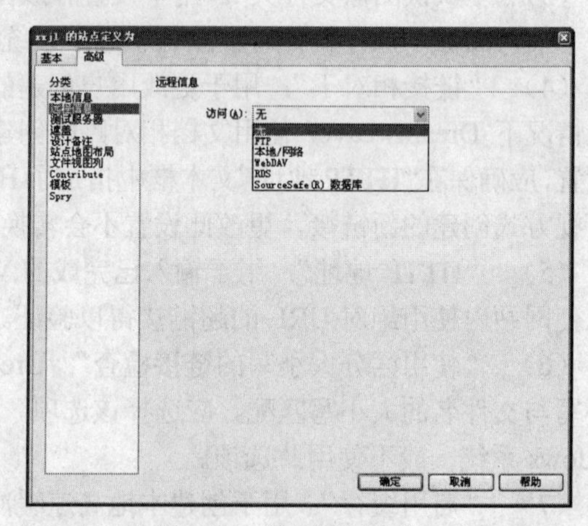

图 3-17　设置远程信息

“访问”下拉列表框中的 6 个选项说明如下。

（1）　“无”：表示不将站点上传到服务器。

（2）　“FTP”：使用 FTP 方式连接远程服务器。

（3）　“本地/网络”：用于访问网络文件夹，或者在本地计算机上运行 Web 服务器。

（4）　“WebDAV”：使用 WebDAV（基于 Web 的分布式创作和版本控制）协议连接到 Web 服务器。要采用此方式，要求必须拥有支持此协议的服务器，如 Microsoft Internet

Information Server（IIS）5.0，或经正确配置安装的 Apache Web 服务器。

（5） “RDS”：使用 RDS（远程开发服务）连接到 Web 服务器。要采用此方式，要求远程文件夹必须位于运行 ColdFusion 的计算机上。

（6）“SourceSafe 数据库”：使用 SourceSafe 数据库连接到 Web 服务器。只有 Windows 支持 SourceSafe 数据库，且必须安装 Microsoft Visual SourceSafe Client 第 6 版。

在本地计算机上进行测试要用到“本地/网络”选项，上传至远程服务器常用的访问方式为 FTP。下面简单介绍一下这两种访问的相关设置。

1. “本地/网络”选项

选择“访问”下拉列表框中的“本地/网络”选项，显示如图 3-18 所示的选项。设置完毕单击“确定”按钮，即可完成远程信息的设置。

“本地/网络”访问设置的各选项功能如下。

（1） “远端文件夹”：用于设置远程文件夹的路径及文件夹名称。

（2） “维护同步信息”：用于自动同步本地和远程文件。

（3） “保存时自动将文件上传到服务器”：用于指定保存文件时 Dreamweaver 自动将文件上传到远程站点。

（4） “启用存回和取出”：用于允许多人共同开发网站时使用存回和取出功能。

2. 为 FTP 访问选择主机目录

FTP 是最常用的访问方式，上传网站时会用到。要为 FTP 访问设置主机目录，应从“远程信息”选项页的“访问”下拉列表框中选择“FTP”选项，显示如图 3-19 所示的选项，进行所需的设置。

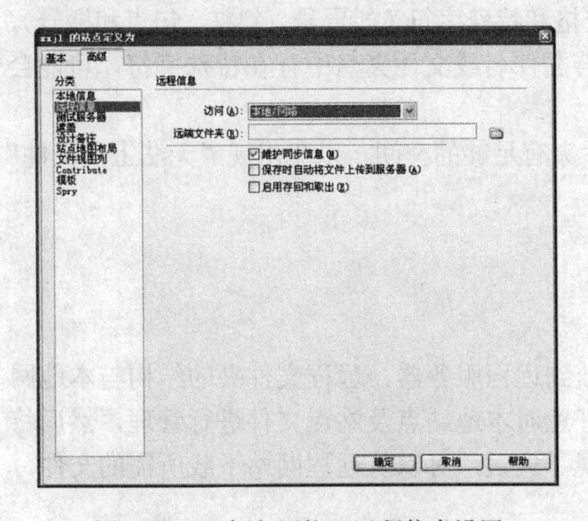

图 3-18 “本地/网络”远程信息设置

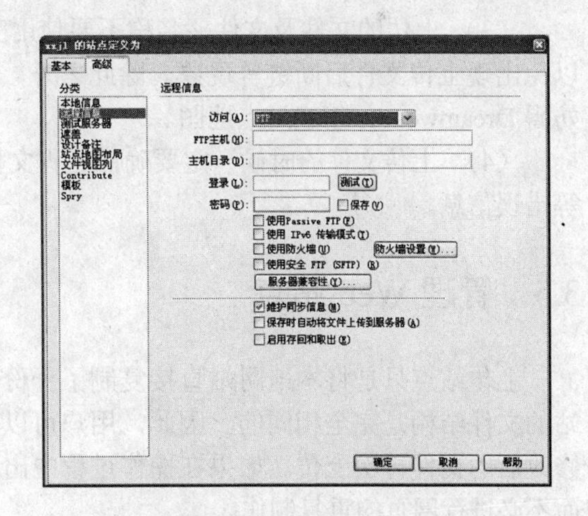

图 3-19 FTP 远程信息设置

FTP 访问设置的各选项功能如下：

（1） “FTP 主机”：用于指定 Web 站点上传到的 FTP 主机的主机名。FTP 主机是计算机系统的完整 Internet 名称，如 ftp.9jh.com。输入主机名时不要带其他任何文本。特别是不要在主机名前面添加协议名。如果不知道 FTP 主机，可与网站服务商联系。

（2） “主机目录”：用于指定在远程站点上存储公共可见的文档的主机目录。如果不能确定主机目录，可与服务器管理员联系，或者将该文本框保留为空白。在有些服务器上，根目录就是首次使用 FTP 连接到的目录。

（3）“登录”和“密码”：用于设置连接到 FTP 服务器的登录名和密码。

（4）“测试”：用于测试登录名和密码是否正确。

（5）“保存”：用于使 Dreamweaver 自动保存密码。如果希望每次连接到远程服务器时 Dreamweaver 都提示输入密码，应取消选择“保存”复选框。

（6）“使用 Passive FTP”：表示防火墙配置要求使用被动式 FTP。该选项允许本地软件能够建立 FTP 连接，而不是请求远端服务器来设置它。

（7）“使用 IPv6 传输模式”：如果使用支持 IPv6 的 FTP 服务器，可选择此复选框。选择此选项时必须为数据连接使用被动扩展（EPSV）和主动扩展（EPRT）命令。

（8）“使用防火墙”：用于通过防火墙连接到远程服务器。

（9）“防火墙设置”：用于编辑防火墙主机或端口。

（10）“使用安全 FTP”：表示可从防火墙后端连接到远程服务器。

3.4.3 设置远程文件夹时应注意的事项

在设置远程文件夹时，用户应注意一些问题，下面简单列举几点。

（1）Dreamweaver FTP 实现方案可能不适用于某些代理服务器、多级防火墙和其他形式的间接服务器访问。

（2）对于 Dreamweaver FTP 实现，必须连接到远程系统的根文件夹。确保将远程系统的根文件夹指定为主机目录。如果有连接问题，并且使用一个单斜杠（/）指定了主机目录，则可能需要指定一个相对于所连接目录和远程根文件夹的路径。例如，如果远程根文件夹是一个更高级别的目录，则需要为主机目录指定“../../”。

（3）上传的文件及文件夹名称不要使用空格和特殊字符（如冒号、斜杠、句点和撇号），以免出现上传文件后断链等现象。除此之外，若文件名或文件夹名中存在特殊字符，可能会妨碍 Dreamweaver 创建站点地图。

（4）上传文件的时候一定要确保远程文件夹有足够的空间，以免出现“无法上传文件”等错误信息。

3.5 管理 Web 站点

上传站点只是将本地网站直接复制了一份放到远程服务器，远程文件夹的结构与本地网站的文件结构是完全相同的。因此，用户可以任意对本地站点及站点文件进行管理，然后将修改后的文件再次上传。如果在操作过程中出现了失误，可以从远程网站下载所需的文件，而不必进行网页的重复制作。

3.5.1 导入和导出站点

使用导入功能可以将现有的网站直接导入到 Dreamweaver 中进行编辑和修改。与“导入”功能相对的是“导出”功能，Dreamweaver 可以将网站导出为 XML 文件，然后将其导回 Dreamweaver，方便在各计算机和产品版本之间移动网站，或者与其他用户共享。

要导入站点，可选择“站点”|“管理站点”命令，打开“管理站点”对话框。单击右侧的“导入”按钮，打开“导入站点”对话框，选择要导入的网站名称，单击“打开”按钮，

返回到“管理站点”对话框，单击“完成”按钮。

注意：在使用“导入”功能前，一定要确保要导入的网站已经被保存为扩展名为.ste 的 XML 文件。如果要导入的网站还是以文件夹及网页的形式存在，则无法导入到 Dreamweaver 中。

若要导出网站，则打开“管理站点”对话框后，应从列表框中选择已存在的网站，然后单击“导出”按钮，打开“导出站点”对话框，其默认的保存类型为“站点定义文件（*.ste）”。选择保存的位置后，单击“保存”按钮，返回“管理站点”对话框，单击“完成”按钮。

3.5.2 从站点列表中删除站点

从站点列表中删除站点不会从保存该站点的计算机中删除站点，而只是将该网站的相关链接信息从 Dreamweaver 的“文件”面板的“站点列表”中删除。

要从站点列表中删除站点，可先打开“管理站点”对话框，从列表框中选择要删除的站点名称，单击“删除”按钮。此时会打开一个警告对话框，警告用户此动作是不可撤销的，如图 3-20 所示。单击“是”按钮即可从列表中删除站点。

图 3-20 警告对话框

提示：如果想要重新将某站点添加至“文件”面板的站点列表中，需要重新定义站点。

3.5.3 获取和上传文件

在多人协作环境中，可以在工作时使用“取出/存回”功能在本地和他人的计算机间进行文件传输。但是，如果只是单人在远程网站上工作，只须使用“获取/上传”命令来传输文件。

1. 将文件上传到远程或测试服务器

若要将文件上传到远程或测试服务器上，可展开“文件”面板，在窗口工具栏右侧的“显示”列表框中选择要上传的文件，然后在“文件”面板中单击工具栏中的“上传文件”按钮，并在打开的要用户确认上传文件的对话框中单击“确定”按钮，即可开始上传网站。上传后的文件会显示在窗口的左窗格中，如图 3-21 所示。

2. 从远程或测试服务器中获取文件

若要从远程或测试服务器获取文件，可在展开的“文件”面板中的“显示”下拉列表框中选择该文件所在的网站，然后从窗口左侧列表框中（服务器端）选择要获取的文件，单击工具栏中的“获取文件”按钮，即完成从远程或测试服务器中获取文件操作。

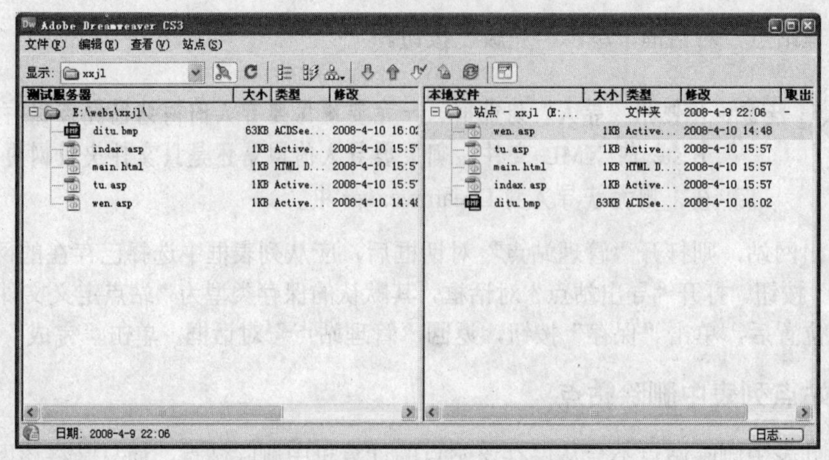

图 3-21 上传文件

★例 3.5：将本地网站 xxjl 上传到指定的远程文件夹中（远程文件夹已经指定，在此无须考虑）。

（1） 显示“文件”面板，从工具栏左端的“显示”下拉列表框中选择“xxjl”网站。

（2） 单击“文件”面板工具栏中的“上传文件”按钮，打开让用户确认上传站点的提示对话框，如图 3-22 所示。

图 3-22 提示对话框

（3） 单击“确定”按钮。

3.5.4 同步本地和远程站点上的文件

上传文件后，如果对本地文件又进行了编辑和修改，可利用“同步”功能来更新远程站点上的文件，使其与本地文件保持一致。在同步文件之前，应先对要上传、获取、删除或忽略的文件进行验证，方法是：单击“文件”面板右上角的“选项”按钮，从弹出的菜单中选择“编辑”|“选择较新的本地文件”或“选择较新的远端文件”命令，确定要删除及更新的文件。

若要对某个站点中的文件实行本地与远程同步，应先选择该站点并选择特定的文件或文件夹，然后单击“文件”面板右上角的“选项”按钮，从弹出的菜单中选择“站点”|“同步”命令，或者右击站点名称，从弹出的菜单中选择“站点”|“同步”命令，打开如图 3-23 所示的“同步文件”对话框。从中设置“同步”及“方向”选项，再单击“预览”按钮。同步成功后，系统会打开一个提示对话框告知用户，单击“确定”按钮。

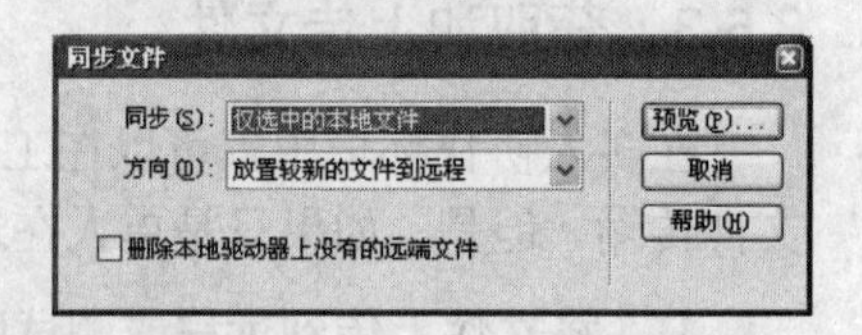

图 3-23 “同步文件”对话框

“同步文件”对话框中各选项的功能如下。

（1） “同步”：用于选择同步的对象，包括“整个（站点名称）站点”和“仅选中的本地文件”两个选项。

（2） “方向”：用于选择复制文件的方向，包括“放置较新的文件到远程”、“从远程获得较新的文件”和“获得和放置较新的文件”3 个选项。

（3） “删除本地驱动器上没有的远端文件”：用于让 Dreamweaver 自动删除远程服务器上存在但本地驱动器上没有的文件。

（4） “预览”：用于让Dreamweaver自动检测是否有需要上传或下载的文件并执行同步操作。

★例3.6：修改本地站点xxjl中的内容，然后同步本地和远程站点上的文件。

（1） 在“文件”面板中右击站点名称xxjl，从弹出的快捷菜单中选择“新建文件夹”命令，创建一个新文件夹，并将其名称改为“image”。

（2） 选择main.html网页，按Delete键，打开如图3-24所示的提示对话框。单击“是”按钮，删除所选网页。

（3） 右击站点名称，从弹出的菜单中选择“站点”|“同步”命令，打开“同步文件”对话框。

（4） 从“同步”下拉列表框中选择“整个‘xxjl’站点”选项，在“方向”下拉列表框中选择“放置较新的文件到远程”选项，并选中“删除本地驱动器上没有的远端文件”复选框，如图3-25所示。

（5） 单击“预览”按钮，执行同步操作。

图3-24 提示对话框

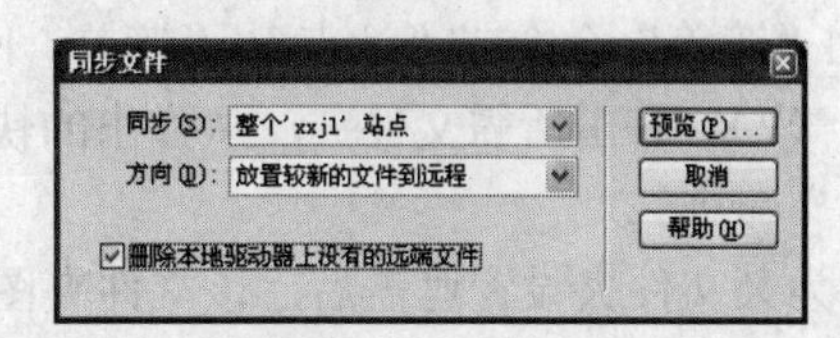

图3-25 设置同步选项

3.5.5 遮盖站点中的文件夹和文件

为了简化文件列表视图，提高工作效率，对一些不再需要更改的文件可以通过遮盖功能，在上传或获取文件时忽略这些文件或文件夹。不但可以遮盖单独的文件夹，还可以遮盖指定的文件类型。

1. 禁用和启用网站遮盖

默认状态下，网站的遮盖功能处于启用状态。如果要禁用或再次启用此功能，可以在“文件”面板中执行以下任一操作。

（1） 单击“文件”面板右上角的“选项”按钮，从弹出的菜单中选择“站点”|“遮盖”|“启用掩盖”命令。取消“启用掩盖”命令前的复选标记为禁用状态，如果“启用掩盖”命令前有复选标记则为启用状态。

（2） 右击文件夹或文件，从弹出的快捷菜单中选择“遮盖”|“启用掩盖”命令。

（3） 单击“文件”面板右上角“选项”按钮，从弹出的菜单中选择“站点”|“遮盖”|“设置”命令，或者右击文件列表的任意处，从弹出的快捷菜单中选择“遮盖”|“设置”命令，打开网站定义对话框的“高级”选项卡。在“分类”列表框中选择“遮盖”选项，然后选中或清除“启用遮盖”复选框，如图3-26所示。

2. 遮盖和取消遮盖文件夹

在遮盖功能启用的状态下，用户可对特定文件夹进行遮盖操作，但是不能遮盖所有文件夹或整个网站。

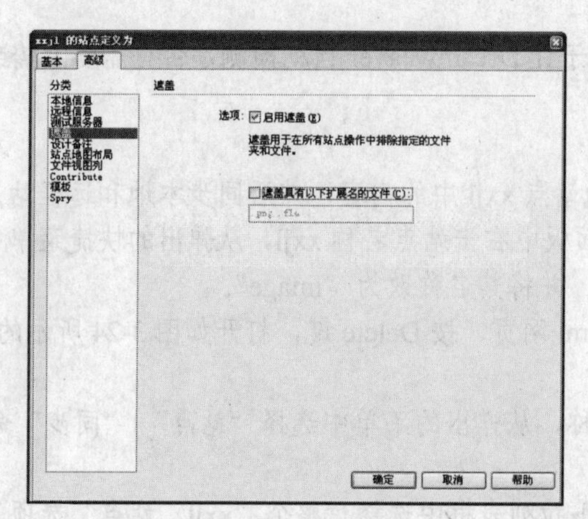

图 3-26 启用遮盖

要遮盖或取消遮盖站点中的特定文件夹，选择所需文件夹后，可执行以下任一操作。

（1） 单击“文件”面板右上角的“选项”按钮，从弹出的菜单中选择“站点”|“遮盖”|“遮盖”命令或“站点”|“遮盖”|“取消掩盖”命令。

（2） 右击所需文件夹，从弹出的快捷菜单中选择“遮盖”|“遮盖”或“遮盖”|“取消掩盖”命令。

为某文件夹设置遮盖后，该文件夹图标上会显示出一条红色斜线，表明该文件夹已遮盖，如图 3-27 所示。取消遮盖后该红线将自动消失。

3. 遮盖和取消遮盖特定文件类型

若要遮盖网站中特定的文件类型，可打开网站定义对话框的“高级”选项卡，在“分类”列表框中选择“遮盖”选项，确定选中“启用遮盖”复选框，然后选择“遮盖具有以下扩展名的文件”复选框，并在文本框中进行文件类型设置。设置完毕单击“确定”按钮，会打开如图 3-28 所示的提示对话框，单击“确定”按钮。

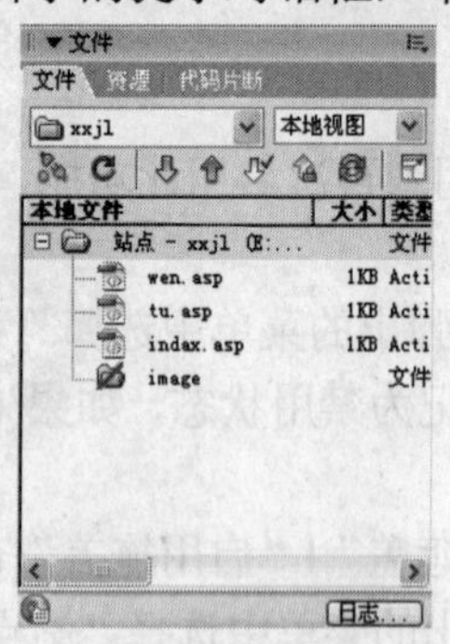

图 3-27 遮盖文件夹

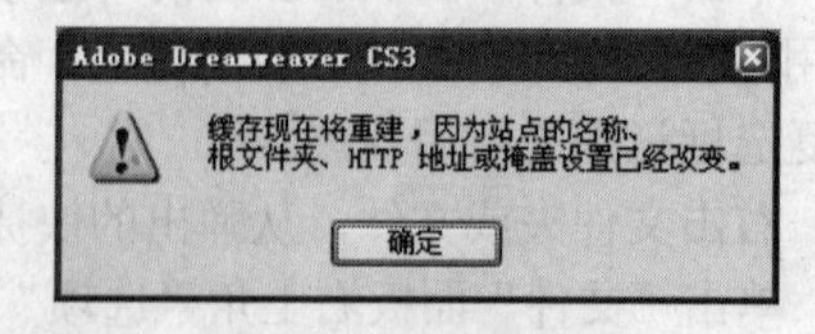

图 3-28 提示对话框

提示：在“遮盖具有以下扩展名的文件”下的文本框中输入多个文件类型时，各个文件类型间应使用空格进行分离，而不应使用逗号或分号。

设置完遮盖的文件类型后，相应类型的文件都会被划上一条红色斜线，表明该类文件已被遮盖。若要取消网站中特定文件类型的遮盖，可选择已启用网站遮盖功能的网站，然后在网站定义对话框的“高级”对话框，清除“启用遮盖”复选框。

4. 取消所有文件夹和文件的遮盖

用户可以同时取消网站中所有文件夹和文件的遮盖，但此操作无法还原。当需要再次遮盖文件夹和文件时，必须逐一重新遮盖所有项。

单击“文件”面板右上角的“选项”按钮，从弹出的菜单中选择“站点”|“遮盖”|“全部取消遮盖”命令，或者右击文件列表的任意处，从弹出的快捷菜单中选择“遮盖”|“全部取消遮盖”命令，即可取消对所有文件夹和文件的遮盖。

★例 3.7: 遮盖站点 xxjl 中的所有 ASP 网页。

（1） 在“文件”面板中右击 xxjl 站点，确保快捷菜单中的“遮盖” | “启用遮盖”命令前显示了选择标记。

（2） 右击站点名称，从弹出的快捷菜单中选择“遮盖” | “设置”命令，打开“xxjl 的站点定义为”对话框的“高级”选项卡的“遮盖”选项页。

（3） 选中“遮盖具有以下扩展名的文件”复选框，并在其下方的文本框中输入“.asp”，如图 3-29 所示。

（4） 单击“确定”按钮。

（5） 在打开的提示对话框中单击“确定”按钮，则所有文件扩展名为.asp 的文件被遮盖，如图 3-30 所示。

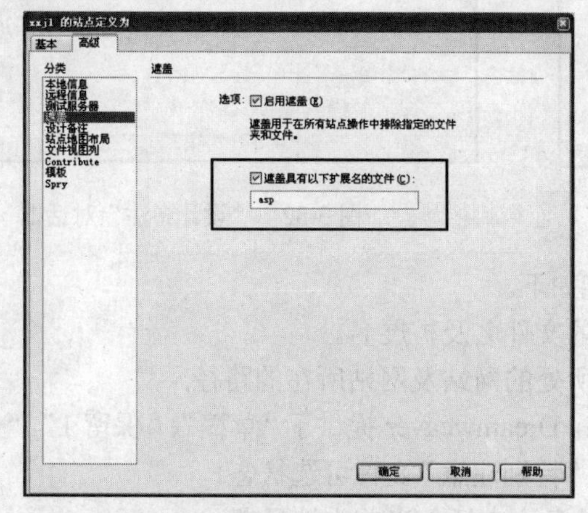

图 3-29　设置文件的遮盖类型

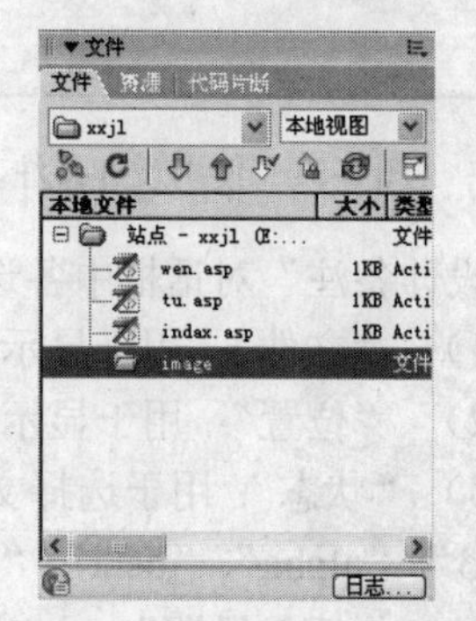

图 3-30　遮盖所有 ASP 网页

3.5.6 使用设计备注

设计备注是用户为文件创建的备注，与所描述的文件相关联，独立存储在文件中，可用于记录与文档关联的其他文件信息，如图像源文件名称和文件状态说明。例如，将一个文件从一个站点复制到另一个站点，则可以为该文件添加设计备注，用于说明原始文件位于另一站点的文件夹。

1. 启用和禁用设计备注

默认状态下，设计备注为启用状态。如果要禁用设计备注，应打开站点定义对话框，选择“分类”列表框中的“设计备注”选项，然后清除“维护设计备注”复选框，如图 3-31 所示。

"设计备注"选项页中各选项的功能如下：

（1）"维护设计备注"：用于允许用户添加、编辑和共享与文件相关的特别信息，如文件状态注释、其源文件名称等。

（2）"上传并共享设计备注"：用于允许用户与其他工作在该网站上的人员共享设计备注和文件视图列。只有在选中"维护设计备注"复选框后，此选项才被激活。

2. 设置设计备注的基本信息

可以为站点中的每个文件设置设计备注，包括各类网页、模板文件、applets 程序、ActiveX 控件、图像、Flash 动画、Shockwave 影片等。为模板文件添加的设计备注应用该模板生成新文档，此新生成的文件将继承模板文件所拥有的设计备注。

要将设计备注添加到文档中，应先确定文档窗口处于活动状态，然后选择"文件"|"设计备注"命令，打开"设计备注"对话框，进行所需的设置，如图 3-32 所示。

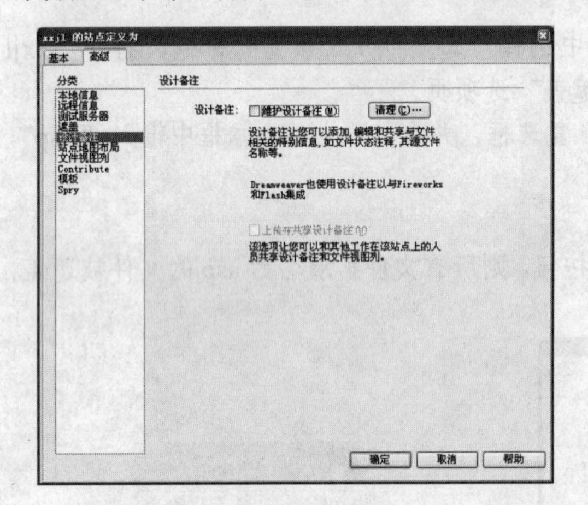

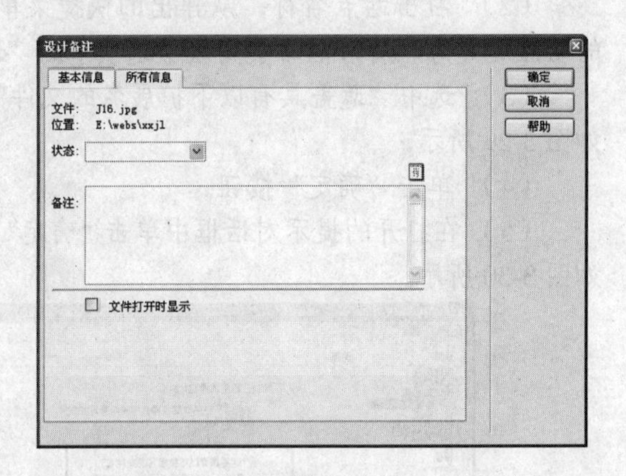

图 3-31　使用设计备注功能

图 3-32　"设计备注"对话框

"设计备注"对话框中各选项的功能如下。

（1）"文件"：用于显示当前文件的文件名及扩展名。

（2）"位置"：用于显示当前文件所处的网站及网站所在的路径。

（3）"状态"：用于选择文档的状态。Dreamweaver 提供了"草稿"、"保留 1"、"保留 2"、"保留 3"、"alpha"、"beta"、"最终版"、"特别注意" 8 种可选状态。

（4）"插入日期" 19：用于在设计备注中插入当前本地日期。

（5）"备注"：用于输入注释文本。

（6）"文件打开时显示"：用于在每次打开文件时显示设计备注文件。

如果文件位于在远程网站上，必须先将其取出或获取该文件，然后从本地文件夹中选择要添加设计备注的文件，才能为其添加设计备注。

提示： Dreamweaver 将设计备注自动保存到_notes 文件夹（该文件夹为隐藏文件夹）中，与当前文件处于相同的位置。设计备注文件的文件名是文档的文件名，并在其后缀上扩展名.mno。例如，如果为 index.html 文件设置了设计备注，则其关联的设计备注文件名为 index.html.mno。

3. 自定义设计备注信息

如果用户认为还要添加其他的设计备注，可在“设计备注”对话框中切换到“所有信息”选项卡，单击“添加项”按钮[+]，然后在“名称”文本框中输入设计备注项的名称，在“值”文本框中输入其值，如图 3-33 所示。

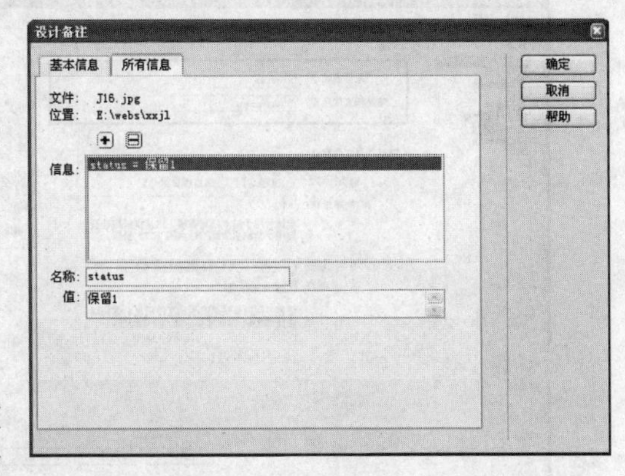

图 3-33 “所有信息”选项卡

若要删除设计备注，可选择要删除的备注后单击“删除项”按钮[−]。

在 Dreamweaver 外删除或重命名站点中的文件，可能会出现孤立的设计备注文件。若要从站点中删除未关联的设计备注，可打开站点定义对话框的“高级”选项卡，选择“分类”列表框中的“设计备注”选项，单击“清理”按钮。此时会打开一个提示对话框，提示用户将删除任何不和站点中的文件关联的设计备注，单击“是”按钮即可。

3.6 典型实例——建设网站

定义一个名为 xiuxian（休闲角落）的个人站点，并制作站点地图和上传站点。该站点中主要有首页（main.asp）、主页（index.asp）、个人文集（wenji.asp）和交流区（jiaoliu.asp），对应的图片文件夹分别为 main、image、wenji 和 jiaoliu。

1. 创建站点

（1） 打开“我的电脑”，在 F:盘中创建一个用于存放本地站点的文件夹 xiuxian。

（2） 启动 Dreamweaver CS3，选择“站点”|“管理站点”命令，打开“管理站点”对话框。

（3） 单击“新建”按钮，从弹出的菜单中选择“站点”命令，打开站点定义对话框。

（4） 切换至“高级”选项卡，在“分类”列表框中选择“本地信息”选项。

（5） 在“站点名称”文本框中输入“xiuxian”，在“本地根文件夹”文本框中输入“F:\xiuxian”，如图 3-34 所示。

（6） 在“类别”列表框中选择“远程信息”选项。

（7） 从“访问”下拉列表框中选择“本地/网络”选项。

（8） 单击“远程文件夹”右侧的文件夹图标，从打开的对话框中选择 C:\Inetpub\wwwroot 文件夹。

（9） 选中“启用存回和取出”复选框，显示相关选项。

（10） 选中“打开文件之前取出”复选框，并在“取出名称”文本框中输入用户名称，在“电子邮件地址”文本框中输入用户的电子邮件地址，如图 3-35 所示。

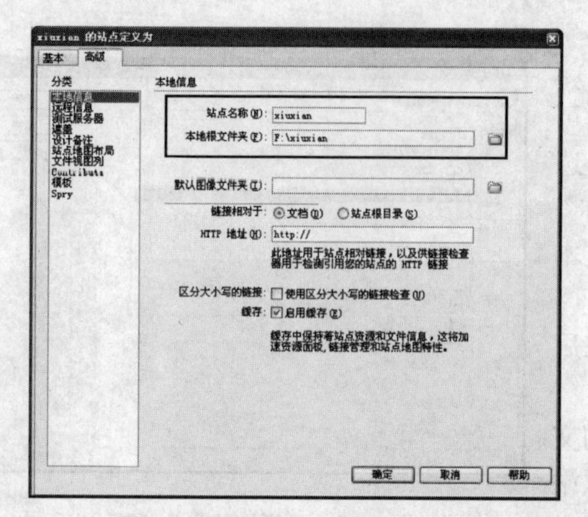

图 3-34　设置本地信息

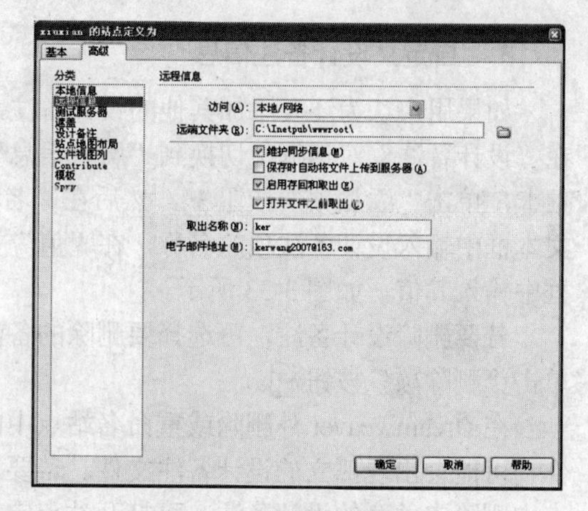

图 3-35　设置远程信息

（11）　在“类别”列表框中选择“测试服务器”选项。

（12）　在“服务器模型”下拉列表框从中选择 ASP VBScript 选项，在“访问”下拉列表框中选择“本地/网络”选项，如图 3-36 所示。

（13）　单击“确定”按钮，返回“管理站点”对话框。

（14）　单击“完成”按钮，完成站点的创建。

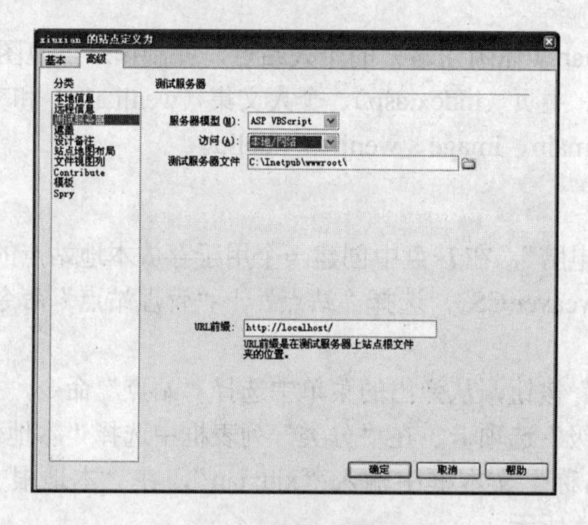

图 3-36　设置测试服务器

2. 创建网页文件和文件夹

（1）显示“文件”面板，右击 xiuxian 站点，从弹出的快捷菜单中选择“新建文件”命令，创建 4 个网页：main.asp（首页）、index.asp（主页）、wenji.asp（个人文集）、jiaoliu.asp（交流区）。

（2）　右击 xiuxian 站点，从弹出的快捷菜单中选择“新建文件夹”命令，创建 4 个文件夹：main、image、wenji 和 jiaoliu。

（3）　右击 main.asp 网页，从弹出的快捷菜单中选择“设成首页”命令，将该网页设置为站点首页。

3. 建立站点地图

（1） 展开“文件”面板。

（2） 在“文件”面板窗口中单击工具栏中的“站点地图”按钮，从弹出的菜单中选择“地图和文件”命令。

（3） 将左窗格中首页图标右上角的“链接到”图标拖动到右窗格中的 index.asp 网页上。

（4） 单击显示在左窗格中的主页图标，将显示在其右上角的“链接到”图标依次拖到右窗格中的 wenji.asp 和 jiaoliu.asp 网页上。

（5） 选择“文件”|“保存站点地图”命令，打开“保存站点地图”对话框，设置文件名为 ditu.bmp。

（6） 单击“保存”按钮，将站点地图保存在站点根目录下。

（7） 单击工具栏中的“扩展/折叠”按钮退出站点地图。

4. 上传站点

（1） 在“文件”面板中单击工具栏上的“上传文件”按钮，打开如图 3-37 所示的提示对话框。

（2） 单击“是”按钮，或者等待片刻自动关闭对话框。

（3） 稍待片刻，待上传进程对话框自动关闭后，即完成了站点的上传。

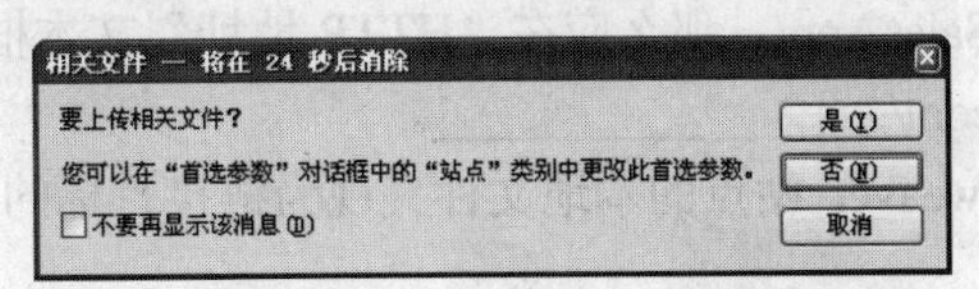

图 3-37 上传站点时的提示对话框

3.7 本章小结

本章主要介绍使用 Dreamweaver 创建和管理网站的方法，包括 Dreamweaver 站点的基本术语、本地站点的创建、站点地图的使用、本地和远程文件夹的设置、站点的管理等内容。通过本章的学习，读者可以掌握创建本地站点、制作站点地图、从远程服务器上获取文件及将文件传送到远程服务器上等方法。

3.8 上机练习与习题

3.8.1 选择题

（1） 用 Dreamweaver 提供的站点定义向导可以很轻松地完成站点的创建。站点定义向导共分为 3 个部分，________不属于站点定义向导的内容。

A. 共享文件　　　　B. 编辑文件

C. 测试文件　　　　D. 修改文件

（2） 在设置本地文件夹时，要将 C 盘根目录下的“我的站点”站点中的 image 文件夹设置为默认图像文件夹，可通过在定义站点对话框中单击“默认图像文件夹”文本框右侧的文件夹图标选择，也可在文本框中输入__________。

A. \image　　　　　　　　　　B. C:\我的站点\image

C. 我的站点\image　　　　　　　D. image

（3） 用户在编辑站点时，如果想要上传编辑过的网页，最好单击________按钮。

A. [图标]　　　　B. [图标]

C. [图标]　　　　D. [图标]

（4） 要在一个站点中遮盖以.jpg 和.dwt 为扩展名的文件，应在定义站点对话框中“遮盖”选项的“遮盖具有以下扩展名的文件”文本框中输入______________。

A. .jpg.dwt　　　　B. .jpg .dwt

C. .jpg,.dwt　　　　D. .jpg;.dwt

（5） 在设置 FTP 访问方式时，FTP、ftp.9jh.com、dm11、zh12k45 中______________是 FTP 主机。

A. FTP　　　　B. ftp.9jh.com

C. dm11　　　　D. zh12k45

3.8.2 填空题

（1） 一般来说，用户所浏览的网页都存储在__________上。

（2） 如果要链接到硬盘上 C:\Sales\images\根目录下的某个图像文件，已知站点的 URL 是 http://www.mysite.com/SalesApp/，那么应在“HTTP 地址”文本框中输入的 URL 链接图像路径为 http://www.mysite.com/________________。

（3） 可以将 Dreamweaver 站点的本地文件夹视为链接目标的视觉地图，这个视觉地图称为____________。

（4） 同步站点中的文件时，如果要删除远程站点中多余的文件，使本地站点与远程站点中的文件同步，应右击该站点，打开“同步文件”对话框，然后选择____________选项。

（5） 若要对已存在的站点进行编辑操作，应执行________________命令。

（6）Dreamweaver 提供了自动刷新本地和远程站点的功能。若用户未设置自动刷新功能，又想让本地与远程站点中的文件具有相同的步调，应使用系统提供的__________功能。

（7） 为网页设置备注后，Dreamweaver 自动将其存放在_notes 文件夹中，并自动将当前文件名设置为备注名称，备注文件的扩展名为__________。

3.8.3 问答题

（1） 什么是本地站点？什么是远程站点？

（2） 如何创建一个本地站点？

（3） 如何在本地站点中创建网页和文件夹？

（4） 如何将一个网页设置为首页？

（5） 如何使远程站点上的文件与本地文件保持一致？

3.8.4 上机练习

（1） 创建一个本地站点，并制作站点地图。

（2） 将所创建的本地站点上传至远程服务器。

第 4 章

设置文本和网页属性

教学目标：

Dreamweaver 提供了强大的文本处理功能和网页设计功能，可以使用户很容易地运用文本和设计网页。本章介绍关于设置文本和网页属性的知识，包括文本对象的添加，格式化文本的方法，项目列表的使用，水平分隔线的使用，以及网页属性的设置等内容。

教学重点与难点：

1. 输入文本。
2. 格式化文本。
3. 创建项目列表。
4. 使用水平分隔线。
5. 设置网页属性。

4.1 添加文本对象

文本是网页中最重要的元素，网站的主要信息都是依靠文本来表现的。Dreamweaver 允许用户向网页中输入文本、特殊字符、更新日期等元素，并且可以直接导入 Office 文档。

4.1.1 添加普通文本

Windows 操作系统默认的输入状态为英文状态，如果用户需要输入中文文字，就应先切换到汉字输入法，然后定位插入点，输入所需的内容。

在输入文字时，插入光标会自动向右移动。当需要换行时，用户可根据需要执行以下几种操作方式之一。

(1) 自动换行：输入文本时，如果一行的宽度超过了文档窗口的显示范围，文字将自动换到下一行。使用这种换行方式时，在浏览器浏览网页时文字会根据窗口大小自动换行。

（2） 硬换行：在需要换行的位置按 Enter 键。此换行方式将创建新的段落，且上一段落的尾行与下一段落的首行之间会有较大的间隙。

（3） 软换行：当需要换行但又不想在行与行之间有较大的间隙时，可通过按 Shift+Enter 组合键实现软换行。

★例 4.1：在网页中用不同的换行方式输入文本，如图 4-1 所示。

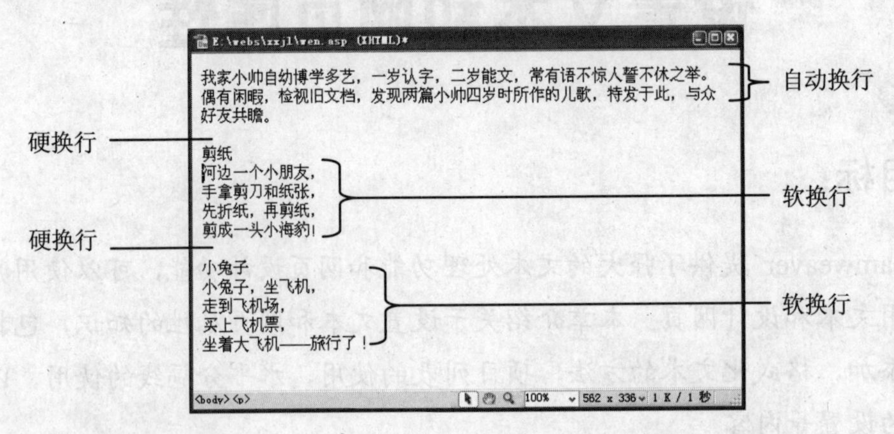

图 4-1　用不同的换行方式输入文本

（1） 打开 xxjl 站点中的 wen.asp 网页，在其中输入“我家小帅……与从好友共瞻。”本段落中的各行文本为自动换行方式。

（2） 按 Enter 键硬换行，新建一个段落。

（3） 输入“剪纸”，按 Shift+ Enter 键软换行。

（4） 输入“河边……小海豹!”其中各句之间用 Shift+ Enter 键软换行。

（5） 按 Enter 键硬换行，新建一个段落，输入“小兔子……旅行了!”其中各句之间用 Shift+Enter 组合键软换行。

4.1.2　插入特殊字符

使用键盘可以输入英文字母、汉字、常用标点符号以及一些常规符号，但是，用户有时可能需要输入一些键盘上没有的特殊字符，如商标符（™）、版权符（©），或特殊的数学符号（ß）及物理符号（μ）等，这时，用户就需要利用插入命令或者“文本”工具栏上的按钮来插入特殊字符。

1. 使用插入命令

选择“插入记录”|“HTML”|“特殊字符”菜单中的命令可插入相应的特殊符号。例如，若要添加版权符号，可选择“插入记录”|“HTML”|“特殊字符”|“版权”命令；若要插入英镑符号，则选择“插入记录”|“HTML”|“特殊字符”| “英镑符号”命令。

如果要插入的特殊字符没有在菜单中列出，可选择“插入记录”|“HTML”|“特殊字符”|“其他字符”命令，打开“插入其他字符”对话框，单击所需的字符按钮，然后单击“确定”按钮，完成特殊字符的插入，如图 4-2 所示。

2. 使用工具栏按钮

单击插入工具栏上“文本”标签，切换到“文本”工具栏，单击其右端的“字符”按钮，从弹出的菜单中选择所需的菜单命令，即可插入相应的特殊字符。

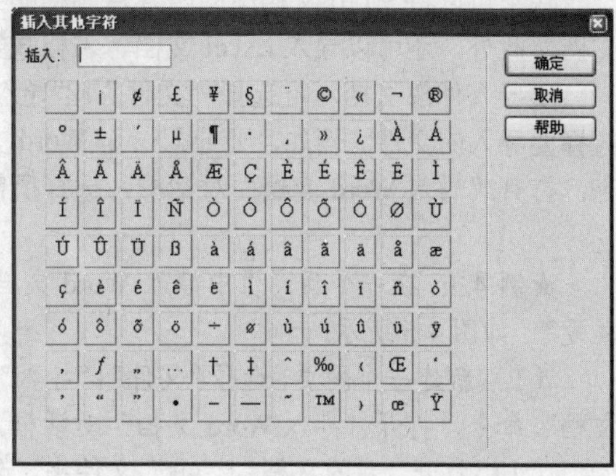

图 4-2 “插入其他字符”对话框

4.1.3 复制 Word 文档中的内容

Word 是常用的文本编辑工具，大多数人都喜欢用它来录入和编辑文本。在编辑网页文本时，用户可以直接将 Word 文档中的文本复制到 Dreamweaver 中。和其他 Windows 操作系统下的应用程序一样，在 Dreamweaver 中也可以使用 Ctrl+C 组合键和 Ctrl+V 组合键来复制和粘贴文本或其他对象。

提示：剪切文本或对象的快捷键是 Ctrl+X。复制的 Word 文档中如果有特殊的排版格式，可能在 Dreamweaver 网页中不能正确显示，用户需要重新对网页进行排版。

★例 4.2：将一个 Word 文档中的全部内容复制到 xxjl 站点内的 wen.asp 网页中。

（1） 打开 Word 文档“千年之爱”，如图 4-3 所示。

（2） 在 Word 文档页面中任意处单击，按 Ctrl+A 组合键选择所有内容，按 Ctrl+C 组合键复制。

（3） 打开 xxjl 站点中的 wen.asp 网页，将插入点放在网页中已有内容之后的新段落中。

（4） 按 Ctrl+V 组合键粘贴复制内容，如图 4-4 所示。

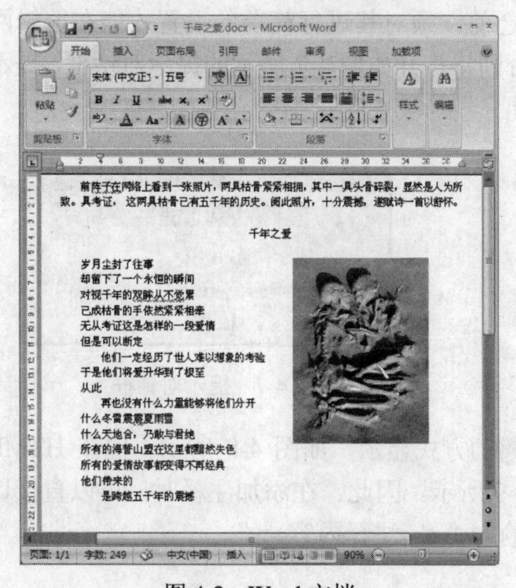

图 4-3 Word 文档

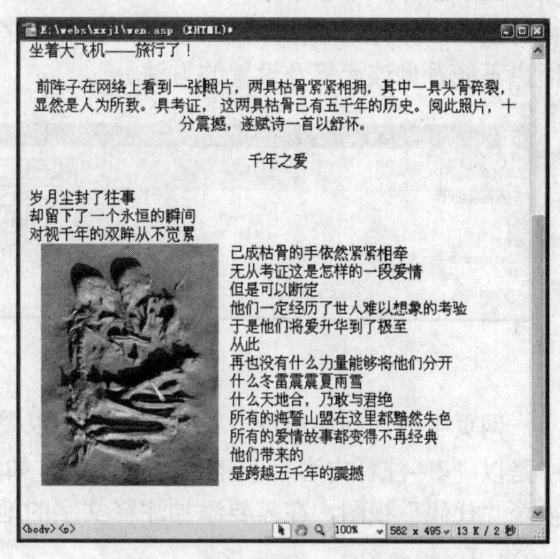

图 4-4 复制 Word 文档中的内容

4.1.4 导入外部文档

除了可以将 Word 文档中的内容复制粘贴到 Dreamweaver 中之外，还可以直接导入 Word 文档。此外，还可以导入 Excel 文档、表格式数据等。

要导入外部文档，可选择“文件”|“导入”菜单中的相应命令，然后从打开的对话框中选择要导入的文件。例如，要导入一个 Word 文档，选择“文件”|“导入”|“Word 文档”命令，打开“导入 Word 文档”对话框，选择所需的 Word 文档，单击“打开”按钮。

★例 4.3: 在一个新网页中导入 Word 文档“千年之爱”，如图 4-5 所示。

（1）新建一个网页，选择“文件”|“导入”|“Word 文档”命令，打开“导入 Word 文档”对话框。

（2）打开“我的文档”|“wk”文件夹，选择“千年之爱.docx”文档。

（3）单击“打开”按钮，将所选 Word 文档中的内容导入到网页中。

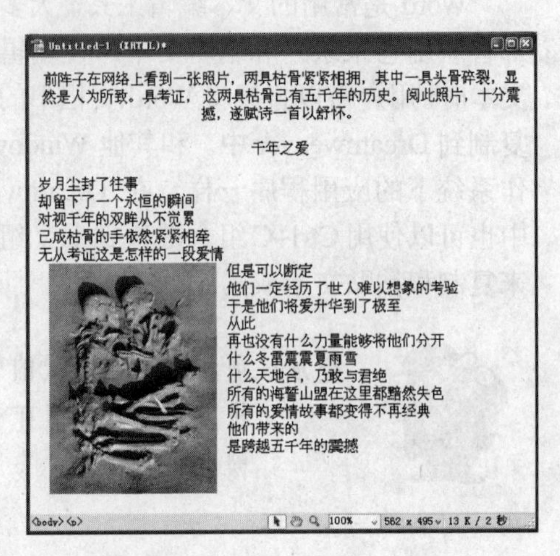

图 4-5 导入 Word 文档

4.1.5 添加注释

可以在网页中加入适当的注释文字，以便后期网页的修改与管理。在 Dreamweaver 中添加的注释只能在编辑网页或查看源代码时才能看到，而不显示在浏览器中。

要在 Dreamweaver 文档中插入注释，应先确定插入点，然后选择“插入”|“注释”命令，或单击“常用”工具栏中的“注释”按钮，打开“注释”对话框，在其中输入注释的内容，如图 4-6 所示。单击“确定”按钮，即完成注释内容的添加。

由于注释属于不可见元素，所以在插入注释之前，须对其进行简单的设置才能在编辑网页时查看注释标记或在源代码中见到注释文字；否则将打开如图 4-7 所示的提示对话框，提示用户不能看见该元素及设置的方法。

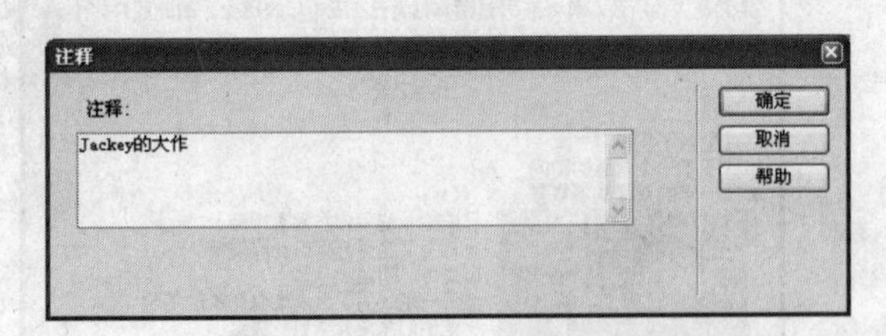

图 4-6 “注释”对话框

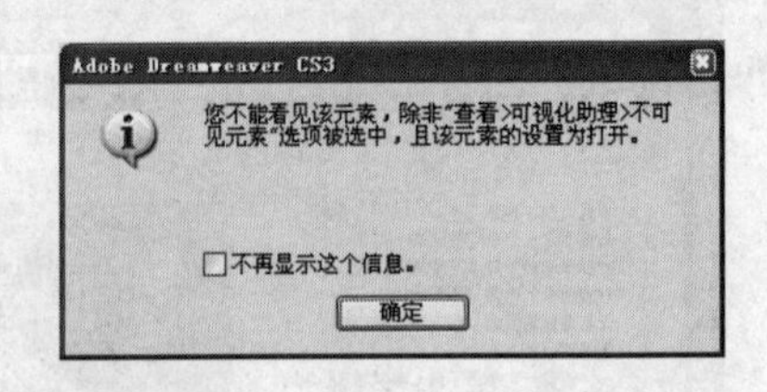

图 4-7 提示对话框

网页中插入的注释在“设计”视图中以图标的方式显示，如图 4-8 所示。但在 HTML 中是以“<!--注释内容-->”的格式显示的，如图 4-9 所示。因此，在添加注释时，可以直接切换至“代码”视图，在需要添加注释文字的地方输入“<!--注释内容-->”。

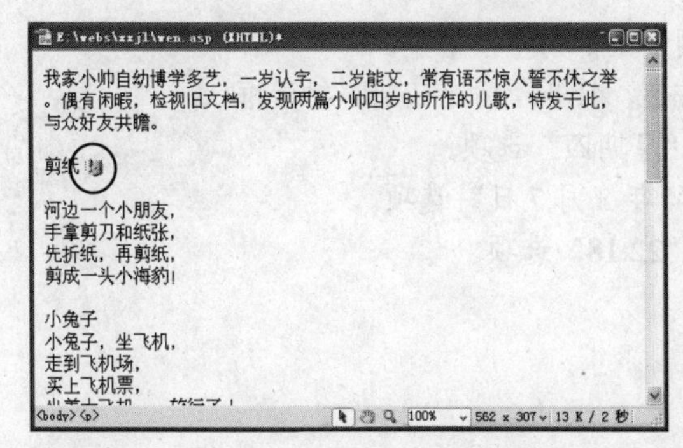

图 4-8 “设计”视图下显示的注释

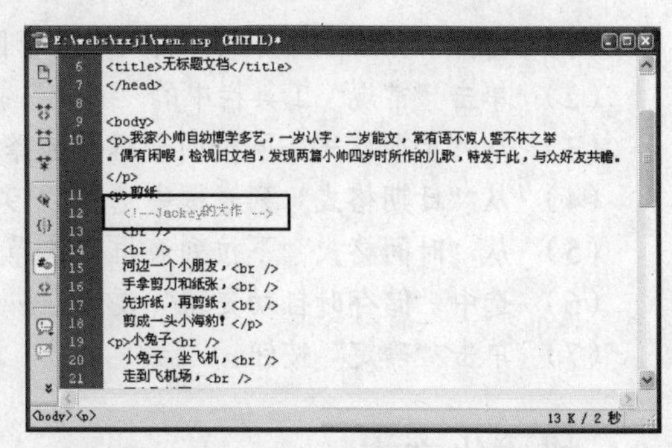

图 4-9 “代码”视图下显示的注释

提示：要显示注释，可选择“编辑”|“首选参数”命令，打开“首选参数”对话框。从“分类”列表框中选择“不可见元素”选项，切换到相应的选项页，选中“注释”复选框。

4.1.6 插入更新日期

在很多网站的主页中都显示有可更新的日期。要在文档中插入日期，可在确定了插入点的位置后，单击“常用”工具栏中的“日期”按钮，打开“插入日期”对话框，进行所需的设置，如图 4-10 所示。

“插入日期”对话框中各选项的功能如下。

（1）“星期格式”：用于选择星期的显示格式。选择“不要星期”选项将不在网页中显示星期。

（2）“日期格式”：用于选择日期的显示格式。

（3）“时间格式”：用于选择时间的显示格式。选择“不要日期”选项将不在网页中显示具体时间。

（4）“储存时自动更新”：用于设置每次保存文档时是否要更新插入的日期。

★例 4.4：在 wen.asp 网页中添加一个根据修改时间自动更新的日期，如图 4-11 所示。

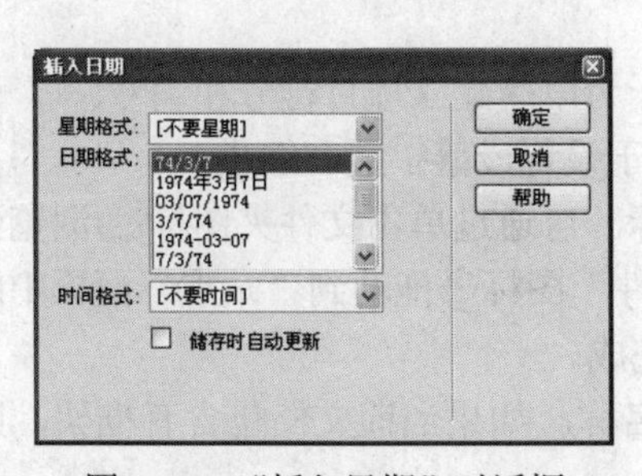

图 4-10 “插入日期”对话框

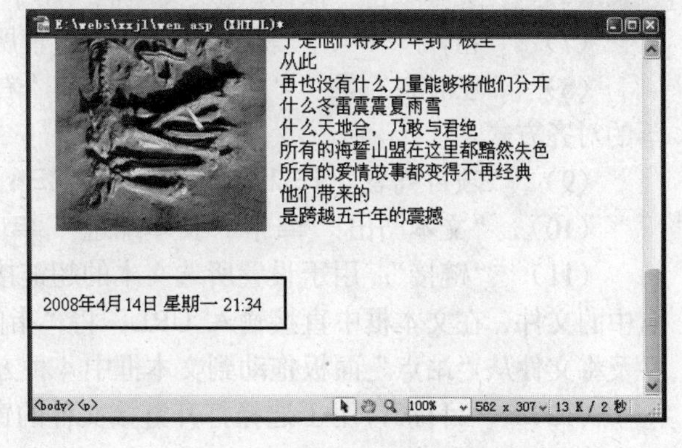

图 4-11 插入自动更新日期

（1） 打开 wen.asp 网页，将插入点置于网页底部的空段落中。

（2） 单击“常规”工具栏中的“日期”按钮，打开“插入日期”对话框。

（3） 从“星期格式”下拉列表框中选择“星期四”选项。

（4） 从“日期格式”列表框中选择“1974 年 3 月 7 日”选项。

（5） 从“时间格式”下拉列表框中选择“22:18”选项。

（6） 选中“储存时自动更新”复选框。

（7） 单击“确定”按钮。

4.2 格式化文本

用户可以对网页中的文本进行格式化，如设置文本的格式和段落格式等。格式化文本的操作主要是通过文本的属性检查器来进行的。

4.2.1 文本的属性检查器

属性检查器显示在文档编辑窗口的下方，选择文本对象后，属性检查器中会显示出文本的相关属性，如图 4-12 所示。

图 4-12 文本的属性检查器

文本的属性检查器中各选项的作用如下。

（1）“格式”：用于设置段落的格式，主要用于设置标题级别。

（2） “字体”：用于选择字体。要想使用中文字体，应先从列表框中选择“编辑字体列表”命令添加中文字体。

（3） “样式”：用于设置文本的 CSS（层叠样式表）样式。

（4） “大小”：用于选择字号。

（5） “CSS”：用于打开 CSS 样式面板，设置 CSS 样式.

（6） “文本颜色”按钮及文本框：用于设置文字颜色。

（7） “粗体”、“斜体”：用于使所选文本的字体笔画加粗和倾斜。

（8） “左对齐”、“居中对齐”、“右对齐”、“两端对齐”：用于指定段落的对齐方式。

（9） “项目列表”和“编号列表”：用于为段落建立项目符号和编号。

（10） “文本凸出”和“文本缩进”：用于设置段落扩展和缩进。

（11） “链接”：用于设置所选文本的超链接目标。可通过单击文件夹图标浏览到站点中的文件、在文本框中直接输入 URL、将“指向文件”图标拖动到“站点”面板中的文件及将文件从“站点”面板拖动到文本框中 4 种方法完成。

（12） “目标”：用于选择打开链接文件的窗口名称。如果当前文档包含有框架，则会经常使用此选项。

（13） “页面属性”：用于打开“页面属性”对话框，设置页面外观、超链接、标题、标题/编辑和跟踪图像等属性。

（14）“列表项目”：此选项只在应用了“项目列表”和“编号列表”后才能使用，用于打开“列表属性”对话框，设置列表的相关属性。

4.2.2 设置文本格式

文本格式一般包括文字的字体、字形、字号和颜色等。Dreamweaver 默认的语言是英文，因此如果用户制作网页时使用的是英语，在为文本对象设置字体时只须从“字体”下拉列表框中选择所需字体即可。但如果用户制作的是中文网页，则第一次设置字体时，需要先编辑字体列表，将所需的中文字体添加到字体列表中。

1. 编辑字体列表

文字的字体格式列在属性检查器的“字体”下拉列表框中，当用户要为网页中的所选文字更改字体格式时，就需要在此选择要使用的字体。用户编辑字体列表时所添加的字体也将列在此列表中。

要编辑字体列表，应在属性检查器中选择“字体”下拉列表框中的“编辑字体列表”命令，打开“编辑字体列表”对话框。在“可用字体”列表框中选择要添加到字体列表中的字体，单击“添加字体”按钮[<<]，然后单击“确定”按钮，如图 4-13 所示。

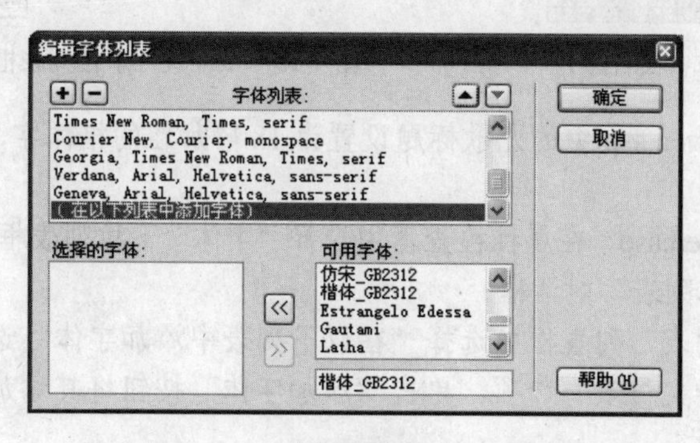

图 4-13 “编辑字体列表”对话框

“编辑字体列表”对话框中各选项的作用如下。

（1）“字体列表”：用于列出属性检查器的“字体”下拉列表框中的所有可选字体。

（2）“添加列表”[+]：用于在“字体列表”列表框中添加一个“在以下列表中添加字体”选项，以添加字体。

（3）“删除列表”[−]：用于删除在“字体列表”列表框中选择的选项。

（4）“向上移动”[▲]：用于将在“字体列表”中选择的字体向上移动一个位置。

（5）“向下移动”[▼]：用于将在“字体列表”中选择的字体向下移动一个位置。

（6）“可用字体”：用于显示所有可添加的字体。

（7）“选择的字体”：用于显示用户所添加的字体。

（8）“添加字体”[<<]：用于将在“可用字体”列表框中所选择的字体添加到“选择的字体”列表中。

（9）“删除字体”[>>]：用于将在“选择的字体”列表框中所选择的字体删除。

2. 设置字符格式

要设置文本格式，需要先选择要设置格式的文本，然后通过属性检查器上的相关选项来进行设置。下面介绍各种文本字符格式的设置方法。

（1） 设置文本字体：在属性检查器中打开“字体”下拉列表框，从中选择所需的字体。

（2） 设置文本大小：在属性检查器中打开“大小”下拉列表框，从中选择所需的字号。

（3） 设置文本颜色：在属性检查器中单击“文本颜色”按钮，在弹出的调色板中选择所需的颜色，如图 4-14 所示。如果知道所需颜色的代码，可直接在文本框中输入颜色代码。

（4） 设置文本字形：在属性检查器中单击“粗体”按钮 **B**，可使字符笔画加粗；单击“斜体”按钮 *I* 可使文字倾斜。

（5） 设置文本样式：当用户设置了一种文本样式后，该样式会按数字序号显示在“样式”下拉列表框中，如图 4-15 所示。

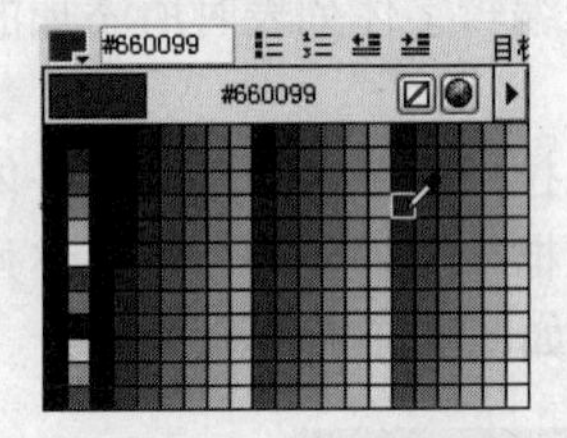

图 4-14　选择文件颜色

图 4-15　“样式”下拉列表框中的文本样式

★例 4.5: 将网页 wen.asp 中的儿歌标题设置为 18 磅加粗的楷体字，正文设置为华文仿宋体字，如图 4-16 所示。

（1） 打开网页 wen.asp，在属性检查器中选择“字体”下拉列表框中的“编辑字体列表”命令，打开“编辑字体列表”对话框。

（2） 在“字体列表”列表框中选择“在以下列表中添加字体”选项，然后在“可用字体”列表框中选择“华文仿宋”选项，单击“添加字体”按钮将其添加到“选择的字体”列表框中，如图 4-17 所示。

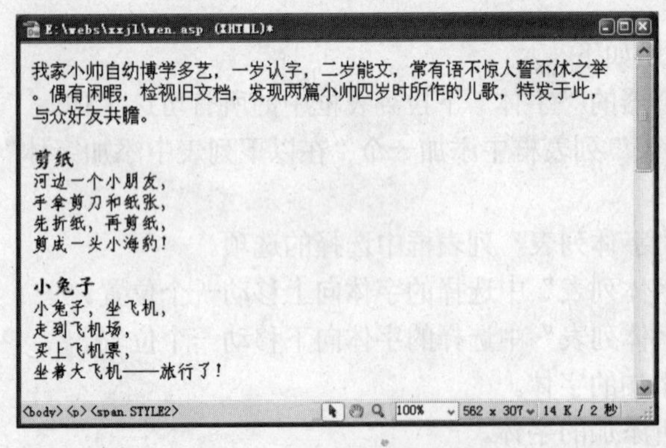

图 4-16　文本的属性检查器

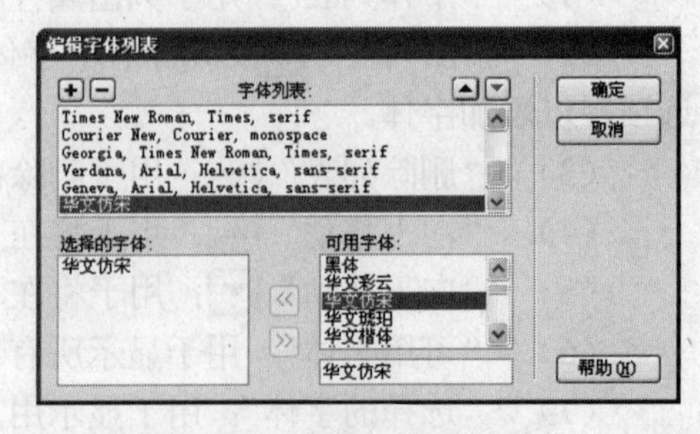

图 4-17　编辑字体列表

（3） 单击“添加列表”按钮，在“字体列表”列表框中添加一个“在以下列表中添加字体”选项，再在“可用字体”列表框中选择“楷体_GB312”选项，单击“添加字体”按钮将其添加到“选择的字体”列表框中。

（4） 单击“确定”按钮关闭对话框。

（5） 在网页中选择“剪纸”，从“字体”下拉列表框中选择“楷体_GB312”选项，在“大小”下拉列表框中选择 18，再单击“加粗”按钮。

（6） 选择儿歌“剪纸”的所有正文文本，从“字体”下拉列表框中选择“华文仿宋”选项。

（7） 选择“小兔子”，从“样式”下拉列表框中选择“STYLB1”选项。

（8） 选择儿歌“小兔子”的所有正文文本，从“样式”下拉列表框中选择“STYLB2”选项。

4.2.3 设置段落格式

要为一个段落设置段落格式，须先选择此段落或将插入点置于该段落中；要同时为多个段落设置同一段落格式，则必须先选中所有的段落。可以为段落设置段落对齐、段落文本凸出与缩进及项目符号和编号等格式。

1. 设置段落对齐

Dreamweaver 中有 4 种段落对齐方式：左对齐、居中对齐、右对齐和两端对齐。选择了所需段落后，单击属性检查器上的“左对齐”、“居中对齐”、“右对齐”、“两端对齐”按钮即可应用相应的对齐格式。

2. 设置文本凸出与缩进

“文本凸出”是指将段落文本向左凸出，“文本缩进”则是指将段落文本向右缩进。每执行一次凸出或缩进操作，段落文本都会以两个全角字符为单位进行左右同时凸出或缩进。凸出和缩进功能与项目列表功能配合使用效果最佳。

单击属性检查器上的“文本凸出”或“文本缩进”按钮即可执行凸出或缩进操作。

3. 创建项目列表

通过为段落文本添加项目符号或编号，可以使文本内容看起来更有条理性。例如，可以为一些标题内容添加项目符号或编号，并通过设置不同字号和字体来表现它们的分级关系。

选择所需段落后，在属性检查器上单击“项目列表”或“编号列表”按钮即可应用项目符号或编号列表。

如果不想使用系统默认设置的项目符号或编号样式，可单击“列表项目”按钮，打开如图 4-18 所示的“列表属性”对话框。在“列表类型”下拉列表框中选择要使用的列表类型，然后在“样式”下拉列表框中选择列表样式。

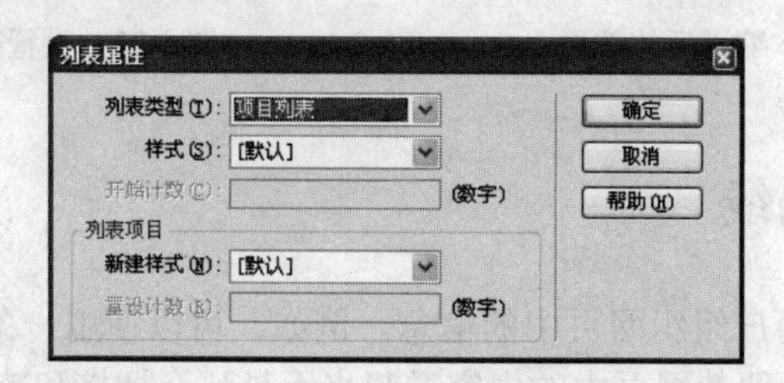

图 4-18 “列表属性”对话框

★例 4.6: 为图 4-19 所示的文本添加项目符号，并更改项目符号样式，效果如图 4-20 所示。

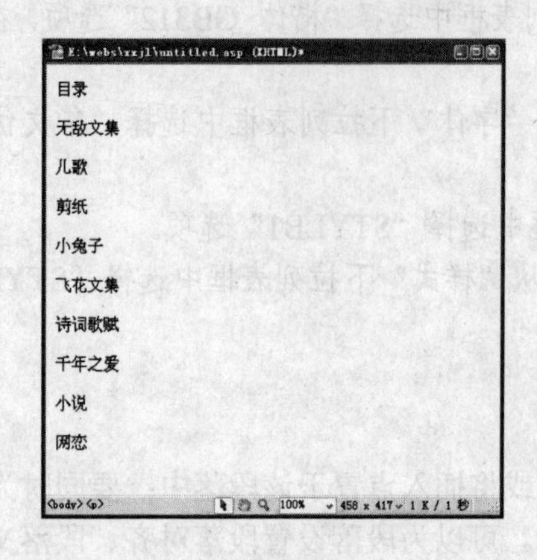

图 4-19 原始文本

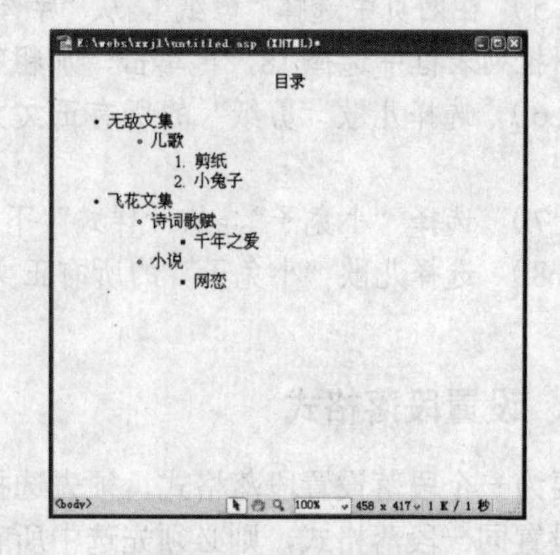

图 4-20 列表效果

（1） 在“目录”段落中单击，然后单击属性检查器上的“居中对齐”按钮。

（2） 选择“无敌文集”及以下的所有段落，单击文本属性面板中的“项目列表”按钮。

（3） 在“儿歌”段落中单击，单击“文本缩进”按钮。

（5） 选择“剪纸”及“小兔子”段落，单击两次“文本缩进”按钮。

（6） 在“诗词歌赋”段落中单击，单击“文本缩进”按钮。

（7） 在“千年之爱”段落中单击，单击两次“文本缩进”按钮。

（8） 在“小说”段落中单击，单击“文本缩进”按钮。

（9） 在“网恋”段落中单击，单击两次“文本缩进”按钮。此时列表效果如图 4-21 所示。

（10） 在“剪纸”段落中单击，单击“列表项目”按钮，打开“列表属性”对话框，在“列表类型”下拉列表框中选择“编号列表”选项，在“样式”下拉列表框中选择“数字（1，2，3，…）”选项，如图 4-22 所示。单击“确定”按钮完成设置。

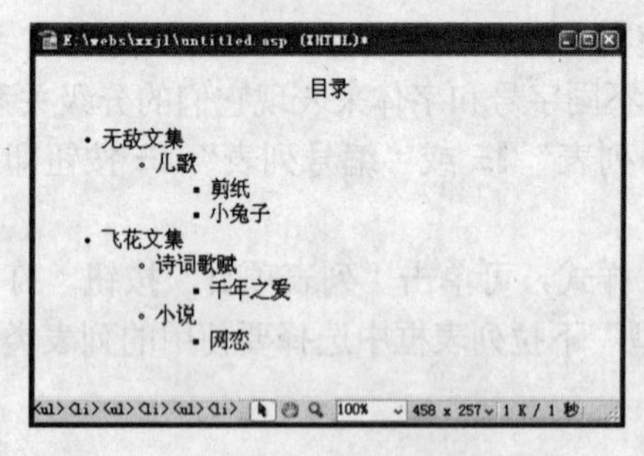

图 4-21 设置文本缩进后的效果

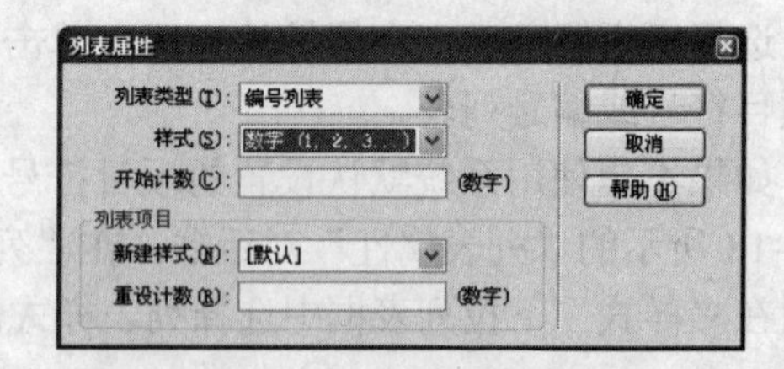

图 4-22 设置列表类型及样式

4.3 使用水平分隔线

水平分隔线有助于用户组织网页中的信息。例如，可以使用一条或数条水平分隔线来将页面分隔为几个版块，以便使网页中的内容看起来不是那么拥挤和凌乱。

4.3.1 添加水平分隔线

要在网页中添加水平分隔线，可在确定水平分隔线所在的位置后，选择“插入记录”|“HTML”|“水平线”命令。

4.3.2 修改分隔线属性

添加了水平分隔线后，它默认处于选中状态，这时可以通过水平线的属性检查器来设置其属性，包括水平线的宽、高、对齐方式及阴影效果等，如图 4-23 所示。

图 4-23　水平线的属性检查器

水平线的属性检查器中各选项的作用如下。

（1）“宽”和“高”：分别用于设置水平线的长度和粗细，单位为像素。

（2）“对齐”：用于设置水平线在网页中的水平对齐方式，包括默认、左对齐、居中对齐和右对齐 4 种。

（3）“阴影”：用于指定是否为水平线应用阴影效果，在默认情况下应用阴影效果。

4.3.3 设置颜色

水平分隔线的默认颜色是灰色，若要使用彩色的水平线，可在标签编辑器中进行设置。水平线的颜色在编辑网页时是看不到的，但是可以通过浏览器来预览水平线的颜色效果。

右击要设置颜色的水平分隔线，从弹出的快捷菜单中选择“编辑标签<hr>”命令（或按 Shift+F5 键），打开“标签编辑器-hr”对话框。从左侧的列表框中选择“浏览器特定的”选项，然后单击“颜色”按钮，从弹出的调色板中选择一种颜色，如图 4-24 所示。也可直接在文本框中输入颜色代码。

★例 4.7：在网页 wen.asp 中的儿歌下方添加一条水平分隔线，其高度为 2 像素，宽度始终为浏览器窗口宽度的 60%，靠网页左侧对齐，如图 4-25 所示。

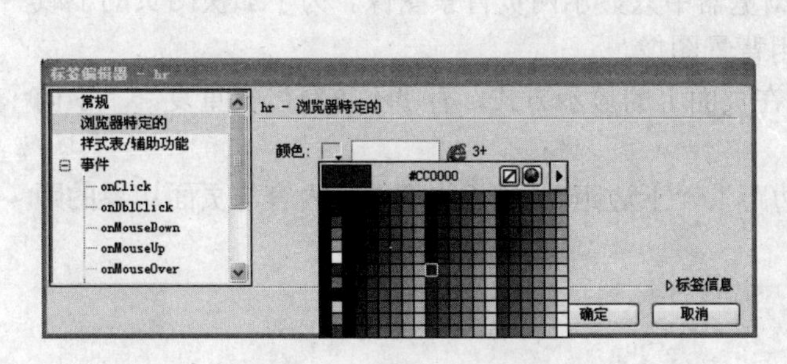

图 4-24　修改水平线的颜色

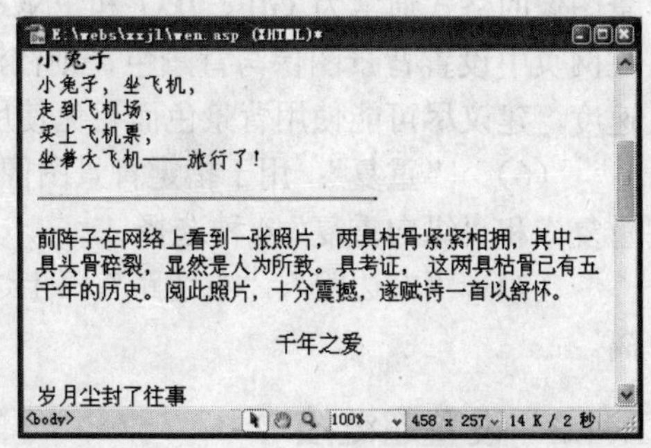

图 4-25　在网页中使用水平分隔线

（1） 将插入点置于儿歌段落文本之后。

（2） 选择“插入”|“HTML”|“水平线”命令，插入一条水平分隔线。

（3） 在水平线属性检查器中的“宽”文本框中输入 60，并在其后的下拉列表框中选择“%”选项。

（4） 在“高”文本框中输入 2。

（5） 从“对齐”下拉列表中选择“左对齐”选项。

4.4 设置网页属性

网页的属性包括外观、超链接、标题、网页标题和编码，以及跟踪图像等几个方面。要修改网页属性，可打开网页，在“页面属性”对话框中进行设置。

在未选择页面中任何内容的情况下单击属性检查器中的“页面属性”按钮，或者选择“修改”|“页面属性”命令，打开“页面属性”对话框，即可设置网页的属性。

4.4.1 设置网页外观

在“页面属性”对话框的“分类”列表框中选择“外观”选项，可对网页的背景色、字体及边距等外观效果进行设置，如图 4-26 所示。

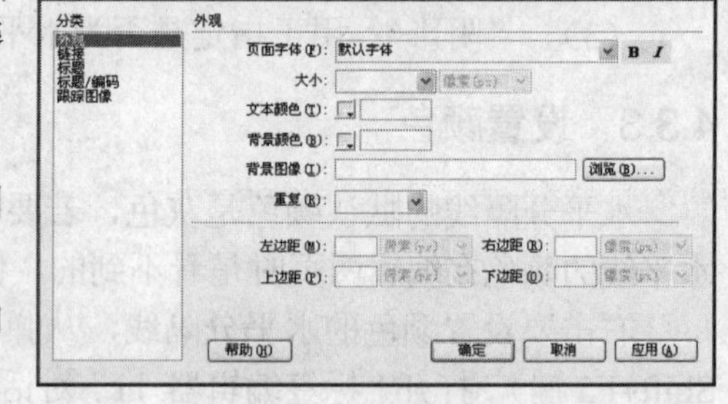

图 4-26 外观属性设置

“页面属性”对话框的“外观”选项页中各选项的作用如下。

（1）“页面字体”：用于选择页面文字的字体。如果列表中没有可用的字体，可选择“编辑字体列表”命令进行添加。

（2）“加粗” B 和“倾斜” I ：用于加粗和倾斜页面文字。

（3）“大小”：用于选择页面文字的大小。

（3）“文本颜色”：用于设置页面文字的颜色。可单击按钮从弹出的调色板中选择颜色，也可直接在文本框中输入颜色代码。

（4）“背景颜色”：用于设置整个网页的背景色。

（5）“背景图像”：用于设置整个网页的背景图像，可单击“浏览”按钮进行选择。背景图像的格式通常为 GIF、JPG 和 PNG。网页的背景图像与背景色不能同时显示，如果同时在网页中设置背景图像与背景色，则在浏览器中只显示网页背景图像。为了加快网页的下载速度，建议尽可能使用背景色而避免使用背景图像。

（6）“重复”：用于指定背景图像在页面上的显示方式，有“不重复”、“重复”、“横向重复”和“纵向重复”4 种选择。

（7）“左边距”、“右边距”、“上边距”、“下边距”：用于设置网页内容与页面边界的距离。

4.4.2 设置超链接

使用超链接可实现网页间的跳转。默认情况下，文本超链接的外观是蓝色带下画线，访问过的链接则变成紫色。用户可以根据自己的喜好设置超链接的外观。

在“页面属性”对话框的“分类”列表框中选择“链接”选项，即可设置当前网页中超链接的属性，如图 4-27 所示。

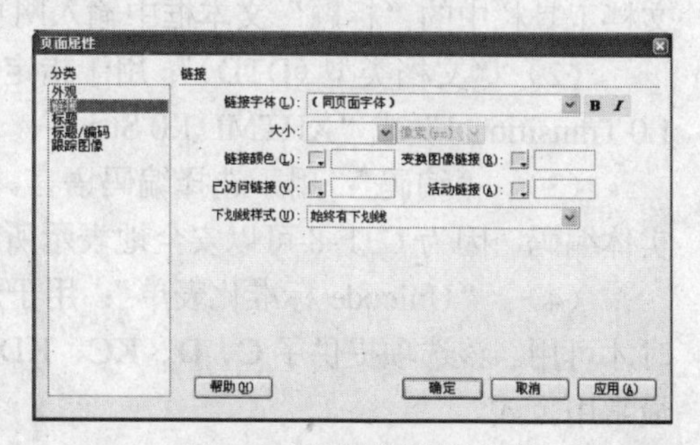

图 4-27　超链接属性设置

“链接”选项页中各选项的作用如下：

（1）“链接字体”：用于选择超链接的字体。

（2）“大小”：用于设置超链接文字的大小。

（3）“链接颜色”、“变换图像链接”、“已访问链接”和“活动链接”：分别用于设置超链接正常显示、变换图像、浏览过及活动（即指向后按下鼠标左键）时的文字颜色。

（4）“下画线样式”：用于选择超链接下画线的样式，有“始终有下画线”、“始终无下画线”、“仅在变换图像时显示下画线”和“变换图像时隐藏下画线”4 个选项。

提示： 如果页面已经定义（如通过外部的 CSS 样式表）了下画线链接样式，则“下画线样式”下拉列表框默认为“不更改”选项。该选项警告用户链接样式已经被定义的事实，最好不改变下画线链接样式。如果在“页面属性”对话框中修改了链接的下画线样式，则 Dreamweaver 将会更改以前的链接定义。

4.4.3　设置标题效果

网页的标题级别有“标题 1”～“标题 6”共 6 个级别，其中标题 1 的字号最大，标题 6 的字号最小。在“页面属性”对话框的“分类”列表框中选择“标题”选项，即可设置当前网页的标题效果，如图 4-28 所示。

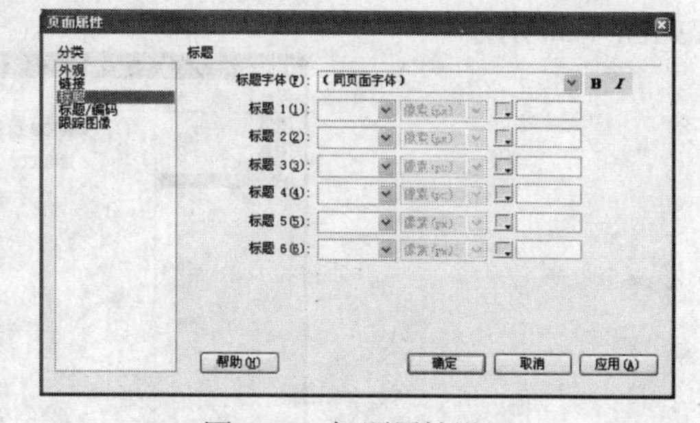

图 4-28　标题属性设置

“标题”选项页中各选项的作用如下。

（1）“标题字体”：用于选择标题文字的字体。

（2）“加粗” **B** 和“倾斜” *I*：用于加粗和倾斜标题文字。

（3）“标题 1”～“标题 6”：用于具体设置各级别标题的字号、字号单位和颜色。

4.4.4　设置网页标题和编码

若要正确显示网页中的文本，必须选择正确的编码。在“页面属性”对话框的“分类”列表框中选择“标题/编码”选项，即可设置编码语言。此外还可设置网页标题、文档类型等参数，如图 4-29 所示。

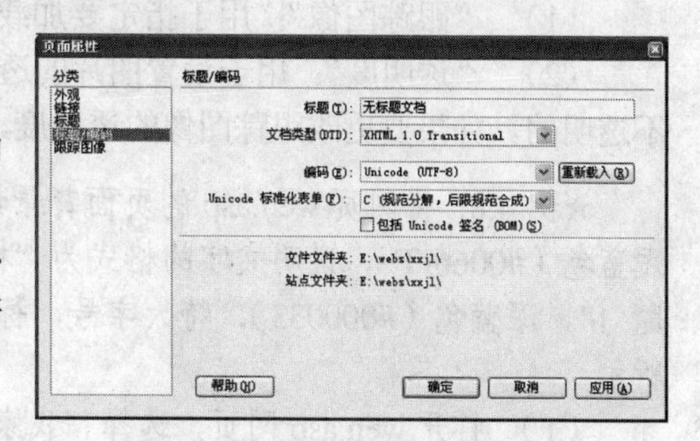

图 4-29　选择“标题/编码”选项

“标题/编码”选项页中各选项的作用如下。

（1）“标题”：用于指定网页标题，也可在文档工具栏中的“标题”文本框中输入网页标题。

（2）“文档类型（DTD）”：用于指定文档类型定义，如可从弹出式菜单中选择“XHTML 1.0 Transitional”或“XHTML 1.0 Strict”，使HTML文档与XHTML兼容。

（3）“编码”：用于选择编码语言。可选择“Unicode（UTF-8）”选项，这样即不需要实体编码，因为UTF-8可以安全地表示所有字符。

（4）“Unicode标准化表单”：用于选择Unicode范式，仅在选择UTF-8作为文档编码时才可用。该选项提供了C、D、KC、KD 4种范式，其中范式C是用于万维网的字符模型的最常用范式。

（5）“包括 Unicode 签名（BOM）”：用于在文档中包括一个字节顺序标记（BOM），BOM是位于文本开头的2~4个字节。如果将文件标识为Unicode，还须标识后面字节的字节顺序。由于UTF-8没有字节顺序，因此添加UTF-8 BOM是可选的，而对于UTF-16和UTF-32，则必须添加BOM。

（6）“重新载入”：用于在转换现有文档或者使用新编码时重新启用所选编码。

4.4.5 加载跟踪图像

跟踪图像可以让用户插入一个图像文件，并在设计页面时使用使用该图像作为参考。如果在一个网页中同时设置了背景图片、背景色和跟踪图像，则在文档窗口中只能看到跟踪图像。浏览网页时，不显示跟踪图像。

在“页面属性”对话框的“分类”列表框中选择“跟踪图像”选项，即可设置跟踪图像，如图4-30所示。

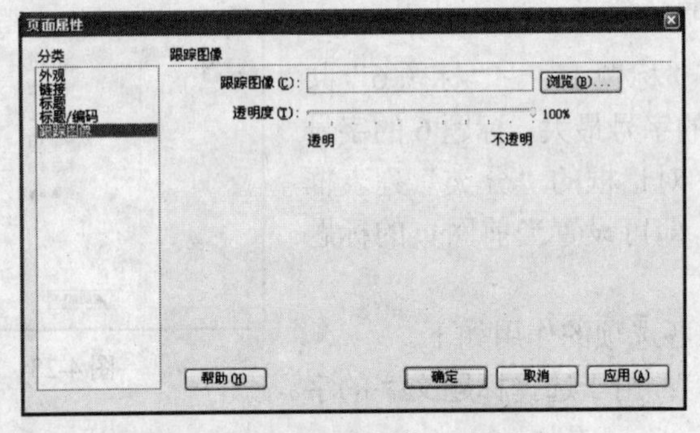

图4-30 “跟踪图像”选项页

“跟踪图像”选项页中各选项的作用如下。

（1）“跟踪图像”：用于指定要加载的图片，可单击“浏览”按钮进行选择。

（2）“透明度”：用于设置图片的透明度。默认情况下，跟踪图像在文档窗口中是完全不透明的。如果要更改跟踪图像的透明度，可拖动“透明度”滑块更改百分比值。

★例4.8：将网页wen.asp的页面背景设置为黄色（#FFFFCC），网页中文本的文本颜色为浅蓝色（#0066FF），说明文字的格式为“标题4”、紫色（#6600CC），标题文字的格式为“标题1”、深蓝色（#000033）、特大字号，标题和说明文字的字体均为“华文仿宋”，如图4-31所示。

（1）打开wen.asp网页，选择“我家小帅……”段落，在属性检查器中，从“格式”下拉列表框中选择“标题4”选项。

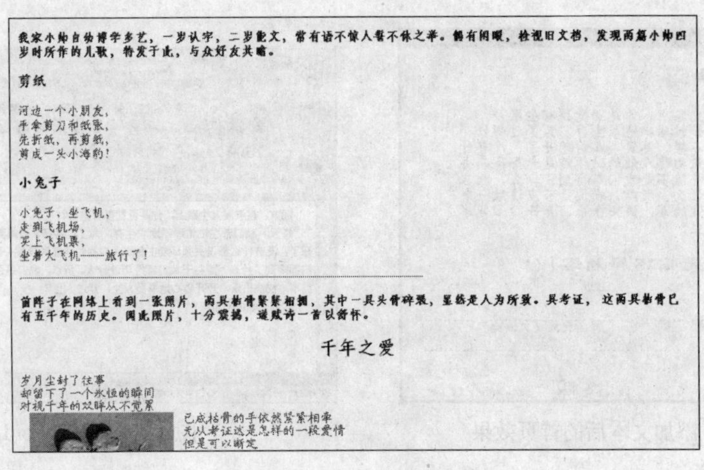

图 4-31　网页的文字效果

（2）　选择“前阵子……”段落，将其格式设置为“标题 4”。

（3）　在“剪纸”后按 Enter 键，使之成为一个独立的段落。选择该段落，选择“格式”下拉列表框中的“标题 1”选项。

（4）　使“小兔子”也成为独立段落，设置它和“千年之爱”段落的格式为“标题 1”。

（5）　单击属性检查器中的“页面属性”按钮，打开“页面属性”对话框。

（6）　选择“分类”列表框中的“外观”选项，在“页面字体”下拉列表框中选择“楷体_GB2312”选项。在“背景颜色”文本框中输入“#FFFFCC”，在“文本颜色”文本框中输入“#0066FF”。

（7）　选择“分类”列表框中的“标题”选项，在“标题”下拉列表框中选择“华文仿宋”选项。

（8）　在“标题 1”后面的“字号”下拉列表框中选择“特大”选项，在“颜色”文本框中输入颜色代码“#000033”。

（9）　在“标题 4”后面的“颜色”文本框中输入颜色代码“#6600CC”。

（10）　单击“确定”按钮，关闭对话框，完成当前网页的页面属性设置。

4.5　典型实例——为首页设置属性并添加文本

在 xiuxian（休闲角落）站点的首页中添加说明和欢迎文字，并设置网页属性。要求：

（1）　标题 1 为 36 磅、隶书体，颜色为绿色（#336600），右对齐；

（2）　标题 2 为 24 磅、华文行楷，颜色为紫色（#6600CC），居中对齐；

（3）　正文为 20 磅楷体，颜色为棕色（#660000），左右向内缩进。

设置后的效果如图 4-32 所示。

1.　准备工作

（1）　用 Word 应用程序创建一个新文档，将其保存为“首页文本”。

（2）　在 Word 文档中输入要在网站首页中使用的文字。

（3）　按 Ctrl+S 组合键保存更改，如图 4-33 所示。

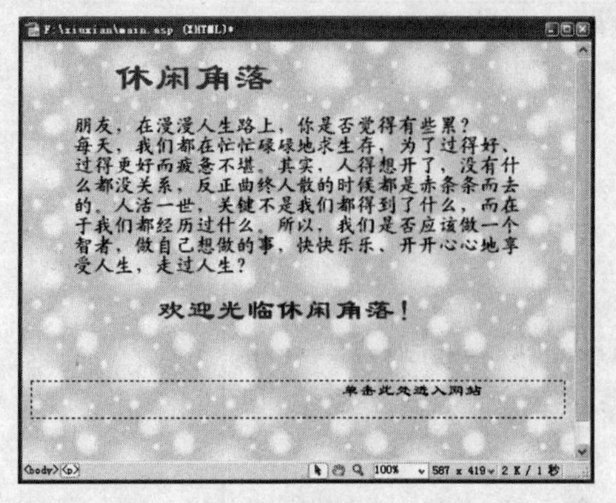

图 4-32　添加文本后的首页效果

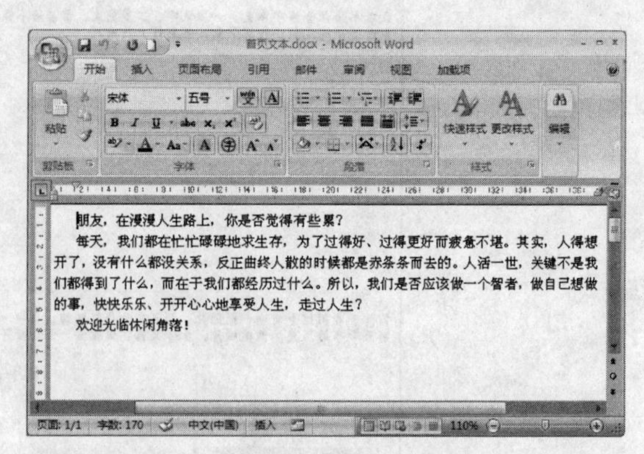

图 4-33　制作 Word 文档

（4） 打开“我的电脑”，选择一幅 JPG 背景图像，将其复制到 F:\xiuxian\main 文件夹中并将其改名为 beijing.jpg。

2. 设置网页属性

（1） 打开 xiuxian（休闲角落）站点中的 main.asp 网页，单击属性检查器中的“页面属性”按钮，打开“页面属性”对话框。

（2） 在“分类”列表框中选择“外观”选项。

（3） 在“页面字体”下拉列表框中选择“楷体_GB2312”，在“大小”文本框中输入 20，在“文本颜色”文本框中输入“＃0000FF”，在“背景图像”文本框中输入“main/beijing.jpg”，如图 4-34 所示。

3. 设置超链接属性

（1） 在“分类”列表框中选择“链接”选项。

（2） 在“链接字体”下拉列表框中选择“隶书”选项，在“下画线样式”下拉列表框中选择“始终无下画线”选项，如图 4-35 所示。

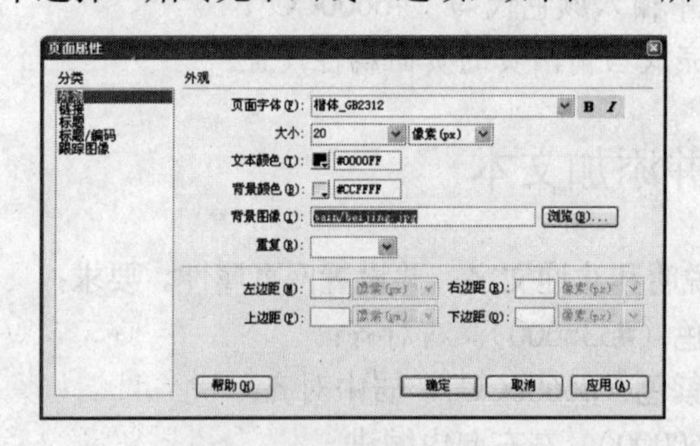

图 4-34　设置网页外观属性

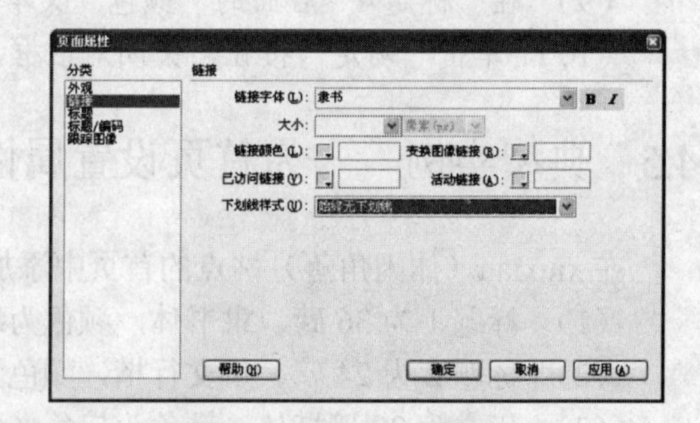

图 4-35　设置超链接属性

4. 设置标题属性

（1） 在“分类”列表框中选择“标题”选项。

（2） 在“标题字体”下拉列表框中选择“隶书”选项。

（3） 在“标题 1”后面的颜色文本框中输入颜色代码“#336600”。

（4） 在“标题 2”后面的颜色文本框中输入颜色代码“#6600CC”，如图 4-36 所示。

（5） 单击“确定”按钮，应用属性设置。

5. 添加网页文本

（1） 将光标置于文档开头的“index”字样（生成站点地图时所致）之前，按 Enter 键创建一个新段落，输入“休闲角落”。

（2） 按 Enter 键创建一个新段落，将 Word 文档“首页文本”中的全部文本复制到网页中，如图 4-37 所示。

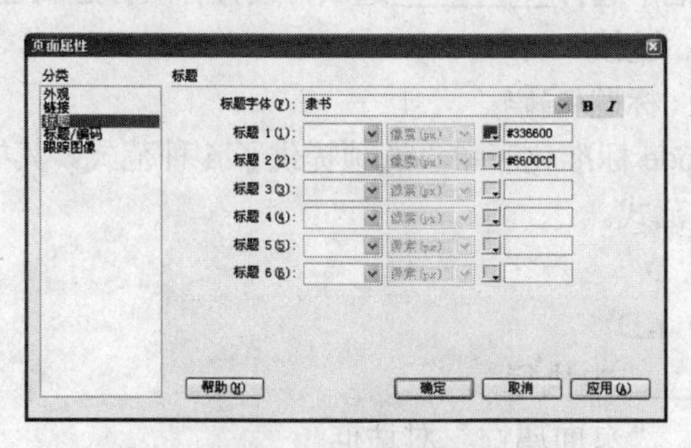

图 4-36 设置标题属性

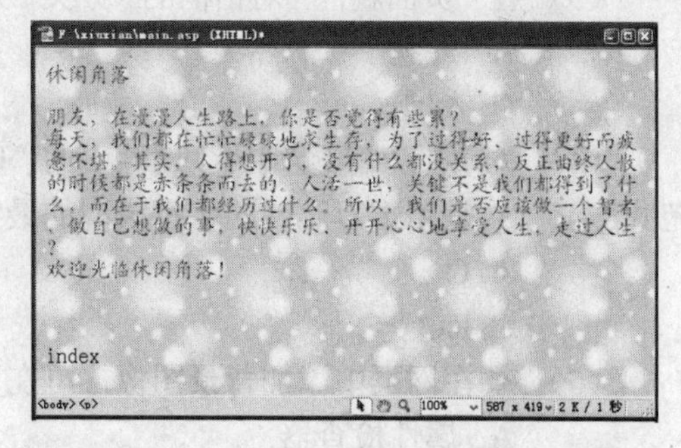

图 4-37 添加文本

（3） 关闭 Word 文档“首页文本”。

（4） 将光标置于“欢迎光临休闲角落！”行首，按 Enter 键使之成为一个独立段落。

6. 格式化文本

（1） 单击“休闲角落”段落，在属性检查器中选择“格式”下拉列表框中的“标题 1”选项，并单击两次“文本缩进”按钮。

（2） 单击“欢迎光临休闲角落！”段落，选择“格式”下拉列表框中的“标题 2”选项，并单击“居中对齐”按钮。

（3） 选择“朋友……走过人生？”段落，单击“文本缩进”按钮和“加粗”按钮。

（4） 选择“index”，选择“格式”下拉列表框中的“预先格式化的”选项，单击“右对齐”按钮，并单击两次“文本缩进”按钮。

（5） 将“index”改为“点击此处进入网站”。

（6） 选择“文件”|“保存”命令保存网页。

4.6 本章小结

本章主要介绍了在网页中添加文本，以及设置文本属性和网页属性的方法，包括文本对象的添加、格式化文本的方法、项目列表的使用、水平分隔线的使用，以及网页属性的设置等内容。通过本章的学习，读者应掌握各种文本编辑的操作方法和技巧，以及网页属性的基本设置方法。

4.7 上机练习与习题

4.7.1 选择题

（1） 复制和粘贴对象的快捷键分别是_________。

A. Ctrl+V，Ctrl+C　　　　B. Ctrl+C，Ctrl+V

C. Ctrl+X，Ctrl+V　　　　D. Ctrl+V，Ctrl+X

（2） 在网页中输入文字时，如果需要换行但又不想在行与行之间有较大的间隙，可执行以下操作中的________。

A. 不做任何操作，自动换行　　　　B. 按 Enter 键更换行

C. 按 Shift+ Enter 组合键软换行　　　　D. 执行任何操作也做不到

（3） 在“页面属性”对话框的“分类”列表框中选择________选项可设置各级标题属性。

A. 外观　　　　B. 链接

C. 标题　　　　D. 标题/编码

（4） 网页的“标题/编码”属性中的“Unicode 标准化表单”选项提供了 4 种范式，其中范式________是用于万维网的字符模型的最常用范式。

A. C　　　　B. D

C. KC　　　　D. KD

（5） 要在网页中添加背景图像，可在________中执行。

A. 属性检查器　　　　B. “页面属性”对话框

C. “插入记录”菜单　　　　D. 插入工具栏的“常用”选项卡

4.7.2 填空题

（1） 选择________________命令，可在网页中插入一个版权符号。

（2） 将 Word 文档中的文本添加到 Dreamweaver 网页中的方法有________、________。

（3） 在网页中添加的注释只能在________时才能看到，而不显示在________中。

（4） 网页中插入的注释在“设计”视图中以________方式显示，而在 HTML 中则以________的格式显示。

（5） 通过“插入日期”对话框可以在网页中添加可更新的________、________、________。

（6） 若要在每次保存网页的更改时都会自动更新插入的日期，可在________对话框中选中________复选框。

（7） 要在网页中添加水平分隔线，应选择________________命令。

4.7.3 问答题

（1） 如何在网页中插入特殊字符？

（2） 如何直接在网页中导入外部文档？

（3） 如何在网页中添加注释？

（4） 如何将 Dreamweaver 属性检查器的“字体”列表中没有的字体添加到列表中？

（5） 如何设置水平分隔线的颜色？

4.7.4 上机练习

（1） 创建一个网页，在其中添加文本、水平分隔线和更新日期，并根据自己的需要设置文本的格式。

（2） 通过更改网页属性来设置网页的外观。

第 5 章

使用网页图像

教学目标：

图像与文本一样都是网页的重要组成元素之一。网页中如果只有文本而无图像势必显得单调。无论是个人网站还是企业网站，适当的图片不但可以给人以美感，而且对文本内容有着极好的辅助作用。本章介绍使用网页图像的知识，包括网页图像的基本概念、插入图像的方法、图像的编辑，以及创建图像地图（热点）等内容。

教学重点与难点：

1. 网页图像的格式。
2. 插入图像。
3. 编辑图像。
4. 创建图像地图。

5.1 网页图像简述

计算机中的图形是以矢量图和位图两种格式显示的，其中矢量图又称为向量图，位图又称为点阵图。图像的格式有很多种，但不是每一种格式的图像都适用于网页，下面就介绍一些有关图像的基本知识，以及适用于网页的图像格式。

5.1.1 位图

图 5-1 点阵图

位图是目前最为常用的图像表示方法。这种图形使用在网格内排列的称为像素的彩色点来描述图像，每一点就是一个像素，其值是像素的亮度和色彩值。例如，图 5-1 所示的图像由网格中每个像素的特定位置和颜色值来描述，这是用非常类似于镶嵌的方式来创建图像。

位图产生的图像比较细致，层次和色彩也比较丰富，可以逼真地表现自然界的景象，同时也可以很容易地在不同软件之间交换文件。但是，由于在保存位图文件时需要记录每一个像素的位置和色彩数据，显然网格划分得越密，对应的图像分辨率就越高，图像质量也越好，当然文件也就越大，处理速度也就越慢，而且在缩放和旋转时会产生失真的现象。

通常，照片和数字化视频处理就基于此种方式，像计算机的屏幕显示就是用点阵图方式实现的。

5.1.2 矢量图

矢量图以数学的矢量方式记录图像内容，以一系列的线段或其他造型描述一幅图像，内容以线条和色块为主，通常它以一组指令的形式存在，这些指令描绘图中所包含的每个直线、圆、弧线和矩形的大小及形状。例如，图 5-2 所示的图像可以由创建青蛙轮廓的线条所经过的点来描述；青蛙的颜色由轮廓的颜色和轮廓所包围区域的颜色决定。

矢量图文件占的容量相对较小，可以很容易地进行放大、缩小或旋转等操作，并且不会失真，精确度较高。但是，矢量图不宜制作色调丰富或者色彩变化太多的图像，而且绘制出来的图形不是很逼真，无法像照片一样精确地描写自然界的景象，最适合制作一些由线条或色块构成的图形，如色彩简单的图像或卡通形象一类的夸张造型。

图 5-2　矢量图

如果检查矢量图文件，会发现它们很像应用程序，其中可以包含用 ASCII 码表示的接近英语的命令和数据，用字处理器就可以进行编辑。

5.1.3 常见网页图像格式

虽然存在很多种图像文件格式，但网页中一般用到的图像只有 GIF（Graphic Interchange Format）、JPEG（Joint Photographic Experts Group）和 PNG（Portable Network Group）等为数不多的几种格式。

1. GIF 格式

GIF 格式即图形交换格式，最多使用 256 种颜色。它适合显示色调不连续或具有大面积单一颜色的图像，如导航条、按钮、图标、徽标或其他具有统一色彩和色调的图像。GIF 采用的是 LZW 压缩格式，能够有效地压缩文件大小，有利于缩短网页传输时间。

2. JPEG 格式

JPEG 格式即联合图像专家组格式，是用于摄影或连续色调图像的高级格式，可以包含数百万种颜色。随着 JPEG 文件品质的提高，文件的大小和下载时间也会随之增加。通常可以通过压缩 JPEG 文件在图像品质和文件大小之间达到良好的平衡。

JPEG 图像在打开时自动解压缩。压缩的级别越高，得到的图像品质越低；而压缩的级别越低，得到的图像品质越高。在大多数情况下，采用“最佳”品质选项产生的结果与原图像几乎相同。

3. PNG 格式

PNG 格式即可移植网络图形格式，是一种替代 GIF 格式的无专利权限制的格式，它包括对索引色、灰度、真彩色图像及 Alpha 通道透明的支持。PNG 文件可保留所有原始层、矢量、颜色和效果信息（如阴影），并且在任何时候所有元素都是完全可编辑的。

注意：在网页中使用的图片的实际尺寸和文件大小要尽可能小，否则会增加页面下载的时间；大图片可分成若干张小图片，再利用表格拼接。

5.2 插入图像

将图像插入 Dreamweaver 文档时，Dreamweaver 会自动在 HTML 源代码中生成对该图像文件的引用。为了确保此引用的正确性，该图像文件必须位于当前站点中；否则，Dreamweaver 会询问用户是否要将此文件复制到当前站点中。

5.2.1 插入普通图像

要在 Dreamweaver 文档中插入一个普通图像，可将光标置于要插入图像的位置后，单击“常用”工具栏中的“图像”按钮右侧的三角按钮，从弹出的菜单中选择“图像”命令，或选择“插入记录”|“图像”命令，打开“选择图像源文件”对话框，选择所需的图像文件，如图 5-3 所示。

在“选择图像源文件”对话框中的“选取文件名自”选项组中有两个选项，一个是“文件系统”单选按钮，用于选择一个图像文件；另一个是“数据源”单选按钮，用于选择一个动态图像源文件。一般情况下使用默认选项“文件系统”。

选择了要插入的图像并单击“确定”按钮后，打开如图 5-4 所示的“图像标签辅助功能属性”对话框，进行所需的设置后，单击“确定”按钮即可将所选择的图像添加到页面中。若不需要进行图像标签辅助功能属性设置，可单击“取消”按钮直接关闭此对话框。

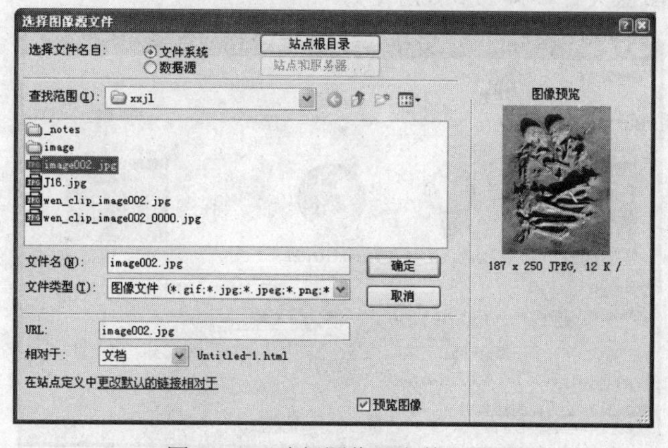

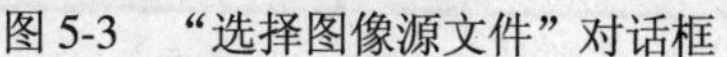
图 5-3 “选择图像源文件”对话框

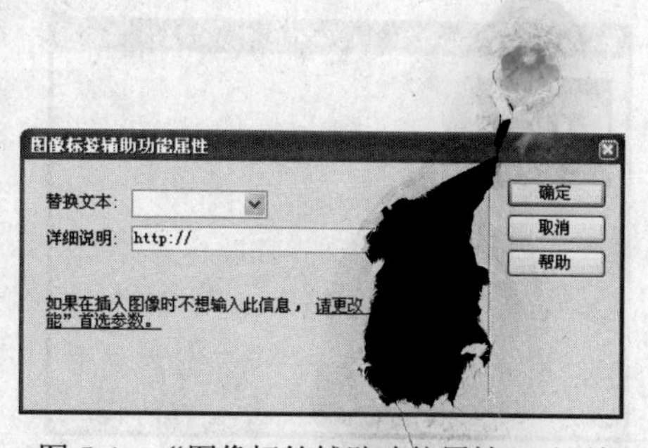

图 5-4 “图像标签辅助功能属性”对话框

“图像标签辅助功能属性”对话框中各选项的功能如下。

（1）“替换文本”：用于为图像指定一个名称或是一段简短的描述，最大字符数为50。

（2）“详细说明”：用于输入图像位置的具体路径，也可单击文件夹图标在打开的对话框中进行选择。

提示： 若不想在每次插入图像时都显示“图像标签辅助功能属性”对话框，可打开“首选参数”对话框，在“分类”列表框中选择“辅助功能”选项，然后取消“在插入时显示辅助功能属性”选项组中的“图像”复选框。

如果在一个未保存过的文档中插入图像，Dreamweaver会提示用户若要使用相对路径应先保存文档，并且在保存文档前使用"file://"相对路径，如图5-5所示。

如果插入的图像不在当前正在操作的站点中，则会提示位于站点以外的文件发布时可能无法访问，并询问是否将文件复制到站点根文件夹中，如图5-6所示。此处应单击“是”按钮，将图像复制到站点图像文件夹中。

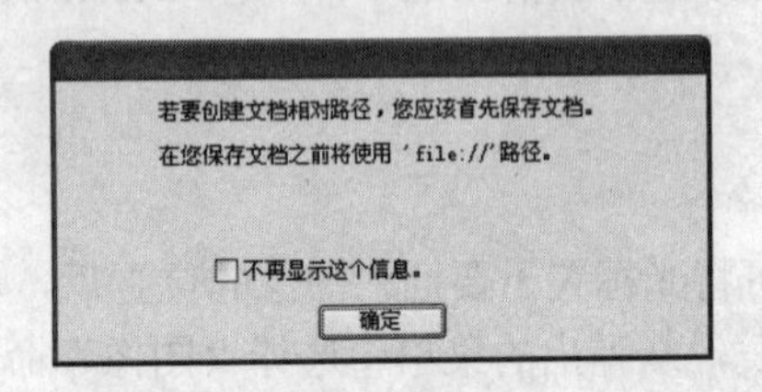

图5-5　提示保存文档的对话框

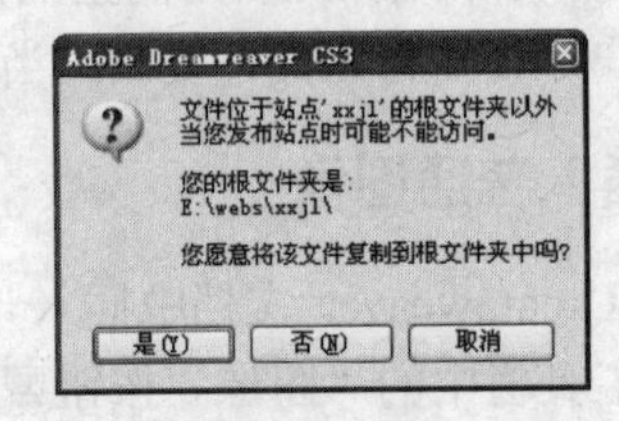

图5-6　提示文件位于站点之外的对话框

★例5.1：在xxjl站点中的某个网页文件中插入一幅外部图像，如图5-7所示。

（1）单击“常用”工具栏中的“图像”按钮右侧的三角按钮，从弹出的菜单中选择“图像”命令，打开“选择图像源文件”对话框。

（2）单击“选择文件名称”选项组中的“文件系统”单选按钮。

（3）在“查找范围”下拉列表框中选择“我的文档\图片收藏”文件夹。

（4）在文件列表中选择要插入的图像文件，如图5-8所示。

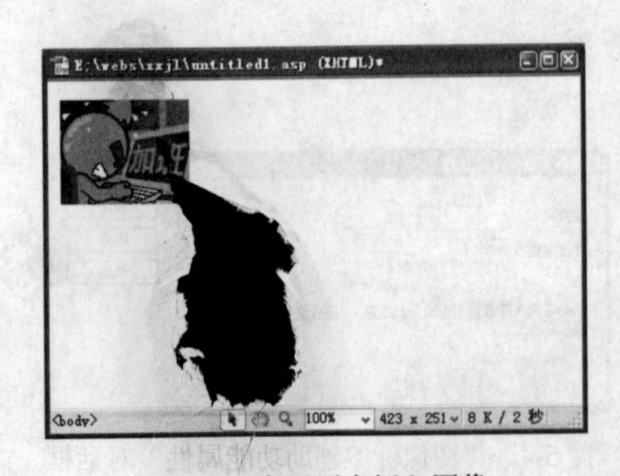

图5-7　在网页中插入图像

图5-8　选择图像

（5）单击“确定”按钮，打开提示文件位于站点之外的提示对话框。

（6） 单击“是”按钮，打开“复制文件为”对话框，如图 5-9 所示。

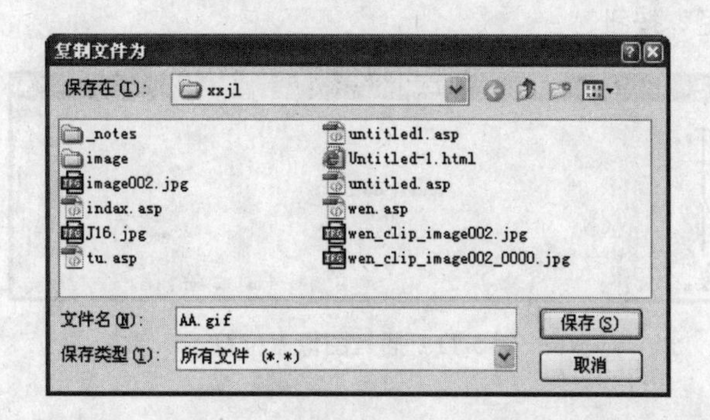

图 5-9 “复制文件为”对话框

（7） 双击 image 文件夹将其打开，单击“保存”按钮，打开“图像标签辅助功能属性”对话框。

（8） 单击“取消”按钮。

5.2.2 插入图像占位符

在网页图像未制作完毕，但其他内容已准备妥当时，可用图像占位符先将图像的位置预留出来，以便网页中其他对象的添加，从而加快网页制作速度。

要插入图像占位符，在指定要插入图像的位置后，单击“常用”工具栏中的“图像”按钮右侧的三角按钮，从弹出的菜单中选择“图像占位符”命令，或选择“插入记录”|“图像对象”|“图像占位符”命令，打开“图像占位符”对话框，在其中进行相关设置，如图 5-10 所示。

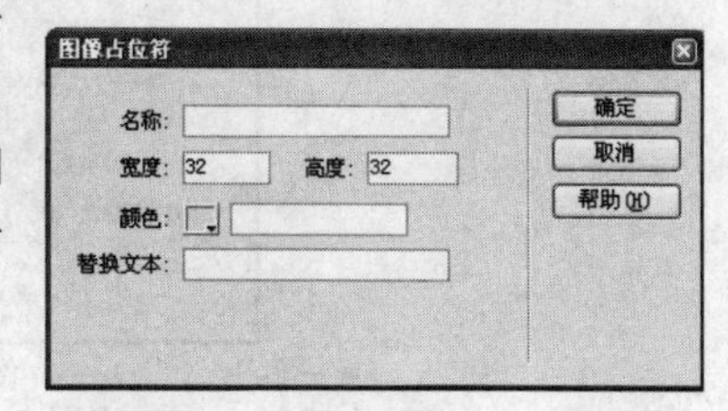

图 5-10 “图像占位符”对话框

“图像占位符”对话框中各选项的功能如下。

（1） “名称”：用于输入要作为图像占位符的标签文字显示的文本。此文本必须以字母开头，且只能包含字母和数字，不允许使用空格和高位 ASCII 字符。此为可选项。

（2）“宽度”和“高度”：用于指定图像占位符的宽度和高度，默认单位为像素。此为必选项。

（3） “颜色”：用于选择图像占位符的颜色，可单击颜色按钮打开调色板进行选择，也可直接在文本框中输入颜色代码或网页安全色名称（如 red）。此为可选项。

（4） “替代文本”：用于输入描述图像的文本。

★例 5.2：在网页文件中插入一个宽 560、高 110 的黄色（#FFFF00）图像占位符，设置其名称为 tuwei，替换文本为“插入动画或 Gif 图像”，如图 5-11 所示。

（1） 将光标置于要插入图像占位符的位置，单击“常用”工具栏中的“图像”按钮右侧的三角按钮，从弹出的菜单中选择“图像占位符”命令，打开“图像占位符”对话框。

（2） 在“名称”文本框中输入“tuwei”。

（3） 在“宽度”文本框中输入 560，在“宽度”文本框中输入 110。

（4） 单击“颜色”按钮，在弹出的调色板中选择黄色颜色块。

（5） 在“替换文本”文本框中输入“插入动画或 Gif 图像”。

（6） 单击“确定”按钮。

图 5-11 插入图像占位符

5.2.3 插入鼠标经过时变化的图像

鼠标经过时变化的图像是指当把鼠标指针移到插入图像上时，该图像会变为另一个图像。要使鼠标经过时图像发生改变，可将光标置于要插入图像的位置后，单击“常用”工具栏中的“图像”按钮右侧的三角按钮，从弹出的菜单中选择“鼠标经过图像”命令，或者选择“插入记录”|“图像对象”|“鼠标经过图像”命令，打开“插入鼠标经过图像”对话框，在其中进行所需设置，如图 5-12 所示。

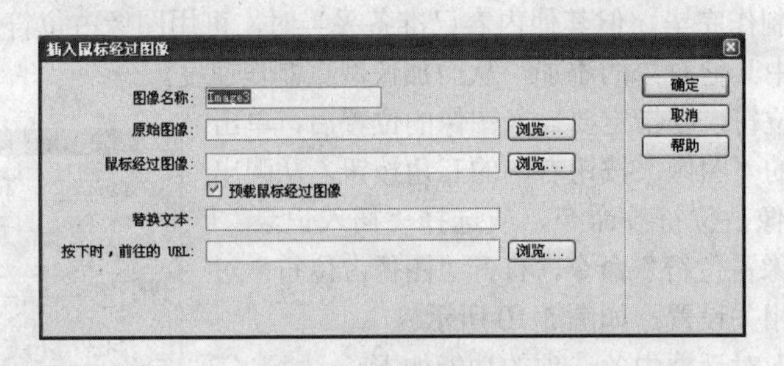

图 5-12 “插入鼠标经过图像”对话框

“插入鼠标经过图像”对话框中各选项的功能如下。

（1） “图像名称”：用于输入鼠标经过图像的名称。

（2） “原始图像”：用于指定要在载入网页时显示的图像文件的路径，可单击“浏览”按钮在打开的对话框中进行选择，也可以直接在文本框中输入图像文件的路径。

（3） “鼠标经过图像”：用于指定在鼠标指针滑过原始图像时显示的图像文件的路径。

（4） “预载鼠标经过图像”：用于指定是否将图像预先载入浏览器的缓存中，以便访问者将鼠标指针滑过图像时不发生延迟。

（5） “替换文本”：用于输入描述图像的文本，以便访问者使用只显示文本的浏览器时，可以看到此描述文本。此为可选项。

（6） “按下时，前往的 URL”：用于指定当访问者在图像上按下鼠标键时要打开的文件的路径。如果不为图像设置链接，Dreamweaver 将在 HTML 源代码中插入一个空链接（#），该链接上将附加鼠标经过图像行为。如果删除该空链接，鼠标经过图像将不再起作用。

用户不能在 Dreamweaver 的文档窗口中看到鼠标经过图像的效果。若要查看效果，可选择“文件”|“在浏览器中预览”|“IExplore（浏览器）”命令，或按 F12 键在浏览器中预览网

页，然后将鼠标指针滑过该图像测试效果。

★例 5.3：在网页中插入一组图像，正常情况下显示“ninhao.jpg （您好朋友）”图片，如图 5-13 所示，当鼠标经过图像时显示“kaixin.gif （开心快乐）”图片，如图 5-14 所示。

图 5-13 ninhao.jpg 图片

图 5-14 kaixin.gif 图片

（1） 将要使用的图片 ninhao.jpg 和 kaixin.gif 复制到当前网页所在站点的 image 文件夹中。

（2） 将光标置于要插入图像的位置，单击“常用”工具栏中的“图像”按钮右侧的三角按钮，从弹出的菜单中选择“鼠标经过图像”命令，打开“插入鼠标经过图像”对话框。

（3） 在“图像名称”文本框中输入图像的名称，如“ninhao”。

（4）单击“原始图像”文本框右侧的“浏览”按钮，从打开的对话框中选择 image/ninhao.jpg 文件。

（5） 单击“鼠标经过图像”文本框右侧的“浏览”按钮，从打开的对话框中选择 image/kaixin.gif 文件。

（6） 单击“确定”按钮，插入图像。

5.2.4 插入 Photoshop 图像

在 Dreamweaver CS3 中，用户可以将 Photoshop 图像文件（PSD 格式）插入到网页中，然后使用 Dreamweaver 将这些图像文件优化为可用于网页的 GIF、JPEG 或 PNG 格式的图像。在网页中插入 Photoshop 图像后，用户还可以在 Photoshop 中编辑源文件，并在 Dreamweaver 中更新相应的网页图像。此外，用户还可以在 Dreamweaver 中将多层或多切片 Photoshop 图像整体或部分粘贴到网页中。

注意：如果经常使用插入 Photoshop 图像的功能，应在 Web 站点上存储 Photoshop 源图像以便访问，而且一定要遮盖这些图像，以避免本地站点和远程服务器之间进行不必要的处理。

1. 插入 Photoshop 图像

用户可以在 Photoshop 中将图像存储为常规 Photoshop 图像文件（PSD），然后在 Dreamweaver 中选择 PSD 文件并将其插入到网页中。

选择“插入记录” | “图像”命令，打开“选择图像源文件”对话框。选择后缀为.psd 的图像文件，单击“确定”按钮，打开如图 5-15 所示的“图像预览”对话框。在“选项”选项卡中的“格式”下拉列表框中选择要将其转换为的图像格式，然后根据所选格式做进一步设置。

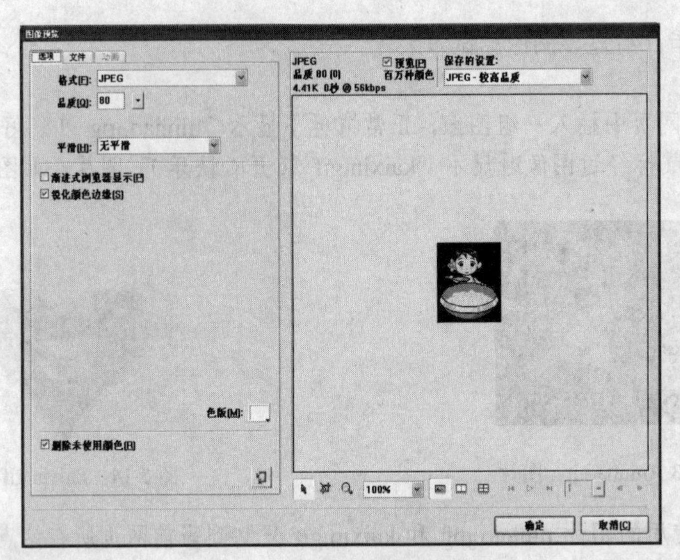

图 5-15 “图像预览”对话框

在“图像预览”对话框的“文件”选项卡中，用户可以缩放图像，或者选择导出图像的部分区域。如果选择了 GIF 动画格式，则还会激活“动画”选项卡，用户可以针对动画文件进行所需的设置。

设置完毕，单击“确定”按钮，将会打开“保存 Web 图像”对话框，用户可将当前图像文件保存在站点中的相关文件夹中。

在插入 Photoshop 图像时，无论用户是否对站点启用了设计备注，设计备注中都会保存关于图像的信息，如源文件的文件名和位置。用户可以通过设计备注来重新使用 Dreamweaver 编辑原始的 Photoshop 图像。

在网页中插入一个 Photoshop 图像后，如果对当前图像不满意，还可以通过执行以下操作之一来将其更换为另一个 Photoshop 图像。

- 选择要更换的 Photoshop 图像，在属性检查器上，将“Ps 源”文本框右面的“指向文件”图标拖动到“文件”面板中的另一个 PSD 文件上。
- 双击要更换的图像，打开“选择图像源文件”对话框，选择另一个 PSD 文件。

2. 复制 Photoshop 图像

用户还可以在 Photoshop 中选择部分或全部图像，并将其复制到剪贴板中，然后粘贴到 Dreamweaver 网页中。可以复制选区图像的一个或多个图层，或者仅仅是图像的一部分。

要将 Photoshop 图像复制到网页中，应同时启动 Photoshop 和 Dreamweaver，并先在 Photoshop 中选择要复制的图像区域。在 Photoshop 中复制图像的方法有以下几种。

（1） 使用选框工具选择要复制的部分，然后选择“编辑” | “拷贝”命令，复制整个图层或局部。这种情况下，只会将选区中的活动图层复制到剪贴板中。如果采用基于图层的效果，则不会复制选择的部分。

（2） 使用选框工具选择要复制的部分，然后选择“编辑” | “合并拷贝”命令，复制并合并多个图层。这一操作将会拼合选区中的所有活动图层和较低图层，然后将其复制到剪贴板中。如果将基于图层的效果与这些图层中的任何图层相关联，则会复制选择的部分。

（3） 使用“切片选择”工具选择切片，然后选择“编辑” | “拷贝”命令，复制切片。

这会拼合切片的所有活动图层和较低图层，然后将其复制到剪贴板中。

（4） 选择“选择”|“全部”命令选择整个图像，再选择“编辑”|“拷贝”命令将其复制到剪贴板中。

复制了 Photoshop 图像后，即可切换到 Dreamweaver 的设计或代码视图中，定位插入点，选择“编辑”|“粘贴”命令或者按 Ctrl＋V 组合键，打开“图像预览”对话框，进行所需的优化设置，然后单击“导出”按钮，将图像保存到站点中的相关文件夹中。

若要更换复制到网页中的图像，可在 Photoshop 中复制所需的图像或者图像的一部分，然后在 Dreamweaver 中选择现有的图像，选择“编辑”|“粘贴”命令或按 Ctrl＋V 组合键。此时不会打开“图像预览”对话框，Dreamweaver 会继承原来图像的优化设置。

★例 5.4：将在 Photoshop 中编辑的图像复制到 Dreamweaver 网页中，如图 5-16 所示。

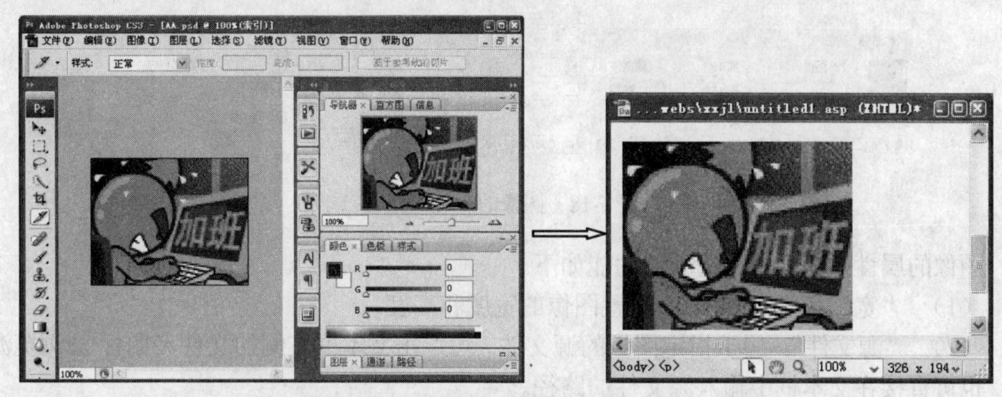

图 5-16　将 Photoshop 图像复制到 Dreamweaver 网页中

（1） 启动 Photoshop CS3，编辑所需的图片。

（2） 选择“选择”|“全部”命令，选择整个图像。

（3） 切换到 Dreamweaver 中，将插入点定位在要插入图像的位置，按 Ctrl+V 组合键，打开“图像预览”对话框。

（4） 采用默认设置，单击“确定”按钮，打开“保存 Web 图像”对话框，如图 5-17 所示。

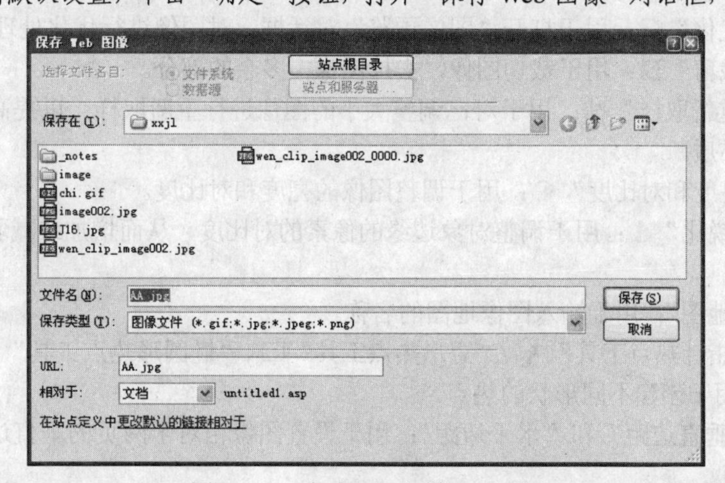

图 5-17　“保存 Web 图像”对话框

（5） 选择要保存图像的文件夹，单击“保存”按钮。在 Photoshop 中复制的图像被粘贴到 Dreamweaver 网页中。

5.3 编辑图像

在 Dreamweaver 中可以对插入的图像进行再编辑。Dreamweaver 的图像编辑功能仅适用于 JPEG 和 GIF 图像。

5.3.1 图像的属性检查器

编辑图像的操作主要是在图像的属性检查器中进行的。当选择了网页中的一幅图像时，属性检查器中即会反映该图像的属性，如图 5-18 所示。

图 5-18　图像的属性检查器

图像的属性检查器中各选项的功能如下。

（1）“宽”和“高”：用于设置图像的宽度和高度。

（2）“源文件”：用于指定图像的源文件。可单击文本框右侧的文件夹图标浏览源文件，也可直接在文本框中输入源文件的路径。

（3）“链接”：用于设置选定图像所链接的文件路径或网址。

（4）“替换”：用于指定只显示文本的浏览器或已设置为手动下载图像的浏览器中代替图像显示的替代文本。

（5）“编辑”：用于打开图像编辑器对图像进行编辑。此图标根据用户所安装的图像软件不同而各异。例如，如果用户安装的是 Photoshop 软件，则显示图标，单击此按钮可启动 Photoshop；如果安装的是 Fireworks，则显示的是图标，单击此按钮则启动 Fireworks。

（6）“优化”：用于打开“图像预览”对话框，对图像进行优化处理。

（7）“裁剪”：用于裁切图像，去掉图像中多余的部分。

（8）“重新取样”：用于对已调整大小的图像进行重新取样，以提高图片在新的大小和形状下的品质。

（9）“亮度和对比度”：用于调整图像的亮度和对比度。

（10）“锐化”：用于调整对象边缘的像素的对比度，从而增加或减弱图像的清晰度或锐度。

（11）“地图”：用于输入图像地图的名称。

（12）“指针热点工具”、“矩形热点工具”、“椭圆形热点工具”、“多边形热点工具”：用于创建不同形状的热点。

（13）“垂直边距”和“水平边距”：用于设置图像相对于网页的垂直边缘或水平边缘之间的距离。

（14）“目标”：用于指定链接目标页应当在其中载入的框架或窗口。

（15）“源”：用于指定在载入主图像之前预先载入的图像。

（16）“边框”：用于输入图像边框的宽度。

（17）“对齐”：用于选择同一行上的图像和文本的对齐方式。

（18）“左对齐”、“居中对齐”和“右对齐”：用于设置图像的对齐方式。

5.3.2 调整图像大小

插入到网页中的图像通常以原大小呈现，如果要更改图像大小以适应网页的需要，可选择所需图像，然后执行以下方法之一。

（1）使用属性检查器：在属性检查器上的“宽”与“高”文本框中输入图像的宽、高值。若要将图像的宽、高大小按比例缩放，则可在“宽”或“高”中任意一个文本框中输入值，然后按 Enter 键，系统会自动确定另一个值。

（2）使用鼠标拖动：在图像的选择状态下，图像选择框上会显示 3 个控制柄，如图 5-19 所示。拖动任意一个控制柄即可按相应的方向缩放图像。若要进行等比例缩放，可在按住 Shift 键的同时拖动右下角的控制点。

图 5-19　图像的选择状态

调整了图像的大小后，属性检查器上的“宽”与“高”文本框中的数值将变成粗体，且右边显示“还原”图标。如果需要将图像恢复到原始大小，只须单击“还原”图标。

5.3.3 裁剪图像

如果插入的图像中包含一些多余的部分，可对图像进行裁剪。选择所需的图像后，单击属性检查器中的“裁剪”按钮，或者选择“修改”|“图像”|“裁剪”命令，所选图像的周围即会出现裁剪控制柄，如图 5-20 所示。调整裁剪控制柄到图像中要保留的位置，在图像上双击或按 Enter 键即可将图像的多余部分裁剪掉。

图 5-20　图像的裁剪状态

当一幅图像被裁剪后，磁盘上的原图像文件会相应地发生变化。因此，建议在进行裁剪操作前最好先备份一份原始图像文件，以便需要时恢复原始图像。

提示： 默认情况下，在对图像进行裁剪、更改亮度和对比度、锐化等编辑操作后，会打开一个提示对话框，警告用户要执行的操作将永久改变图像，但可以通过选择“编辑”|“撤销”操作撤销所做的任何更改。如果希望以后操作不不再打开该对话框，可在其中选中“不再显示这个信息”复选框。

5.3.4 调整图像的亮度和对比度

要调整图像的亮度和对比度，选择所需图像后，选择“修改”|“图像”|“亮度/对比度”命令，或单击属性检查器中的“亮度和对比度”按钮，将打开如图 5-21 所示的“亮度/对比度”对话框。向左拖动滑块可以降低亮度和对比度，向右拖动滑块可以增加亮度和对比度，其取值范围为-100~+100。

5.3.5 锐化图像

选择要锐化的图像，单击图像属性检查器中的“锐化”按钮，或者选择“修改”|“图像”|“锐化”命令，可打开如图 5-22 所示的“锐化”对话框。左右拖动滑块或在文本框中输入 0～10 的数值，即可指定锐化程度。

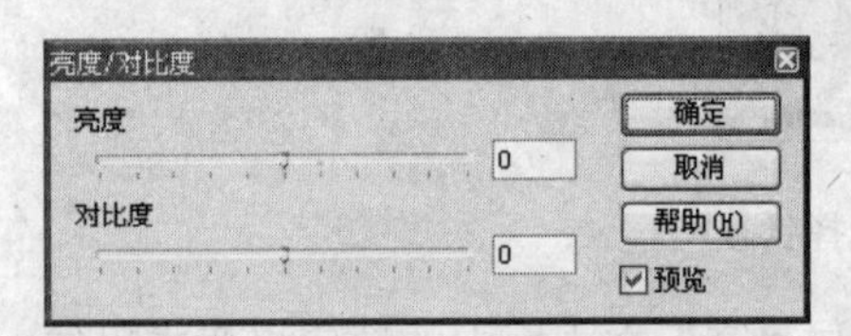

图 5-21 “亮度/对比度”对话框

图 5-22 “锐化”对话框

注意： 只能在保存包含图像的页面之前撤消“锐化”命令的效果并恢复到原始图像文件。页面一旦保存，对图像所做更改即永久保存。

5.3.6 图像的排列方式

用户可以设置图像与同一行中其他元素的相互对齐方式，也可以设置图像在页面上的水平对齐方式。选择所需图像后，在属性检查器上的“对齐”下拉列表框中选择所需的对齐方式即可。

“对齐”下拉列表框中包含的选项及其作用如下。

（1） “默认值”：用于指定基线对齐，使用不同的浏览器，默认值也有所不同。

（2） “基线”：用于将所选图像的底部与同一行中其他对象的基线对齐。

（3） “顶端”：用于将所选图像的顶端与当前行中最高项（图像或文本）的顶端对齐。

（4） “居中”：用于将所选图像的中部与当前行的基线对齐。

（5） “底部”：用于将所选图像的底部与当前行中最低项的底部对齐。

（6） “文本上方”：用于将所选图像的顶端与文本行中最高字符的顶端对齐。

（7） “绝对居中”：用于将所选图像的中部与当前行中文本的中部对齐。

（8） “绝对底部”：用于将所选图像的底部与文本行（包括字母下部，如字母 j）的底部对齐。

（9） “左对齐”：用于将所选图像放置在页面左侧，文本在图像的右侧换行。

（10） “右对齐”：用于将所选图像放置在页面右侧，文本在图像的左侧换行。如果右对齐文本在当前行上位于对象之前，它通常强制右对齐对象换到一个新行。

★例 5.5：将如图 5-23 所示的网页中的图像放置到文本右面，并上下调整到合适的位置，如图 5-24 所示。

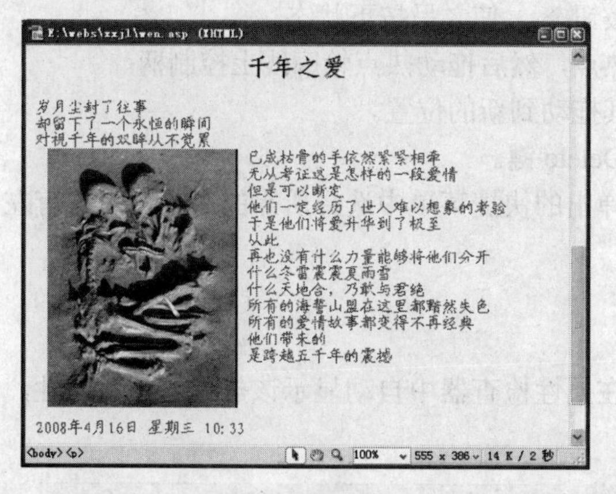

图 5-23 原对齐方式

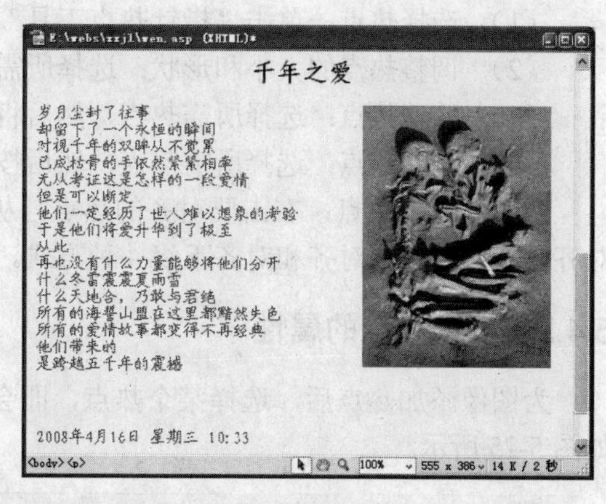

图 5-24 调整图片的对齐方式及位置

（1） 单击网页中的图像以选择它。

（2） 在属性检查器中选择“对齐”下拉列表框中的“右对齐”选项，将图片放到页面右侧。

（3） 拖动图片，使插入光标显示在“岁月尘封了往事”行首时释放鼠标左键，完成移动。

5.3.7 设置图像至页面的边距

网页中元素与元素之间的距离太近或者太远都不合适，太近会给人以压迫感，太远则导致网页布局不美观。因此，用户在安排网页元素时，应适当地调整元素的间距，以使浏览者在浏览网页时感到更加舒适。

若要调整图像与文字的间距，只须在属性检查器的“垂直边距”与“水平边距”文本框中输入适当的数值即可。默认单位为像素。

5.3.8 设置图像边框

为图像添加边框可以突出图片的边界。在图像属性检查器上的“边框”文本框中输入适当的数值，即可为图像设置边框。若要取消边框，只须删除“边框”文本框中的数值即可。

5.4 创建图像地图

图像地图是指将一个图像划分为多个热点，以链接到不同的网页、URL 或其他资源。当浏览者单击图片时，浏览器会自动识别单击位置是否在一个热点上，并根据判断载入相关联的网页、URL 或其他资源。

5.4.1 定义和编辑热点

要为图像定义热点，选择所需图像后，单击属性检查器中的“矩形热点工具”、“椭圆形热点工具”或“多边形热点工具”按钮，然后将鼠标指针移到所选图像上，拖动十字形指针即可绘制出相应的热点形状。

定义热点后还可对它们进行编辑，如移动、对齐、调整区域大小及删除等。

（1） 选择热点：单击“指针热点工具”按钮，使之呈按下状态。

（2） 调整热点的大小和形状：选择所需热点，然后拖动热点轮廓线上控制柄。

（3） 移动热点：选择所需热点，然后将其拖动到新的位置。

（4） 删除热点：选择所需热点，然后按 Delete 键。

（5） 对齐热点：右击要对齐的热点，从弹出的快捷菜单中选择所需的对齐命令。有左对齐、右对齐、顶对齐和对齐下缘 4 种方式。

5.4.2 设置热点的属性

为图像添加热点后，选择某个热点，即会在属性检查器中自动显示该热点的相关属性，如图 5-25 所示。

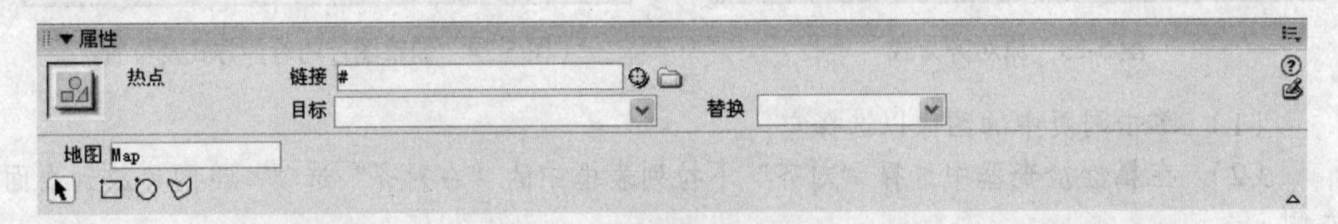

图 5-25 热点的属性检查器

热点的属性检查器中各选项的功能如下。

（1） “地图”：用于指定当前图像地图的名称。

（2） “指针热点工具”：用于选择已经建立的热点。如果要选择多个热点，按住 Shift 键单击要选择的所有热点；如果要选择整个图像上的所有热点，按 Ctrl+A 组合键。

（3） “矩形热点工具”：用于建立矩形热点。若要创建正方形热点，可在选择此工具后按住 Shift 键拖动指针。

（4） “椭圆形热点工具”：用于建立圆形热点。此工具只能创建正圆形的热点，而无法定义椭圆形状的热点。

（5） “多边形热点工具”：用于建立多边形热点。

（6） “链接”：用于指定当前热点的超链接目标。

（7） “目标”：用于指定当前热点的目标框架名。

（8） “替换”：用于指定当前热点的替换文本。

5.4.3 为热点建立链接

热点所指向的目标可以是不同的对象，如网页、图像或动画等。为热点建立链接时，应先选择热点，然后在属性检查器中的“链接”文本框中输入相应的链接，或者单击其后的文件夹图标，从本地硬盘上选择链接到的文件。

为热点建立链接后，可以在“目标”下拉列表框中选择链接目标文件在浏览器中打开的方式，并在“替换”文本框中输入光标移至热点时所显示的文字。

★例 5.6: 为网页中的图像添加一个矩形热点，如图 5-26 所示。当用户单击此热点时自动跳转至网页 http://nx.news.163.com/07/0208/10/36Q6S1GE0062009K.html，如图 5-27 所示。

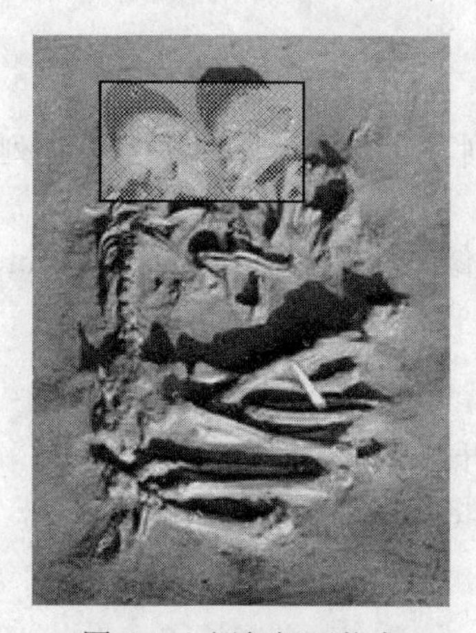

图 5-26　添加矩形热点

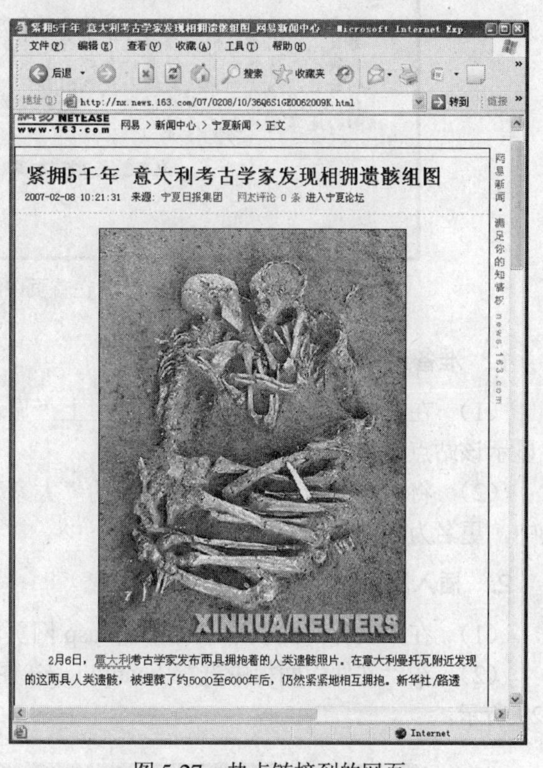

图 5-27　热点链接到的网页

（1）单击所需图像，将其选定。

（2）单击属性检查器中的“矩形热点工具”按钮，在图像中人骨头部绘出一个矩形。

（3）在“链接”文本框中输入“http://nx.news.163.com/07/0208/10/36Q6S1GE0062009K.html”。

（4）保存网页后按 F12 键打开浏览器窗口进行预览，单击矩形热点处，即会自动跳转至指定网页。

5.5　典型实例——在首页中添加欢迎图像

在 xiuxian 站点的首页中添加一个 GIF 动画作为欢迎图像，并为该图像添加热点，暂时不设置链接。网页效果如图 5-28 所示。

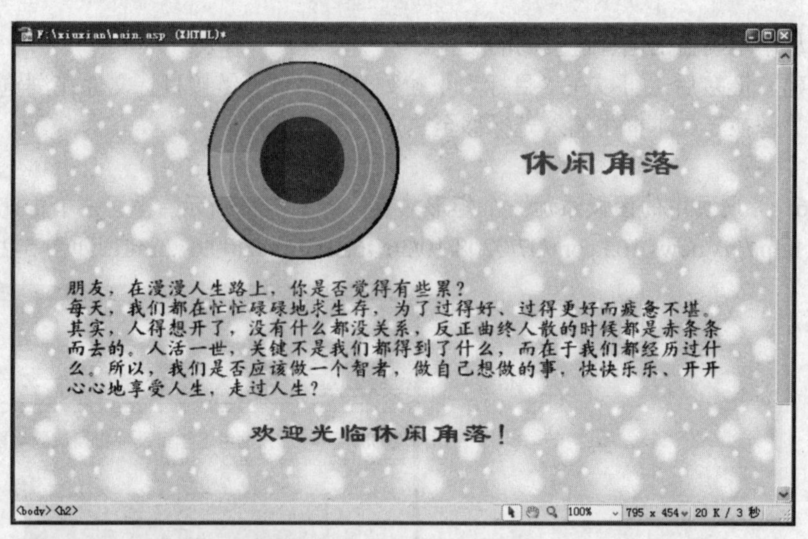

图 5-28　在首页中添加欢迎图片

1. 准备工作

（1） 在“文件”面板中选择工具栏上“显示”下拉列表框中的 xiuxian 站点，在列表框中显示该站点的文件列表。

（2） 将原本位于“我的文档”中的“大家好.jpg”图像文件复制到 F:\xiuxian\main 文件夹中，更名为 huanying.gif。

2. 插入图像

（1） 在“文件”面板中双击 main.asp 网页，将其打开。

（2） 在“文件”面板中选择 huanying.gif 图像文件，将其拖动到网页中的页首处，如图 5-29 所示。

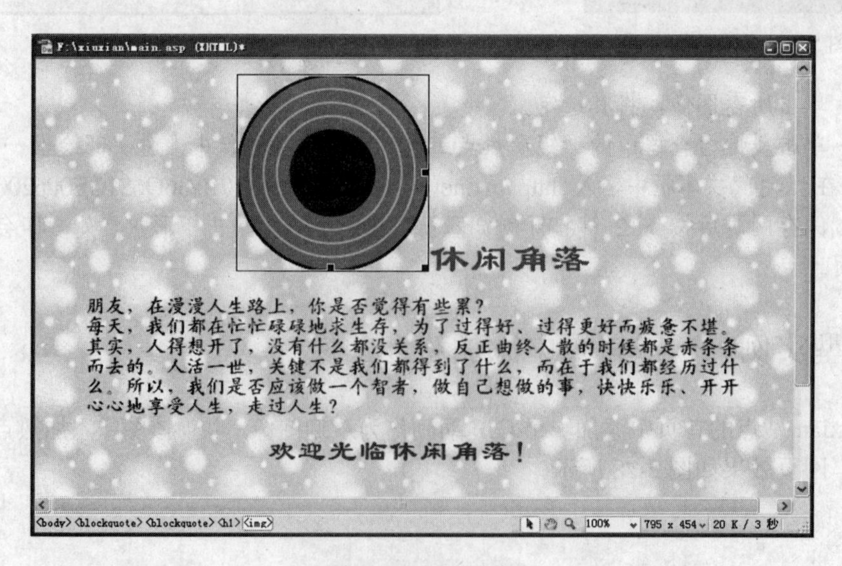

图 5-29　插入图像

3. 设置图像属性

（1） 在属性检查器中选择“对齐”下拉列表框中的“绝对居中”选项，使图像与文本“休闲角落”居中对齐。

（2） 在“水平边距”文本框中输入 100，如图 5-30 所示。

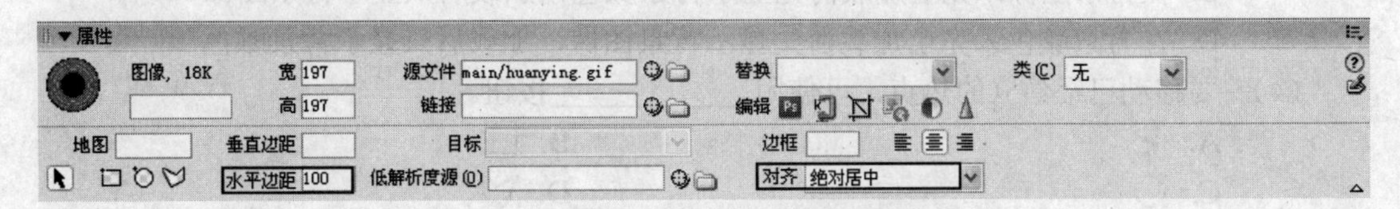

图 5-30 设置图像属性

4. 添加热点

（1） 单击属性检查器中的“椭圆形热点工具”按钮。

（2） 按住 Shift 键拖动绘制一个包围 huanying.gif 图像的圆形，如图 5-31 所示。

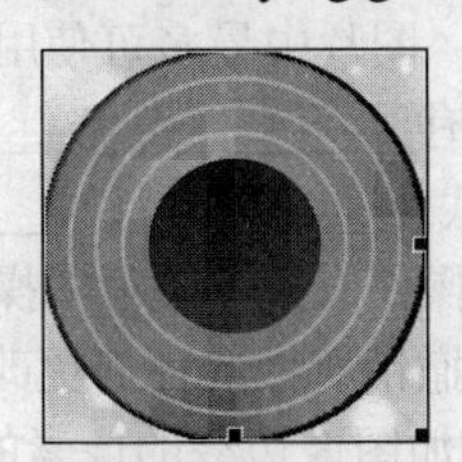

图 5-31 添加圆形热点

（3） 保存网页，按 F12 键在浏览器窗口中测试网页。

5.6 本章小结

本章主要介绍了在网页中添加和设置图像的方法，包括图像的基础知识和适合于网页的图像格式，插入图像，编辑图像以及创建图像映射等内容。通过本章的学习，读者应了解图像的基本概念、网页中可使用的各种图像格式，插入图像的方法、图像的编辑，以及创建图像地图的方法。

5.7 上机练习与习题

5.7.1 选择题

（1） 设置网页背景图像的方法是____________。

A. 选择“修改”|“页面属性”命令　　B. 选择“修改”|“图像”命令

C. 选择“插入”|“图像”命令　　D. 选择“编辑”|“首选参数”命令

（2） 在“页面属性”对话框中可以设置图像的__________属性。

A. 宽度　　B. 高度

C. 边框　　　　　　　　　　　　　　　　D. 边距

（3） 如果同时为页面添加了背景图像和背景颜色，在打开网页时将＿＿＿＿＿＿。

A. 只显示背景图像

B. 只显示背景颜色

C. 在背景图像未完全加载前先显示背景颜色，加载后只显示背景图像

D. 在背景颜色未完全加载前先显示背景图像，加载后只显示背景颜色

（4） 要移动已经建立的热点，可使用＿＿＿＿＿＿按钮。

A.　　　　　　　　　　　　　　　　　　B.

C.　　　　　　　　　　　　　　　　　　D.

（5） 用户不能对热点进行＿＿＿＿＿＿操作。

A. 删除　　　　　　　　　　　　　　　　B. 移动

C. 对齐　　　　　　　　　　　　　　　　D. 添加颜色

5.7.2 填空题

（1） GIF 格式即图形交换格式，图片中最多可使用＿＿＿＿＿＿种颜色。

（2） 网页可以支持的图像格式有＿＿＿＿、＿＿＿＿和＿＿＿＿3 种。

（3） 在网页中可插入的图像形式有＿＿＿＿、＿＿＿＿、＿＿＿＿和＿＿＿＿。

（4） 在对图像进行裁剪等编辑操作时，所执行的操作将会＿＿＿＿＿＿。可以在保存文件之前通过选择＿＿＿＿＿＿命令来撤销所做的任何更改。

（5） 进行＿＿＿＿＿＿操作可增加图像边缘的像素的对比度，从而增加图像清晰度或锐度。

（6） 为图像添加热点时，可使用＿＿＿＿、＿＿＿＿和＿＿＿＿3 种热点编辑工具。

（7） 在图像属性检查器上的“对齐”下拉列表框中可以设置＿＿＿＿＿＿。

5.7.3 问答题

（1） 如何在网页中插入 Photoshoop 图像？

（2） 如何在网页中插入鼠标经过时变化的图像？

（3） 如何在网页中用文字代替图像？

（4） 网页中的图像有哪些排列方式？

（5） 如何为热点建立链接？

5.7.4 上机练习

（1） 练习插入不同图像形式的方法。

（2） 在图像上绘制几种不同形状的热点区域，并将其链接到不同的网页。

第 6 章

插入多媒体组件

教学目标：

使用 Dreamweaver 可以有效地将多媒体元素与网页中的其他元素有机地整合在一起。在 Dreamweaver 中，可以在网页上直接插入动画，并且不受动画运行环境的限制，例如，可以在用户的电脑上没有安装 Flash 的情况下也能在网页中插入 Flash 动画。本章介绍在 Dreamweaver 中插入各种多媒体组件的方法，包括插入 Flash 对象、Shockwave 文件、Applet 程序、ActiveX 控件、插件、声音文件及计数器等内容。

教学重点与难点：

1. 添加 Flash 对象。
2. 添加 Shockwave 电影。
3. 添加 Java Applet 程序。
4. 使用 ActiveX 控件。
5. 使用插件。
6. 链接声音文件。

6.1　网页中的多媒体对象

多媒体对象包括动画、音频、视频等元素。在网页中加入多媒体元素可以丰富网页内容，增加网页魅力。但是，由于多媒体的音频和视频文件较大，需要较多的下载时间，不宜在以文字内容为主的网页中同时使用。

6.1.1 网页音频格式

网页中常见的音频文件格式包括以下几种。

（1） MIDI 或 MID 格式：这是一种形式化的声音文件，没有存储真正的声音波形信息，所记录的是乐曲的每个音符的时间和间隔，再由 MIDI 合成器合成音乐。其好处是声音文件非常小，许多浏览器都支持 MIDI 文件。缺点是 MIDI 文件不能被录制并且必须使用特殊的硬件和软件在计算机上合成。

（2） WAV 格式：Windows 使用的标准波形声音文件，文件具有较好的声音品质，许多浏览器都支持此类格式文件，缺点是文件很大。

（3） AU 格式：最早用于网站的声音文件格式，音质差，文件小。

（4） RA、RAM、RPM 或 Real Audio 格式：具有非常高的压缩比，文件大小要小于 MP3，在 WWW 中广泛使用。这几种音频文件的特点是采用流式传输方式，传输和播放同时进行，即流音频技术。访问者必须下载并安装 RealPlayer 辅助应用程序或插件才可以播放这些文件。

（5） AIF 或 AIFF 格式：与 WAV 格式类似，也具有较好的声音品质，大多数浏览器都可以播放。

（6） MP3 格式：MP3 的声音品质非常好，如果正确录制和压缩 MP3 文件，其质量甚至可以和 CD 质量相媲美。MP3 技术使用户可以对文件进行流式处理，以便访问者不必等待整个文件下载完成即可收听该文件。若要播放 MP3 文件，访问者必须下载并安装辅助应用程序或插件，如 QuickTime、Windows Media Player 或 RealPlayer 等。

6.1.2 网页视频格式

网页中的视频文件格式主要有以下 3 种：

（1） MPEG-1：相当于 VCD 的质量。

（2） MPEG-2：文件最大，质量较好。

（3） AVI：文件较小，应用广泛。

这 3 种格式的视频文件均支持压缩，须使用专门的软件进行播放，对网络带宽要求较高。

6.1.3 网页动画

网页中所用的动画文件主要有 GIF 动画和 Flash 动画两种形式，以 Flash 动画为主。Flash 是 Adobe 公司出品的专业动画制作软件，用它制作出的动画文件较小、效果华丽，还可播放 MP3 音效，互动效果极佳，因此被大量地用于网页。

在网页中使用的 Flash 动画文件通常是 SWF 格式的，它是在 Flash 程序中创建的 FLA 文件的压缩版本，针对网页进行了优化，可在浏览器中播放。

6.2 添加 Flash 对象

网页中可以插入 Flash 动画、Flash 按钮、Flash 文本、FlashPaper 文档及 Flash 视频等 Flash 对象。这些对象是 Dreamweawer 附带的，无论用户计算机上是否安装了 Flash 应用程序，都可以使用这些对象。

6.2.1 Flash 的文件类型

在Dreamweaver网页中插入Flash对象之前，用户应先对Dreamweaver中将要用到的Flash文件类型有所了解。下面介绍在网页中常用的Flash文件类型。

（1） Flash文件（.fla）：即FLA文件，是所有项目的源文件，在Flash应用程序中创建。这类文件只能在Flash中打开，而不能在Dreamweaver或者浏览器中打开。用户可以在Flash中打开此类文件，然后将它导出为SWF或者SWT文件，再在浏览器中使用。

（2） Flash SWF文件（.swf）：它是Flsah（.fla）文件的压缩版本，已进行了优化，可以在Web上查看。此类文件既可以在浏览器中播放，也可以在Dreamweaver中进行预览，但不能在Flash中编辑。用户可以插入到网页中的Flash按钮和Flash文本对象即为此文件类型。

（3） Flash模板文件（.swt）：使用Flash模板文件可以修改和替换Flash SWF文件中的信息。Flash模板文件用于Flash按钮对象，用户可以用自己的文本或链接修改模板，以便创建要插入在用户的文档中的自定义SWF。

（4）Flash元素文件(.swc)：用户可以将Flash元素文件合并到网页来创建丰富的Internet应用程序。Flash元素有可自定义的参数，通过修改这些参数可以执行不同的应用程序功能。

（5） Flash 视频文件（.flv）：这是一种视频文件，包含经过编码的音频和视频数据，用于通过Flash Player进行传送。例如，如果有QuickTime或Windows Media视频文件，用户可以使用编码器将视频文件转换为FLV文件。

6.2.2 插入 Flash 动画

可以插入到Dreamweaver中的Flash动画是指SWF文件。插入的Flash动画在文档窗口中显示的是Flash占位符，用户可在浏览器中浏览动画效果。

要插入Flash动画，可在确定了插入点所在的位置后，在“常用”工具栏中单击“媒体”按钮右侧的三角按钮，从弹出的菜单中选择“Flash”命令，打开“选择文件”对话框，从中选择要插入的Flash动画。单击“确定”按钮，即会在文档中插入一个Flash占位符。保存文件后，用户可按F12键进入默认浏览器，浏览Flash动画效果。

★例 6.1：在网页中插入如图 6-1 所示的 Flash 动画。

图 6-1 预览状态下的Flash动画

（1） 打开 xxjl 站点的主页（index.asp），将插入点放在文档开头。

（2） 在“常用”工具栏中单击“媒体”按钮右侧的三角按钮，打开“选择文件”对话框。

（3） 选择要插入的 Flash 动画文件“恭贺新禧.swf”，如图 6-2 所示。

（4） 单击“确定”按钮，并在随后打开的提示对话框中单击“是”按钮，打开“复制文件为”对话框，将原文件名改为 ggl.swf，如图 6-3 所示。

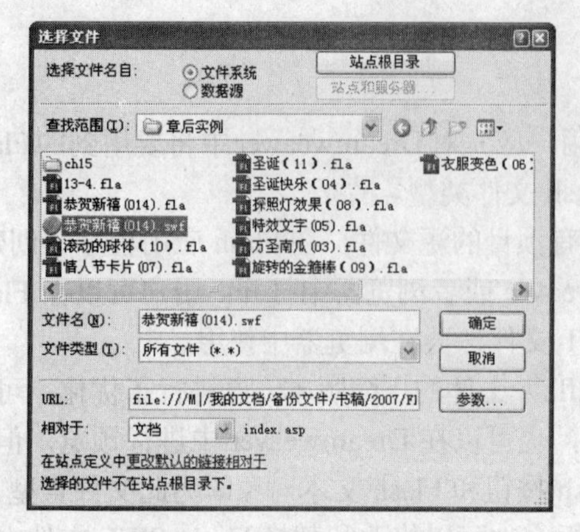

图 6-2 “选择文件”对话框

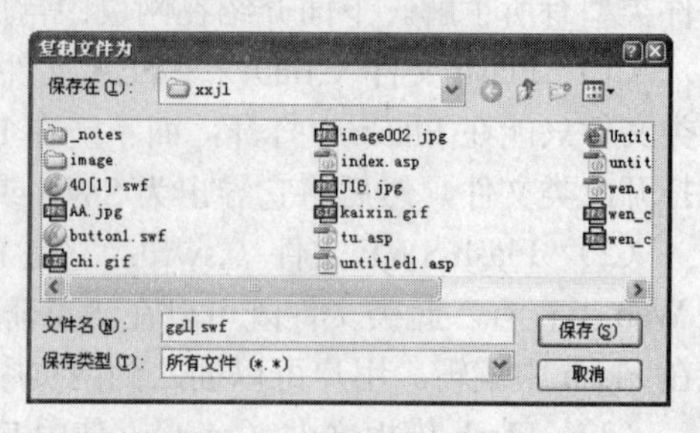

图 6-3 “复制文件为”对话框

（5） 单击“保存”按钮，将文件保存到 xxjl 站点根目录中，并在文档中插入 Flash 动画占位符，如图 6-4 所示。

图 6-4 Flash 占位符

（6） 保存文件，按 F12 键，浏览动画效果。

6.2.3 插入 Flash 按钮对象

Dreamweaver 提供了一些内置的 Flash 按钮对象，用户可以很方便地将它们插入到网页中，而无须启动 Flash 进行制作。

要插入 Flash 按钮，可在确定了插入点的位置后，在“常用”工具栏中单击“媒体”按钮右侧的三角按钮，在弹出的菜单中选择“Flash 按钮”命令，打开“插入 Flash 按钮”对话框，选择按钮样式并进行其他相关设置，如图 6-5 所示。

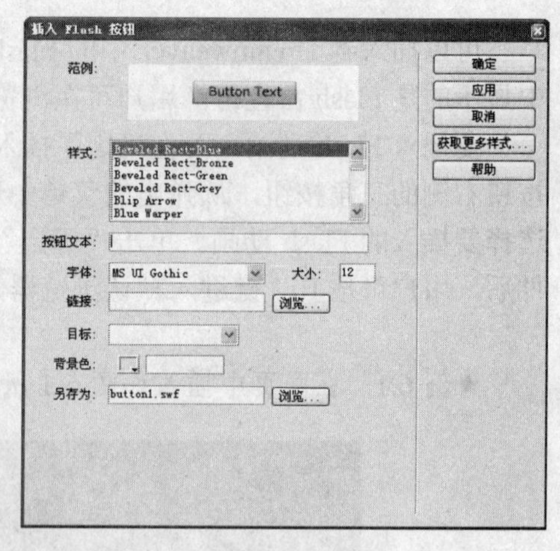

图 6-5 “插入 Flash 按钮”对话框

“插入 Flash 按钮”对话框中各选项的作用如下。

（1） “范例”：用于让用户预览所选择的按钮样式。

（2） “样式”：用于选择所需的按钮样式。

（3） “按钮文本”：用于输入想在按钮上显示的文本。

（4） “字体”：用于选择文本字体。

（5） “大小”：用于指定文本大小。

（6） “链接”：用于指定该按钮的文档相对或绝对链接。可直接在文本框中输入链接地址，单击“浏览”按钮从打开的对话框中选择所需文件。

（7） “目标”：用于指定链接的文档将在其中打开的位置。

（8）“背景颜色”：用于设置 Flash SWF 文件的背景颜色。

（9）“另存为”：用于输入保存此 SWF 文件的文件名。可使用默认文件名（如 button1.swf）或输入新文件名。如果该文件包含文档相对链接，则必须将该文件保存到与当前 HTML 文档相同的目录中，以保持文档相对链接的有效性。

（10）“获取更多样式”：用于连接到 Macromedia Exchange 站点下载更多按钮样式。

★例 6.2：在 xxjl 站点的主页中插入一个如图 6-6 所示的 Flash 按钮，其中的文本字体为华文行楷，字号 20，按钮背景颜色为#990000。

（1）打开 xxjl 站点中的 index.asp 网页，在“常用”工具栏中单击“媒体”按钮右侧的三角按钮，从弹出的菜单中选择“Flash 按钮”命令，打开“插入 Flash 按钮”对话框。

图 6-6 Flash 按钮

（2）在“样式”列表框中选择“StarSpinner”选项。

（3）在“按钮文本”文本框中输入“首页”，且在二字之间加入 4 个空格。

（4）从“字体”下拉列表框中选择“华文行楷”选项。

（5）在“大小”文本框中输入 20。

（6）单击“链接”右侧的“浏览”按钮，从打开的对话框中选择“xxjl”站点根目录下的 index.asp 文件。

（7）在“背景色”文本框中输入“#990000”。

（8）单击“应用”按钮，在文档中预览按钮效果。

（9）单击“确定”按钮，插入 Flash 按钮。

6.2.4 插入 Flash 文本对象

要插入 Flash 文本，可在“常用”工具栏中单击“媒体”按钮右侧的三角按钮，从弹出的菜单中选择“Flash 文本”命令，打开“插入 Flash 文本”对话框，从中进行相关设置，如图 6-7 所示。

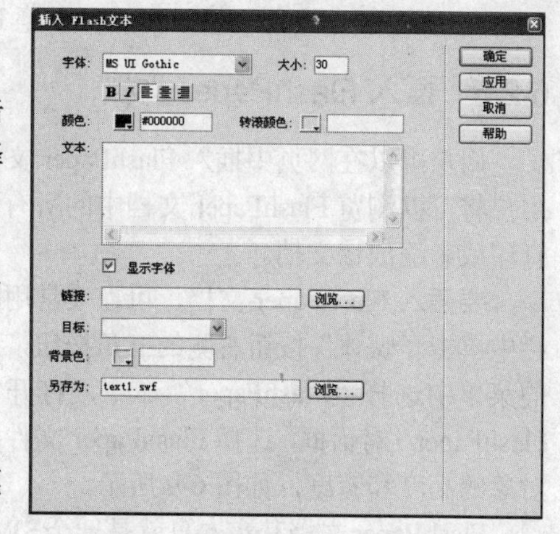

图 6-7 “插入 Flash 文本”对话框

“插入 Flash 文本”对话框中各主要选项的作用如下：

（1）“字体”：用于选择文本字体。

（2）“大小”：用于指定文本大小。

（3）“粗体”、“斜体”：用于使文本笔画加粗或倾斜。

（4）“左对齐”、“居中对齐”、“右对齐”：用于设置文本的对齐方式。

（5）“颜色”：用于指定 Flash 文本对象未被单击前的文本颜色。

（6）“转滚颜色”：用于指定鼠标移至 Flash 文本对象时的文本颜色。

（7）“文本”：用于输入文本。

（8）“显示字体”：用于指定是否按所选字体显示“文本”列表框中的文本。

其他各选项与“插入 Flash 按钮”对话框中的相应选项功能相同。

★例 6.3：在网页中插入一个 Flash 文本对象，使单击此文本时可转到站点首页。设置文本字体为华文行楷、字号为 25、背景颜色为#CCFFFF、文本起始颜色为蓝色（#0000FF）、鼠标移至文本上时颜色变为橙色（#FF9900），如图 6-8 所示。

回首页　回首页

图 6-8　Flash 文本对象及其变色效果

（1）定位插入点，在“常用”工具栏中单击“媒体”按钮右侧的三角按钮，在弹出的菜单中选择“Flash 文本”命令，打开“插入 Flash 文本”对话框。

（2）在“文本”列表框中输入“回首页”。

（3）从“字体”下拉列表框中选择“华文行楷”选项。

（4）在“大小”文本框中输入 25。

（5）单击“水平居中”按钮。

（6）在“颜色”文本框中输入“#0000FF”。

（7）在“转滚颜色”文本框中输入“#FF9900”。

（8）单击“链接”选项右侧的“浏览”按钮，从打开的对话框中选择站点根目录下的 index.asp 文件。

（9）在“背景色”文本框中输入“#CCFFFF”。

（10）单击“应用”按钮，在文档中预览文本效果。

（11）单击“确定”按钮，插入 Flash 文本。

（12）保存文件，按 F12 键，预览 Flash 文本效果。

6.2.5　插入 FlashPaper 文档

用户可以在网页中插入 FlashPaper 文档。在浏览器中打开包含 FlashPaper 文档的页面时，用户将可以浏览 FlashPaper 文档中的所有页面，而无须加载新的网页。此外，用户也可以搜索、打印或者缩放该文档。

要插入 FlashPaper 文档，可在“常用”工具栏中单击“媒体”按钮右侧的三角按钮，从弹出的菜单中选择“FlashPaper”命令，打开“插入 FlashPaper”对话框，选择 FlashPaper 文件并设置对象的高度和宽度，如图 6-9 所示。

图 6-9　“插入 FlashPaper”对话框

FlashPaper 文档其实本身就是一个 SWF 格式的 Flash 文件，插入到文档后以占位符的形式显示，可在保存文档后进入 IE 浏览器浏览效果。

★例 6.4：在网页中插入如图 6-10 所示的 FlashPaper 文件，设置其高度为 800 像素，宽度为 600 像素。

（1）将所需的 FlashPaper 文件复制到 xxjl 站点根目录下，命名为“FlashPaper.swf”。

（2）确定插入点位置，在“常用”工具栏中单击“媒体”按钮右侧的三角按钮，从弹出的菜单中选择“FlashPaper”命令，打开“插入 FlashPaper”对话框。

（3）单击“源”选项右侧的“浏览”按钮，打开“选择文件”对话框，从站点根目录下选择“FlashPaper.swf”文件。

（4）单击“确定”按钮，返回到“插入FlashPaper”对话框。

（5）在“高度”文本框中输入800，在“宽度”文本框中输入600。

（6）单击“确定”按钮，插入FlashPaper文件占位符。

（7）保存文件，按F12键，在浏览器中浏览插入的FlashPaper文件效果。

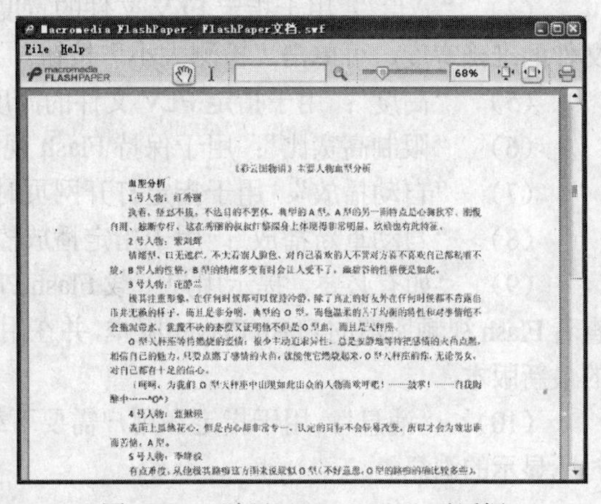

图6-10 “插入FlashPaper”对话框

6.2.6 插入Flash视频

要插入Flash视频，可在确定了插入点位置后，单击“常用”工具栏中的“媒体”按钮右侧的三角按钮，在弹出的菜单中选择“Flash视频”命令，打开“插入Flash视频”对话框，从中进行所需的设置。

Flash视频包括两种类型：“累进式下载视频”和“流视频”。系统默认选择的是“累进式下载视频”。选择不同视频类型时可设置的具体选项略有不同，如图6-11和图6-12所示。

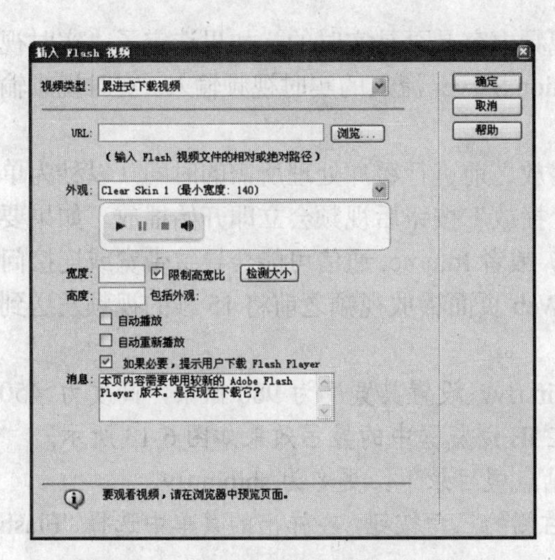

图6-11 “累进式下载视频”选项设置

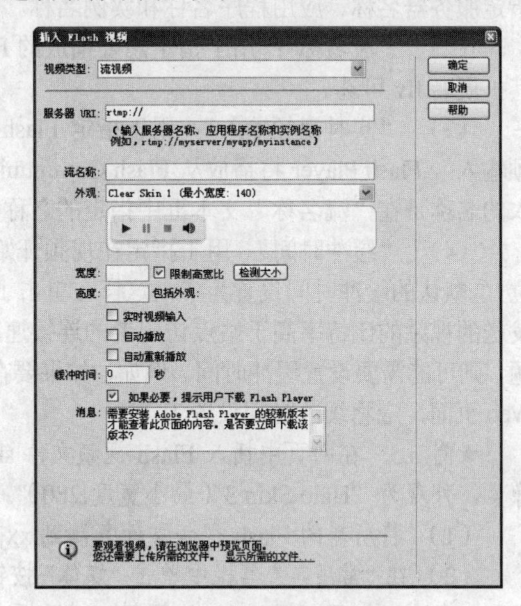

图6-12 “流视频”选项设置

1. “累进式下载视频”选项设置

在“插入Flash视频”对话框中的“视频类型”下拉列表框中选择“累进式下载视频”选项，对话框中显示如下选项。

（1）“视频类型”：用于选择视频类型，包括“累进式下载视频”和“流视频”两个选项。

（2）“URL”：用于指定FLV文件的相对或绝对路径。

（3）“外观”：用于指定Flash视频组件的外观。所选外观会在预览框中显示。

（4）“宽度”：用于指定 FLV 文件的宽度，单位为像素。若要让 Dreamweaver 确定 FLV 文件的准确宽度，可单击“检测大小”按钮。

（5）“高度”：用于指定 FLV 文件的高度，单位为像素。

（6）“限制高宽比”：用于保持 Flash 视频组件的宽度和高度之间的纵横比不变。

（7）“自动播放”：用于指定打开网页时是否播放视频。

（8）“自动重新播放”：用于指定播放控件在视频播放完之后是否返回起始位置。

（9）“如有必要，提示用户下载 Flash Player”：用于在页面中插入代码，该代码将检测查看 Flash 视频所需的 Flash Player 版本，并在用户没有所需的版本时提示他们下载 Flash Player 的最新版本。

（10）“消息”：用于指定在用户需要下载查看 Flash 视频所需的 Flash Player 最新版本时所显示的消息。

2. “流视频”选项设置

在“插入 Flash 视频”对话框中的“视频类型”下拉列表框中选择“流视频”选项，对话框中会自动变化为与该选项设置相关的选项，多数选项与“累进式下载视频”的选项类同，其他各选项的作用如下。

（1）“服务器 URI”：用于以 rtmp://www.example.com/app_name/instance_name 的形式指定服务器名称、应用程序名称和实例名称。

（2）“流名称”：用于指定想要播放的 FLV 文件的名称（如 myvideo.flv）。输入名称时其扩展名.flv 可选。

（3）“实时视频输入”：用于指定 Flash 视频内容是否是实时的。如果选定了“实时视频输入”，Flash Player 将播放从 Flash Communication Server 流入的实时视频输入。实时视频输入的名称是在“流名称”文本框中指定的名称。

（4）“缓冲时间”：用于指定在视频开始播放之前进行缓冲处理所需的时间（以秒为单位）。默认的缓冲时间设置为 0，这样在单击了“播放”按钮后视频会立即开始播放。如果要发送的视频的比特率高于站点访问者的连接速度，或者 Internet 通信可能会导致带宽或连接问题，则可能需要设置缓冲时间。例如，如果要在 Web 页面播放视频之前将 15 秒的视频发送到 Web 页面，应将缓冲时间设置为 15。

★例 6.5：在网页中插入 Flash 视频文件 shipin.flv，设置其宽度为 980 像素，高度为 450 像素，外观为“Halo Skin 3（最小宽度:280）”。在 IE 浏览器中的显示效果如图 6-13 所示。

（1）将所需的 Flash 视频文件复制到 xxjl 站点根目录下，更名为 shipin.flv。

（2）在“常用”工具栏中单击“媒体”按钮右侧的三角按钮，在弹出的菜单中选择“Flash 视频”命令，打开“插入 Flash 视频”对话框。

（3）从“视频类型”下拉列表框中选择“累进式下载视频”选项。

（4）单击 URL 右侧的“浏览”按钮，打开“选择文件”对话框，选择站点根目录中下的 shipin.flv 文件。

（5）从“外观”下拉列表框中选择“Halo Skin 3（最小宽度:280）”选项。

（6）在“宽度”文本框中输入 980，在“高度”文本框中输入 450。

（7）单击“确定”按钮，在文档中插入 Flash 视频占位符。

（8）保存文件，按 F12 键预览网页效果。

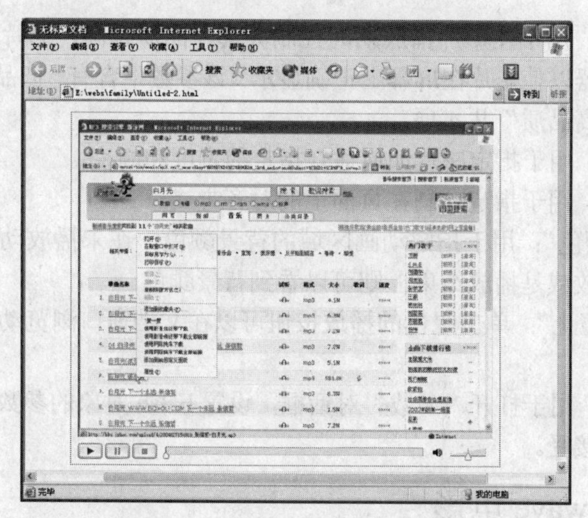

图 6-13　在网页中插入的 Flash 视频文件

6.2.7　设置 Flash 对象的属性

在文档窗口中选择已插入的 Flash 对象的占位符，即可在属性检查器中显示该对象的相关属性，用户可以根据需要在此更改其属性。如图 6-14 所示的是 Flash 动画对象的相关属性，其他类型的 Flash 对象的属性与此大同小异。

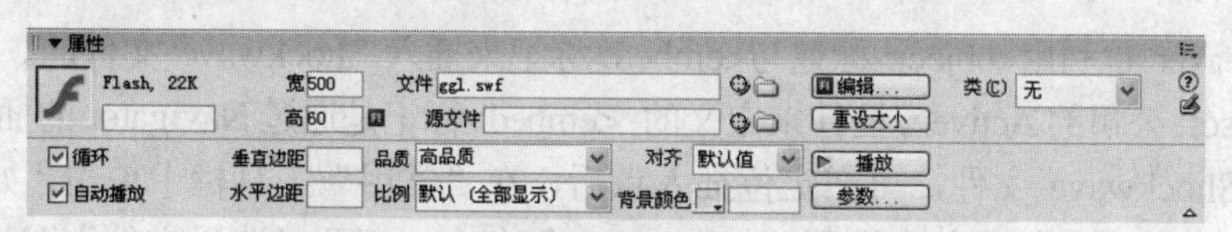

图 6-14　Flash 动画的属性检查器

Flash 对象属性检查器中各选项的作用如下。

（1）“Flash”：用于输入 Flash 对象的名称。为 Flash 对象命名是为了便于脚本识别此对象。

（2）“宽”、“高”：用于以像素为单位设置对象的宽度与高度。还可以指定其他单位，包括 pc（十二点活字）、pt（点）、in（英寸）、mm（毫米）、cm（厘米）、%（相对于父对象的值的百分比），单位必须以缩写的形式紧跟在数值的后面，数值与单位之间不能有空格。

（3）“文件”：用于指定指向 Flash 文件的路径，可以通过文件夹按钮来浏览文件的路径和文件名。

（4）“源文件”：用于指定指向 Flash 源文档（FLA）的路径。若要编辑 Flash 文件（SWF），应更新影片的源文档。

（5）“编辑”：用于启动 Flash 应用程序以更新 Flash 文件。若用户的计算机上没有安装 Flash 软件，此按钮将被禁用。

（6）“重设大小”：用于将所选对象的尺寸恢复为初始大小。

（7）“循环”：选中该选项时影片将连续播放；否则只播放一次即停止。

（8）“自由播放”：用于指定是否在页面载入时自动播放动画。

（9）“垂直边距”、“水平边距”：用于指定影片上、下、左、右空白的像素数。

（10）“品质”：用于在影片播放期间控制失真。品质越高，影片的观看效果就越好，但这要求更快的处理器以使影片在屏幕上正确显示。该参数下含有“低品质”、“自动低品质”、“自动高品质”与“高品质”共 4 项。

（11）“比例”：用于指定影片如何适合指定的宽度和高度。

（12）“对齐”：用于指定动画在页面上的对齐方式。

（13）“背景颜色”：用于指定动画区域的背景颜色。在未播放动画时，背景颜色是看不到的；如果正在播放或是播放结束，则可以看到背景颜色。

（14）“播放/停止”：单击绿色的播放按钮可以在文档窗口浏览动画，单击红色的停止按钮停止播放动画。

（15）“参数”：用于打开“参数”对话框，设置 Falsh 对象的参数，但所设的这些额外参数必须能被动画所接受。

6.3 插入 Shockwave 电影

Shockwave 文件是 Adobe 公司为 Web 设计的交互式多媒体，用于播放插入网页中应用 Director 以及多个相关程序来创建 Shockwave 文件。Shockwave 文件允许媒体文件通过 Adobe 的控制器下载，下载速度很快，而且能被绝大多数的浏览器播放，是可以被压缩的文件。Internet Explorer 与 Navigator 两种浏览器都可以播放 Shockwave 文件。

6.3.1 插入 Shockwave 电影

Dreamweaver 是利用<object>标记与<embed>标记来插入 Shockwave 文件的。<object>标记是通过 Microsoft 公司的 ActiveX 控件来定义的；<embed>标记是通过 Navigator 的插件来定义的。

要插入 Shockwave 文件，可在定位插入点后，在“常用”工具栏中单击“媒体”按钮右侧的三角按钮，从弹出的菜单中选择“Shockwave”命令，打开“选择文件”对话框，从中选择一个 Shockwave 文件文件，单击“确定”按钮。

6.3.2 设置 Shockwave 电影属性

插入 Shockwave 文件后，在文档中会显示 Shockwave 文件的占位符。选择该占位符，可在属性检查器中显示 Shockwave 文件的相关属性，如图 6-15 所示。

图 6-15 Shockwave 文件的属性检查器

Shockwave 文件的属性检查器中各选项的作用如下。

（1）“Shockwave”：用于指定 Shockwave 电影的名称。

（2）“宽”、“高”：用于以像素为单位设置 Shockwave 电影的宽度与高度。

（3）“文件”：用于指定文件的路径及文件名，可以单击文件夹按钮来浏览电影文件的路径和文件名。

（4）“播放/停止”：单击“播放”按钮可以在文档窗口预览影片，单击“停止”按钮可以停止影片的播放并回到 Shockwave 占位符。

（5）“参数”：用于打开参数对话框设置参数，所设的这些额外参数必须能被影片所接受。

（6）“垂直边距”、“水平边距”：用于指定影片上、下、左、右空白的像素值。

（7）“对齐”：用于指定电影在页面上的对齐方式。

（8）“背景颜色”：用于指定影片区域的背景颜色。在不播放影片时（加载时和播放后）显示此颜色。

6.4 插入 Java Applet 程序

Java 小程序的源文件有三种，后缀名分别是.java，.class 和.jar。其中只有.java 文件能让用户读懂并修改（当然要求懂一点 Java 编程），但是 Java 文件是不能直接应用的，必须用编译器把它编译成 Class 文件才能直接插入网页。事实上，大多数 Java 小程序的作者不愿意把 Java 文件公开给大家，因此能在网上找到的大多都是不能修改只能直接利用的 Class 文件。而对于 Jar 文件，只须在<applet>中加上 archive="*.jar"，就可以在最新的浏览器中加快载入速度。网上有许多好的 Java Applet 小程序，而且是免费的，可自由下载。

6.4.1 插入 Java Applet 程序

要插入 Java Applet 程序，可单击“常用”工具栏中的“媒体”按钮右侧的三角按钮，从弹出的菜单中选择“APPLET”命令，打开“选择文件”对话框，从中选择一个 Applet 程序。

6.4.2 设置 Java Applet 属性

插入 Java Applet 程序后，文档窗口中显示 Java Applet 程序的占位符。单击 Java Applet 图标，属性检查器中即显示相关的属性设置，如图 6-16 所示。

图 6-16 Java Applet 属性检查器

Java Applet 属性检查器中各选项的功能如下。

（1）“Applet 名称”：用于输入 Applet 对象的名称。

（2）“宽”、“高”：用于以像素为单位设置动画的宽度与高度。

（3）“代码”：用于指定 Java Applet 代码的内容文件。可直接在文本框中输入文件的路径或文件名，也可单击文件夹按钮浏览并选择所需的文件。

（4）“基址”：用于显示包含选定 Applet 小程序的文件夹。在选择 Applet 文件后，此文本框会自动填充。

（5）“对齐”：用于选择对象在页面上的对齐方式。

（6）“替换”：用于指定备选内容。如果用户的浏览器不支持 Java Applet 或是不能播放，则显示备选内容。如果输入文本，Dreamweaver 将使用<applet>标记的 alt 属性显示文本。如果备选内容为图像，Dreamweaver 在<applet>与</applet>间插入<img>标记显示图像。

（7）“垂直边距”、“水平边距”：用于以像素为单位指定 Applet 上、下、左、右的空白量。

（8）“参数”：用于打开参数对话框，从中设置参数，但所设的这些额外参数必须能被 Applet 所接受。

6.5 插入 ActiveX 控件

根据微软权威的软件开发指南 MSDN（Microsoft Developer Network）的定义，ActiveX 控件以前也叫做 OLE 控件或 OCX 控件，它是一些软件组件或对象。

6.5.1 插入 ActiveX 控件

在“常用”工具栏中单击“媒体”按钮右侧的三角按钮，从弹出的菜单中选择“ActiveX”命令，即可在网页中插入 ActiveX 控件占位符。

选择 ActiveX 控件占位符，属性检查器中将显示 ActiveX 控件的相关属性，如图 6-17 所示。

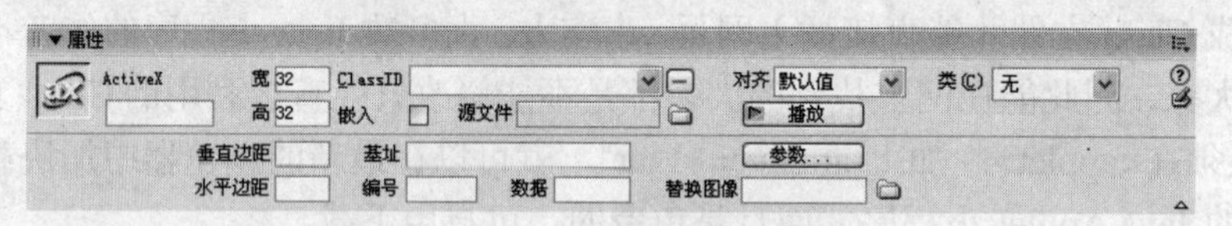

图 6-17 ActiveX 属性检查器

6.5.2 设置 ActiveX 控件属性

ActiveX 属性检查器中各选项的作用如下。

（1）“ActiveX”：用于输入 ActiveX 的名称。

（2）“宽”、“高”：用于以像素为单位设置 ActiveX 控件的宽度与高度。

（3）“ClassID”：用于使浏览器识别 ActiveX。当加载页面时，浏览器使用它来确定与该页面关联的 ActiveX 控件的位置。如果浏览器未找到指定的 ActiveX 控件，则会尝试从“基址”文本框中指定的位置下载。

（4）“嵌入”：用于使 Dreamweaver 在 ActiveX 控件的<object>标记中添加<embed>标记。如果 ActiveX 控件中有相当于 Navigator 插件的对象，则<embed>标记可以激活该插件。

（5）“源文件”：如果“嵌入”复选框被选中，则可在此文本框中定义用于 Netscape 插件的数据文件。如果没有输入值，Dreamweaver 将尝试根据 ActiveX 属性中已经存在的值来决定其值。

（6）“对齐”：用于设置对象在页面上的对齐方式。

（7）“播放/停止”：单击“播放”按钮可以在文档窗口预览 ActiveX 控件；单击“停止”按钮停止播放。

（8）“垂直边距”、“水平边距”：用于以像素为单位指定对象上、下、左、右的空白量。

（9）“基址”：用于指定包含 ActiveX 控件的 URL。如果系统中没有安装 ActiveX 控件，则 Internet Explorer 将在指定的位置下载 ActiveX 控件；如果没有指定“基址”参数或者没有安装相关的 ActiveX 控件，则浏览器无法浏览 ActiveX 对象。

（10）“编号”：用于自定义可选的 ActiveX 参数。此参数通常被用来传递 ActiveX 控件之间的信息。

（11）“数据”：用于为 ActiveX 控件指定要加载的数据文件，许多 ActiveX 控件（例如 Shockwave 与 RealPlayer）都不使用此参数。

（12）“替换图像”：用于在浏览器不支持<object>标记时显示指定的图像。只有在“嵌入”复选框被取消选择时，此选项才可使用。

（13）“参数”：用于打开参数对话框，从中设置参数，但所设的这些额外参数必须能被 ActiveX 控件所接受。

6.6 在网页中添加声音

在网页中可以添加多种不同类型和不同格式的声音文件，如 WAV、MIDI 和 MP3。在确定采用哪种格式和方法添加声音前，需要考虑一些因素，如添加声音的目的、页面访问者、文件大小、声音品质和不同浏览器的差异。这些因素不同，添加声音到网页中时也需采取不同的方法。

注意：浏览器不同，处理声音文件的方式也会有很大差异和不一致的地方，因此最好将声音文件添加到一个 Flsah SWF 文件中，然后嵌入该 SWF 文件以改善一致性。

6.6.1 链接到音频文件

链接到音频文件是将声音添加到网页的一种简单而有效的方法。这种集成声音文件的方法可以使访问者选择是否要收听该文件，并且使文件可用于最广范围的听众。

选择要作为指向音频文件的链接的文本或图像后，在属性检查器中单击“链接”选项右侧的文件夹图标，从打开的“选择文件”对话框中选择所需的音频文件，或者直接在“链接”文本框中输入文件的路径和名称，即可链接到相应的音频文件。

6.6.2 嵌入声音文件

嵌入音频可将声音直接集成到页面中，但只有在访问站点的访问者具有所选声音文件的适当插件后，声音才可以播放。如果希望将声音用作背景音乐，或希望控制音量、播放器在页面上的外观及声音文件的开始点和结束点，就可以嵌入文件。

注意：将声音文件集成到网页中时，应仔细考虑它们在 Web 站点内的适当使用方法，以及站点访问者如何使用这些媒体资源。因为访问者有时可能不希望听到音频内容，所以应提供启用或禁用声音播放的控件。

要嵌入音频文件，可先确定插入点的位置，在“常用”工具栏中单击“媒体”按钮右侧的三角按钮，从弹出的菜单中选择“插件”命令，从打开的“选择文件”对话框中选择一个音频文件，在网页中添加一个插件图标，然后在属性检查器上单击“链接”文本框旁边的文件夹图标，从打开的对话框中浏览并选择要链接到的音频文件。

在“宽”和“高”文本框中输入值可以确定音频控件在浏览器中显示的大小。也可以通过在文档窗口中拖动插位占位符的大小控制柄来调整音频控件的大小。

6.7 典型实例——在网页中添加背景音乐和 Flash 对象

在 xiuxian 站点的首页中添加 Flash 按钮，并将站点名称更改为可以变色的 Flash 文本，以及为欢迎图片添加链接，使访问者单击此图片时播放歌曲《快乐时光》。此网页的最终效果如图 6-18 所示。

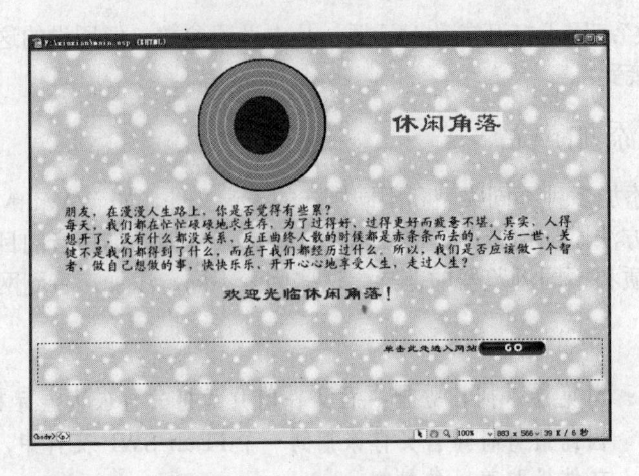

图 6-18　网页编辑效果

1. 添加 Flash 文本

（1） 打开 xiuxian 站点中的 main.asp 网页，选择网站名称“休闲角落”，记住它在属性检查器上显示的字体、颜色、对齐方式等属性参数，然后按 Delete 键将“休闲角落”四字删除。

（2） 在“常用”工具栏中单击“媒体”按钮右侧的三角按钮，在弹出的菜单中选择“Flash 文本”命令，打开“插入 Flash 文本”对话框。

（3） 设置字体为隶书、大小为 42、水平居中对齐、颜色为#336600、转滚颜色为#00FF99、文本为“休闲角落”，如图 6-19 所示。

（4） 单击“确定”按钮，插入 Flash 文本。

（5） 在属性检查器中选择“对齐”下拉列表框中的“绝对居中”选项。

2. 添加 Flash 按钮

（1） 选择“单击此处进入网站”字样，右击，在弹出的快捷菜单中选择“移除链接”命令，取消此文本的超链接属性。

（2） 在属性检查器中的“字体”下拉列表框中选择“隶书”选项，在“文本颜色”文本框中输入颜色代码“#0000FF”，使该文字还保留原来的外观样式。

（3） 在文本“单击此处进入网站”后单击以定位插入点。

（4） 在“常用”工具栏中单击“媒体”按钮右侧的三角按钮，从弹出的菜单中选择“Flash 按钮”命令，打开“插入 Flash 按钮”对话框。

（5） 设置样式为 Blue Warper、按钮文本为“G O”、字体为华文琥珀、大小为 18，链接到站点根目录下的“index.asp”网页，如图 6-20 所示。

（6） 单击“确定”按钮，插入 Flash 按钮。

（7） 在属性检查器中选择“对齐”下拉列表框中的“绝对居中”选项。

3. 添加音乐链接

（1） 打开“我的电脑”，将要作为背景音乐的 MP3 歌曲《快乐时光》复制到 xiuxian 站点的 main 文件夹中，并更名为“klsg.mp3”。

（2） 选择欢迎图片，显示其属性检查器，将“链接”文本框右侧的“指向文件”图标拖动到 klsg.mp3 文件上，如图 6-21 所示。

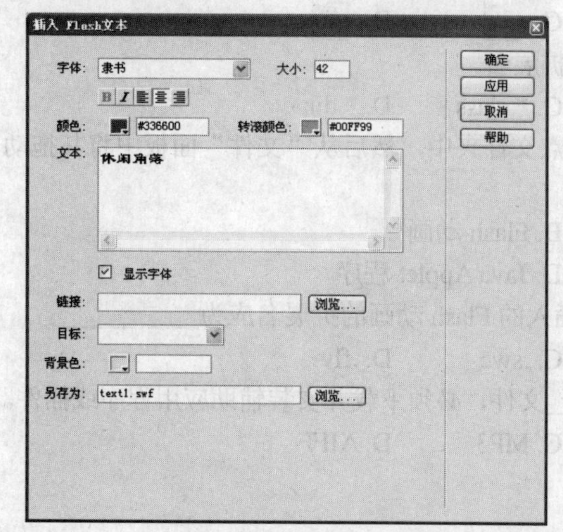

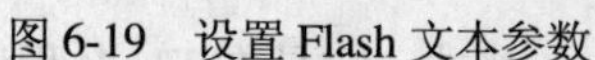
图 6-19　设置 Flash 文本参数

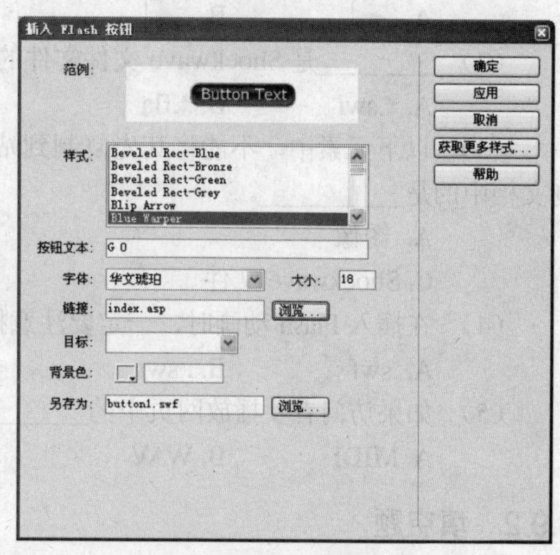

图 6-20　设置 Flash 按钮参数

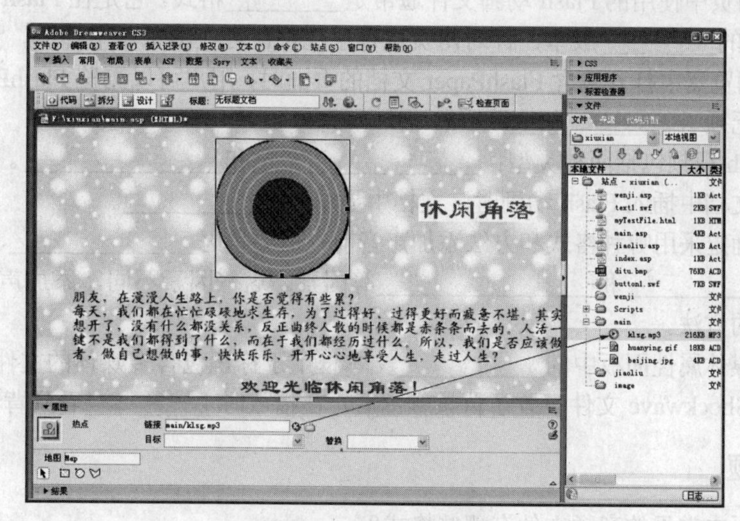

图 6-21　添加音频链接

6.8　本章小结

本章介绍了在网页中添加各种多媒体对象的知识，包括插入各种 Flash 对象、Shockwave 动画、Java Applet 程序、ActiveX 动画及声音文件等。此外，还简单介绍了各种不同的多媒体文件的属性设置。通过本章的学习，读者应对网页中多媒体的应用有一个深刻的了解，并能够运用这些知识在自己制作网页时充分利用各种多媒体元素，使网页内容丰富多彩。

6.9　上机练习与习题

6.9.1　选择题

（1）插入一个多媒体文件后，在网页中会显示相应的占位符，________是 Flash 动画占位符。

A. B. C. D.

（2）________是 Shockwave 文件文件的扩展名。

A. *.swf　　B. *.fla　　C. *.class　　D. *.dir

（3）以下元素中，不能将其先复制到站点文件夹中，然后从“文件”面板中将其拖动到文档中的是________。

A. 图像　　B. Flash 动画

C. Shockwave 文件　　D. Java Applet 程序

（4）在插入 Flash 动画时，一定要注意插入的 Flash 动画的扩展名应为________。

A. .swf　　B. . swt　　C. .swc　　D. .flv

（5）如果访问者要播放网页中的________文件，必须下载并安装辅助应用程序或插件。

A. MIDI　　B. WAV　　C. MP3　　D. AIFF

6.9.2 填空题

（1）在网页中使用的 Flash 动画文件通常是________格式，它是在 Flash 程序中创建的________文件的________版本，针对网页进行了优化，可在浏览器中播放。

（2）在浏览器中打开包含 FlashPaper 文档的页面时，用户可以浏览 FlashPaper 文档中的所有页面，而无须________。

（3）Flash 视频包括两种类型：________和________。

（4）在文档中插入 Flash 动画时，文档中显示________。

（5）在确定采用哪种格式和方法添加声音前，需要考虑________、________、________、________和________等因素。这些因素不同，添加声音到网页中时也须采取不同的方法。

（6）多媒体属性面板中的________文本框用于标识包含多媒体的文件夹地址。

（7）为 Shockwave 文件设置了背景颜色后，在播放时________看到背景颜色。

6.9.3 问答题

（1）网页中常见的音频文件有哪些格式？

（2）网页中常见的视频文件有哪些格式？

（3）在 Dreamweaver 中可以插入哪些多媒体组件？

（4）如何在 Dreamweaver 中插入 Flash 动画？

（5）如何为网页添加背景音乐？

6.9.4 上机练习

（1）创建一个网页，在其中分别插入 Flash 动画、Flash 文本和 Flash 按钮对象，并合理布局它们的位置。

（2）为网页添加背景音乐。

第 7 章

创建和使用表格

教学目标：

表格是一种特殊的元素，可以作为页面布局元素来使用，以便有条理地组织网页中的各种对象。本章介绍在 Dreamweaver 中创建和使用表格的方法，包括表格的创建和使用、表格的编辑和修改、制作嵌套表格，以及使用表格进行页面布局等内容。

教学重点与难点：

1. 创建表格。
2. 编辑表格。
3. 表格的嵌套。
4. 使用表格布局页面。

7.1 创建表格

表格是一种常用的组织文本和图形等对象的工具，使用它可以在网页上显示表格式数据。Dreamweaver 提供了两种编辑和查看表格的方式："标准"模式和"布局"模式。在"标准"模式下，表格显示为行和列的网格；在"布局"模式下，表格显示为方框，用户可以在将表格用做基础结构的同时，在页面上绘制方框、调整方框的大小、移动方框等。

通常情况下，表格的应用在"标准"模式中比较常见。如果不特别说明，本章所介绍的内容均为在"标准"模式下的操作。

7.1.1 插入表格

在网页中确定了插入点的位置后，单击"常用"工具栏中的"表格"按钮▦，或者选择"插入"|"表格"命令，打开如图 7-1 所示的"表格"对话框。进行相关设置后单击"确定"

按钮，即可创建相应的表格。

“表格”对话框中各选项的功能如下。

（1） “行数”、“列数”：用于指定表格的行数与列数。

（2） “表格宽度”：用于指定表格的宽度及单位。

（3） “边框粗细”：用于指定表格边框的宽度，单位为像素。如果将该选项留白，在浏览器中将会以边框为1显示表格；如果不希望显示表格边框，应将值设置为0。

（4） “单元格边距”：用于指定单元格边框和单元格内容间的像素值。

（5） “单元格间距”：用于指定表格内相邻单元格间的像素值。

（6） “页眉”：用于设置是否启用行或列标题。

（7） “标题”：用于输入显示在表格外的标题。

（8） “对齐标题”：用于指定表格标题相对于表格的显示位置。

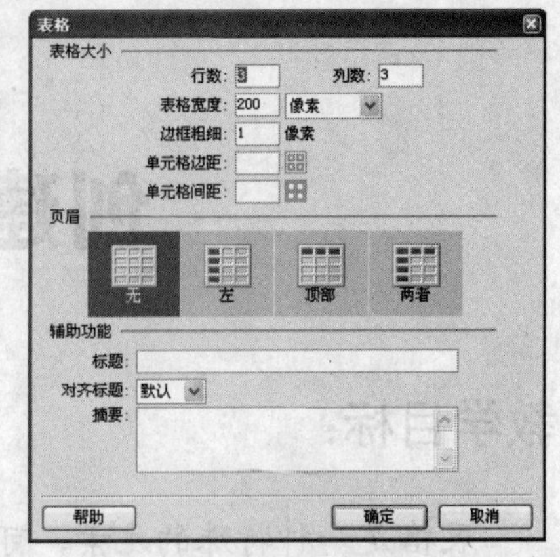

图7-1 “表格”对话框

（9） “摘要”：用于输入对表格的说明文字。该文本可在屏幕阅读器中读取，但不会显示在用户的浏览器中。

7.1.2 添加表格数据

表格中的每一个单元格都相当于一个独立的小文档，在要添加内容的单元格中单击，即可在其中输入文字、插入图像或者其他网页元素。在单元格中添加和编辑数据的方法与在普通文档中相同。

编辑完一个单元格中的数据后，用户可以移动插入点，以编辑下一个单元格。在表格中跳转的方法如下。

（1） 跳转至下一个单元格：按Tab键。

（2） 跳转至上一个单元格：按Shift+Tab组合键。

（3） 向上、向下、向左、向右移动插入点：按上、下、左、右箭头键。

（4） 在表格下方添加一行：在表格的最后一个单元格中按Tab键。

★例7.1：创建一个宽度为400像素，边框粗细为1像素的表格，效果如图7-2所示。

（1） 新建一个HTML文档，单击“常用”工具栏中的“表格”按钮，打开“表格”对话框。

（2） 在“行数”文本框中输入3。

（3） 在“列数”文本框中输入2。

（4） 在“表格宽度”文本框中输入400。

（5） 在“页眉”选项组中选择“顶部”图标。

（6） 在“辅助功能”选项组的“标题”文本框中输入“飞花文集”。

（7） 在“对齐标题”下拉列表框中选择“顶部”选项。

（8） 单击“确定”按钮，插入表格，如图7-3所示。

飞花文集

文体	名称
小说	
诗词	
随笔	

图 7-2　创建表格并添加内容

飞花文集

图 7-3　插入的表格

（9）　单击表格左上角的单元格，在其中输入“文体”。

（10）　按 Tab 键，将插入点移至右面的单元格中，输入“名称”。

（11）　参照步骤（10）移动插入点，输入其他所需内容。

7.1.3　导入外部表格数据文件

如果在其他应用程序中创建了以分隔文本的格式保存的表格式数据文件（其中的项以制表符、逗号、冒号、分号或其他分隔符隔开），用户可以直接将此文件导入到 Dreamweaver 中。导入的表格式数据文件在网页中显示为表格的格式。

要导入数据文件，可选择“文件”|“导入”|“表格式数据”命令或选择“插入记录”|“表格对象”|“导入表格式数据”命令，打开如图 7-4 所示的“导入表格式数据”对话框。进行相关设置后单击“确定”按钮，即可将所选文件中的数据以表格的形式导入到 Dreamweaver 文档中。

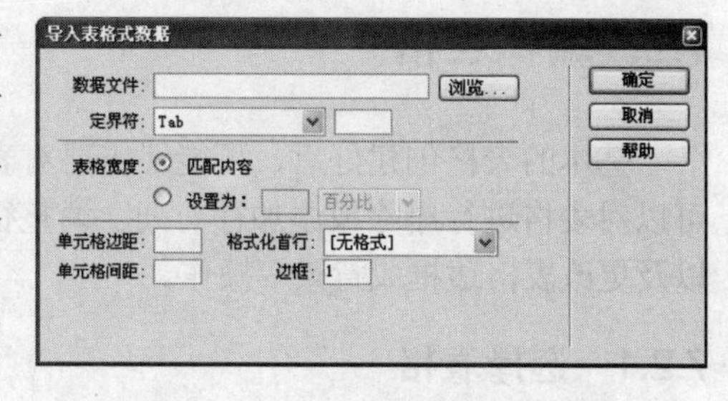

图 7-4　“导入表格式数据”对话框

“导入表格式数据”对话框中各选项的功能如下。

（1）　“数据文件”：用于指定要导入的数据文件，可单击“浏览”按钮从打开的对话框中选择。

（2）　“定界符”：用于选择正在导入的文件中所使用的分隔符。可选择的选项有 Tab、逗号、分号、引号和其他。如果选择“其他”选项，需在其右侧的文本框中输入定界符。

（3）　“表格宽度”：用于指定将创建的表格的宽度。

- “匹配内容”：表示使每个列足够宽以适应该列中最长的文本字符串。
- “设置为”：用于指定表格宽度。可以像素为单位指定固定的表格宽度，也可按占浏览器窗口宽度的百分比指定表格宽度。

（4）　“单元格边距”：用于指定单元格内容和单元格边框之间的像素数。

（5）　“单元格间距”：用于指定相邻的表格单元格之间的像素数。

（6）　“格式化首行”：用于选择应用于表格首行的格式设置（如果存在）。

（7）　“边框”：用于以像素为单位指定的表格边框的宽度值。

★例 7.2：用记事本创建一个表格式数据文件“名单”，将其导入到 Dreamweaver 中。要求表格宽度为 300 像素，单元格间距为 1 像素，表格边框宽度为 2 像素，如图 7-5 所示。

（1）　选择“开始”|“程序”|“附件”|“记事本”命令，启动记事本程序，在其中输入以英文逗号分隔的表格式数据，将其保存为“名单.txt”，如图 7-6 所示。

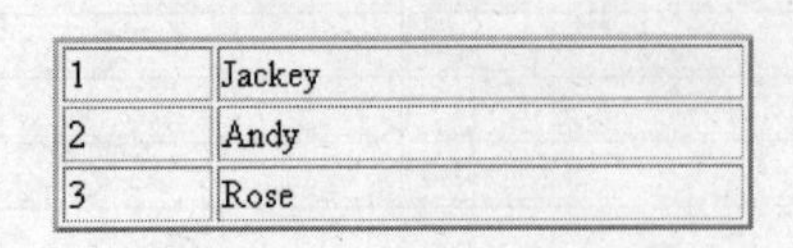

1	Jackey
2	Andy
3	Rose

图 7-5　导入的表格

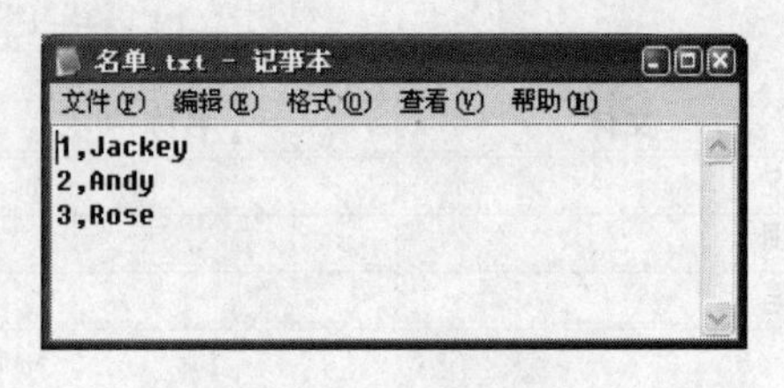

图 7-6　记事本文档

（2） 在 Dreamweaver 中选择“文件”|“导入”|“表格式数据”命令，打开“导入表格式数据”对话框。

（3） 单击“数据文件”右侧的“浏览”按钮，从打开的对话框中选择文件“名单.txt”，单击“打开”按钮。

（4） 在“定界符”下拉列表框中选择“逗点”选项。

（5） 在“表格宽度”选项组中选择“自动匹配”单选按钮。

（6） 在“边框”文本框中输入 2。

（7） 单击“确定”按钮，完成数据的导入。

7.2　编辑表格

基本的表格创建好后，可能还需要对表格进行进一步调整，如更改表格的外观或结构。可以对表格进行删除或添加行与列、调整行高或列宽、调整表格大小、拆分或合并单元格，以及更改表格边框或背景等操作。

7.2.1　选择表格

无论要对何种对象进行操作，都要先选择目标，表格及其中的元素也不例外。下面介绍选择表格及表格中元素的方法。

1. 选择整个表格

要选择整个表格，可执行以下任意一种操作。

（1） 将指针指向表格的左上角或表格的顶、底边缘边框上，当指针形状变成形状时单击。

（2） 单击表格中的任意单元格，然后单击文档窗口左下角标记选择器中的<table>标记。

（3） 单击表格中的任意单元格，然后选择“修改”|“表格”|“选择表格”命令。

（4） 在表格上右击，从弹出的快捷菜单中选择“表格”|“选择表格”命令。

选择表格后，表格的下边缘和右边缘会出现大小控制柄，如图 7-7 所示。

2. 选择表格元素

可以分别选择表格中的行、列、单元格，一次可以选择一行、一列、一个单元格，也可以同时选择多行、多列或多个单元格。

（1） 选择行：将指针指向行的左边缘，当指针形状变为选择箭头时单击，可选择当前行；上下拖动可选择多行。

（2） 选择列：将指针指向列的上边缘，当指针形状变为选择箭头时单击，可选择当前列；左右拖动可选择列。此外，在要选择的列中的任意单元格中单击，然后单击列标题按钮，从弹出的菜单中选择“选择列”命令也可以选择列，如图 7-8 所示。

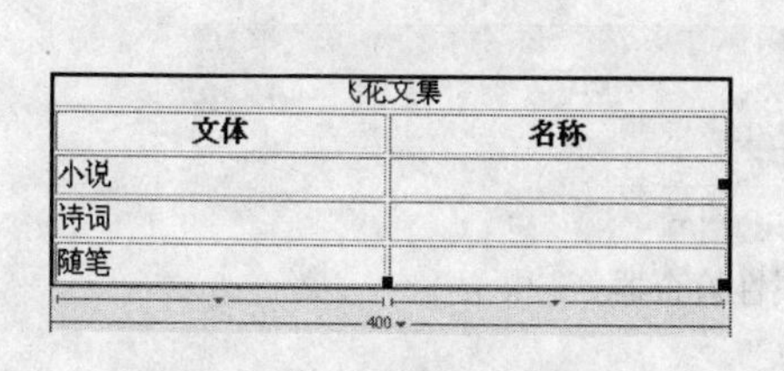

图 7-7　表格的选中状态

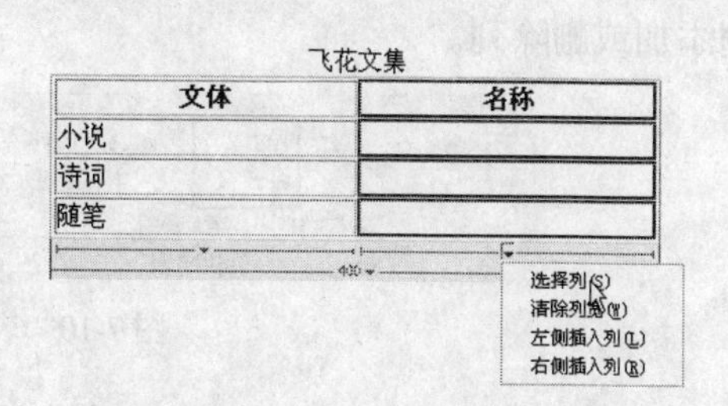

图 7-8　通过列标题菜单选择列

（3） 选择单元格：在所需单元格中单击，然后单击文档窗口左下角标记选择器中的<td>标记，或者选择“编辑”|“全选”命令。

（4） 选择连续的单元格区域：从一个单元格拖动到另一个单元格，或者先单击一个单元格，然后按住 Shift 键单击另一个单元格。两个单元格定义的矩形区域中的所有单元格都将被选中。

（5） 选择不相邻的单元格：在按住 Ctrl 键的同时单击要选择的单元格、行或列。如果按住 Ctrl 键单击尚未选中的单元格、行或列，则会将其选中；如果它已经被选中，则再次单击会将其从选择中删除。

7.2.2　添加与删除行或列

添加和删除行与列的方法有两种：一是应用“修改”|“表格”菜单中相应的命令，二是应用属性检查器。当删除包含数据的行和列时，Dreamweaver 不发出警告，因此要谨慎操作。

1. 通过菜单命令添加与删除行或列

“修改”|“表格”菜单中提供了一组插入行或列的命令与一组删除行或列的命令，使用它们可以插入或删除行或列。具体操作方法如下。

（1） 插入行：选择“修改”|“表格”|“插入行”命令，可在所选行的上方插入一行。

（2） 插入列：选择“修改”|“表格”|“插入列”命令，可在所选列的左侧插入一列；也可以单击列标题按钮，从弹出的菜单中选择与要插入列的位置相应的命令。

（3） 插入多行或多列：选择“修改”|“表格”|“插入行或列”命令，打开如图 7-9 所示的“插入行或列”对话框。在其中指定要插入的行或列的数目，并指定在表格中插入的位置。

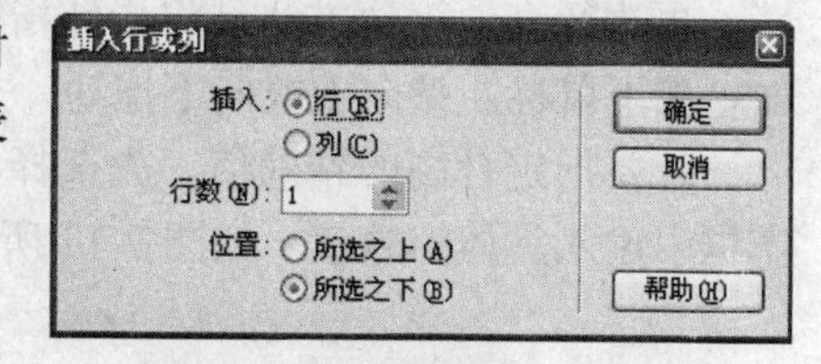

图 7-9　“插入行或列”对话框

（4） 删除行：选择“修改”|“表格”|“删除行”命令，删除所选行。

（5） 删除列：选择“修改”|“表格”|“删除列”命令，删除所选列。

2. 通过属性检查器添加与删除行或列

在选择文档中的表格时，属性检查器中会显示当前表格的相关属性，如图 7-10 所示。用户可通过更改其中“行”或“列”的值为表格添加与删除行或列。例如，当前选择的表格为 5

行 2 列，要新增一个空白行，可直接在“行”文本框中输入 6，按 Enter 键即可在表格的底部添加一个新行。应用此方法添加或删除行列时，从表格的底部开始添加或删除行，从表格的右侧添加或删除列。

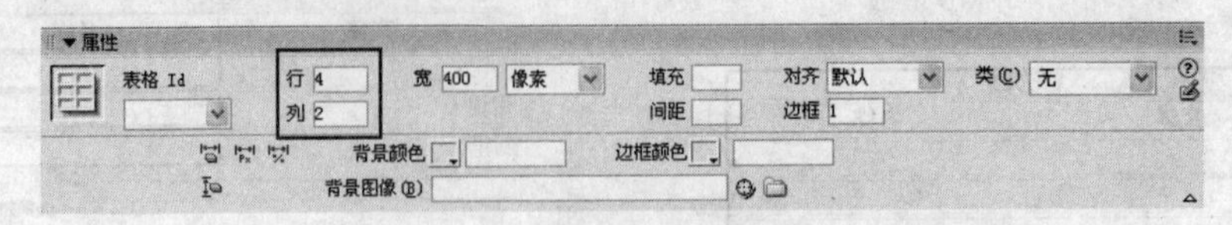

图 7-10　表格的属性检查器

★例 7.3：在例 7.1 所制的表格的底部添加一行，右侧添加一列，并输入内容，如图 7-11 所示。

（1）选择整个表格，在属性检查器上的“行”文本框中输入 5，按 Enter 键，在表格底部添加一行。

（2）单击“名称”列的列标题按钮，从弹出的菜单中选择“右侧插入列”命令。

（3）在最后一行的第一个空单元格中输入“散文”，在最后一列的第一个空单元格中输入“备注”。

（4）在表格外单击，退出编辑状态。

飞花文集

文体	名称	备注
小说		
诗词		
随笔		
散文		

图 7-11　在表格中添加行和列

7.2.3　调整表格及其元素的大小

调整表格大小是指更改表格的整体高度和宽度；调整表格中元素的大小是指更改行高、列宽以及单元格大小的操作。

1. 调整表格的整体大小

（1）只改变表格的宽度：拖动右边的选择控制柄。

（2）只改变表格的高度：拖动底边的选择控制柄。

（3）同时改变表格的宽度和高度：拖动右下角的选择控制柄。

（4）指定明确的表格宽度：在属性检查器上的“宽”文本框中输入一个值，然后在后面的下拉列表框中选择以像素或基于页面的百分比（%）为单位。

2. 更改行高

更改行高的简便方法是将指针指向要改变行高的行边框上，当指针变为行边框选择器÷时，按下鼠标左键向上或向下拖动。

若要指定行高的精确值，先选择该行，属性检查器上显示该行的属性，然后在“高”文本框中输入具体的数值，如图 7-12 所示。输入行高值后，按 Enter 键即可确认。

图 7-12　设置行高值

3. 更改列宽

更改行高的简便方法是将指针指向要改变列宽的列边框上，当指针变为列边框选择器时，按下鼠标左键向左或向右拖动。

若要指定列宽的精确值，则要选择所需列，在属性检查器上显示列的属性，然后在“宽”文本框中输入具体的数值，按 Enter 键确认该值。

若要更改某个列的宽度并保持其他列的大小不变，可按住 Shift 键，然后拖动列的边框。此操作不但改变当前列宽，也改变表格的总宽度以容纳正在调整的列。

4. 更改单元格的大小

若要更改单元格的大小，可选择所需单元格，在属性检查器上显示单元格的属性，然后在“宽”和“高”文本框中输入具体的数值，按 Enter 键确认该值。

提示：默认情况下，行高和列宽以像素为单位。若要指定百分比，应在数值后添加百分比符号（%）。若要让浏览器根据单元格的内容及其他列与行的宽度和高度确定适当的宽度或高度，可将此文本框留空（默认设置）。

7.2.4 合并与拆分单元格

合并与拆分单元格可以自定义表格以符合布局需要。通过合并单元格，可以将任意数目的相邻的单元格合并为一个跨多列或行的单元格；通过拆分单元格，可以将一个单元格拆分成任意数目的行或列。

1. 合并单元格

要合并单元格，首先要选择需要合并的矩形单元格块，然后选择“修改”|“表格”|“合并单元格”命令，或者单击属性检查器中的“合并所选单元格，使用跨度”按钮。

合并单元格后，单个单元格的内容放置在最终的合并单元格中，所选的第 1 个单元格的属性将应用于合并单元格。

2. 拆分单元格

要拆分单元格，可选择“修改”|“表格”|“拆分单元格”命令，或者单击属性检查器中的“拆分单元格为行或列”按钮，打开“拆分单元格”对话框，从中指定要拆分为的元素及数目，如图 7-13 所示。

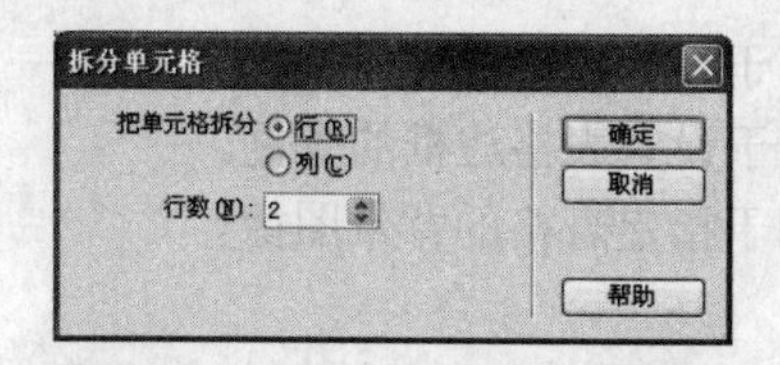

图 7-13 “拆分单元格”对话框

“拆分单元格”对话框中各选项的功能如下。

（1）“把单元格拆分”：用于指定将单元格拆分为多行还是多列。

（2）“行数（列数）”：用于指定拆分后的行数或列数。

★例 7.4: 通过拆分单元格将例 7.3 中制作的表格改为如图 7-14 所示的效果。

飞花文集

文体		名称	备注
小说	长篇小说		
	中篇小说		
	短篇小说		
诗词			
随笔			
散文			

图 7-14　拆分表格

（1）将插入点置于表格的 2 行 1 列中。

（2）单击属性检查器中的“拆分单元格为列或行”按钮，打开“拆分单元格”对话框。

（3）单击“把单元格拆分”选项组中的“列”单选按钮，单击“确定”按钮拆分单元格。

（4）将插入点置于拆分后得到的空单元格内，单击属性检查器中的“拆分单元格为列或行”按钮，打开“拆分单元格”对话框。

（5）单击“把单元格拆分”选项组中的“行”单选按钮，在“行数”文本框中输入 3，单击“确定”按钮。

7.2.5　设置表格整体属性

格式化表格的所有操作都可以通过表格的属性检查器来完成。选择表格后，属性检查器上会显示当前表格的相关属性。

表格属性检查器中各选项的功能如下。

（1）“表格 Id”：用于指定表格名称。

（2）“行”、“列”：用于更改表格中行和列的数目。

（3）“宽”：用于以像素为单位或按占浏览器窗口宽度的百分比设置的表格宽度。

（4）“填充”：用于指定单元格内容和单元格边框之间的像素数。

（5）“间距”：用于指定相邻的表格单元格之间的像素数。

（6）“对齐”：用于选择表格相对于同一段落中其他元素（例如文本或图像）的显示位置。

（7）“边框”：用于指定表格边框的宽度（以像素为单位）。

（8）“清除列宽”、“清除行高”：用于从表格中删除所有明确指定的行高或列宽。

（9）“将表格宽度转换成像素”、“将表格宽度转换成百分比”：用于将表格中以百分比为单位的宽度值更改为以像素为单位，或将以像素为单位的宽度值更改为以百分比为单位。

（10）“背景颜色”：用于设置表格的背景颜色。

（11）“边框颜色”：用于设置表格边框的颜色。

（12）“背景图像”：用于指定表格的背景图像。

★例 7.5: 设置表格的边框和背景效果，使边框颜色为蓝色，表格整体背景为淡黄色，首行背景为图像，行高为 30 像素，表格中文本均居中对齐，如图 7-15 所示。

（1）将要作为首行背景的图像文件 Beijing.jpg 复制到当前网页所在的站点中。

（2）选择整个表格，在属性检查器中单击“边框颜色”按钮，在弹出的调色板中单击蓝色块（#0000FF）。

飞花文集

文体		名称	备注
小说	长篇小说		
	中篇小说		
	短篇小说		
诗词			
随笔			
散文			

图 7-15　格式化表格后的效果

（3） 单击“背景颜色”按钮，在弹出的调色板中单击淡黄色块（#FFFFCC）。

（4） 选择首行，将属性检查器中的“背景”文本框右侧的“指向文件”图标拖动到“文件”面板中的 Beijing.jpg 文件上。

（5） 在“高”文件框中输入 30，按 Enter 键。

（6） 在表格内的所有单元格上拖过，以选择它们，此时属性检查器中显示行的属性，单击“居中对齐”按钮。

（7） 单击“小说”单元格，在属性检查器中的“宽”文本框中输入 50，按 Enter 键。

（8） 单击“长篇小说”单元格，在属性检查器中的“宽”文本框中输入 90，按 Enter 键。

（9） 选择标题“飞花文集”，从“大小”下拉列表框中选择 24，从“字体”下拉列表框中选择“楷体_GB2312”选项，并单击“粗体”按钮。

7.2.6 表格的嵌套

嵌套表格是指在现有表格的某个单元格中再插入另一个表格。可以创建多级嵌套。嵌入的表格宽度受所在单元格宽度的限制，可以像设置单个表格一样对嵌套表格进行格式设置。

单击要插入嵌套表格的单元格，然后选择“插入”|“表格”命令，或者单击“常用”工具栏中的“表格”按钮，打开“表格”对话框，为嵌套表格指定行、列等所需的属性。设置完毕单击“确定”按钮，即可在当前单元格中插入一个嵌套表格。

★例 7.6: 新建一个表格，然后在其第一个单元格中再嵌套一个表格，如图 7-16 所示。

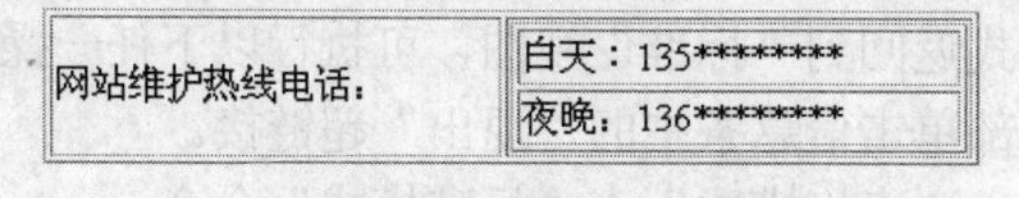

网站维护热线电话：	白天：135********
	夜晚：136********

图 7-16　嵌套表格

（1） 单击“常用”工具栏中的“表格”按钮，打开“表格”对话框。设定行数为 1，列数为 2，表格宽度为 400 像素。单击“确定”按钮插入表格。

（2） 单击表格的第一个单元格，再次单击“常用”工具栏中的“表格”按钮，打开“表格”对话框。指定行数为 2，列数为 1，表格宽度为其所处单元格的 99%。单击“确定”按钮插入嵌套表格。

（3） 在各单元格中输入所需文字。

7.3 使用表格进行页面布局

应用表格的另一种方式是在“布局”模式下绘制表格。在布局模式下可以绘制布局单元格或布局表格，以定义文档的设计区域。在布局表格中可以添加各种内容，如图像、文本或其他媒体等。

7.3.1 布局模式

在绘制布局表格或布局单元格之前，必须先从“标准”模式切换到“布局”模式。在“布局”模式下创建布局表格之后，如果再向表格中添加内容或者对表格进行编辑，则最好切换回“标准”模式进行操作。此外，如果用户打算使用布局模式来布局页面，最好不要先在标准视图下添加表格，因为如果文档中已包含在标准视图下创建的表格，进入“布局”模式后可能无法创建布局表格和布局单元格。

1. 切换到布局模式

只有在“设计”视图中才能切换到“布局”模式。如果当前是在“代码”视图中工作，要想切换到“布局”模式，则必须先切换到“设计”视图。

选择“查看”|“表格模式”|“布局模式”命令，即可切换到“布局”模式。此时文档窗口的顶部会出现一个标着“布局模式 [退出]”的信息条，而页面上已有的表格则显示为布局表格，如图 7-17 所示。

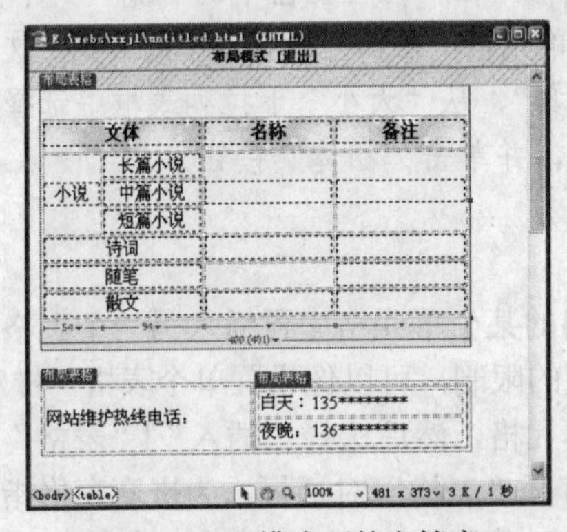

图 7-17 布局模式下的文档窗口

2. 退出布局模式

若要退出“布局”模式返回到“标准”视图，可执行以下任一操作。

（1） 在文档窗口顶部单击信息条中的“退出”超链接。

（2） 选择“查看”|“表格模式”|“标准模式”命令。

（3） 在“布局”工具栏中单击“标准”按钮。

7.3.2 绘制布局表格和布局单元格

在“布局”模式下可以绘制布局表格和布局单元格。布局单元格不能存在于布局表格之外，如果直接绘制了布局单元格，则 Dreamweaver 会自动创建一个布局表格以容纳该单元格。Dreamweaver 自动创建的布局表格默认情况下填满整个设计视图，以方便用户在文档的任意位置绘制布局单元格。如果要更改布局表格的大小，可调整控制点。

1. 绘制布局表格

不能在布局单元格中创建布局表格，只能在现有布局表格的空白区域中或在现有单元格周围创建嵌套布局表格。

切换到“布局”模式中后，单击“布局”工具栏中的“绘制布局表格”按钮，然后在文档中拖动即可创建布局表格。若要连续绘制多个布局表格，可在单击“绘制布局表格”按钮时按住 Ctrl 键，这样，绘制完一个布局表格之后可以立即绘制另一个，而不必重复单击“布局表格”按钮。

在空白文档中绘制布局表格时，布局表格会自动定位在文档的左上角。布局表格的默认外框颜色为绿色，并在每个表格的顶部显示一个“布局表格”的标签，如图 7-18 所示。

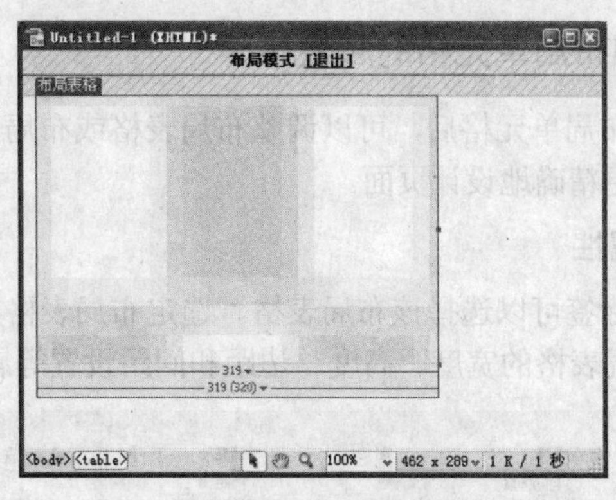

图 7-18　绘制布局表格

2. 绘制布局单元格

如果要绘制布局单元格，最好在准备添加内容时才进行绘制，以便使布局表格中的空白空间能够充分、灵活地运用，而且方便移动单元格或者调整单元格的大小。

在“布局”工具栏中单击“绘制布局单元格”按钮，然后在布局表格中或者页面空白处拖动，即可创建一个布局单元格。按住 Ctrl 键并拖动可连续绘制多个布局单元格。

布局单元格的默认外框颜色为蓝色，并在其底部显示宽度，还出现明亮的网格线，从新布局单元格的边缘向外延伸到包含该单元格的布局表格的边缘，如图 7-19 所示。这些网格线可以帮助用户对齐单元格。

3. 绘制嵌套布局表格

嵌套布局表格与嵌套表格相同，都是在一个布局表格中再插入另一个布局表格。嵌套布局表格的大小不能超过包含它的表格。要绘制嵌套布局表格，应确保在“布局”模式下进行，如图 7-20 所示。

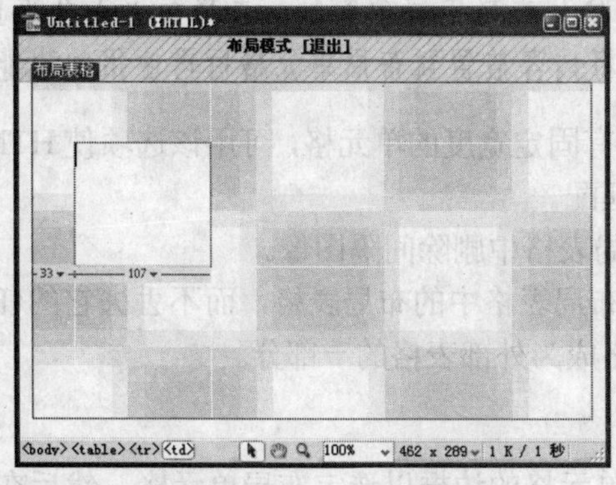

图 7-19　绘制布局单元格

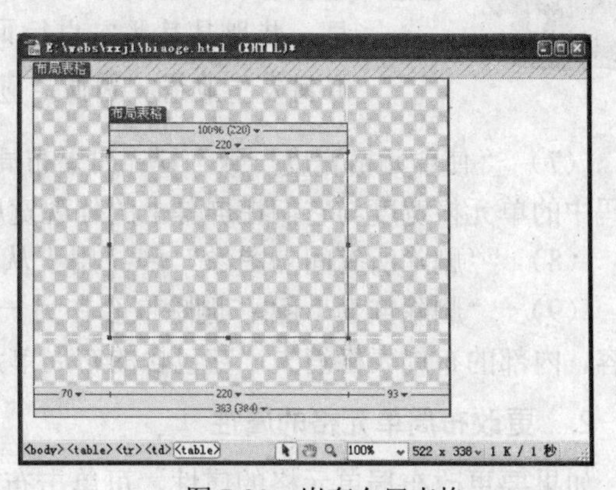

图 7-20　嵌套布局表格

7.3.3 将内容添加到布局单元格中

在“布局”模式下，可以将文本、图像和其他内容添加到布局单元格中，就像在“标准”模式下将内容添加到表格单元格一样。单击要添加内容的单元格，然后添加所需的内容。当添加的内容超出布局单元格宽度时，单元格将自动扩展，单元格所在的列也随之扩展。

如果要使用标准表格编辑工具对表格进行编辑，应先切换回“标准”模式。

7.3.4 设置布局表格和布局单元格的属性

绘制多个布局表格或布局单元格后，可以调整布局表格或布局单元格的大小，或者移动它们使其重新定位，以便更精确地设计页面。

1. 更改布局表格的属性

单击布局表格顶部的标签可以选择该布局表格。选定布局表格后，属性检查器中会显示相关属性，在此可更改布局表格的宽度、高度、边距和间距设置等属性，如图 7-21 所示。

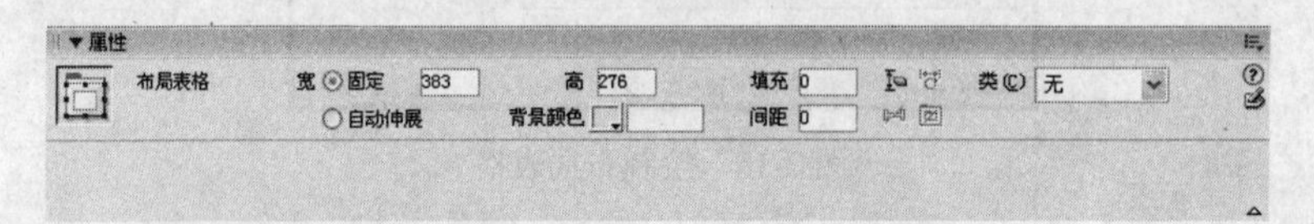

图 7-21　布局表格的属性检查器

布局表格的属性检查器中各选项的功能如下。

（1）“宽”：用于设置布局表格的宽度。选择“固定”单选按钮可将表格设置为固定宽度，右边的文本框用于输入以像素为单位的宽度值；选择“自动伸展”单选按钮可使表格最右边的列自动伸展。

（2）“高”：用于以像素为单位设置布局表格的高度。

（3）“背景颜色”：用于设置布局表格的背景颜色。

（4）“填充”：用于以像素为单位设置布局单元格内容和单元格边框之间的间隔。

（5）“间距”：用于以像素为单位设置相邻布局单元格之间的间隔。

（6）“清除行高”：用于删除布局表格中所有单元格的显式高度设置。

注意：清除行高可能会对布局表格中的空白（灰色）区域产生无法预料的效果。特别是某些空白行可能会从表格中完全删除，表格看上去在垂直方向发生收缩。因此，应先将内容放置到布局单元格后再使用此功能。

（7）“使单元格宽度一致”：如果布局中有固定宽度的单元格，可用该选项使 HTML 代码中的单元格宽度与它们在屏幕上的外观宽度匹配。

（8）“删除所有间隔图像”：用于从布局表格中删除间隔图像。

（9）“删除嵌套”：删除嵌套在另一个布局表格中的布局表格，而不丢失它的任何内容。内部的布局表格消失，它包含的布局单元格成为外部表格的一部分。

2. 更改布局单元格的属性

如果要更改布局单元格的属性，可单击布局单元格的边框以选定布局单元格，然后在单元格的属性检查器中设置所需的属性值，如图 7-22 所示。

图 7-22　布局单元格的属性检查器

除与布局表格属性检查器中相同的选项外，布局单元格属性检查器中其他选项的功能如下。

（1）“水平”：用于设置单元格内容的水平对齐方式。可设置为左对齐、居中对齐、右对齐或默认对齐方式。

（2）“垂直”：用于设置单元格内容的垂直对齐方式。可设置为顶端对齐、居中对齐、底部对齐、以基线对齐或默认对齐方式。

（3）“不换行”：用于禁止文字换行。当选择此选项后，布局单元格将被按需要加宽以适应文本，而不是在新的一行上继续该文本。

★例 7.7: 新建一个网页，利用布局表格与布局单元格制作如图 7-23 所示的网页。

（1）新建一个 HTML 空白文档，命名为 biaoge.html。

（2）选择“查看”|“表格模式”|“布局模式”命令，切换到“布局”模式下。

（3）单击“布局”工具栏中的“绘制布局表格”按钮，绘制一个布局表格。

（4）在属性检查器上单击“宽”选项组中的“固定”单选按钮，然后在后面的文本框中输入 500，再在“高”文本框中输入 400，按 Enter 键应用此值。

（5）单击“绘制布局单元格”按钮，在布局表格中绘制如图 7-24 所示的单元格，其中顶部单元格的大小为 500 × 60，左下方单元格的大小均为 120 × 340，右下方单元格的大小为 380 × 340。

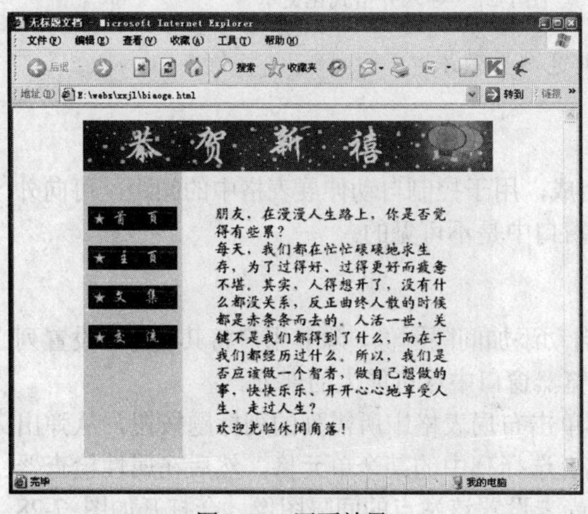

图 7-23　网页效果

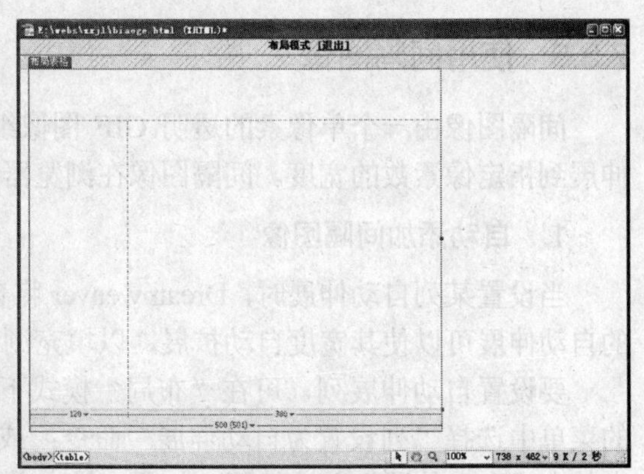

图 7-24　在布局表格中绘制布局单元格

（6）选择左下方的布局单元格，在属性检查器上的“背景颜色”文本框中输入“#FFCCFF”；选择右下方的布局单元格，在“背景颜色”文本框中输入“#FFFFCC”。

（7）右击“布局表格”标签，从弹出的快捷菜单中选择“对齐”|“居中对齐”命令。

（8） 单击文档窗口顶部信息条中的“退出”超链接，返回到“标准”模式下。

（9） 将“文件”面板中的 ggl.swf 文件拖动到顶部单元格中，将 button1.swf 文件拖动到左下方单元格中。

（10） 在按钮行中单击（不选择按钮），再单击属性检查器中的“居中对齐”按钮。

（11） 参照按钮 button1.swf 制作 Flash 按钮 button2.swf、button3.swf、button4.swf，如图 7-25 所示。

图 7-25　Flash 按钮 button2.swf、button3.swf、button4.swf

（12） 将各按钮拖动到左下单元格中 button1.swf 按钮的下方居中对齐，如图 7-26 所示。

（13） 在右下方的单元格中单击，然后选择“文件”｜“导入”｜“Word 文档”命令，导入“首页文本.doc”文件。

（14） 将插入点置于文本开头，按 Enter 键添加一个空行。将文本格式设置为 20 磅加粗楷体字，颜色代码为#660000，如图 7-27 所示。

图 7-26　插入 Flash 按钮

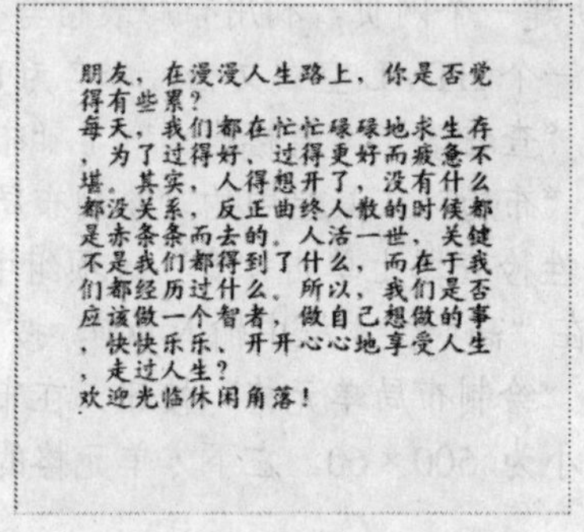

图 7-27　导入并格式化文本

（15） 保存网页，按 F12 键进入浏览器浏览网页效果。

7.3.5　使用间隔图像

间隔图像由一个单像素的透明 GIF 图像组成，用于控制自动伸展表格中的间距，可向外伸展到指定像素数的宽度。间隔图像在浏览器窗口中是不可见的。

1. 自动添加间隔图像

当设置某列自动伸展时，Dreamweaver 将自动添加间隔图像，除非用户将其删除。设置列的自动伸展可以使其宽度自动扩展，以填充浏览器窗口中尽可能大的部分。

要设置自动伸展列，可在“布局”模式下单击布局表格中所需列的列标题按钮，从弹出的菜单中选择“列设置为自动伸展”命令；或者选择列中的某个单元格，然后在属性检查器中单击“自动伸展”单选按钮。如果在这之前尚未设置该站点的间隔图像，会打开如图 7-28 所示的“选择占位图像”对话框，单击“创建占位图像文件”单选按钮以创建新的间隔图像，或者单击“使用现存的占位图像文件”单选按钮选择一个现有的图像做为间隔图像。

设置了间隔图像后，在自动伸展列的顶部或底部会出现波浪线，在包含间隔图像的列的顶部或底部会出现双线，如图 7-29 所示。

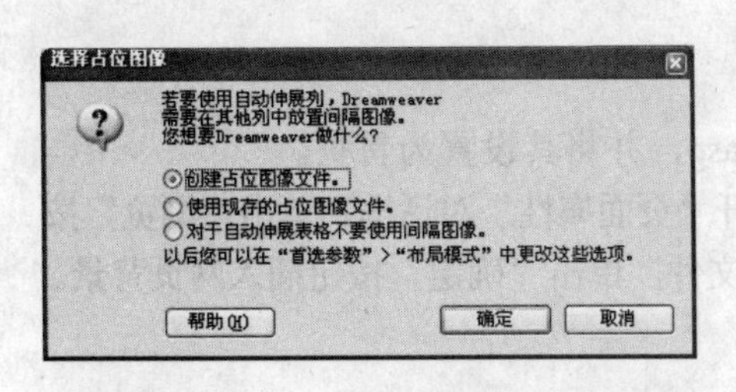

图 7-28 "选择占位图像"对话框

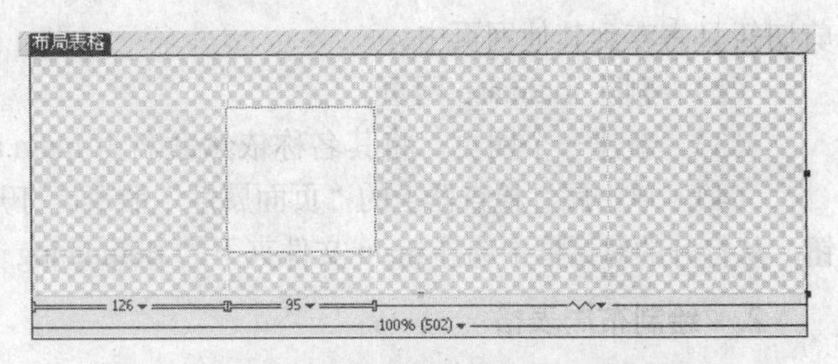

图 7-29 设置了间隔图像后的布局表格

2. 手动添加/删除间隔图像

用户可以在每个列中手动插入或者删除间隔图像。删除间隔图像可能会导致表格中的某些列变得非常窄，因此通常情况下用户应该在适当的位置保留间隔图像，除非每个列都包含其他内容可以将该列保持在所需的宽度。

若要手动添加间隔图像，可在"布局"模式下单击布局表格中所需列的列标题按钮，从弹出的菜单中选择"添加间隔图像"命令。若要删除间隔图像，则在列标题菜单中选择"删除间隔图像"。

7.4 典型实例——重制首页

虽然在本书前面的章节中已基本完成了 xiuxian 站点首页的制作，但是布局凌乱，看起来很不美观。因此，在本节中将利用布局表格和布局单元格来规划页面的整体布局，结果如图 7-30 所示。

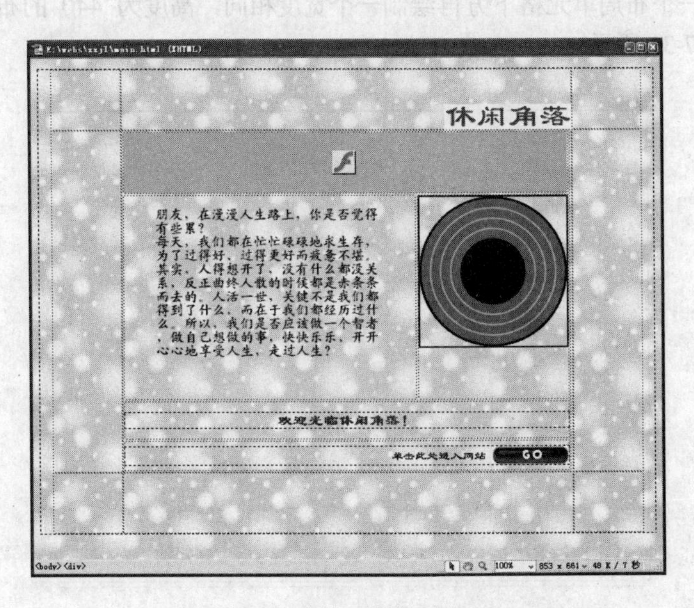

图 7-30 重制后的首页布局

1. 准备工作

（1） 打开 xiuxian 站点中的 main.asp 网页，将其中的多媒体内容删除，将文本内容通过剪切暂且寄存到其他网页中。

（2） 删除 main.asp 网页。

（3） 新建一个网页，将其名称依然命名为 main.asp，并将其设置为首页。

（4） 单击属性检查器上的“页面属性”命令，打开“页面属性”对话框。单击“浏览”按钮，从打开的对话框中选择 main 文件夹下的 Beijing.jpg 文件，单击“确定”按钮插入网页背景。

2. 绘制布局表格

（1） 选择“查看”|“表格模式”|“布局模式”命令，切换到“布局”模式下。

（2） 单击“布局”工具栏中的“绘制布局表格”按钮，在文档窗口中绘制一个布局表格。

（3） 在属性检查器中的“宽”选项组中选择“固定”单选按钮，并在其后的文本框中输入 800，按 Enter 键确认。

（4） 在“高”文本框中输入 600，按 Enter 键确认。

（5） 右击“布局表格”标签，从弹出的快捷菜单中选择“对齐”|“居中对齐”命令。

3. 绘制布局单元格

（1） 单击“布局”工具栏中的“绘制布局单元格”按钮，在布局表格顶部中央位置绘制一个布局单元格。

（2） 在布局单元格的属性检查器中选择“宽”选项组中的“固定”单选按钮，并在其后的文本框中输入 600，再在“高”文本框中输入 80。

（3） 左右移动布局单元格，使左右两列的宽度均为 100（可按左、右箭头键对布局单元格进行微调）。

（4） 在上一个布局单元格下方再绘制一个宽度相同，高度为 440 的布局单元格。此时的网页效果如图 7-31 所示。

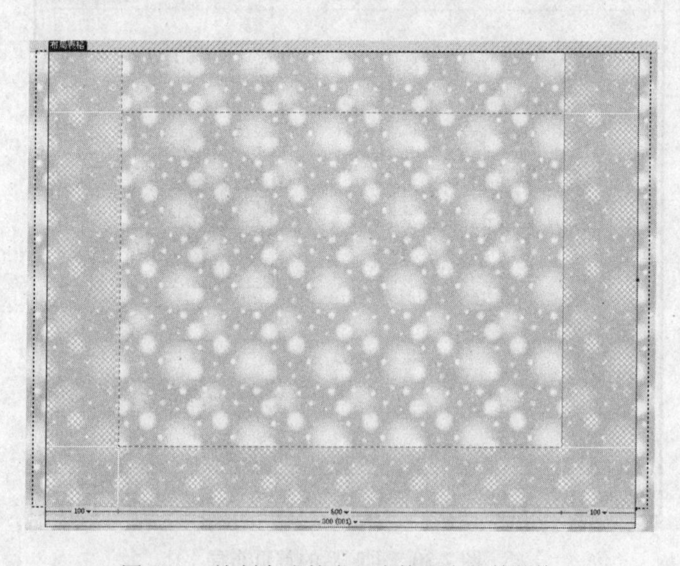

图 7-31　绘制完成的布局表格和布局单元格

4. 在“标准”模式中绘制表格

（1） 单击文档窗口顶部信息条中的“退出”超链接，返回到“标准”视图。

（2） 在600×440的大布局单元格中单击，然后单击“常用”工具栏中的“表格”按钮，打开“表格”对话框。设定要插入的表格的行数为4、列数为1、宽度为600像素、边框粗细为0，如图7-32所示。

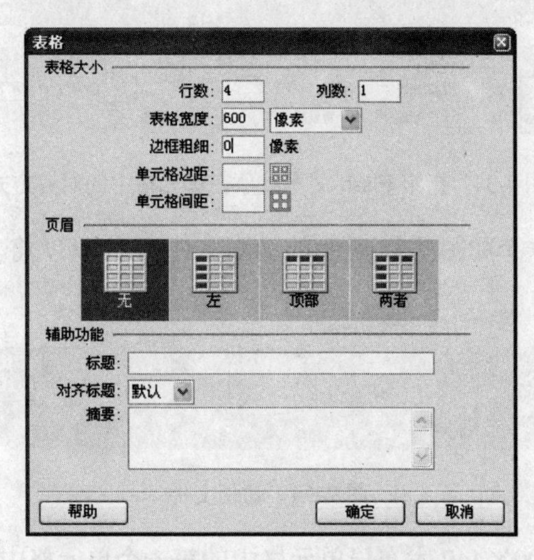

图7-32 设置表格选项

（3） 单击“确定”按钮插入表格。

（4） 在新绘表格的第一个单元格中单击，然后在属性检查器上的“高”文本框中输入80。

（5）参照步骤（4）设置第2个单元格的高度为270、第3个单元格高度为50、第4个单元格高度为40，如图7-33所示。

图7-33 调整表格高度

5. 添加Flash对象

（1） 在“文件”面板中显示当前站点的文件列表，将Flash文本对象text1.swf拖动到页面顶部的布局单元格中。

（2） 在该布局单元格内的对象外任意点单击，取消对 Flash 文本的选择。在属性检查器中指定该对象的水平对齐方式为右对齐、垂直对齐方式为底部对齐，如图 7-34 所示。

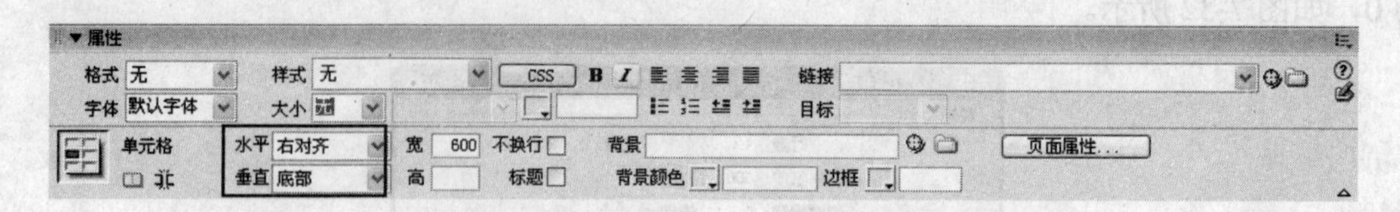

图 7-34　指定 Flash 文本对象在单元格中的对齐方式

（3） 用 Flash 制作一个如图 7-35 所示的动画文件 sydh.swf，将其复制到当前站点的 main 文件夹中。

图 7-35　动画文件

（4） 将其拖动到 600×440 大布局单元格中的第一个单元格中。

（5） 将 Flash 按钮 button1.swf 拖动到 600×440 大布局单元格内的最下方单元格中，然后在属性检查器中选择“对齐”下拉列表框中的“右对齐”选项。此时的网页效果如图 7-36 所示。

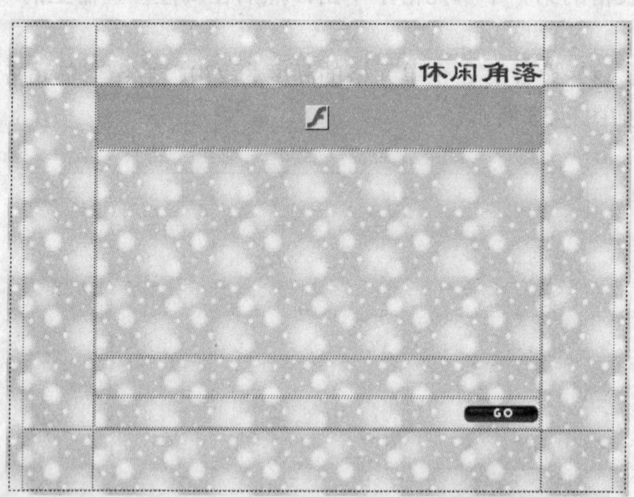

图 7-36　添加 Flash 对象

6. 添加文本

（1） 在 600×270 单元格中单击，然后单击属性检查器中的“拆分单元格为行或列”按钮，打开“拆分单元格”对话框。

（2） 在“把单元格拆分”选项组中选择“列”单选按钮，然后在“列数”数值框中输入 2，如图 7-37 所示。

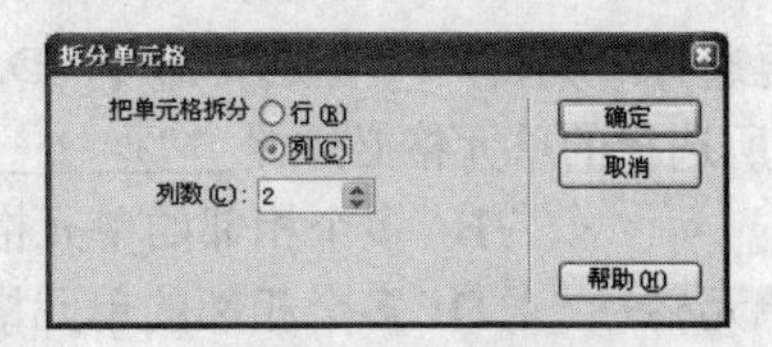

图 7-37　设置拆分选项

（3）　单击“确定”按钮。

（4）　设置拆分后的左侧单元格的宽度为 400、右侧单元格的宽度为 200。

（5）　将暂时放置在其他网页中的文本内容按需复制到相应的单元格中，最后一个单元格中的文本与 Flash 按钮要相互居中对齐，并且相对于单元格右对齐，如图 7-38 所示。

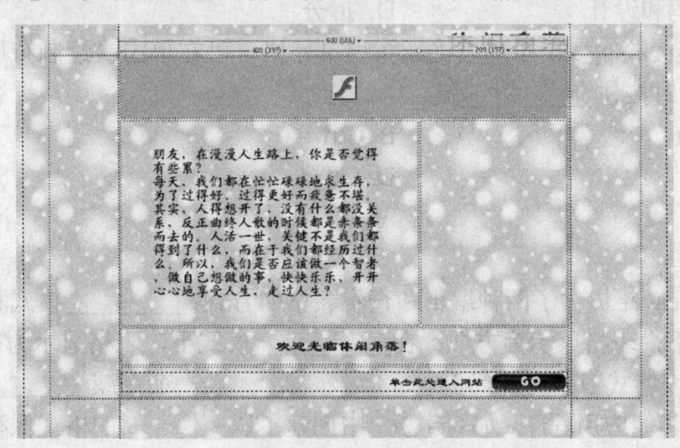

图 7-38　添加文本

7.　添加 GIF 动画

（1）　将 main 文件夹中的 huanying.gif 文件从“文件”面板中拖动到拆分后的右侧单元格中。

（2）　在属性检查器中选择“顶端”选项。

（3）　将“链接”文本框右侧的图标拖动到“文件”面板中的 main\klsg.mp3 文件上。

7.5　本章小结

本章介绍了创建和使用表格的方法，包括表格的基础知识，表格的创建、编辑、嵌套及使用表格布局页面等内容。通过本章的学习，读者应掌握表格的基本操作方法，并且能够利用表格布局网页，以有条理地组织网页中的各种对象。

7.6　上机练习与习题

7.6.1　选择题

（1）　选择单个单元格的正确方法是__________。

A. 单击单元格的右边或底部边缘的任意位置　　B. 选择“编辑”|“全选”命令

C. 单击单元格，再选择“编辑”|“全选”命令 D. 在单元格中拖动

（2） 在合并单元格时，所选择的单元格必须是________。

A. 一个单元格 B. 多个相邻的单元格

C. 多个不相邻的单元格 D. 多个相邻的单元格，并且形状必须为矩形

（3） 在____________可以绘制布局表格。

A. 在“标准”视图下 B. 在现有内容旁边

C. 在现有的布局表格中 D. 在现有的布局单元格中

（4） 在________视图中不可以启用或禁用布局模式。

A. 代码 B. 设计

C. 代码和设计 D. 拆分

（5） 若要连续绘制多个布局表格或布局单元格，可在单击“绘制布局表格”或“绘制布局单元格”按钮时按住________键。

A. Shift B. Ctrl

C. Tab D. Enter

7.6.2 填空题

（1）Dreamweaver 提供了两种编辑和查看表格的方式：________模式和________模式。在________模式下，表格显示为方框；在________模式下，表格显示为行和列的网格。

（2） 要导入表格式数据文件，可选择____________命令或____________命令。

（3） 如果在其他应用程序（如写字板）中创建了以________的格式保存的________文件，可以直接将此文件导入 Dreamweaver 中。

（4） 删除包含数据的行和列时，Dreamweaver__________，因此要__________。

（5） 若要更改某个列的宽度，并保持其他列的大小不变，可按住__________键，然后拖动________。此操作不但改变当前列宽，也改变__________以容纳正在调整的列。

（6） 嵌套表格是指____________。

（7） 在绘制布局表格或布局单元格之前，必须先______________。

7.6.3 问答题

（1） 如何用键盘在表格中移动插入点？

（2） 如何选择表格或表格元素？

（3） 如何添加或删除行与列？

（4） 调整表格整体大小的方法有哪些？

（5） 如何进入和退出表格的“布局”模式？

7.6.4 上机练习

（1） 在“标准”模式下任意创建一个表格并设置其格式。

（2） 在“布局”模式下利用布局表格和布局单元格来设计一个网页。

第8章

创建和使用框架

教学目标：

在网页中使用框架可以将网页划分为不同的区域，并在不同的区域中载入不同的页面。框架集定义一组框架的布局和属性。本章介绍关于框架和框架集的知识，包括框架与框架集的概念、创建框架与框架集的方法、选择框架与框架集的方法、设置框架与框架的属性及编辑框架页面等内容。

教学重点与难点：

1. 创建框架与框架集。
2. 选择框架与框架集的方法。
3. 设置框架与框架的属性。
4. 编辑框架页面。

8.1 框架与框架集的概念

框架是浏览器窗口中的一个区域，它可以显示与浏览器窗口中其余部分显示的内容无关的 HTML 文档。框架集是 HTML 文件，它定义一组框架的布局和属性，包括框架的数目、框架的大小和位置，以及在每个框架中初始显示的页面的 URL。

8.1.1 框架与框架集的用途

框架最常见的用途是导航。一组框架通常包括一个含有导航条的框架和另一个要显示主要内容页面的框架。但是，框架的设计比较复杂；而且在很多情况下，可以不必创建框架就能达到相同的效果。例如，如果想让导航条显示在页面的左侧，则既可以用一组框架代替的页面，也可以只是在站点中的每一页上包含该导航条。

许多专业的网页设计人员不喜欢使用框架，而且不是所有的浏览器都提供良好的框架支持，框架对于无法导航的访问者而言可能难以显示。所以，如果用户确实要使用框架，应始终在框架集中提供 noframes 部分，以方便不能浏览框架网页的访问者。

使用框架具有以下几个优点。

（1） 访问者的浏览器不需要为每个页面重新加载与导航相关的图形。

（2） 当框架中的内容太多而不能完全显示时，每个框架都具有自己的滚动条。例如，当框架中的内容页面较长时，如果导航条位于不同的框架中，那么向下滚动到页面底部的访问者就不需要再滚动回顶部来使用导航条。

同时，使用框架又具有以下几个缺点。

（1） 可能难以实现不同框架中各元素的精确图形对齐。

（2） 对导航进行测试可能很耗时间。

（3） 各个带有框架的页面的 URL 不显示在浏览器中，因此访问者可能难以将特定页面设为书签（除非提供了服务器代码，使访问者可以加载特定页面的带框架版本）。

若要在浏览器中查看一组框架，应输入框架集文件的 URL，浏览器随后打开要显示在这些框架中的相应文档。通常，一个站点的框架集文件被命名为 index.html，以便当访问者未指定文件名时默认显示该文件。

8.1.2 框架与框架集的工作方式

框架不是文件，它只是存放文档的容器。其中的文档并不是框架的一部分。使用框架最常见的情况是：一个框架显示包含导航控件的文档，另一个框架显示含有内容的文档。框架集文件本身不包含要在浏览器中显示的 HTML 内容，它只是向浏览器提供应如何显示一组框架，以及在这些框架中应显示哪些文档的有关信息。

如果一个站点在浏览器中显示为包含 3 个框架的单个页面，则它实际上至少由 4 个 HTML 文档组成：框架集文件以其他 3 个文档，这 3 个文档包含最初在这些框架内显示的内容。在 Dreamweaver 中设计使用框架集的页面时，必须保存所有这 4 个文件，该页面才能在浏览器中正常显示。

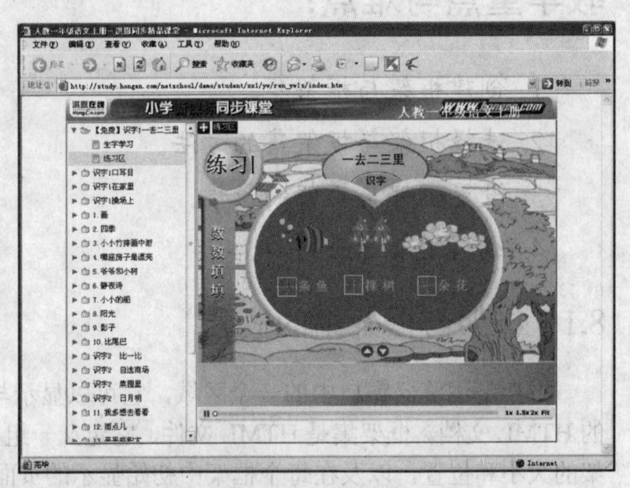

图 8-1　框架网页

图 8-1 显示了一个由两个框架组成的框架布局，左侧较窄的框架中包含导航链接，右侧的大框架中包含主要内容。这两个框架分别显示单独的 HTML 文档。在该网页中，当访问者浏览站点时，可通过单击左侧框架中的链接来更改右侧主框架中的显示内容，但左侧框架本身的内容保持静态。例如，右侧框架中显示的内容是在左侧框架中单击“【免费】识字 1 一去二三里”列表项下的“练习区”链接之后转到并显示的文件。

8.1.3 使用框架集时应执行的常规步骤

在 Dreamweaver 中，用户可以在一个文档窗口中查看和编辑与一组框架相关联的所有文档，从而能够在编辑带有框架的页面时大致看到它们在浏览器中的显示方式。

每一个框架都会显示一个单独的HTML文档。由于只有当框架集包含要在每个框架中显示的文档的URL时才能准确预览该框架集，因此，即使框架中的文档是空的，也必须将它们全部保存才能进行预览。

为了确保框架集在浏览器中正确显示，用户在文档窗口中使用框架集时，需执行以下常规步骤。

（1） 创建框架集并指定要在每个框架中显示的文档。

（2） 保存将要在框架中显示的每个文件。注意，由于每个框架都显示单独的HTML文档，因此必须保存每个文档以及该框架集文件。

（3） 设置每个框架和每个框架集的属性，如为各框架命名、设置滚动和不滚动选项等。

（4） 在属性检查器中为所有链接设置“目标”属性，以便链接目标的内容显示在正确区域中。

8.2 创建框架与框架集

Dreamweaver提供了两种创建框架集的方法：一是从预定义的框架集中选择，二是自己设计框架集。选择预定义的框架集将自动设置创建布局所需的所有框架集和框架，它是迅速创建基于框架的网页布局最简单的方法。

8.2.1 使用预定义创建框架集

要创建框架集，只须将插入点置于文档窗口中，然后单击“布局”工具栏中的“框架”按钮右侧的三角按钮，从弹出的菜单中选择所需的框架类型即可。“框架”菜单中提供了13种框架类型，如图8-2所示。

8.2.2 自定义框架集

在自定义框架集前，首先要显示文档窗口的框架边框。默认状态下，文档窗口的框架边框是不显示的，选择“查看”|“可视化助理”|“框架边框”命令可显示框架边框。

显示了框架边框后，将鼠标指针移至框架边框上，当鼠标指针变为双向箭头形状时按下鼠标左键向文档窗口内拖动，即可创建任意框架集，如图8-3所示。

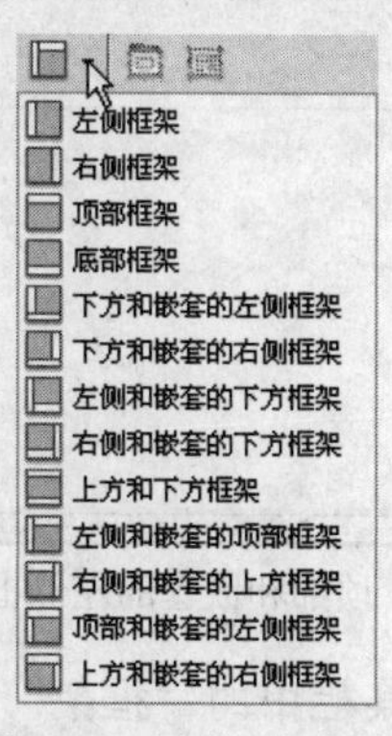

图8-2 “框架”菜单

图8-3 以拖动方式创建框架集

创建了框架集后，用户还可以将其中某个框架拆分为几个更小的框架。例如，若要创建3

个框架，可先创建两个框架，然后拆分其中一个框架。拆分框架的方法有多种，用户可执行以下任一操作。

（1） 将插入点置于要拆分的框架中，选择“修改”|“框架页”菜单中相应的命令。

（2） 要以垂直或水平方式拆分框架，可将框架边框从设计视图的边框线拖入设计视图的中间。

（3） 要以不在文档窗口边框线上的框架边框拆分一个框架，可在按住 Alt 键的同时拖动框架边框。

（4） 要将一个框架拆分成 4 个框架，可将框架边框从文档窗口一角拖入框架的中间。

8.2.3 删除框架

要删除多余的框架，可将指针指向此框架的边框，当指针形状变为双向箭头时拖动该边框至文档窗口边框或其父框架的边框上。如果要删除的框架中包含尚未保存的文档，Dreamweaver 将提示用户保存该文档。

通过拖动边框的方式不能完全删除框架集。要删除框架集，可以通过关闭显示它的文档窗口来实现。如果该框架集文件已保存，可删除该文件。

8.2.4 创建嵌套框架集

嵌套框架集是指在已有的框架集内再添加框架集。一个框架集中可以包含多个嵌套的框架集。使用框架的大多数网页实际上都使用嵌套的框架，并且在 Dreamweaver 中大多数预定义的框架集也使用嵌套。如果在一组框架中，不同行或不同列中有不同数目的框架，就要求使用嵌套的框架集。

要创建嵌套框架集，应先将插入点置于要创建嵌套框架集的框架中，然后利用创建框架集的命令创建嵌套框架集。

★例 8.1：创建一个如图 8-4 所示的嵌套框架集。

（1） 新建一个网页。单击“布局”工具栏中的“框架”按钮右侧的三角按钮，从弹出的菜单中选择“顶部和嵌套的左侧框架”命令，创建如图 8-5 所示的框架。

图 8-4　本例要制作的嵌套框架集

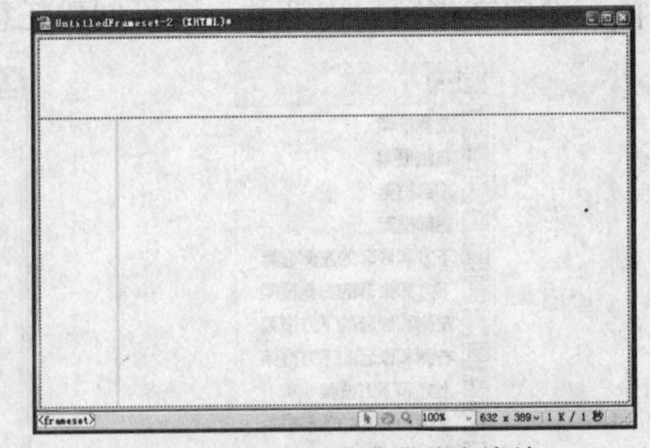

图 8-5　顶部和嵌套的左侧框架

（2） 将插入点置于右下方的大框架中，单击“布局”工具栏中的“框架”按钮右侧的三角按钮，从弹出的菜单中选择“右侧和嵌套的下方框架”命令。

8.3 选择框架与框架集

有很多操作（如设置框架属性等）要求用户必须选择框架，将插入点放置在框架内并不等同于选择了此框架。在文档窗口的设计视图中，如果选择了一个框架，该框架的边框会显示为边框被虚线环绕，如图 8-6 所示。如果选择了一个框架集，该框架集内各框架的所有边框都会显示为被淡颜色的虚线环绕，如图 8-7 所示。

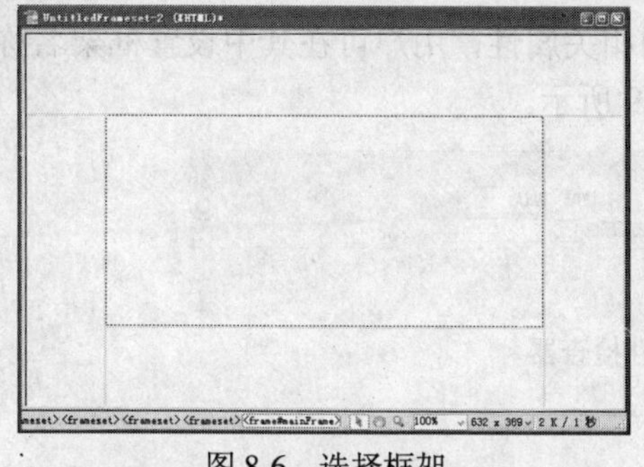

图 8-6　选择框架

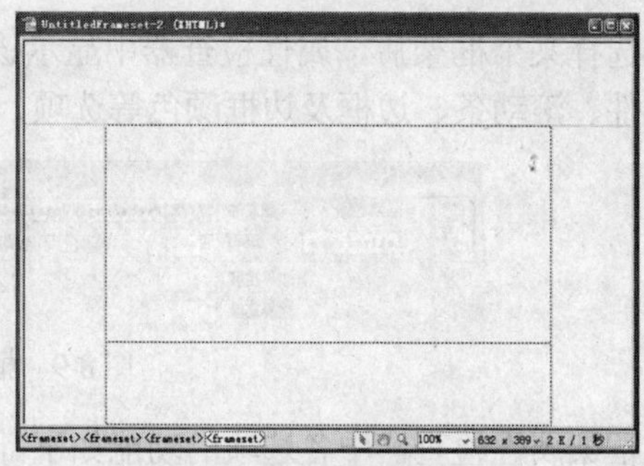

图 8-7　选择框架集

选择框架与框架集的方法有两种：一是从“文档”窗口中选择框架或框架集，二是通过“框架”面板进行选择框架或框架集。

8.3.1　在文档窗口中选择

在文档窗口的设计视图中，按住 Alt 键单击框架内部，即可选择该框架。若要选择一个框架集，则要单击框架集的某一内部框架边框。

选择了某个框架或框架集后，若要再选择不同的框架或框架集，可执行下列方法之一。

（1）　要在当前选择内容的同一层次级别上选择下一框架（框架集）或前一框架（框架集），可在按住 Alt 键的同时按下左箭头键或右箭头键。

（2）　要选择父框架集（包含当前选择内容的框架集），可在按住 Alt 键的同时按上箭头键。

（3）　要选择当前选择框架集的第 1 个子框架或框架集（即按其在框架集文件中定义顺序中的第 1 个），可以在按住 Alt 键的同时按下箭头键。

8.3.2　在“框架”面板中选择

选择“窗口”｜“框架”命令，或者按 Shift+F2 组合键，可显示“框架”面板，其中提供了框架集内各框架的可视化表示形式，能够显示框架集的层次结构。

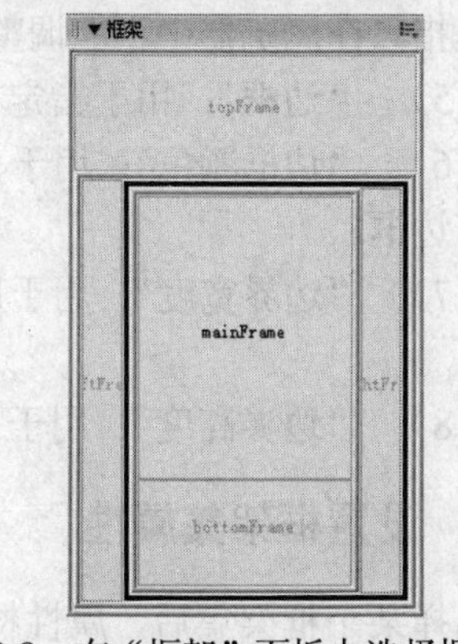

图 8-8　在“框架”面板中选择框架集

在“框架”面板中，环绕每个框架集的边框非常粗，而环绕每个框架的是较细的灰线，并且每个框架由框架名称标识。若要选择某个框架或框架集，可单击相应的边框，被选中的元素边框以高亮显示。此外，插入点所在的框架名称也会以高亮显示。例如，图 8-8 所示的即是选择中、下、右嵌套框架集，且插入点置于 mainFrame 框架中时的显示状态。

8.4 设置框架与框架集属性

选择框架或框架集后，在属性检查器中会显示当前框架或框架集的相关属性，用户可根据需要在其中更改所选框架或框架集的属性。

8.4.1 设置框架属性

选择某个框架后，属性检查器中显示该框架的相关属性，用户可在其中设置框架名称、源文件、滚动条、边框及边框颜色等选项，如图 8-9 所示。

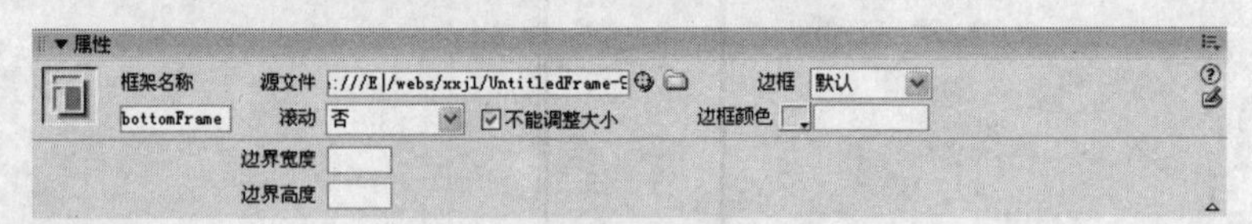

图 8-9 框架的属性检查器

框架属性检查器中各选项的功能如下。

（1）“框架名称”：用于指定在超链接的 target 属性或脚本在引用该框架时所用的名称。框架名称必须是单个单词；允许使用下画线（_），但不允许使用连字符（-）、句点（.）和空格。框架名称必须以字母起始（不能以数字起始），且区分大小写。不要使用 JavaScript 中的保留字（如 top 或 navigator）作为框架名称。

（2）“源文件”：用于指定在框架中显示的源文档。

（3）“滚动”：用于指定在框架中是否显示滚动条。选择“自动”选项，则只有在浏览器窗口中没有足够空间显示当前框架的完整内容时才显示滚动条；选择“是”选项，则无论是否有足够空间显示当前框架的完整内容都显示滚动条；选择“否”选项，则无论是否有足够空间显示当前框架的完整内容都不显示滚动条。

（4）“不能调整大小”：选择此选项，则不允许访问者在浏览器中调整框架大小。注意，在此是指只在浏览器中不能调整框架大小，但仍然可以在 Dreamweaver 中调整边框大小。

（5）“边框”：用于指定在浏览器中查看框架时是否显示当前框架的边框。

（6）“边框颜色”：用于为框架的边框设置边框颜色，选择的颜色会应用于和框架接触的所有边框。

（7）“边界宽度”：用于以像素为单位设置左边距和右边距（框架边框和内容之间的空间）。

（8）“边界高度”：用于以像素为单位设置上边距和下边距。

8.4.2 设置框架集属性

选择某个框架集后，属性检查器中显示该框架集的相关属性，用户可在其中设置框架集的边框、边框颜色、边框宽度等属性，如图 8-10 所示。

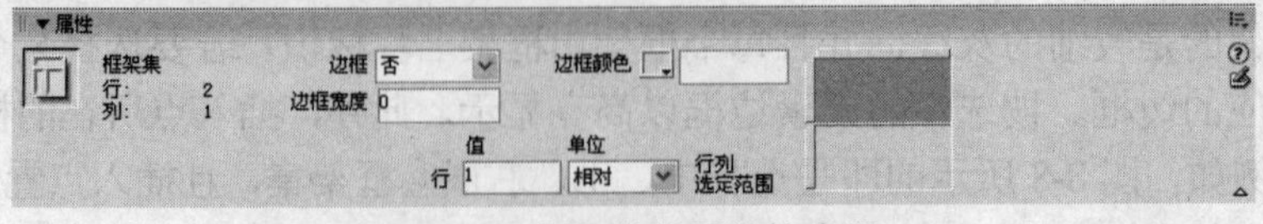

图 8-10 框架集的属性检查器

框架集属性检查器中各选项的功能如下。

（1） “行”、“列”：用于显示框架集是几行几列。

（2） “边框”：用于选择在浏览器中查看文档时在框架周围是否显示边框。

（3） “边框宽度”：用于设置框架集中所有边框的宽度。

（4） “边框颜色”：用于设置边框的颜色。

（5） “值”：用于指定选定行的高度或选定列的宽度。若要设置框架集的各行和各列的框架的大小，可单击“行列选定范围”右侧图示中的左侧或顶部的选项卡，然后在“值”文本框中输入高度或宽度。

（6） “单位”：用于指定浏览器分配给每个框架的空间大小，有“像素”、“百分比”和“相对”3 个单位。其中，“相对”选项是指在为“像素”和“百分比”框架分配空间后，为选定列或行分配其余可用空间，剩余空间在大小设置为“相对”的框架中按比例划分。

注意：当从“单位”下拉列表框中选择“相对”选项时，在“值”文本框中输入的所有数值均消失；如果想要指定一个数值，必须重新输入。不过，如果只有一行或一列设置为“相对”，则不需要输入数字，因为该行或列在其他行和列已分配空间后，将接受所有剩余空间。为了确保完全的跨浏览器兼容性，可在“值”文本框中输入 1。

★例 8.2：将例 8.1 中制作的框架集的边框宽度设置为 10，颜色设置为红色，如图 8-11 所示。

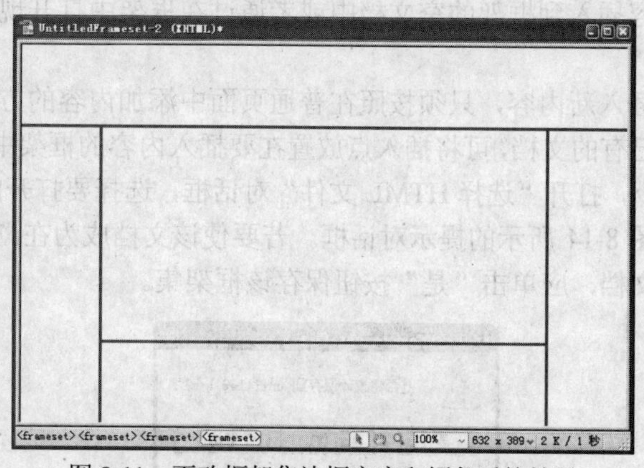

图 8-11　更改框架集边框宽度和颜色后的效果

（1） 选择“查看”|“可视化助理”|“框架边框”命令，显示框架边框。

（2） 选择“窗口”|“框架”命令，显示“框架”面板。

（3） 在“框架”面板中单击最外侧的框架集，选择外部框架，如图 8-12 所示。

（4） 从属性检查器上的“边框”下拉列表框中选择“是”选项。

（5） 在“边框宽度”文本框中输入 10，按 Enter 键确认。

（6） 单击“边框颜色”拾色器，从弹出的调色板中选择红色。

（7） 在“框架”面板中单击最内侧的框架集，选择内部框架，如图 8-13 所示。

（8） 从属性检查器上的“边框”下拉列表框中选择“是”选项。

图 8-12　选择外部框架集

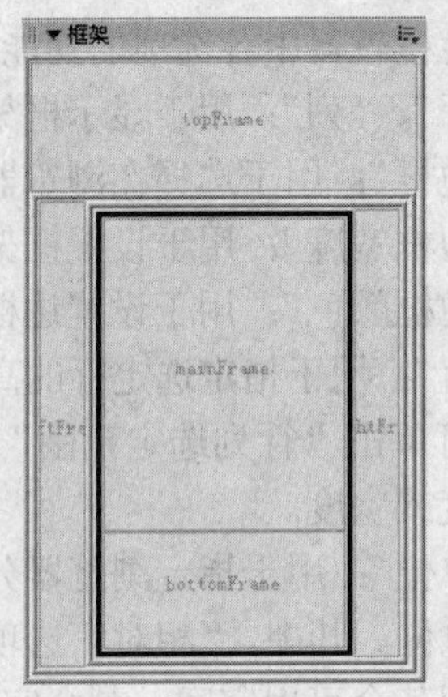

图 8-13　选择内部框架集

8.5　编辑框架页面

在网页中应用框架和框架集后，还需要在框架中插入所需文档。此外，用户还可以进行设置框架中文档的背景颜色、使用链接控制框架内容、替换框架文件、保存框架和框架集文件等操作。如果某些浏览器不支持浏览框架，用户还须解决浏览器无法显示框架的问题。

8.5.1　在框架中打开文档

可以通过将新内容插入到框架的空文档中或者通过在框架中打开现有文档来指定框架的初始内容。

如果要在框架中插入新内容，只须按照在普通页面中添加内容的方法来进行操作即可。如果要在框架中打开已有的文档，可将插入点放置在要插入内容的框架中，然后选择“文件”|“在框架中打开”命令，打开“选择 HTML 文件”对话框，选择要打开的文档，单击“确定”按钮，这时会打开如图 8-14 所示的提示对话框。若要使该文档成为在浏览器中打开框架集时在框架中显示的默认文档，应单击“是”按钮保存该框架集。

图 8-14　提示对话框

★例 8.3: 在例 8.2 中制作的框架页中的中央大框架中打开一个已有的文档，但不使该文档成为在浏览器中打开框架集时在框架中显示的默认文档。网页效果如图 8-15 所示。

（1） 将插入点置于中央大框架中，选择“文件”|“在框架中打开”命令，打开“选择 HTML 文件”对话框。

（2） 选择 biaoge.html 文档，如图 8-16 所示。

（3） 单击“确定”按钮。

（4） 在打开的提示对话框中单击“否”按钮，打开所选文档。

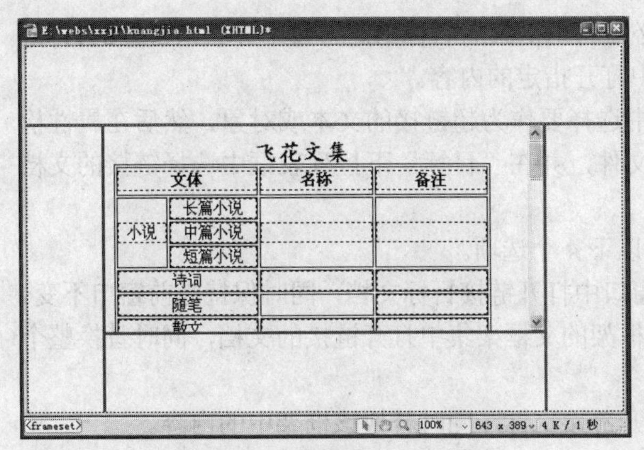

图 8-15 在框架中打开文档

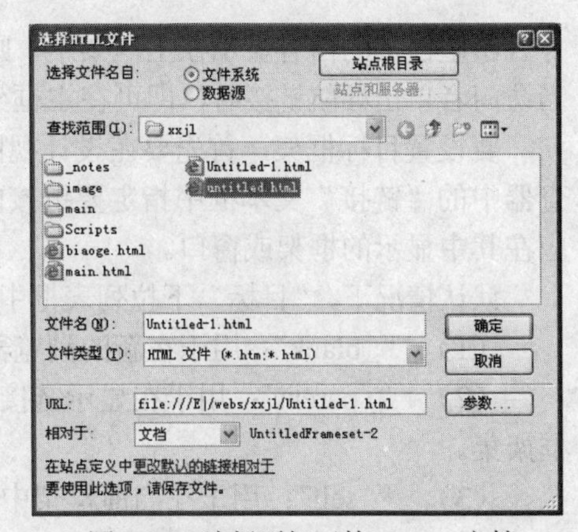

图 8-16 选择要打开的 HTML 文档

8.5.2 设置框架中文档的背景

可以为框架中的文档设置背景。将插入点置于要设置背景的框架文档中后，即可像在普通页面一样打开“页面属性”对话框，设置当前框架中文档的背景颜色或背景图像。

★例 8.4: 为网页中的各框架设置不同的背景颜色或背景图像，如图 8-17 所示。

（1） 在顶部框架中单击，然后单击属性检查器中的“页面属性”按钮，打开“页面属性”对话框。

（2） 在“外观”分类页中单击“背景图像”文本框右侧的“浏览”按钮，从打开的对话框中选择当前站点的 main 文件夹中的 Beijing.jpg 文件，单击“确定”按钮应用图像背景。

（3） 在左侧框架中单击，打开“页面属性”对话框。单击“页面背景”按钮，从弹出的调色板中单击“#FFCCCC”颜色块，单击“确定”按钮应用颜色背景。

（4） 参照步骤（3）为右侧框架和下方框架分别应用 #66FF99 和#9900FF 背景颜色。

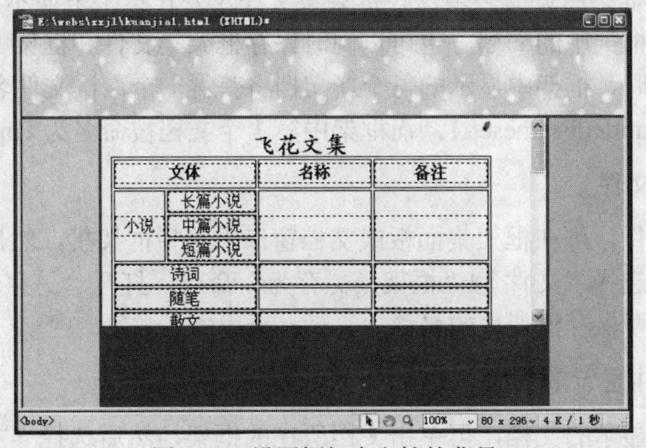

图 8-17 设置框架中文档的背景

8.5.3 控制框架内容

要在一个框架中通过超链接在另一个框架中打开文档，必须设置链接目标。链接的目标属性用于指定在其中打开链接内容的框架或窗口。例如，如果网页中的导航条位于左框架，并且希望链接的内容显示在主框架中，则必须将主框架的名称指定为每个导航条链接的目标，当访问者单击导航链接时，即可在主框架中打开指定的内容。

要设置目标框架，首先要在设计视图中选择要作为超链接的文本或对象，然后在属性检查器中的“链接”文本框中指定要链接的文件，并在“目标”下拉列表框中选择链接的文档应在其中显示的框架或窗口。

默认情况下，“目标”下拉列表框中有以下 4 个选项。

（1）“_blank”：用于在新的浏览器窗口中打开链接目标文档，同时保持当前窗口不变。

（2）“_parent”：用于在显示链接的框架的父框架集中打开链接的文档，同时替换整个框架集。

（3）“_self”：用于在当前框架中打开链接目标，同时替换该框架中的内容。

（4）“_top”：用于在当前浏览器窗口中打开链接目标文档，同时替换所有框架。

如果当前框架文件中还含有 rightFrame、bottomFrame、mainFrame、leftFrame 和 topFrame，则在“目标”下拉列表框中还会显示 rightFrame、bottomFrame、mainFrame、leftFrame 和 topFrame 5 个选项，方便用户选择链接目标。

8.5.4 替换框架文件

在编辑框架页面时，有时候需要将框架集中的某个框架的内容替换成另一个框架文件。将插入点置于要替换的框架文件内，然后选择“文件”|“在框架中打开”命令，打开“选择 HTML 文件”对话框，选择要替换的文件后单击“确定”按钮，即可完成框架文件的替换。

除此之外，用户也可以使用“框架”面板替换框架文件，方法是：在“框架”面板中选择要替换的框架，并在属性检查器中的“源文件”文本框中输入要替换成的文本路径，或者单击其右侧的文件夹图标查找要替换的文件。

8.5.5 保存框架和框架集文件

在浏览器中预览框架网页前必须保存框架集文件及要在框架中显示的所有文档。可以单独保存框架集文件和框架中的文档，也可以同时保存框架集文件和框架中出现的所有文档。

在创建一组框架时，框架中显示的每个新文档将获得一个默认文件名。例如，第 1 个框架集文件被命名为 UntitledFrameset-1，而框架中第 1 个文档被命名为 UntitledFrame-1。

1. 保存框架集文件

要保存框架集文件，可在框架集面板或文档窗口中选择框架集，然后选择“文件”|“保存框架页”命令，或选择“文件”|“框架集另存为”命令，打开“另存为”对话框。在“文件名”文本框中输入要保存框架集的名称。

2. 保存在框架中显示的文档

要保存在框架中显示的文档，可单击文档所在的框架，然后选择“文件”|“保存框架”命令或选择“文件”|“框架另存为”命令，打开“另存为”对话框。

3. 保存与一组框架关联的所有文件

要保存与一组框架关联的所有文件，可以选择“文件”|“保存所有框架”命令。使用此命令将保存在框架集中打开的所有文档，包括框架集文件和所有框架中的文档。

如果该框架集文件未保存过，则在设计视图中框架集的周围将出现粗边框，并且打开“另存为”对话框。对于尚未保存的每个框架，在框架的周围将显示粗边框。

8.5.6 解决浏览器无法显示框架的问题

Dreamweaver 允许用户指定在不支持框架的浏览器中显示的内容。编辑该内容时，可以在无框架的页面中进行。

若要编辑无框架页面，首先选中框架集，然后选择“修改”|“框架集”|“编辑无框架内容”命令。此时 Dreamweaver 将清除文档窗口，正文区域上方出现“无框架内容”标签。

当访问者使用不支持框架的浏览器访问框架网页时，看到的将是一个空白的页面。用户可以在这个空白的页面中加入一段文字，提示访问者使用的浏览器不支持框架，无法显示框架及网页的内容，如图 8-18 所示。

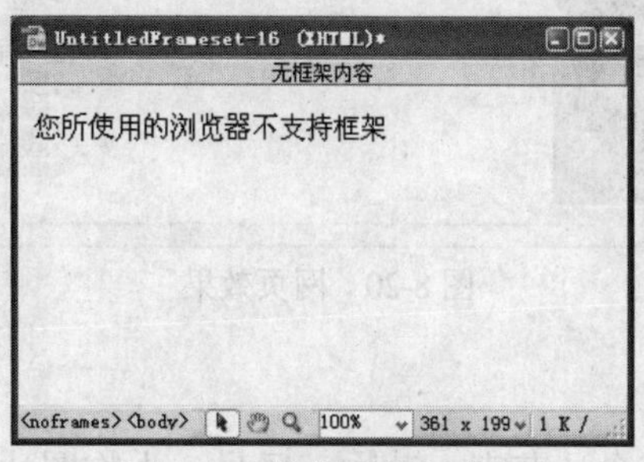

图 8-18　编辑无框架内容

编辑完毕，再次选择“修改”|“框架页”|“编辑无框架内容”命令即可返回框架集文档的普通视图。

8.6 典型实例——制作框架页

将 xiuxian 站点的主页设计为一个框架页，具体布局如图 8-19 所示。制作完毕，保存该框架文件，效果如图 8-20 所示。

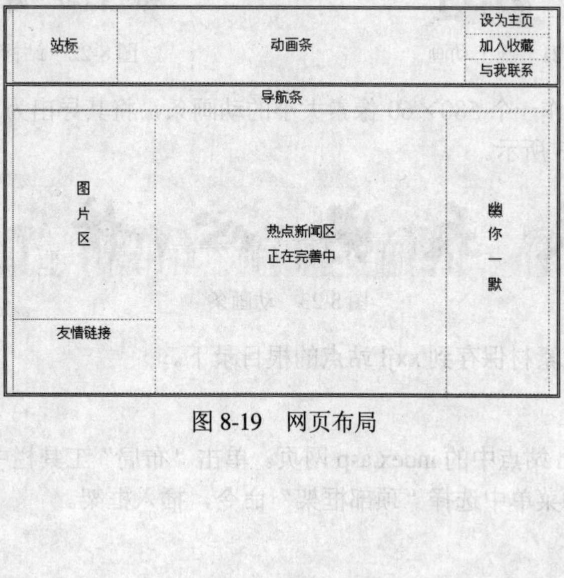

站标
动画条
设为主页
加入收藏
与我联系
导航条
图片区
热点新闻区
正在完善中
幽你一默
友情链接

图 8-19　网页布局

图 8-20　网页效果

1. 准备工作

（1） 将卡通、影视、美食、花卉、动物、风景、人物图片各一幅调整为 200 像素宽，并分别命名为 katong.jpg、yingshi.jpg、meishi.jpg、huahui.jpg、dongwu.jpg、fengjing.jpg、renwu.jpg。

（2） 从素材库中找一幅“正在施工”的 GIF 图片，将其重命名为 transparent.gif，如图 8-21 所示。

（3） 用 Flash 制作一个 120×60 像素大小的站标图像，将其导出为 GIF 图像，并命名为 zb.gif，如图 8-22 所示。

图 8-21　施工动画

图 8-22　站标

（4） 用 Flash 制作一个 580×60 像素大小的动画条，将其导出为 SWF 文件，并命名为 donghua.swf，如图 8-23 所示。

图 8-23　动画条

（5） 将上述所有素材保存到 xxjl 站点的根目录下。

2. 创建框架页

（1） 打开 xiuxian 站点中的 index.asp 网页。单击“布局”工具栏中的“框架”按钮右侧的三角按钮，从弹出的菜单中选择“顶部框架”命令，插入框架。

（2） 选择顶部框架，然后在属性检查器上的“行”文本框中输入 80，在“边框”下拉列表框中选择“否”选项，将边框宽度设置为 0，如图 8-24 所示。

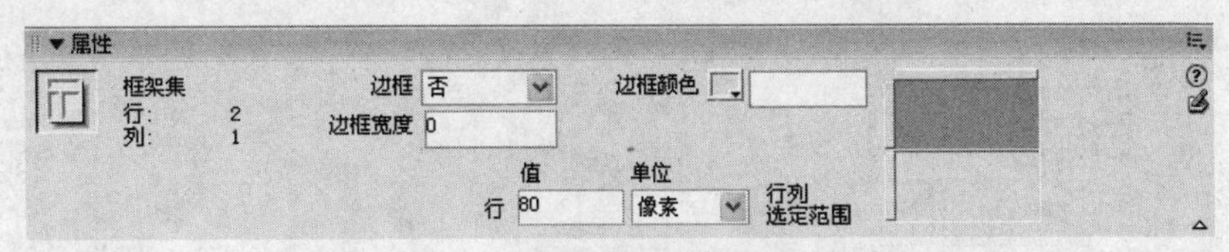

图 8-24 设置顶部框架的属性

3. 设置顶部框架的页面背景

（1） 在顶部框架中单击，然后单击属性检查器中的“页面属性”按钮，打开“页面属性”对话框。

（2） 在“外观”分类页中的“背景颜色”文本框中输入“#FFFFCC”。

（3） 单击“确定”按钮在框架中应用背景颜色。

4. 在顶部框架中添加内容

（1） 将插入点置于顶部框架中，单击“常用”工具栏中的“表格”按钮，打开“表格”对话框，指定行数为 1、列数为 3、表格宽度为 800 像素、边框宽度为 0，单击“确定”按钮插入表格。

（2） 选择表格，在属性检查器中选择“对齐”下拉列表框中的“居中对齐”按钮。

（3） 将插入点置于任意单元格内，在属性检查器中的“高”文本框中输入 60。

（4） 更改第 1 个单元格的宽度为 120、第 2 个单元格宽度为 580、第 3 个单元格宽度为 100。

（5） 从“文件”面板中将站点根目录下的 zb.gif 图像拖动到第 1 个单元格中，将 donghua.swf 动画文件拖动到第 2 个单元格中。

（6） 将插入点置于第 3 个单元格中，单击属性检查器中的“拆分单元格为行或列”按钮，打开“拆分单元格”对话框。在“把单元格拆分”选项组中选择“行”单选按钮，然后在“行数”数值框中输入 3，单击“确定”按钮，拆分单元格。

（7） 在拆分后的 3 个单元格中分别输入“设为首页”、“加入收藏”、“与我联系”。

（8） 选择包含文本内容的 3 个单元格，将文本格式设置为墨绿色（#336600）、16 像素大小、楷体、居中对齐。设置完毕的顶部框架内容如图 8-25 所示。

图 8-25 顶部框架中的内容

5. 在底部框架中添加表格

（1） 将插入点置于底部框架中，单击“常用”工具栏中的“表格”按钮，打开“表格”对话框，指定行数为 2，其余使用默认设置，插入一个 2 行 3 列的表格。

（2） 选择表格，在属性检查器中选择“对齐”下拉列表框中的“居中对齐”选项。

（3） 设置第 1 列宽度为 200、第 2 列宽度为 450、第 3 列宽度为 150。

（4） 合并第 1 行的单元格（此单元格留待放置导航栏，暂空）。

（5） 将插入点放置在第 2 行第 1 列的单元格中，单击属性检查器中的“拆分单元格为行或列”按钮，将该单元格拆分为 9 行，完成表格布局，如图 8-26 所示。

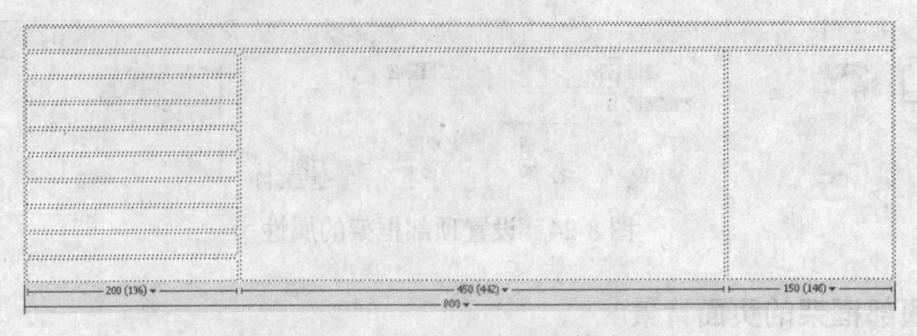

图 8-26　底部框架中的表格布局

6. 在底部框架中的表格内添加内容

（1） 从“文件”面板中将 katong.jpg（卡通）、yingshi.jpg（影视）、meishi.jpg（美食）、huahui.jpg（花卉）、dongwu.jpg（动物）、fengjing.jpg（风景）、renwu.jpg（人物）7 个图像文件按次序分别拖入第 2 行第 1 列中的第 1～7 个拆分单元格中，添加顺序如图 8-27 所示。

图 8-27　添加图片的顺序

（2） 在人物图片下方的单元格中输入“友 情 链 接”，并在属性检查器上将其格式设置为标题 3、楷体、紫色（#990099）、居中对齐，如图 8-28 所示。

图 8-28　添加并设置“友情链接”

（3）将插入点置于表格第 2 行最右边的单元格中，打开已有的 Word 文档“幽你一默.doc”，将其中文本全部复制到此单元格中，如图 8-29 所示。

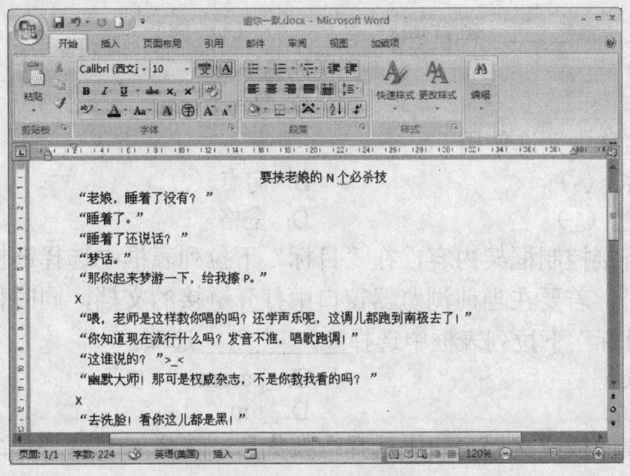

图 8-29　Word 文档

（4）　选择粘贴的文本，将其设置为 14 像素大小。

（5）　在标题和每个×后按 Enter 键分段，并将标题文本设置为加粗、居中对齐；其他文字左对齐。

（6）　将该单元格的背景设置为淡黄色（#FFFFCC）。

（7）　将插入点置于中间的大单元格中，插入施工动画 construcao.gif。

（8）　选择施工动画，在属性检查器上选择“垂直”下拉列表框中的“顶端”选项，并单击“居中对齐”按钮。

7.　保存并预览网页

（1）　选择“文件”|“保存全部”命令。

（2）　按 F12 键进入 IE 浏览器浏览网页效果。

8.7　本章小结

本章主要介绍了创建和使用框架与框架集的知识，包括框架和框架集的定义、创建框架与框架集的方法、选择框架与框架集的方法、设置框架与框架集的属性，以及编辑框架页面等内容。通过本章的学习，读者应了解框架和框架集的概念与用途，并掌握创建和使用框架与框架集的方法、设置框架与框架集的属性及编辑框架页面等内容，同时也应学会如何正确保存框架集。

8.8　上机练习与习题

8.8.1　选择题

（1）　要在文档窗口中选择一个框架，应在按住__________键的同时单击框架内部。

A. Shift　　B. Alt

C. 空格　　D. Ctrl

（2）　要选择当前框架集的第 1 个子框架或框架集（即按其在框架集文件中定义顺序中

的第 1 个)，可以按__________组合键。

A. Alt+→　　B. Alt+←

C. Alt+↓　　D. Alt+↑

（3） 在框架名称中允许使用__________。

A. 连字符（-）　　B. 句点（.）

C. 下画线（_）　　D. 空格

（4） 要使用链接控制框架内容，在“目标”下拉列表框中选择链接目标文档应在其中显示的框架或窗口时，若要在当前浏览器窗口中打开链接的文档，同时替换所有框架，应在属性检查器中的“目标”下拉列表框中选择__________选项。

A. _blank　　B. _parent

C. _self　　D. _top

（5） 在框架集面板或文档窗口中选择框架集后，选择__________命令可保存框架集文件。

A. “文件”|“框架集另存为”　　B. “文件”|“保存框架”

C. “文件”|“保存所有框架”　　D. “文件”|“保存全部”

8.8.2 填空题

（1） 使用框架最常见的情况是，一个框架显示包含________的文档，而另一个框架显示包含________的文档。

（2） 要插入一个嵌套在左下方的左框架，应使用________________命令。

（3） 如果一个页面在浏览器中显示为包含 3 个框架的单个页面，则它实际上至少由_____个文档组成。

（4） 在 Dreamweaver 中有两种创建框架集的方法：即__________和__________。

（5） 在自己设计框架集之前，需要先选择______________命令，使框架边框在文档窗口的设计视图中可见。

（6） 框架名称必须以________起始。

（7） 设置目标框架时，要在_________视图中选择文本或对象，在属性检查器中的________选项中设置链接目标文件，在_______下拉列表框中，选择链接目标文档应在其中显示的框架或窗口。

8.8.3 问答题

（1） 什么是框架和框架集？

（2） 怎样替换框架文件？

（3） 在文档窗口中使用框架集时应执行哪些常规步骤？

（4） 如何选择框架和框架集？

（5） 如何解决浏览器无法显示框架的问题？

8.8.4 上机练习

（1） 制作一个顶部和左侧框架布局的网页，并设置各框架的背景颜色。

（2） 在主框架中打开一个已有的文档，并保存框架集。

第 9 章

创建和使用 AP 元素

教学目标：

Dreamweaver 中的 AP 元素是一种可以在网页中自由定位的、用于放置网页内容的特殊容器。使用 AP 元素可以将特定内容放置在网页中的任意位置，并且可以制作移动、显示/隐藏某些特定内容等特殊效果。本章介绍有关 AP 元素的知识，包括 AP 元素的概念与作用，AP 元素的创建与编辑，AP 元素属性的设置，以及 AP 元素和表格相互转换的方法等内容。

教学重点与难点：

1. 创建 AP 元素。
2. 设置 AP 元素属性。
3. 编辑 AP 元素。
4. AP 元素和表格的转换。

9.1 AP 元素的概念与作用

AP 元素又称为绝对定位元素，是被分配有绝对位置的 HTML 页面元素。AP 元素可以包含文本、图像或其他任何可在 HTML 文档正文中放入的内容。

用户可以使用 AP 元素来制作网页特效，如通过将 AP 元素前后放置来隐藏某些 AP 元素而显示其他 AP 元素，或者在屏幕上移动 AP 元素。在移动 AP 元素时，AP 元素中的内容会随之移动。用户还可以在一个 AP 元素中放置背景图像，然后在该 AP 元素的前面放置另一个包含带有透明背景的文本的 AP 元素。

虽然利用 AP 元素可以非常灵活地放置内容，但使用旧版本的 Web 浏览器的站点访问者在查看 AP 元素时可能会遇到麻烦。为了确保所有人都能够查看用户的 Web 页，Dreamweaver 还提供了将 AP 元素设计的页面布局转换为表格的功能，以满足浏览者的需求。如果设计者所面对的浏览者很可能使用某种最新的浏览器，则可以完全用 AP 元素来设计布局，而无须将 AP 元素转换为表格。

AP 元素的主要功能是设计页面布局和制作动态效果。在 Dreamweaver 中，通过 AP 元素可以对文档内容实现精确定位。由于 AP 元素具有允许重叠的特性，用户可以控制隐藏或显示其中的任何一个，并通过设置行为使其交替出现产生动态效果。

9.2 创建 AP 元素

在 Dreamweaver 中可以创建平铺式 AP 元素、重叠式 AP 元素或嵌入式 AP 元素。在 AP 元素中添加内容的方法与在普通页面上添加内容的方法相同。

9.2.1 创建重叠式 AP 元素

默认状态下，在 Dreamweaver 中创建的多个 AP 元素是允许重叠的。执行下列任一操作可创建重叠式 AP 元素。

（1） 单击“布局”工具栏中的“绘制 AP div”按钮，然后在文档窗口中拖动绘制 AP 元素。

（2） 若要在文档中的特定位置插入 AP 元素的代码，可将插入点置于文档窗口中，然后选择“插入记录”|“布局对象”|“AP div”命令。

如果要连续绘制多个 AP 元素，可在单击“绘制 AP div”按钮后，按住 Ctrl 键并连续拖动绘制。

9.2.2 创建平铺式 AP 元素

平铺式 AP 元素是指各个 AP 元素之互不重叠。要创建平铺式 AP 元素，须在绘制 AP 元素之前在“AP 元素”面板中选中“防止重叠”复选框，如图 9-1 所示。选择“窗口”|“AP 元素”命令可显示“AP 元素”面板。选中“防止重叠”复选框后，在绘制 AP 元素时若将指针移到了原有 AP 元素上，鼠标指针会变为禁用状态，如图 9-2 所示。

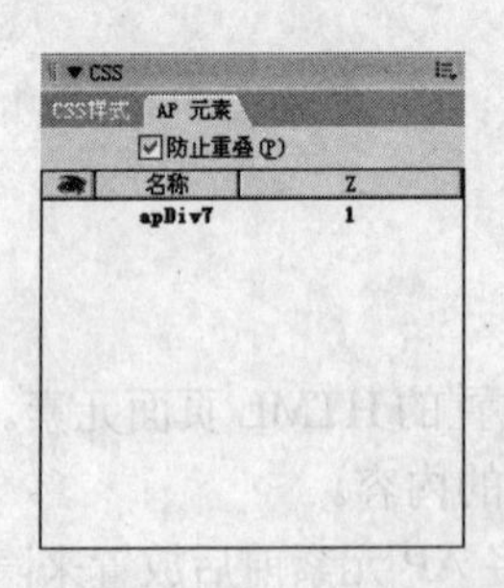

图 9-1 “AP 元素”面板

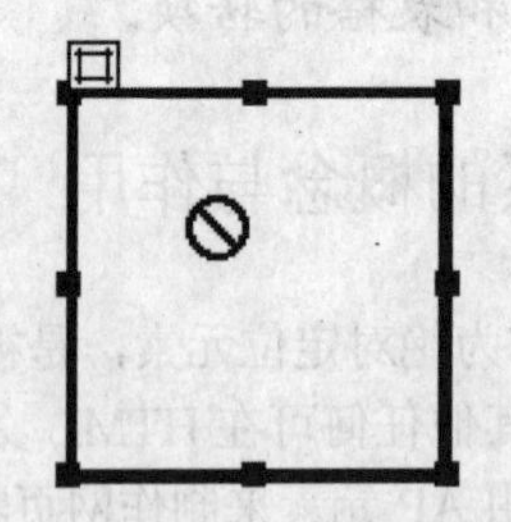

图 9-2 禁止绘制重叠 AP 元素

注意：无论是绘制平铺式 AP 元素还是重叠式 AP 元素，在使用“插入记录”|“布局对象”|“AP div”命令绘制多个 AP 元素时，插入点都不能位于 AP 元素内。

9.2.3 创建嵌入式 AP 元素

嵌入式 AP 元素是指新建的 AP 元素包含在其他 AP 元素（父 AP 元素）中。移动父 AP 元素时子 AP 元素随之一起移动，而移动子 AP 元素时父 AP 元素不能随之移动。创建嵌入式 AP 元素时，插入点必须置于父 AP 元素中。

要创建嵌入式 AP 元素，应在已存在的 AP 元素中单击，然后选择“插入记录”|“布局对象”|“AP div”命令，或者将“布局”工具栏中的“绘制 AP div”按钮直接拖动到已创建的 AP 元素中。

插入嵌入式 AP 元素后，在“AP 元素”面板中可以看到，子 AP 元素位于父 AP 元素的下方，如图 9-3 所示。单击父 AP 元素前的展开/折叠按钮，可以展开/折叠子 AP 元素列表。

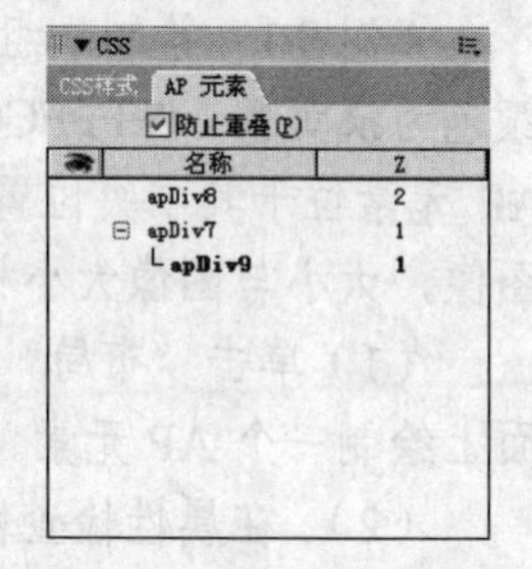

图 9-3 嵌入式 AP 元素

9.3 设置 AP 元素的属性

选择一个 AP 元素后，在属性检查器中会显示当前 AP 元素的相关属性。当选择两个或更多个 AP 元素时，AP 元素的属性面板中会显示文本属性及全部 AP 元素属性的共同选项，以便用户可以同时修改多个 AP 元素的属性设置。

9.3.1 设置单个 AP 元素属性

选择一个 AP 元素后，属性检查器中即显示该 AP 元素当前的属性设置，如图 9-4 所示。

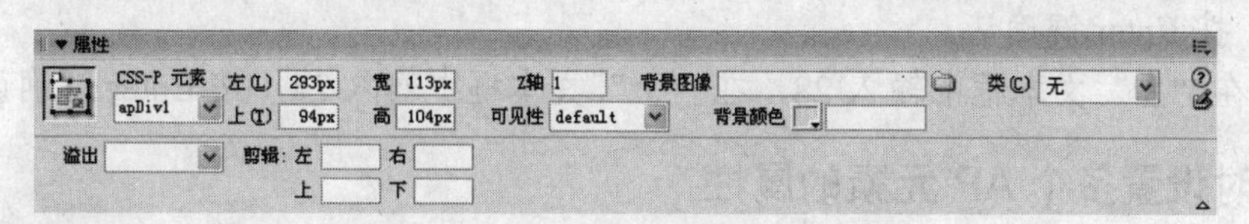

图 9-4 单个 AP 元素的属性检查器

单个 AP 元素的属性检查器中各选项的功能如下。

（1） “CSS-P 元素”：用于指定 AP 元素的名称，以便在“AP 元素”面板和 JavaScript 代码中标识该 AP 元素，每个 AP 元素都必须有它自己的唯一名称。

（2） “左”、“上”：用于指定 AP 元素的左上角相对于页面（如果嵌套，则为父 AP 元素）左上角的位置。

（3） “宽”、“高”：用于指定 AP 元素的宽度和高度。

（4） “Z 轴”：用于设置 AP 元素的 z 轴，即 AP 元素的叠放顺序。在浏览器中，编号较大的 AP 元素出现在编号较小的 AP 元素的前面。值可以为正，也可以为负。

（5） “可见性”：用于选择 AP 元素的显示状态，包含 default（默认）、inherit（继承）、visible（可见）和 hidden（隐藏）4 个选项。

（6） “背景图像”：用于指定 AP 元素的背景图像。

（7） “背景颜色”：用于指定 AP 元素的背景颜色。

（8）“溢出”：用于控制当 AP 元素的内容超过 AP 元素的指定大小时如何在浏览器中显示 AP 元素。

（9） “剪辑”：用于以像素为单位定义 AP 元素的可见区域。指定左、上、右、下的坐标可在 AP 元素的坐标空间中定义一个矩形（从 AP 元素的左上角开始计算）。AP 元素经过剪辑后，只有指定的矩形区域才是可见的。例如，若要使一个 AP 元素中 50 像素宽、75 像素高的矩形区域可见而其他内容均不可见，可在“左”和“上”文本框中均输入 0，在“右”文本框中输入 50，在“下”文本框中输入 75。

★例 9.1：绘制一组嵌入式 AP 元素，设置父 AP 元素的背景颜色为淡黄色（#FFFFCC），大小为宽 220 像素、高 180 像素。子 AP 元素位于其中央位置，并在其中插入 xxjl 站点中的 kaixin.gif 图像，大小与图像大小相符，如图 9-5 所示。

图 9-5　嵌入式 AP 元素效果

（1）单击“布局”工具栏中的“绘制 AP Div”按钮，在页面上绘制一个 AP 元素。

（2）在属性检查器上的“宽”文本框中输入 220，在高文本框中输入 180，在“背景颜色”文本框中输入颜色代码#FFFFCC。

（3）将“布局”工具栏中的“绘制 AP div”按钮拖动到现有的 AP 元素中，得到一组嵌入式 AP 元素。

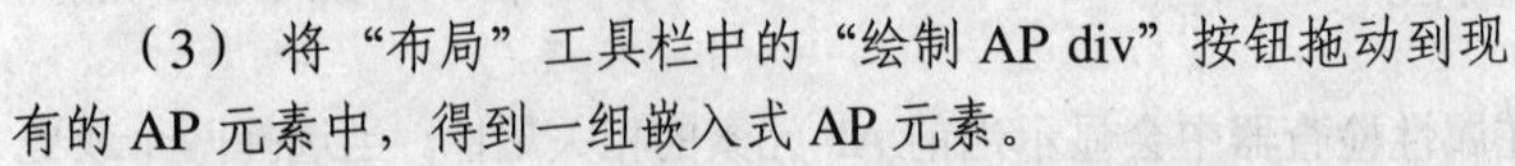

（4）在“文件”面板上展开 xxjl 站点文件目录，将 kaixin.gif 图像拖动到新创建的子 AP 元素中。

（5）单击 kaixin.gif 图像，在属性检查器中查看其属性，得知图像的宽度为 164 像素，高为 132 像素。

（6）单击子 AP 元素的边框选择它，在属性检查器上的“宽”、“高”文本框中分别输入 164 和 132，按 Enter 键确认。

（7）在“左”文本框中输入 28，在“上”文本框中输入 24，按 Enter 键确认。

9.3.2　同时设置多个 AP 元素的属性

在页面中绘制了多个 AP 元素后，当选择两个或更多 AP 元素时，AP 元素的属性检查器中会显示文本属性及部分 AP 元素属性，用户可在此设置各 AP 元素的共同属性，如图 9-6 所示。

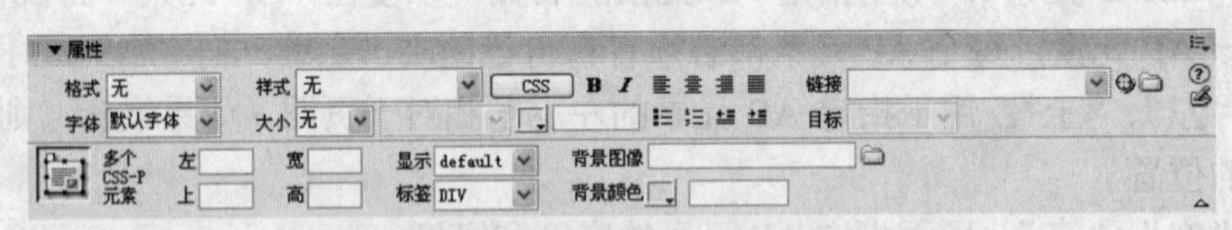

图 9-6　多个 AP 元素的属性检查器

多个 AP 元素的属性检查器中各选项的功能如下。

（1）“左”、“上”：用于指定所选 AP 元素的左上角相对于页面（如果嵌套，则为父 AP 元素）的左上角的位置。

（2）“宽”、“高”：用于指定所选 AP 元素的宽度和高度。

（3）“显示”：用于指定所选 AP 元素最初是否可见。

（4）“标签”：用于指定用来定义所选 AP 元素的 HTML 标记。

（5）“背景图像”：用于指定所选 AP 元素的背景图像。

（6）“背景颜色”：用于指定所选 AP 元素的背景颜色。

9.4 编辑 AP 元素

在页面中添加了 AP 元素后，还可以对它们进行进一步的编辑，如更改 AP 元素的位置、重叠顺序，显示/隐藏 AP 元素，更改 AP 元素的大小，以及设置 AP 元素的对齐方式等。

9.4.1 选择 AP 元素

选择 AP 元素是对 AP 元素进行任何编辑之前必须进行的操作。有多种方式可以选择一个 AP 元素，用户可执行以下操作之一。

（1） 在"AP 元素"面板中单击 AP 元素的名称。

（2） 单击 AP 元素的标签▣（位于 AP 元素的左上方）。如果标签不可见，在该 AP 元素中的任意位置单击可显示该标签。

（3） 单击 AP 元素的边框。

若要同时选择多个 AP 元素，可执行以下操作之一：

（1） 按住 Shift 键的同时单击"AP 元素"面板上的多个 AP 元素名称。

（2） 按住 Shift 键的同时单击所需各 AP 元素的边框。

当选定多个 AP 元素时，最后选定 AP 元素的大小调整柄将以实心突出显示。其他 AP 元素的大小调整柄则以空心显示，如图 9-7 所示。

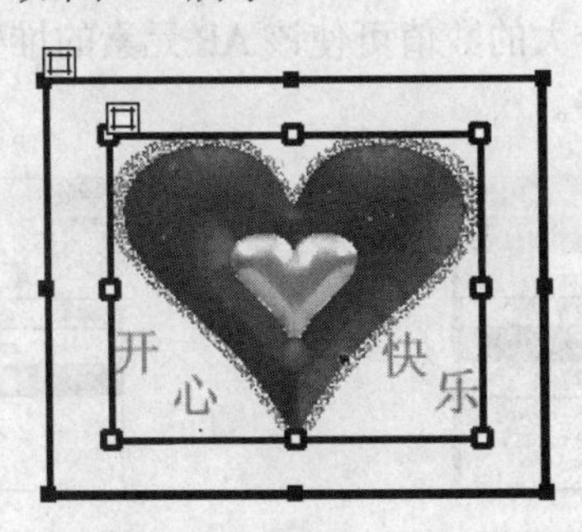

图 9-7 选择多个 AP 元素

9.4.2 移动 AP 元素

在设计视图中可以移动 AP 元素。对于嵌入式 AP 元素，当移动父 AP 元素时，子 AP 元素会随之移动；但是，当移动子 AP 元素时却不能使父 AP 元素随之移动。此外，如果启用了防止 AP 元素重叠的功能，在移动 AP 元素时将无法使 AP 元素相互重叠；如果将一个子 AP 元素从父 AP 元素中移动出来，它们之间的父子关系保持不变。

选择一个或多个 AP 元素后，可执行以下操作之一来移动它（它们）。

（1） 将指针移到最后选定的 AP 元素的边框上，当光标变为✥形状时拖动。

（2） 按箭头键。使用该方法可一次移动一个像素。若在按箭头键的同时按住 Shift 键，可按当前网格靠齐增量来移动 AP 元素。

9.4.3 防止 AP 元素重叠

由于表格的单元格不能重叠，因此 Dreamweaver 无法从重叠的 AP 元素创建表格。如果要将一个文档中的 AP 元素转换为表格以兼容 3.0 版本的浏览器，应使用防止 AP 元素重叠功能来约束 AP 元素的移动和定位，使 AP 元素不会重叠。

防止 AP 元素重叠的方法是：选中“AP 元素”面板上的“防止重叠”复选框，或者选择“修改”|“排列顺序”|“防止 AP 元素重叠”命令。

当启用防止 AP 元素重叠功能后，用户可以在现有 AP 元素上移动 AP 元素、调整 AP 元素大小，或者将某个 AP 元素嵌套在现有 AP 元素中。但是，Dreamweaver 不会自动修正页面上现有的重叠 AP 元素，用户必须手动更改 AP 元素的位置，分离重叠的 AP 元素。

9.4.4 改变 AP 元素的堆叠次序

可以使用属性检查器或“AP 元素”面板来更改 AP 元素间的堆叠顺序。若要使用 AP 元素的属性检查器来更改其堆叠顺序，可通过更改“Z 轴”文本框中的数值来实现：输入较大的数值可将所选 AP 元素的堆叠顺序上移；输入较小的数字则可将所选 AP 元素的堆叠顺序下移。

使用“AP 元素”面板更改 AP 元素的堆叠顺序比使用属性检查器更为简便，用户可执行以下操作之一。

（1） 选择一个 AP 元素，将该 AP 元素向上或向下拖动至所需的堆叠位置。在移动 AP 元素时，会出现一条指示线来表示该 AP 元素将出现的位置，如图 9-8 所示。当指示线出现在 AP 元素堆叠顺序中的所需位置时，松开鼠标左键。

（2） 在 Z 列中单击要更改的 AP 元素的编号，使其进入编辑状态，输入一个新的编号，如图 9-9 所示。输入比现有编号大的数值可使该 AP 元素的堆叠顺序上移；输入较小的编号则可使该 AP 元素的堆叠顺序下移。

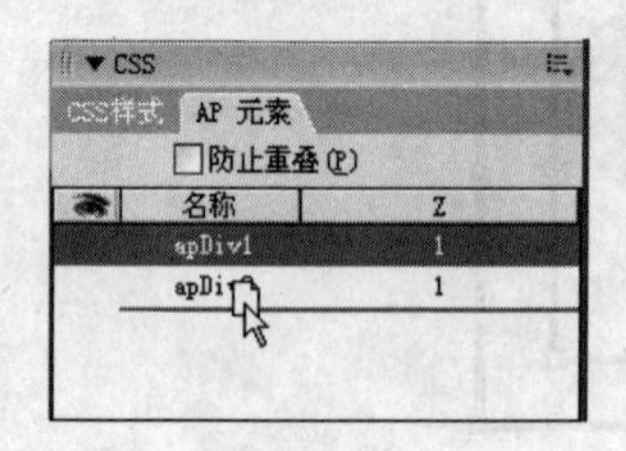

图 9-8 正在移动 AP 元素

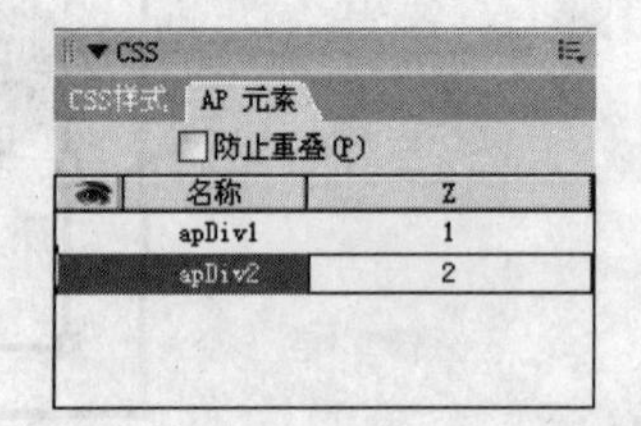

图 9-9 编号数字的编辑状态

9.4.5 显示/隐藏 AP 元素

在处理文档时，用户可以使用“AP 元素”面板来手动显示或隐藏 AP 元素，以查看页面在不同条件下的显示方式。当前选定的 AP 元素始终可见，并在选定时出现在其他 AP 元素的前面。

AP 元素的显示与隐藏是通过“AP 元素”面板中的眼睛图标来设置的，单击一个 AP 元素名称前面的眼睛图标可以更改其可见性。在 AP 元素名称左侧的眼睛栏里单击，即可显示眼睛图标，如图 9-10 所示。

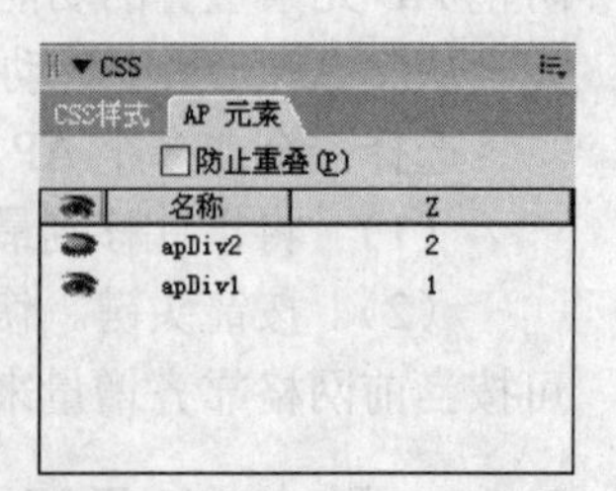

图 9-10 显示眼睛图标

当 AP 元素前面的眼睛图标为睁开状态时，表示该 AP 元素处于显示状态；反之，当一个 AP 元素前面的眼睛图标为闭合状态时，表示该 AP 元素处于隐藏状态。如果 AP 元素名称前没有任何图标，则该 AP 元素通常会继承其父级 AP 元素的可见性。

如果 AP 元素没有嵌套，父级就是文档正文，而文档正文始终是可见的，所以该 AP 元素处于显示状态。此外，如果未指定可见性，则不会显示眼形图标，在属性检查器中的“可见性”选项中表示为“default（默认）”，即该 AP 元素处于显示状态。

利用“AP 元素”面板可以同时更改所有 AP 元素的可见性，方法是：单击“AP 元素”面板中的眼睛列标题栏中的图标，若眼睛图标呈睁开状表示显示所有 AP 元素；若眼睛图标呈闭合状则表示隐藏所有 AP 元素。

9.4.6 创建预先载入 AP 元素

预先载入 AP 元素是指最初挡住页内容的 AP 元素，待所有页面元素都完成载入后该 AP 元素即消失。该效果可以通过设置显示/隐藏 AP 元素来创建。

要创建预先载入 AP 元素，可在文档窗口中绘制一个能够覆盖文档中所有内容的 AP 元素，为其命名，并将其设置为位于堆叠顺序的最前面、背景颜色与页面背景相同，再在 AP 元素中输入如“请稍候，正在载入页”或“正在载入……”等的提示信息。然后，单击文档窗口左下角标记选择器中的<body>标记选择页面全部内容，再在“行为”面板中单击“添加行为”按钮，从弹出的菜单中选择“显示-隐藏元素”命令，打开如图 9-11 所示的“显示-隐藏元素”对话框。从“元素”列表框中选择该 AP 元素，单击“隐藏”按钮。完成设置后，用户可在“行为”面板中查看，以确保“显示-隐藏元素”行为的事件为 onLoad，如图 9-12 所示。

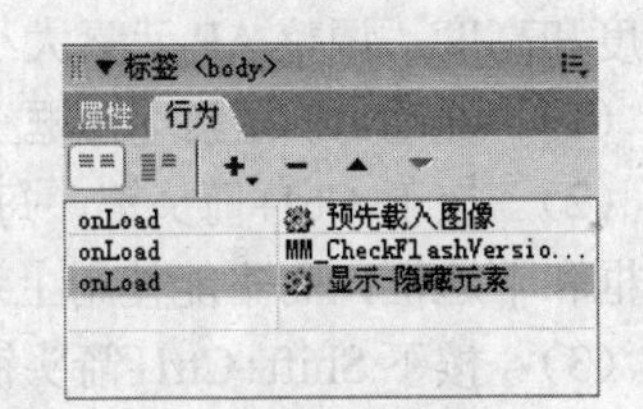

图 9-11 “显示－隐藏元素”对话框　　图 9-12 在“行为”面板中查看行为和事件

★例 9.2: 为 xxjl 站点中的 wen.asp 页面创建一个预先载入 AP 元素，在其中输入“请稍候，正在载入……”字样，在浏览器中的效果如图 9-13 所示。

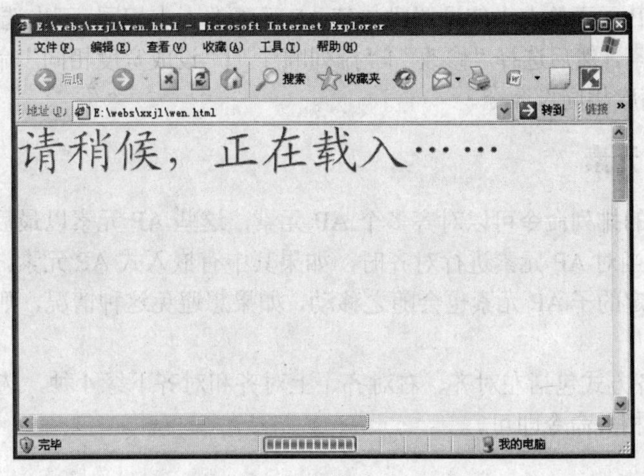

图 9-13 预先载入 AP 元素

（1） 打开 xxjl 站点中的 wen.asp 页面，单击“常用”工具栏中的“绘制 AP div”按钮，在文档窗口中绘制一个 AP 元素。

（2） 选择该 AP 元素，在属性检查器中的“左”和“上”文本框中均输入 0。

（3） 在“宽”和“高”文本框中输入当前显示器的分辨率，如 1024 和 768。

（4） 在“CSS－P 元素”文本框中输入“loading”，将背景颜色设置为“#FFFFCC”。

（5） 在 AP 元素中单击，输入文本“请稍候，正在载入……”。

（6） 选择文本，在属性检查器的“大小”文本框中输入 50。

（7） 单击文档窗口左下角标记选择器中的<body>标记。

（8） 选择“窗口”|“行为”命令，显示“行为”面板。单击“添加行为”按钮，从弹出的菜单中选择“显示-隐藏元素”命令，打开“显示-隐藏元素”对话框。

（9） 在“元素”列表框中选择“div ‘loading’”选项。

（10） 单击“隐藏”按钮。

（11） 单击“确定”按钮。

（12） 在“行为”面板中确认“显示-隐藏元素”行为的事件为 onLoad。

（13） 保存文件，按 F12 键预览网页。

9.4.7 调整 AP 元素的大小

可以单独调整 AP 元素的大小，也可以同时调整多个 AP 元素的大小，以使它们具有相同的宽度和高度。调整 AP 元素大小的方法较多，用户可执行以下操作之一。

（1） 拖动 AP 元素选择框上的任一尺寸控制柄。

（2） 按下 Ctrl+箭头键，每次可调整一个像素的大小。使用该方法只能移动 AP 元素的右边框和下边框，而不能使用上边框和左边框来调整大小。

（3） 按下 Shift+Ctrl+箭头键，可按网格靠齐增量来调整所选 AP 元素的大小。

（4） 在 AP 元素的属性检查器中输入宽度和高度值。调整 AP 元素的大小并不定义该 AP 元素的多少内容是可见的。

若要同时调整多个选定 AP 元素的大小，可在多个 AP 元素的属性检查器中输入宽度和高度值，这些值将应用于所有选定 AP 元素。

若要将其他 AP 元素的大小值设置成与某 AP 元素的大小相同，可先选择其他的 AP 元素，再选择示范 AP 元素，然后选择“修改”|“排列顺序”|“设成宽度相同”命令或“修改”|“排列顺序”|“设成高度相同”命令。

9.4.8 对齐 AP 元素

使用 AP 元素的排列命令可以对齐多个 AP 元素，这些 AP 元素以最后选择的 AP 元素的边框为基准对齐。当对 AP 元素进行对齐时，如果其中有嵌入式 AP 元素，当父 AP 元素被选定而移动时，未选定的子 AP 元素也会随之移动，如果想避免这种情况，则最好不要使用嵌套 AP 元素。

AP 元素的对齐方式包括左对齐、右对齐、上对齐和对齐下缘 4 种，选择“修改”|“排列顺序”子菜单中的相关命令即可。

★例 9.3：将例 9.1 中制作的嵌入式 AP 元素中的子 AP 元素 apDiv2 从父 AP 元素 apDiv1

中移动出来，然后使它们底端对齐，且高度相同，如图 9-14 所示。

（1）单击子 AP 元素 apDiv2 的边框以选择它，按下鼠标左键将其拖动到父 AP 元素 apDiv1 的右边。

（2） 选择 apDiv2，再按住 Shift 键单击 apDiv1，同时选择两个 AP 元素。

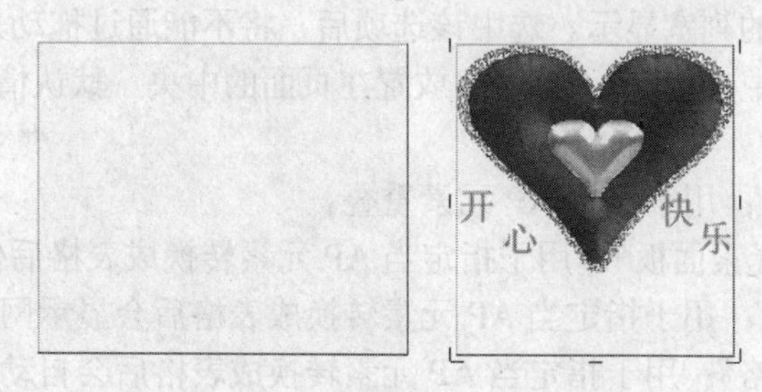

图 9-14　设置 AP 元素的对齐方式和大小

（3） 选择“修改”|“排列顺序”|“设成高度相同”命令。

（4） 选择“修改”|“排列顺序”|“对齐下缘”命令。

（5） 单击 AP 元素外任意位置取消其选择状态。

9.5　AP 元素和表格的转换

由于 AP 元素是可以随意移动的，因此用 AP 元素来定位页面上的内容比用表格更容易操作。因此，可以使用 AP 元素创建布局，然后将 AP 元素转换为表格，以方便制作过程，并使该布局可以在较早的浏览器中进行查看。将 AP 元素转换为表格可能会生成包含大量空单元格的表格。嵌入式 AP 元素不能转换为表格。

9.5.1　将 AP 元素转换成表格

要将 AP 元素转换为表格，应先将各 AP 元素放置到所需的位置，并选中所有要转换成表格的 AP 元素，然后选择“修改”|“转换”|“将 AP Div 转换为表格”命令，打开“将 AP Div 转换为表格”对话框，从中进行所需的设置，如图 9-15 所示。

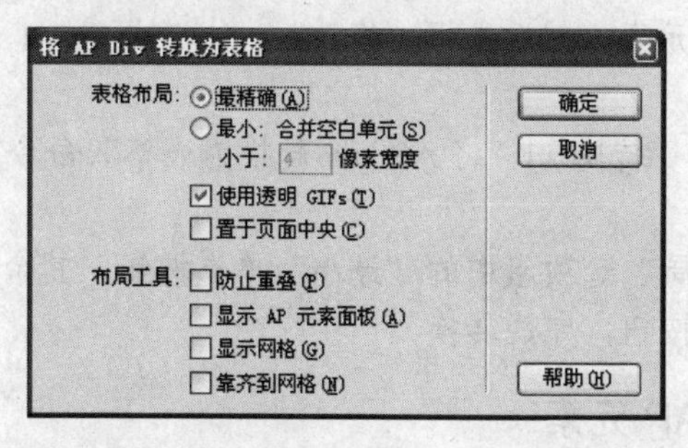

图 9-15　“将 AP Div 转换为表格”对话框

“将 AP Div 转换为表格”对话框中各选项的功能如下。

（1）　“最精确”：用于以最精确的方式为每个 AP 元素创建一个单元格，并附加一些额外的单元格来保持相邻两 AP 元素间的距离。

（2）“最小：合并空白单元”：用于合并空的单元格。如果这些 AP 元素的位置在指定数目的像素内，则这些 AP 元素能够侧向移动自动贴齐栅格线。如果选择该选项，可以使表格包含较少的空单元格。但所生成的表格与所需的表格可能不符。

（3）“使用透明 GIFs”：用于使用透明 GIF 图像来填充表格的最后一行，以确保该表格在所有浏览器中以相同的列宽显示。选中该选项后，将不能通过拖动来编辑表格。

（4）“置于页面中央”：用于将表格放置在页面的中央。默认情况下表格会位于页面左侧。

（5）“防止重叠”：用于防止 AP 元素重叠。

（6）“显示 AP 元素面板”：用于指定当 AP 元素转换成表格后仍会显示 AP 元素面板。

（7）“显示网格”：用于指定当 AP 元素转换成表格后会显示网格线。

（8）“靠齐到网格”：用于指定当 AP 元素转换成表格后会自动贴齐网格线。

注意：在模板文档或已应用模板的文档中不能进行AP元素和表格的相互转换，用户可在非模板文档中创建布局并进行转换后再另存为模板。

★例 9.4：将例 9.3 中制作的两个 AP 元素转换为表格，结果如图 9-16 所示。

图 9-16　将 AP 元素转换为表格

（1）在“AP 元素”面板中向下拖动 apDiv2，使其脱离 apDiv1，拆散它们之间的嵌套关系。

（2）选择两个 AP 元素，然后选择“修改”|“排列顺序”|“对齐下缘”命令，使它们重新依底端对齐。

（3）选择“修改”|“转换”|“将 AP Div 转换为表格”命令，打开“将 AP Div 转换为表格”对话框。

（4）选择“表格布局”选项组中的“最小”单选按钮，其余使用默认值。

（5）单击“确定”按钮，完成转换。

9.5.2　将表格转换成 AP 元素

AP 元素可以转换为表格，反过来表格也可以转换为 AP 元素。当一个表格转换为 AP 元素后，位于该表格外的页面元素也会被放入 AP 元素中。如果表格中有空的单元格，除非它们具有背景颜色，否则不会转换为 AP 元素。

要将表格转换为 AP 元素，可选择“修改”|“转换”|“将表格转换为 AP Div”命令，打

开“将表格转换为 AP Div”对话框，从中进行所需的设置，如图 9-17 所示。

“将表格转换为 AP Div”对话框中各选项的功能如下。

（1） “防止重叠”：用于防止 AP 元素重叠。

（2） “显示 AP 元素面板”：用于指定当表格转换成 AP 元素后会显示 AP 元素面板。

（3） “显示网格”：用于指定当表格转换成 AP 元素后会显示网格线。

（4） “靠齐到网格”：用于指定当表格转换成 AP 元素后会自动贴齐网格线。

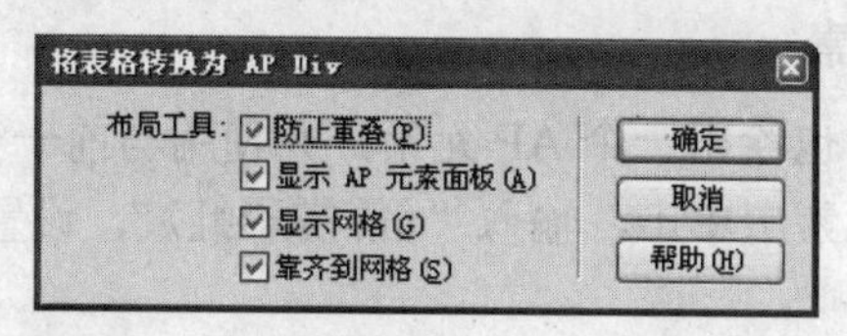

图 9-17　“将表格转换为 AP Div”对话框

★例 9.5：把图 9-18 所示的表格转换为 AP 元素，如图 9-19 所示。

飞花文集

文体		名称	备注
小说	长篇小说		
	中篇小说		
	短篇小说		
诗词			
随笔			
散文			

图 9-18　原始表格

文体		名称	备注
小说	长篇小说		
	中篇小说		
	短篇小说		
诗词			
随笔			
散文			

图 9-19　转换为 AP 元素

（1） 打开包含图 9-18 所示表格的网页，确保该网页中没有其他内容。

（2） 选择“修改”|“转换”|“将表格转换为 AP Div”命令，打开“将表格转换为 AP Div”对话框。

（3） 取消对“显示网格”和“靠齐到网格”复选框的选择。

（4） 单击“确定”按钮，完成转换。

9.6　典型实例——利用 AP 元素制作标签

可以利用 AP 元素在已有的内容上添加文字标签，而不破坏网页中内容原来的布局；如果为 AP 元素应用特定的行为，还可以使 AP 元素中的内容仅在鼠标指针经过某对象时才显示出来，而其他时候进行隐藏。下面将利用 AP 元素为 xiuxian 站点主页中的前两幅图片添加文字标签，并且在浏览器中当访问者将鼠标移至图片上时，才显示该文字，效果如图 9-20 所示。

图 9-20　AP 元素的浏览效果

1. 添加 AP 元素

（1） 打开 xiuxian 站点的主页，单击“布局”工具栏中的“绘制 AP Div”按钮，在页面底部框架中的表格内的第 1 个图片单元格中拖动创建一个 AP 元素。

（2） 选择此 AP 元素，在属性检查器上的“宽”文本框中输入 150，在“高”文本框中输入20，并在“背景颜色”文本框中输入#FFFFCC。

2. 在AP元素中添加内容

（1） 在AP元素内单击，输入“《魔法留学生》”。

（2） 选择输入的文字，将其设置为楷体、加粗、18 磅大小、绿色（#336600）、在 AP 元素内居中对齐，效果如图9-21所示。

3. 添加第2个AP元素

（1） 在第二幅图片中也绘出一个AP元素，并使用与前一个AP元素相同的设置。

（2） 在第2个AP元素中单击，输入“《霹雳彩虹》”，设置其格式与第1个AP元素中文字相同。

4. 隐藏AP元素

（1） 选择“窗口”｜“AP元素”命令，显示“AP元素”面板。

（2） 单击眼睛列标题图标，在AP元素名称前显示眼睛图标。

（3） 再次单击眼睛列标题图标，使各 AP 元素名称前的眼睛图标呈闭合状，如图 9-22 所示。

图9-21　AP元素及其中文本效果

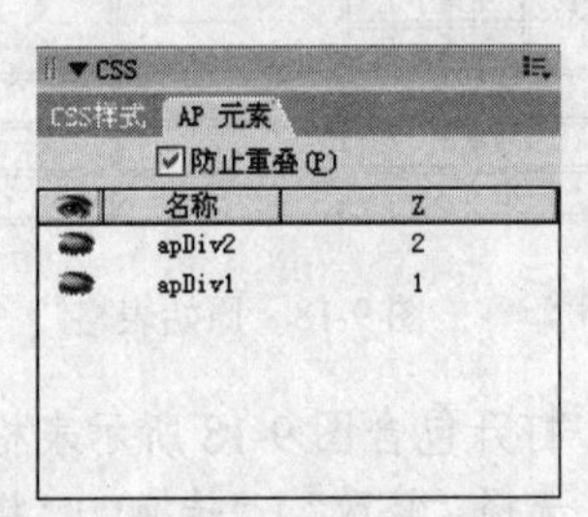

图9-22　隐藏AP元素

5. 添加行为

（1） 选择“窗口”｜“行为”命令，显示“行为”面板。

（2） 选择图片1，单击“添加行为”按钮 +，在弹出的菜单中选择“显示-隐藏元素”命令，打开“显示-隐藏元素”对话框。

（3） 在“元素”列表框中选择位于该图片上的AP元素“div ‘apDiv1’”，单击“显示”按钮设置该元素的显示行为，如图9-23所示。

图9-23　设置隐藏AP元素的行为

（4） 单击“确定”按钮应用该行为。

（5） 在“行为”面板中显示的“事件”上单击，显示下拉列表框，从中选择“onMouseOver”选项，如图 9-24 所示。

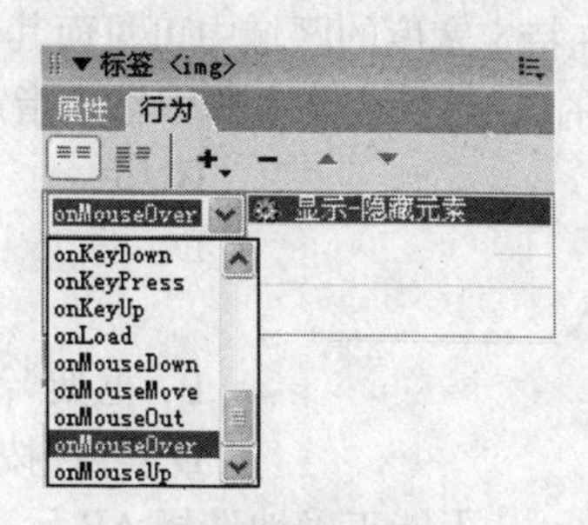

图 9-24 更改事件

（6） 再次单击“添加行为”按钮，选择“显示-隐藏元素”命令，打开“显示-隐藏元素”对话框。在“元素”列表框中选择“div ‘apDiv1’”，单击“隐藏”按钮，单击“确定”按钮应用行为。

（7） 在“行为”面板中显示的“事件”上单击，显示下拉列表框，从中选择“onMouseOut”选项，如图 9-25 所示。

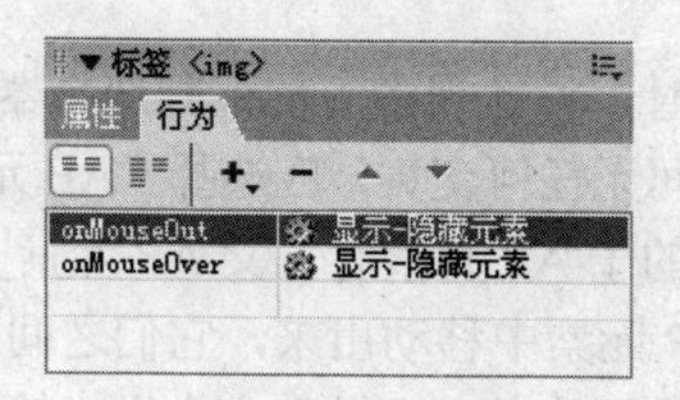

图 9-25 图片的行为及事件

（8） 选择图片 2，参照上述各步为其设置显示/隐藏 AP 元素“div ‘apDiv2’”的行为及事件。

（9） 保存网页，按 F12 键浏览网页，将鼠标指针移至图片上测试浏览效果。

9.7 本章小结

本章介绍了在网页中使用 AP 元素的相关知识，包括 AP 元素的概念与作用、AP 元素的创建、编辑、属性设置，以及 AP 元素和表格相互转换的方法等内容。通过本章的学习，读者应掌握 AP 元素的基本操作方法，如创建和编辑 AP 元素、设置 AP 元素的相关属性，以及 AP 元素和表格间的转换等。

9.8 上机练习与习题

9.8.1 选择题

（1） 在“AP 元素编号”文本框中输入 AP 元素的名称时，可以使用________。

A. 标准的字母或数字字符　　　　B. 空格
C. 连字符或斜杠　　　　D. 句号

（2） 要定义一个AP元素在特定宽度的区域中可见而其他内容均不可见，应在AP元素属性检查器的“剪辑”选项组中的________文本框中输入指定的数值。

A. 左　　　　B. 上
C. 右　　　　D. 下

（3） 在AP元素中可以插入________。

A. AP元素　　　　B. 框架
C. 表格　　　　D. 各种按钮

（4） 以下操作中，________不能正确地选择AP元素。

A. 在“AP元素”面板中单击该AP元素的名称　　　　B. 单击AP元素的标签
C. 在该AP元素中的任意位置单击　　　　D. 单击AP元素的边框

（5） 同时更改所有AP元素的可见性时，不能将所有AP元素设置为________。

A. 默认　　　　B. 继承
C. 可见　　　　D. 隐藏

9.8.2 填空题

（1） 当插入一个AP元素时，设计视图下的标记选择器中会显示________标记。

（2） 为使多个AP元素之间无任何交集，应选择“AP元素”面板中的________选项。

（3） 移动嵌入式AP元素的子AP元素时，父AP元素________。

（4） 将子AP元素从父AP元素中移动出来，它们之间的父子关系________。

（5） 在AP元素的属性检查器中的“Z轴”文本框中输入较大的数值可将所选AP元素的堆叠顺序________；输入较小的数字则可将所选AP元素的堆叠顺序________。

（6） 当选定多个AP元素时，最后选定的AP元素的尺寸控制柄显示为________，而其他AP元素的尺寸控制柄则显示为________。

（7） 当AP元素被隐藏时，在“AP元素”面板的眼睛栏中单击，会出现一个________。

9.8.3 问答题

（1） 如何创建平铺式AP元素？

（2） 如何创建嵌入式AP元素？

（3） 如何创建预先载入AP元素？

（4） 如何显示和隐藏AP元素？

（5） 如何更改AP元素的大小？

9.8.4 上机练习

（1） 用AP元素布局一个网页，然后将其转换为表格。

（2） 用表格布局一个网页，然后将其转换为AP元素。

第10章

表　单

教学目标：

表单是网站设计者与浏览者沟通的桥梁。设计者可以设计表单来让访问者填写，以便收集自己所需的信息。使用 Dreamweaver 不但可以创建表单，还可以通过使用行为来验证用户输入信息的正确性。本章介绍表单的制作与使用，主要包括表单与表单对象的基本概念、表单的创建、表单对象的插入和设置方法，以及检查表单以验证表单对象正确性等内容。

教学重点与难点：

1. 创建表单。
2. 插入与设置文本域和文本区域。
3. 插入与设置复选框、单选按钮和单选按钮组。
4. 插入与设置列表框和弹出菜单。
5. 插入与设置跳转菜单。
6. 插入与设置文件域。
7. 插入与设置表单按钮。
8. 验证表单。

10.1　表单和表单对象

表单的应用范围十分广泛。在很多网站上都可以看到表单的应用，如注册表格、搜索栏、论坛、订单等。表单由多种类型的表单对象组成，使网站设计者可以通过不同的方式来收集或提供信息。

10.1.1 表单

网站设计者可以通过表单与访问者进行交互，或者从网站收集有关信息。表单支持客户端－服务器关系中的客户端，当访问者在客户端的 Web 浏览器中显示的表单中输入信息并单击“提交”按钮提交表单时，这些信息将被发送到服务器，服务器中的服务器端脚本或应用程序会对这些信息进行处理。服务器向用户（客户端）返回所请求的信息或基于该表单内容执行某些操作来进行响应。通常，服务器通过通用网关接口（GGI）脚本、ColdFusion 页、Java Server Page（JSP）或 ASP 来处理信息。

用户可以使用 Dreamweaver 创建包含文本域、密码域、单选按钮、复选框、弹出菜单、可单击按钮及其他表单对象的表单。此外还可以编写用于验证访问者所提供的信息的代码，例如，可以检查用户输入的电子邮件地址是否包含“@”符号，或者某个必须填写的文本域是否包含值。

10.1.2 表单对象

访问者提供的表单数据都是在具体的表单对象中进行输入的。表单中可以包含以下几类表单对象。

（1） 文本域：用于接受任何类型的字母、数字、文本输入内容。文本可以单行或多行显示，或者以密码方式显示。在密码域中，输入的文本将被替换为星号或项目符号，以免旁观者看到这些文本。

注意：使用密码域输入的密码及其他信息在发送到服务器时并未进行加密处理，所传输的数据可能会以文本形式被截获并被读取，因此用户始终应对要确保安全的数据进行加密。

（2） 隐藏域：用于存储用户输入的信息，如姓名、电子邮件地址或偏爱的查看方式，并在该用户下次访问此站点时使用这些数据。

（3） 按钮：用于在单击时执行操作。设计者可以为按钮添加自定义名称或标签，或者使用预定义的“提交”或“重置”标签。使用按钮可将表单数据提交到服务器，或者重置表单数据。还可以指定其他已在脚本中定义的处理任务，例如，在购物网站中可能会使用按钮根据指定的值计算所选商品的总价。

（4） 复选框：允许用户在一组选项中选择多个选项。访问者可以选择任意多个适用的选项。例如，用户在选择兴趣爱好时可能会同时选择“读书”、“写作”和“旅游”。

（5） 单选按钮：代表互相排斥的选择。在某单选按钮组（由两个或多个共享同一名称的按钮组成）中选择一个按钮，就会取消选择该组中的其他按钮。例如，用户在选择性别时，如果选择了“男性”，即会自动取消“女性”按钮的选择。

（6） 列表菜单：用于在一个滚动列表中显示选项值供访问者选择。可以在只有有限的空间但必须显示多个内容项或者要控制返回给服务器的值时使用列表菜单。菜单与文本域不同，在文本域中用户可以随心所欲地输入任何信息，可以包括无效的数据，而菜单设计者可以具体设置某个菜单返回的确切值。HTML 表单上的弹出菜单与图形弹出菜单不同。

（7） 跳转菜单：是一种可导航的列表或弹出菜单，其中的每个选项都链接到某个文档或文件。

（8） 文件域：用于将计算机上的某个文件作为表单数据上传。

（9） 图像域：用于使设计者在表单中插入一个图像。使用图像可生成图形化按钮，例如“提交”或“重置”按钮。如果使用图像来执行任务而不是提交数据，则需要将某种行为附加到表单对象。

10.2 创建表单

在 Dreamweaver 中，可以使用“表单”工具栏中的工具按钮创建表单及表单对象，其中的“表单”按钮▣即用于创建表单。

10.2.1 创建表单

将插入点置于要插入表单的位置后，单击“表单”工具栏中的“表单”按钮▣，或者选择“插入记录”|“表单”|“表单”命令，即可在插入点位置插入一个空白表单。在设计视图中，表单以红色虚轮廓线表示，如图 10-1 所示。如果未显示红色轮廓线，可选择“查看”|“可视化助理”|“不可见元素”命令，显示不可见元素。

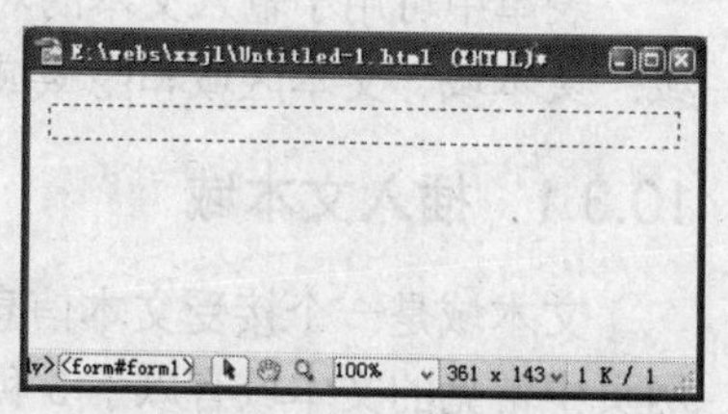

图 10-1 插入的空白表单

10.2.2 设置表单属性

要设置表单属性，应先选择该表单，然后从属性检查器中进行所需的设置，如图 10-2 所示。单击表单的轮廓，或者从文档窗口左下角的标记选择器中选择<form>标记即可选中表单。

图 10-2 表单的属性检查器

表单属性检查器中各选项的功能如下。

（1） “表单名称”：用于设置标识表单的唯一名称。命名表单后，可以使用脚本语言（如 JavaScript 或 VBScript）引用或控制该表单。

（2） “动作”：用于指定处理该表单的动态页或脚本的路径。可在文本框中直接输入完整路径，也可通过单击文件夹图标定位到包含该脚本或应用程序页的适当文件夹。如果指定动态页的路径，则 URL 路径应类似于 http://www.mysite.com/应用程序名称/process.asp。

（3） “方法”：用于选择将表单数据传输到服务器的方法，有 GET 和 POST 2 种。默认方法为 GET 方法，指将值附加到请求该页的 URL 中；POST 指在 HTTP 请求中嵌入表单数据。

注意：不要使用 GET 方法发送长表单，因为 URL 的长度限制在 8192 个字符以内，如果发送的数据量太大，数据将被截断，导致意外或处理失败的结果。此外，在发送机密用户名和密码、信用卡号或其他机密信息时，

POST 方法比 GET 方法更安全。但是，由 POST 方法发送的信息是未经加密的，容易被黑客获取。若要确保安全性，应通过安全的连接与安全的服务器相连。

（4） “MIME 类型”：用于指定提交给服务器进行处理的数据使用的 MIME 编码类型。默认设置 application/x-www-form-urlencode 通常与 POST 方法协同使用。如果要创建文件上传域，应指定 multipart/form-data MIME 类型。

（5） “目标”：用于指定一个窗口，从中显示被调用程序所返回的数据。如果命名的窗口尚未打开，则打开一个具有该名称的新窗口。

10.3 文本域、文本区域和隐藏域

表单中可用于输入文本的对象统称为表单域，Dreamweaver 中共提供了 3 种类型的表单域：文本域、文本区域和隐藏域。

10.3.1 插入文本域

文本域是一个接受文本信息的文本框。在文本域中几乎可以容纳任何类型的文本数据。网页中常见的文本域有以下 3 种类型。

（1） 单行文本域：只能用来输入一行的信息，通常提供单字或短语响应，如姓名或地址。

（2） 多行文本域：可以输入多行信息，为访问者提供一个较大的输入区域。设计者可以指定访问者最多可输入的行数及对象的字符宽度，如果输入的文本超过这些设置，则该域将按照换行属性中指定的设置进行滚动。

（3） 密码文本域：该类型比较特殊，当用户在域中输入时，所输入的文本被替换为星号（*）或项目符号，以隐藏该文本，保护这些信息。

1. 插入文本域

要插入文本域，可将插入点置于表单内，然后单击“表单”工具栏中的“文本字段”按钮，或者选择“插入记录”|“表单”|“文本域”命令。

2. 设置文本域的属性

插入文本域后，属性检查器中会显示文本域的属性，用户可在“类型”选项组中指定当前文本域的类型，如图 10-3 所示。

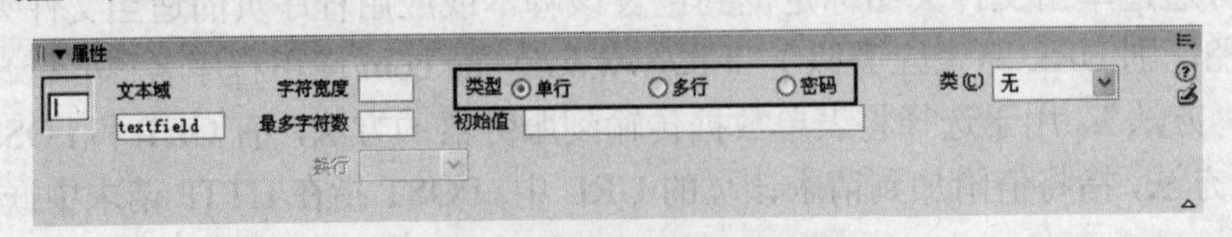

图 10-3 文本域的属性检查器

单行文本域和密码文本域的属性选项相同，只是在输入数据时显示状态不同。单行文本域中直接显示用户输入的文本，如图 10-4 所示；而密码文本域中则在输入时显示项目符号●，如图 10-5 所示。

图 10-4　单行文本域 　　　图 10-5　密码文本域

对于单行文本域和密码文本域，可设置的属性有以下几项。

（1）“文本域”：用于为文本域指定一个名称，所输入的文本域名称必须是该表单内唯一的。表单对象名称不能包含空格或特殊字符，可以使用字母数字字符和下画线_的任意组合。

（2）“字符宽度”：用于设置文本域中最多可显示的字符数。此数字可以小于在“最多字符数”文本框中所设置的数值。例如，如果“字符宽度”文本框中设置为20（默认值），而用户输入100个字符，则在该文本域中只能看到其中的20个字符。虽然无法在该域中看到这些字符，但域对象可以识别它们，而且它们会被发送到服务器进行处理。

（3）“最多字符数”：用于指定在单行文本域中最多可输入的字符数。例如，可将邮政编码限制为6位数，将密码限制为10个字符等。如果将此文本框保留为空白，则用户可以输入任意数量的文本；如果输入文本超过域的字符宽度，文本将滚动显示；如果输入文本超过最大字符数，则会发出警告。

（4）“初始值”：用于指定表单在首次载入时文本框中显示的值。在用户浏览器中首次载入表单时，文本域中将显示此文本。例如，通过包含说明或示例值，可以指示用户在域中输入信息。

（5）“类”：用于为表单对象应用一个已有的CSS样式。

如果选择的文本域类型是多行文本域，属性检查器中会显示一些不同的设置，如“行数”和“换行”选项，如图10-6所示。

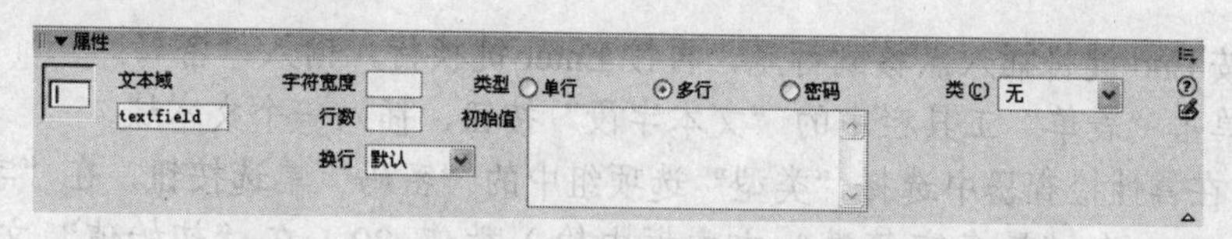

图 10-6　多行文本域的属性

“行数”和“换行”选项的功能如下。

（1）“行数”：用于设置多行文本域的高度，即可输入字段的行数。

（2）“换行”：用于设置用户输入信息的显示方式，即当用户输入的信息太多，无法在定义的文本区域内全部显示出来时，如何显示用户的输入内容。

- “默认”和“关”：用于防止文本换行到下一行。当用户输入的内容超过文本域的右边界时，文本将向左侧滚动，须按Enter键才能将插入点移动到文本区域的下一行。
- “虚拟”：用于设置在文本域中可自动换行。当用户输入的内容超过文本区域的右边界时，文本换行到下一行。当提交数据进行处理时，自动换行并不应用到数据中，而是以一个数据字符串的方式进行提交。
- “实体”：用于设置文本域可自动换行，当提交数据进行处理时，也对这些数据设置自动换行。

多行文本域的外观如图10-7所示。

图 10-7　多行文本域

★例 10.1：创建一个如图10-8所示的表单。

（1）新建一个网页，选择“插入记录”|“表格”命令，打开“表格”对话框，指定表

格的行、列数均为 1，宽度为 250，边框粗细为 1，单击“确定”按钮，插入一个 1 行 1 列的表格。

（2） 在属性检查器中指定表格高度为 70，边框颜色为#00FFFF。

（3） 在表格内单击，输入“登录信息”，并将其设置为 24 像素大小、楷体、加粗、颜色#0000FF、居中对齐。

（4） 按 Enter 键换行，单击“表单”工具栏中的“表单”按钮，插入表单。

（5） 将插入点置于空白表单中，输入“账号:”，将其格式设置为 18 像素大小、左对齐。

（6） 将插入点置于冒号之后，单击“表单”工具栏中的“文本字段”按钮，插入一个文本域。

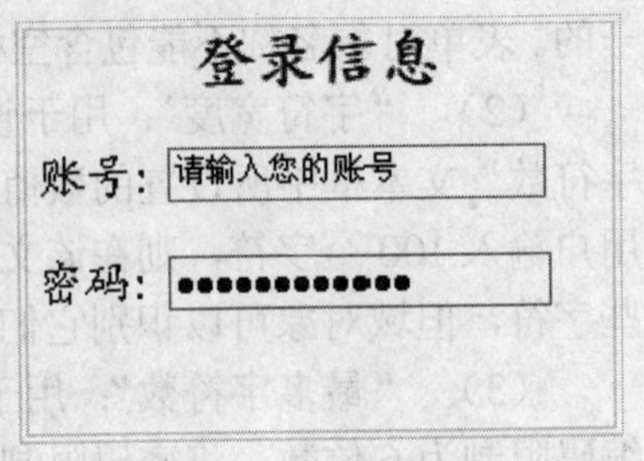

图 10-8　登录信息

（7） 在文本域属性检查器中的“类型”选项组中选择“单行”单选按钮，在“最多字符数”文本框中输入 20，在“初始值”文本框中输入“请输入您的帐号”，如图 10-9 所示。

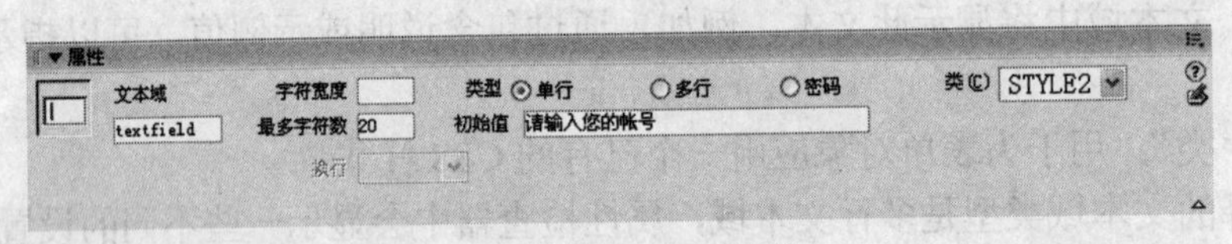

图 10-9　设置文本域属性

（8） 按 End 键将插入点移到行尾，再按 Enter 键换行，输入“密码:”。

（9） 单击“表单”工具栏中的“文本字段”按钮，插入一个文本域。

（10） 在属性检查器中选择“类型”选项组中的“密码”单选按钮，在“字符宽度”文本框中输入 22，在“最多字符数”文本框中输入数值 20，在“初始值”文本框中输入“************”，如图 10-10 所示。

图 10-10　设置密码域属性

（11） 保存文件后，按 F12 键进行浏览。

10.3.2 插入文本区域

文本区域与文本域几乎相同，唯一不同的是插入时显示的状态。文本域未设置属性时以单行状态显示，而文本区域未设置属性前以多行状态显示。

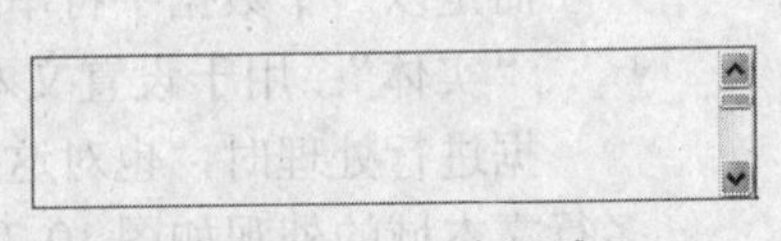

图 10-11　文本区域

将插入点置于表单内，然后单击“表单”工具栏中的“文本区域”按钮，或者选择“插入记录”|“表单”|“文本区域”命令，即可插入一个文本区域，如图 10-11 所示。

10.3.3 插入隐藏域

设计者可以使用隐藏域存储并提交非用户输入信息，该信息对用户而言是隐藏的。要在表单内创建隐藏域，可单击“表单”工具栏中的“隐藏域”按钮，或者选择“插入记录”|“表单”|“隐藏域”命令。

如果启用了显示不可见元素，插入隐藏域后会显示一个图标，选择该图标可在属性检查器中显示隐藏域的属性。隐藏域的属性选项只有两个：一个是“隐藏区域”文本框，用于设置隐藏域的名称；一个是“值”文本框，用于输入为该域指定的值，如图 10-12 所示。

图 10-12 隐藏域的属性检查器

10.4 复选框、单选按钮和单选按钮组

复选框和单选按钮用于设置预定义的选择对象。单选按钮组则是一组在 HTML 表单中属性相同的单选按钮。

复选框对每个单独的响应进行“关闭”和“打开”状态切换，用户可从复选框组中选择多个选项。单选按钮总是作为一个组使用，提供彼此排斥的选项值，用户在单选按钮组内只能选择一个选项。

10.4.1 插入单选按钮

定位插入点后，单击“表单”工具栏中的“单选按钮”按钮，或者选择“插入记录”|“表单”|“单选按钮”命令，即可插入一个单选按钮。

单选按钮的属性比较简单，除了设置单选按钮名称的文本框外，只有“选定值”和“初始状态”两组主要选项，如图 10-13 所示。

图 10-13 单选按钮的属性检查器

单选按钮的各选项的功能如下。

（1）“单选按钮”：用于给单选按钮命名。同一组中的单选按钮名称必须相同。

（2）“选定值”：用于设置单选按钮被选中时的取值。当用户提交表单时，该值被传送给处理程序（如 CGI 脚本）。应赋给同组的每个单选按钮不同的值。

（3）“初始状态”：用于指定首次载入表单时单选按钮是已选中还是未选中状态。

（4）“类”：用于设置单选按钮对象的文本样式。

10.4.2 插入单选按钮组

要插入一个单选按钮组，可单击“表单”工具栏中的“单选按钮组”按钮，或者选择”插入记录”|“表单”|“单选按钮组”命令，打开“单选按钮组”对话框，在其中设置单选按钮组的名称、组中包含的单选按钮个数、各按钮的文本标签及按钮布局方式等，如图 10-14 民示。

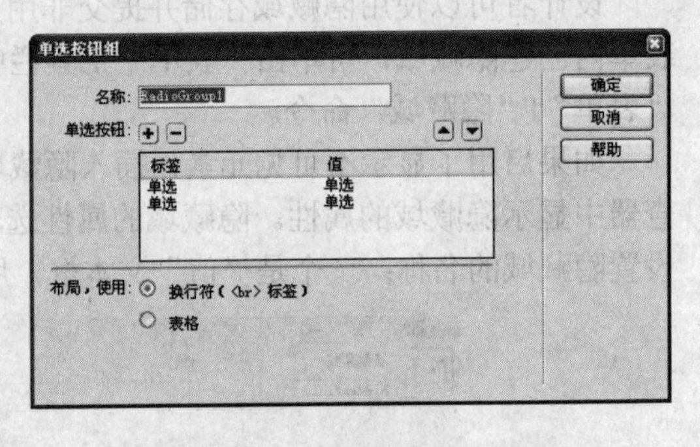

图 10-14 “单选按钮组”对话框

“单选按钮组”对话框中各选项的功能如下。

（1）“名称”：用于输入单选按钮组的名称。

（2）添加按钮：用于向单选按钮组中添加一个单选按钮。

（3）删除按钮：用于从单选按钮组中删除选定的单选按钮。

（4）上移按钮、下移按钮：用于向上或向下移动选定的单选按钮，以重新排序这些按钮。

（5）“布局，使用”：用于设置 Dreamweaver 如何布局按钮组中的各个按钮。该选项组中提供了两种布局方式，其中“换行符”方式用于使系统自动在每个单选按钮后添加一个
标记；“表格”方式用于使系统自动创建一个只含一列的表格（行数由按钮组中的按钮数来决定），并将这些单选按钮放在表格中。

用户可以在“单选按钮”列表框中的“标签”栏中单击任意一个按钮选项，使其进入编辑状态，直接更改按钮的文本标签和值。

插入单选按钮组后，用户可在属性检查器中为每一个单选按钮设置各自的属性。

10.4.3 插入复选框

定位插入点后，单击“表单”工具栏中的“复选框”按钮，或者选择”插入记录”|“表单”|“复选框”命令，即可插入一个复选框。

★例 10.2：制作如图 10-15 所示的表单界面。

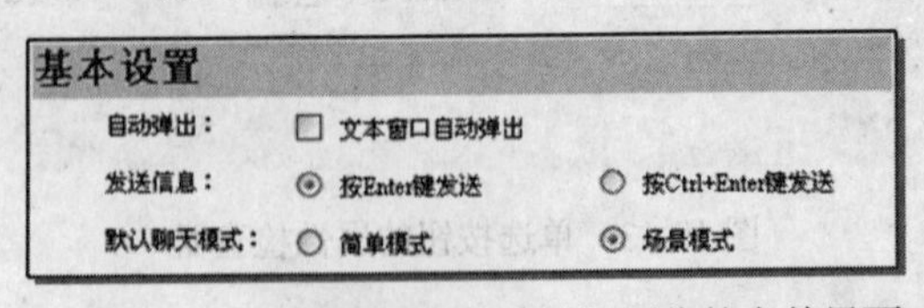

图 10-15 利用复选框和单选按钮制作的表单界面

（1）在网页中定位插入点，单击“表单”工具栏中的“表单”按钮插入表单。

（2）将插入点置于表单内，选择”插入记录”|“表格”命令，打开“表格”对话框，指定表格行、列数均为 4，表格宽度为 450，边框粗细为 0，单击“确定”按钮。

（3）选择表格中的所有单元格，在属性检查器中的“高”文本框中输入 25。

（4）选择表格第 1 行，单击属性检查器中的“合并所有单元格，使用跨度”按钮合并单元格，并在“背景颜色”文本框中输入“#CCCCFF”。

（5） 将表格的列宽设置为：第 1 列 35 像素，第 2 列 95 像素，第 3 与第 4 列均为 160 像素。

（6） 将插入点置于第 1 行中，输入“基本设置”，将其颜色设置为#0000FF，并单击“加粗”按钮。

（7） 在第 2 行第 2 列、第 3 行第 2 列、第 4 行第 2 列的单元格中分别输入“自动弹出:”、“发送信息:”和“默认聊天模式:”。

（8） 合并第 2 行第 3 列和第 2 行第 4 列单元格。在合并单元格中定位插入点，单击“表单”工具栏中的“复选框”按钮插入一个复选框。

（9） 在复选框后面输入“文本窗口自动弹出”。

（10） 将插入点置于第 3 行第 3 列内，单击“表单”工具栏中的“单选按钮”按钮，在其后输入“按 Enter 键发送”。

（11） 在第 3 行第 4 列、第 4 行第 3 列、第 4 行第 4 列的单元格中各插入一个单选按钮，并在各单选按钮后分别输入“按 Ctrl+Enter 键发送”、“简单模式”、“场景模式”。

（12） 设置“按 Enter 键发送”和“场景模式”单选按钮的“初始状态”为“已勾选”。

（13） 选择“简单模式”单选按钮，在“单选按钮”和“选定值”文本框中均输入“radiobutton2”。以同样的方式设置“场景模式”前的单选按钮名称和选定值。

（14） 选择除第 1 行外的所有单元格，将其中文本的格式设置为 12 像素大小。

（15） 保存文件，按 F12 键浏览表单。

10.5 列表框和弹出菜单

Dreamweaver 允许在表单中插入两种类型的菜单：一种是弹出式下拉菜单，一种是列表框。这两种菜单均可使浏览者从一个列表中选择一个或多个项目。当空间有限且比较小时可使用弹出菜单，当空间允许时则可使用列表框。

10.5.1 插入列表框与弹出菜单

单击“表单”工具栏中的“列表/菜单”按钮，或者选择”插入记录”|“表单”|“列表/菜单”命令，可在表单中插入一个弹出菜单。如果要插入列表框，可选择插入的弹出菜单，然后在列表/菜单的属性检查器中选择“类型”选项组中的“列表”单选按钮。

无论是插入弹出菜单还是列表框，都需要添加可选择的内容以供浏览者选择。选择列表/菜单后，单击属性检查器中的“列表值”按钮，打开“列表值”对话框，即可设置可选择内容，如图 10-16 所示。

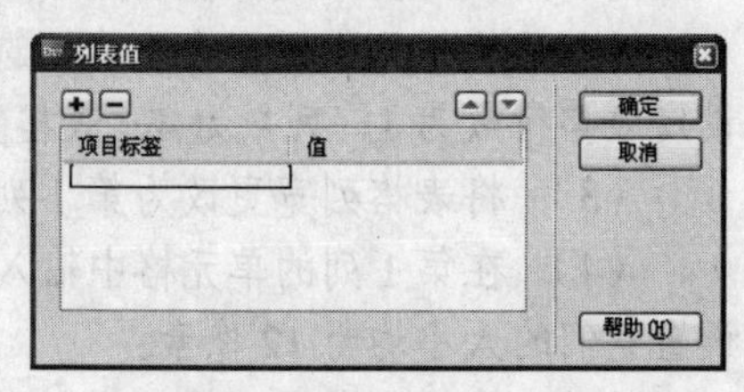

图 10-16 “列表值”对话框

“列表值”对话框中各选项的功能说明如下。

（1） “项目标签”：用于输入每个菜单项的标签文本。该标签将作为列表/菜单中的显示项。

（2） “值”：用于输入每个菜单项的可选值。

（3） “添加”：用于在列表框中添加项目。

（4） “删除”：用于删除在列表框中选择的项目。

菜单项在菜单中出现的顺序与在“列表值”对话框中出现的顺序相同。在浏览器中载入页面时，列表中的第 1 个项是选中的项。可在“列表值”对话框中使用▲或▼按钮重新排列列表中的项。

10.5.2 设置列表/菜单属性

添加列表/菜单后，可根据需要更改其属性。菜单的属性较列表的属性要少两项：“高度”和“选定范围”，如图 10-17 所示。图 10-17 中显示的是弹出菜单的属性设置，如果是列表，则属性检查器中的所有选项均会被激活。

图 10-17　菜单的属性检查器

列表/菜单的属性检查器中各选项的功能如下。

（1）“列表/菜单”：用于为列表/菜单输入一个唯一名称。

（2）“类型”：用于设置表单对象的表现形式，即列表还是菜单。

（3）“高度”：用于指定该列表将显示的行（或项目）数。如果指定的数字小于该列表包含的选项数，会出现滚动条。

（4）“选定范围”：用于指定用户在列表中的选定范围。如果允许用户选择该列表中的多个选项，可选中此复选框。

（5）“初始化时选定”：用于输入首次载入列表时出现的值。

（6）“列表值”：用于打开“列表值”对话框，修改列表项及其值。

★例 10.3：制作如图 10-18 所示的列表框及弹出菜单。

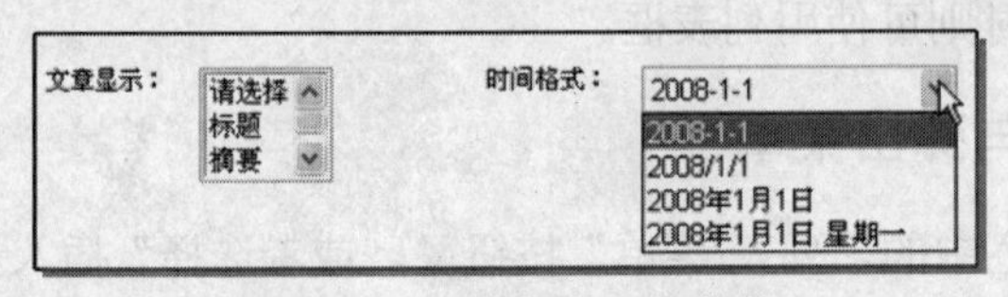

图 10-18　列表框与下拉菜单

（1）在网页中定位插入点，单击“表单”工具栏中的“表单”按钮插入表单。

（2）将插入点置于表单内，选择”插入记录”|“表格”命令，打开“表格”对话框，设定表格行数为 1、列数为 4，表格宽度为 410，边框粗细为 0，单击“确定”按钮。

（3）将表格列宽更改为第 1 列 70（像素），第 2 列 135，第 3 列 70，第 4 列 135。

（4）在第 1 列的单元格中输入“文章显示:”，在第 3 列的单元格中输入“时间格式:”，设置它们的大小均为 12 像素。

（5）将插入点置于第 2 列的单元格中，单击“表单”工具栏中的“列表/菜单”按钮，插入一个弹出菜单框架。

（6）在属性检查器上的“类型”选项组中选择“列表”单选按钮，然后在“高度”文本框中输入 3。

（7）单击“列表值”按钮，打开“列表值”对话框，在“项目标签”下单击，输入“请选择”，在“值”下单击，输入 1。

（8） 单击“添加”按钮，添加其他项目，如图 10-19 所示。

（9） 单击“确定”按钮，在列表框中插入列表值。

（10） 将插入点置于第 4 列的单元格中，插入一个弹出菜单框架。

（11） 在属性检查器上单击“列表值”按钮，打开“列表值”对话框，添加项目标签和值，如图 10-20 所示。

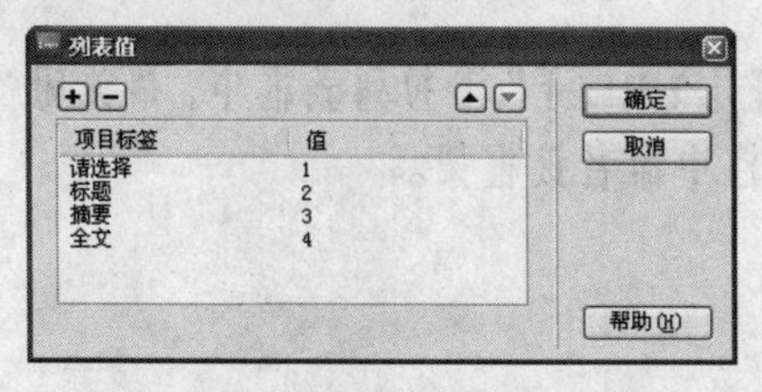

图 10-19　设置列表框中的列表值

图 10-20　设置弹出菜单的列表值

（12） 单击“确定”按钮在弹出菜单中添加列表值。

（13） 选择所有单元格，然后在属性检查器上的“垂直”下拉列表框中选择“顶端”选项。

（14） 保存文件，按 F12 键浏览并测试网页效果。

10.6　跳转菜单

跳转菜单是网页中的一种弹出菜单，其中列出链接目标网页或其他内容的选项，可供访问者从中选择要跳转到的项目。用户可以在跳转菜单中放置可在浏览器中打开的任何文件类型的链接。

跳转菜单可包含以下 3 个基本部分。

（1） 菜单选择提示：如菜单项的类别说明或一些指导信息等，例如“选择其中一项:”。此为可选项。

（2） 链接目标列表。用户选择某个选项，则链接目标被打开。此为必选项。

（3） “前往”按钮，有时也称为“跳转”按钮。此为可选项。

定位插入点后，单击“表单”工具栏中的“跳转菜单”按钮，或者选择“插入记录”|“表单”|“跳转菜单”命令，打开如图 10-21 所示的“插入跳转菜单”对话框，进行所需的设置后单击“确定”按钮，即可在表单中插入跳转菜单。

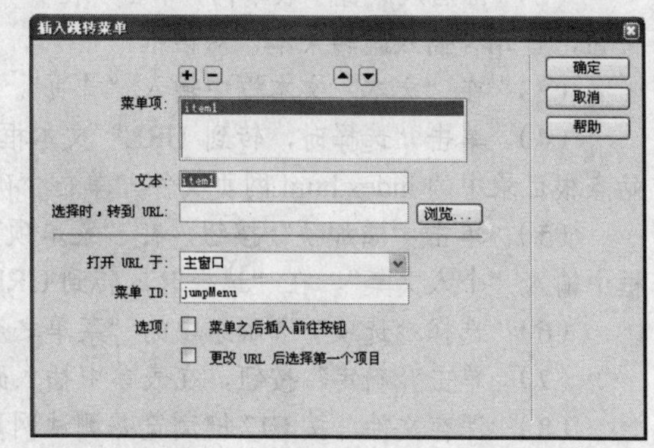

图 10-21　“插入跳转菜单”对话框

“插入跳转菜单”对话框中各选项的功能如下。

（1） “添加项”：用于添加一个菜单项，新项显示在“菜单项”列表框中。

（2） “移除项”：用于删除在“菜单项”列表框中选定的菜单项。

（3） “在列表中上移项”、“在列表中下移项”：用于更改在“菜单项”列表中所选的菜单项的位置。

（4） “文本”：用于为菜单项输入要在菜单列表中显示的文本。若要使用菜单选择提示，可在第一个菜单项的“文本”文本框中输入选择提示文本。

（5）“选择时，转到 URL”：用于指定链接目标的 URL 地址。可单击“浏览”按钮选择所需文件，也可在文本框中直接输入文件路径。

（6）“打开 URL 于”：用于选择文件的打开位置。如果选择“主窗口”选项，将在同一窗口中打开文件；如果选择“框架”选项，则在所选框架中打开文件。

提示：如果想要使用的框架未出现在“打开 URL 于”下拉列表框中，请关闭“插入跳转菜单”对话框，然后在文档中命名该框架。

（7）“菜单 ID”：用于输入菜单项的名称。

（8）“菜单之后插入前往按钮”：用于添加一个“前往”按钮，而非菜单选择提示。

（9）“更改 URL 后选择第一个项目”：用于指定使用菜单选择提示（如“选择其中一项”）。

★例 10.4：制作如图 10-22 所示的跳转菜单，并且使访问者在选择“首页”时能够跳转至 xxjl 站点中的 index.html 网页，选择“个人文集”时跳转至 xxjl 站点中的 wen.html 网页。

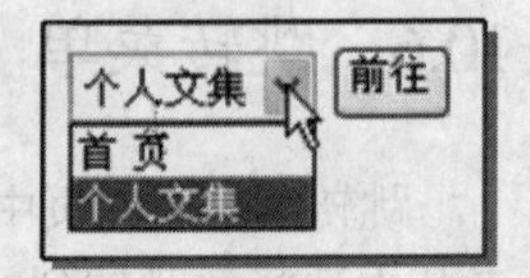

图 10-22　跳转菜单

（1）在网页中定位插入点，单击“表单”工具栏中的“表单”按钮插入表单。

（2）将插入点置于表单内，单击“表单”工具栏中的“跳转菜单”按钮，打开“插入跳转菜单”对话框。

（3）在“文本”文本框中输入“首页”。

（4）单击“选择时，转到 URL”文本框右侧的“浏览”按钮，从打开的对话框中选择站点根目录中的 index.html 网页文件，单击“确定”按钮返回“插入跳转菜单”对话框。

（5）单击“添加项”按钮，在“菜单项”列表框中添加一个新项目，在“文本”文本框中输入“个人文集”，在“选择时，转到 URL”文本框中输入“wen.html”。

（6）选择“选项”选项组中的“菜单之后插入前往按钮”复选框。

（7）单击“确定”按钮，在表单中插入跳转菜单及“前往”按钮。

（8）保存文件，按 F12 键浏览并测试网页。

10.7　文件域

文件域允许用户将其计算机上的文件（如字处理文档或图形文件等）上传到服务器。文件域类似于其他文本域，不过它还包含一个“浏览”按钮。用户可以手动输入要上传的文件的路径，也可以使用“浏览”按钮定位和选择文件。

文件域要求使用 POST 方法将文件从浏览器传输到服务器，该文件被发送到表单的“操作”域中所指定的地址。在使用文件域之前，用户应先与服务器管理员联系，确认允许使用匿名文件上传。

要在表单中插入文件域，应先选择表单，从表单的属性检查器中选择“方法”下拉列表框中的“POST”选项，再从“MIME 类型”下拉列表框中选择“multipart/form-data”选项，

然后再单击“表单”工具栏中的“文件域”按钮，或者选择“插入记录”|“表单”|“文件域”命令插入文件域 。

文件域的属性设置比较简单，除了可以为文件域指定名称外，还可以指定字符宽度和最多字符数，如图 10-23 所示。

图 10-23　文件域的属性检查器

提示：如果用户通过浏览来定位文件，在文本域中输入的文件名和路径可超过指定的“最大字符数”的值。但是，如果用户尝试输入文件名和路径，则文件域仅允许输入“最大字符数”值所指定的字符数。

★例 10.5: 制作一个文件域。

（1） 在网页中定位插入点，单击“表单”工具栏中的“表单”按钮插入表单。

（2） 将插入点置于表单内，输入“选择要上传的文件:”，并将其大小设置为 14 像素。

（3） 将插入点放在文本之后，单击“表单”工具栏中的“文件域”按钮插入一个文件域。

（4） 保存文件，按 F12 键浏览并测试网页。当用户单击“浏览”按钮时，会打开“选择文件”对话框，从中选择一个文件后单击“打开”按钮，此文件的路径即会出现在“选择要上传的文件”文本框中，如图 10-24 所示。

图 10-24　测试文件域

10.8　表单按钮

使用表单按钮可以将输入表单的数据提交到服务器，或者重置表单。用户还可以将其他已经在脚本中定义的处理任务分配给按钮。例如，可以利用表单按钮根据指定的值计算所选商品的总价。

10.8.1　表单按钮的作用

在表单中加入按钮可以在向表单中添加其他元素时进行测试。一般情况下，作为表单发送的最后一道程序，按钮通常被放在表单底部。

表单按钮通常标记为“提交”、“重置”或“普通”，这 3 类按钮的作用如下。

（1）　“提交”：单击该按钮可提交表单，即将表单内容发送到表单的 action 参数指定的地址。

（2）　“重置”：单击该按钮可使表单恢复刚载入时的状态，以便重新填写表单。

（3）　“普通”：单击该按钮可根据处理脚本激活一种操作。要指定某种操作，可在文档窗口的状态栏中单击<form>标签以选择该表单，然后在表单的属性检查器中通过设置“动作”

选项来选择处理该表单的脚本或页面。该按钮没有内在行为，但可用 JavaScript 等脚本语言指定动作。

10.8.2 插入表单按钮

要在表单中插入表单按钮，可在定位插入点后，单击“表单”工具栏中的“按钮”按钮，或者选择“插入记录”|“表单”|“按钮”命令。

默认创建的按钮为“提交”按钮，如果要创建“重置”或“发送”按钮，须从按钮的属性检查器中选择“动作”选项组中的“重设表单”或“无”单选按钮。按钮的属性检查器如图 10-25 所示。

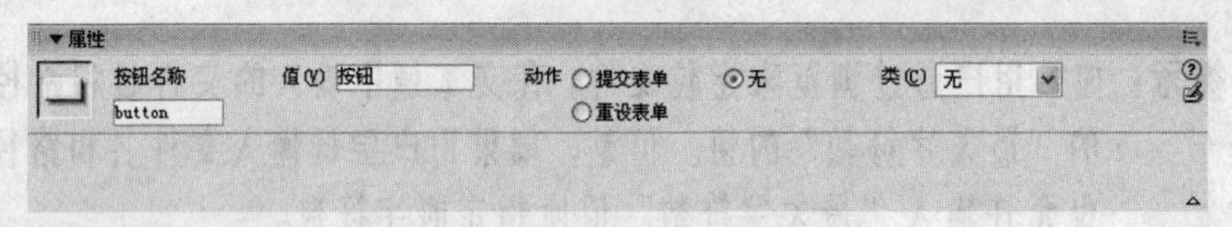

图 10-25　按钮的属性检查器

★例 10.6: 在网页中添加“重置”和“提交”按钮，如图 10-26 所示。

（1） 将插入点放置在表单底部，选择”插入记录”|“表格”命令，创建一个 1 行 3 列的表格。设置表格宽 450 像素，左、右单元格均宽 180 像素，中间的单元格宽 40 像素。

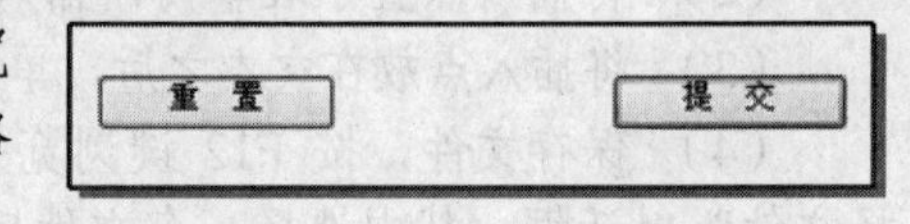

图 10-26　“重置”和“提交”按钮

（2） 将插入点置于左单元格中，单击“表单”工具栏中的“按钮”按钮插入一个按钮。

（3） 选择按钮，从属性检查器中选择“动作”选项组中的“重设表单”单选按钮，并在“值”文本框中输入“　重　置　”。

（4） 将插入点置于右单元格中，再插入一个按钮。在属性检查器中选择“动作”选项组中的“提交表单”单选按钮，并在“值”文本框中输入“　提　交　”。

（5） 保存文件，按 F12 键浏览网页。

10.9 检查表单

Dreamweaver 提供了检查表单对象正确性的功能，此功能是通过 JavaScript 来完成的。在“行为”面板中存放着一组事先写好的 JavaScript 脚本，可用来检查表单对象的正确性。

“检查表单”动作可以检查指定文本域的内容，以确保用户输入正确的数据类型。用户可使用 onBlur 事件将此动作附加到单个文本域，以便在用户填写表单时对单个域进行检查；也可使用 onSubmit 事件将其附加到表单，以便在用户单击“提交”按钮时同时对多个文本域进行检查。将“检查表单”动作附加到表单可防止将表单数据提交到服务器时文本域包含无效的数据。若有无效数据，服务器会给予提示，要求用户重新填写，直到不包含无效数时才会接收。

要验证表单对象的正确性，首先要在表单中选择所需的域。若要在用户提交表单时检查多个域，可选择表单对象。在“行为”面板中单击“添加行为”按钮，从弹出的菜单中选择“检查表单”命令，打开 “检查表单”对话框，从中进行相关设置，如图 10-27 所示。

"检查表单"对话框中各选项的功能如下。

（1）"域"：如果要检查多个域，须从该列表框中选择要验证的域；若检查单个域，则系统会自动选择该域，用户只须进行相关设置即可。

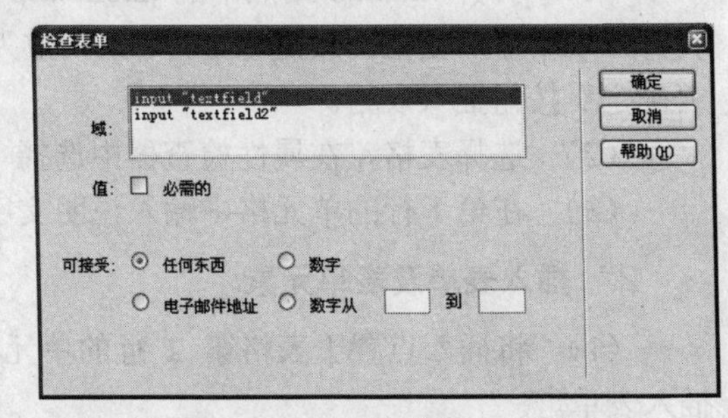

图 10-27 "检查表单"对话框

（2）"值"：如果必须包含某种数据，则应在此选项组中选中"必需的"复选框。

（3）"可接受"：用于指定表单对象所能接受的值。

- "任何东西"：用于指定该域是必需的，但不需要包含任何特定类型的数据。
- "数字"：用于检查该域是否只包含数字，即域中只能接受数字形式的数据。
- "电子邮件地址"：用于检查域是否包含合法的电子邮件地址。
- "数字从…到…"：用于检查域是否包含指定范围内的数字，即域只能接受一定范围内的数字。

提示：在检查单个域时，应检查一下默认事件是不是 onBlur 或 onChange。如果在用户提交表单时检查多个域，则 onSubmit 事件自动出现在"事件"弹出菜单中。如果不是，应从弹出的菜单中选择 onBlur 或 onChange。它们之间的区别是，onBlur 不管用户是否在该域中输入内容都会发生，而 onChange 只有在用户更改了该域的内容时才发生。若用户指定域为 Required 时，最好使用 onBlur 事件。

设置了检查表单选项后，用户可打开浏览器，向表单中输入指定的内容，以便对表单进行验证。如果输入的数据不正确，则会弹出提示对话框提示用户进行更改。

10.10 典型实例——意见表

为 xiuxian 站点制作一个简单的意见与建议表单，以便收集浏览者的反馈信息，如图 10-28 所示。

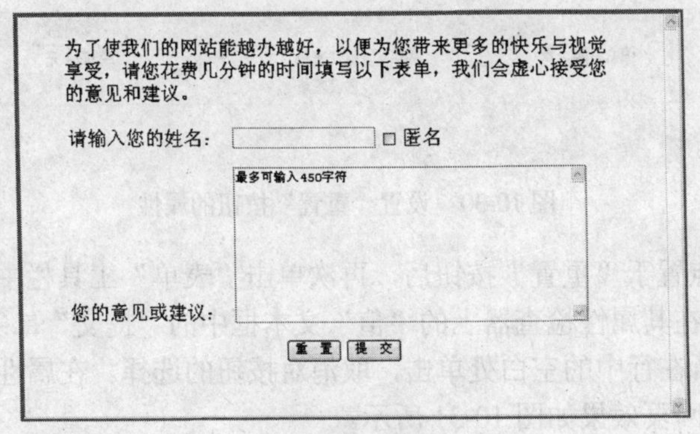

图 10-28 意见表

1. 准备工作

（1） 打开 xiuxian 站点中的 jiaoliu.asp 网页。单击“常用”工具栏中的“表格”按钮，打开“表格”对话框，设定行数为 2，列数为 1，表格宽度为 600 像素，边框宽度为 0，单击“确定”按钮插入表格。

（2） 选择表格，在属性检查器中选择“对齐”下拉列表框中的“居中对齐”选项。

（3） 在第 1 行的单元格中输入说明文字：“为了使我们的网站能越办越好……”。

2. 插入表单及表单元素

（1） 将插入点置于表格第 2 行的单元格中，单击“表单”工具栏中的“表单”按钮，插入表单。

（2） 在表单中插入一个 3 行 1 列、宽度为 600 像素、边框宽度为 0 的表格。

（3） 将插入点置于表单中的表格的第 1 行中，输入“请输入您的姓名：”。

（4） 单击“表单”工具栏中的“文本字段”按钮，插入一个单行文本框。

（5） 在单行文本框后面单击定位插入点，单击“表单”工具栏中的“复选框”按钮，插入一个复选框。

（6） 在复选框后面输入“匿名”。

（7） 将插入点置于表单中表格的第 2 行中，输入“您的意见或建议：”。

（8） 单击“表单”工具栏中的“文本区域”按钮，插入一个文本区域。

（9） 选择文本区域，在属性检查器中设置“字符宽度”为 45、“行数”为 10、初始值为“最多可输入 450 字符”，如图 10-29 所示。

图 10-29 设置文本区域的属性

（10） 将插入点置于表单中表格的第 3 行中，单击“表单”工具栏中的“按钮”按钮，插入一个表单按钮。

（11） 选择此按钮，在属性检查器中的“动作”选项组中选择“重设表单”单选按钮，在“值”文本框中的“重置”二字之间添加两个空格，如图 10-30 所示。

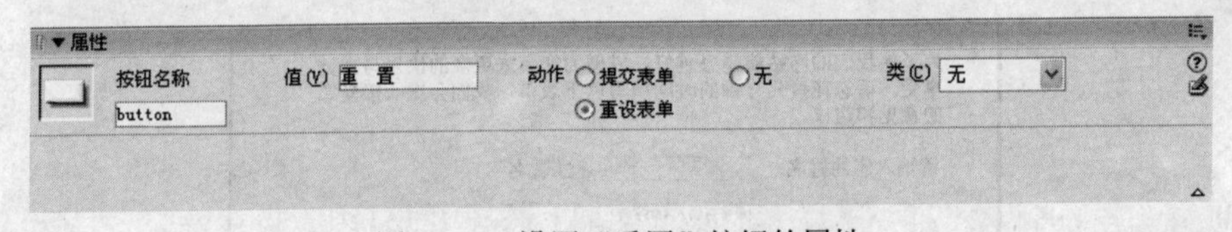

图 10-30 设置“重置”按钮的属性

（12） 将插入点置于“重置”按钮后，再次单击“表单”工具栏中的“按钮”按钮，插入一个提交按钮，并在其属性检查器上的“值”文本框中的“提交”二字之间添加两个空格。

（13） 在按钮所在行中的空白处单击，取消对按钮的选择。在属性检查器中单击“居中对齐”按钮，此时的网页效果如图 10-31 所示。

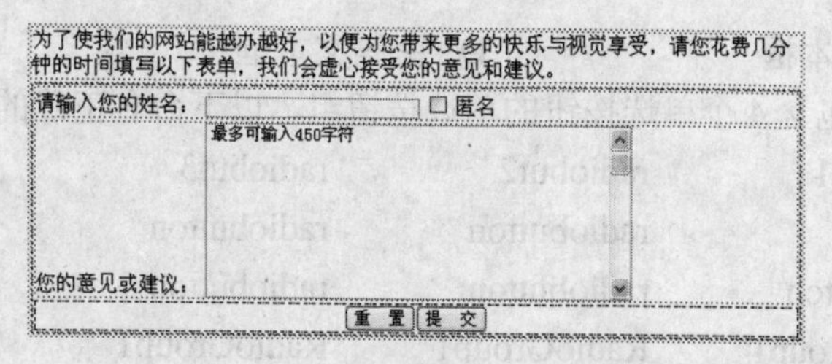

图 10-31 添加表单及表单元素

3. 设置页面中元素的格式

（1） 选择表单中的所有文本，将其颜色更改为蓝色（#0000FF）。

（2） 将说明文字所在行的高度设置为 80 像素。

（3） 将表单中的姓名行和按钮行的高度均设置为 50 像素。

4. 添加行为

（1） 选择“窗口”|“行为”命令，显示“行为”面板。

（2） 选择“提交”按钮，单击“行为”面板中的“添加行为”按钮，从弹出的菜单中选择“检查表单”命令，打开“检查表单”对话框。

（3） 在“域”列表框中选择“textarea ‘textarea’（R）”选项，然后选中“值”选项组中的“必需的”复选框，如图 10-32 所示。

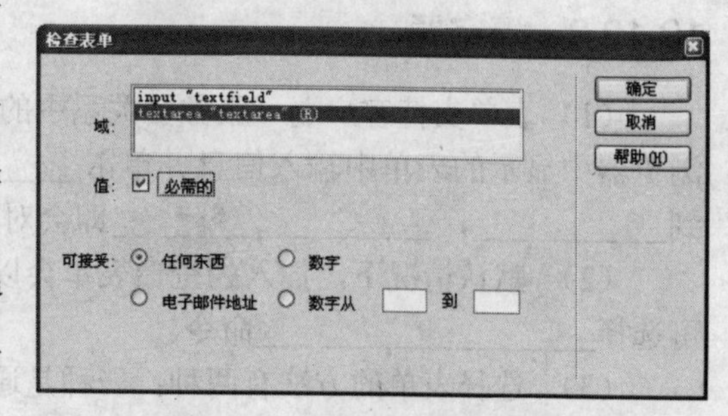

图 10-32 设置检查表单选项

（4） 单击“确定”按钮完成设置。

（5） 保存文件，按 F12 键浏览网页，并在文本区域中输入文字后单击“重置”及“提交”按钮进行测试。

10.11 本章小结

本章介绍了表单及表单对象的应用，主要内容包括表单与表单对象的基本概念与作用，以及表单、文本域、文本区域、复选框、单选按钮、单选按钮组、隐藏域、列表框、弹出菜单、跳转菜单、文件域、表单按钮等各种对象的创建与使用。此外，还介绍了如何验证表单对象的正确性。通过本章的学习，读者应掌握表单的基本操作方法，如表单的创建、表单对象的插入、表单及表单对象的属性设置，以及验证表单内容的正确性等。

10.12 上机练习与习题

10.12.1 选择题

（1）单击“表单”工具栏中的“文本字段”按钮不能插入________。

A. 单行文本域　　　　B. 多行文本域

C. 文本区域　　　　　D. 密码文本域

（2） 在__________文本框中输入的信息是不会显示的。

A. 单行文本框　　　　B. 多行文本框

C. 数值文本框　　D. 密码文本框

（3） 插入一个包含4个单选按钮的单选按钮组，以下命名正确的一组是＿＿＿＿＿。

A. radiobut1	radiobut2	radiobut3	radiobut4
B. radiobut	radiobutton	radiobutton	radiobutton
C. radiobutton	radiobutton	radiobutton	radiobutton
D. RadioGroup1	RadioGroup1	RadioGroup1	RadioGroup1

（4） 在检查表单时，通过“可接受”选项组为表单对象设置可接受的值。下面各选项中，＿＿＿＿＿不属于“可接受”选项组中的选项。

A. 任何东西　　B. 值

C. 数字　　D. 电子邮件地址

（5） 跳转菜单中有许多部分是可选的，但有一部分是必需的，该选项是＿＿＿＿＿。

A. 菜单选择提示　　B. 链接目标列表

C. “前往”按钮　　D. 设置打开URL的窗口

10.12.2 填空题

（1） 表单支持客户端－服务器关系中的＿＿＿＿＿，当访问者在＿＿＿＿＿的Web浏览器中显示的表单中输入信息并单击＿＿＿＿＿按钮提交表单时，这些信息将被发送到＿＿＿＿＿，＿＿＿＿＿即会对这些信息进行处理。

（2） 默认情况下，插入的空白表单会以红色虚轮廓线表示，如果该红色轮廓线未显示，可选择＿＿＿＿＿命令。

（3） 选择表单的方法有两种：一种是通过单击该表单＿＿＿＿＿选中表单；另一种是从文档窗口左下角的标记选择器中选择＿＿＿＿＿标记。

（4） 除单选按钮（组）及复选框外，默认状态下标签文本应位于表单对象的＿＿＿＿＿。

（5） 如果为密码文本域设置了初始值，则该值在文档窗口中显示为＿＿＿＿＿，浏览时显示为＿＿＿＿＿。

（6） 文本域未设置属性时以＿＿＿＿＿状态显示，文本区域未设置属性前以＿＿＿＿＿状态显示。

（7） 表单按钮通常标记为＿＿＿＿＿、＿＿＿＿＿或＿＿＿＿＿。

10.12.3 问答题

（1） 文本域和文本区域有何区别？

（2） 单选按钮与复选框的属性有何不同之处？

（3） 如何插入跳转菜单？

（4） 表单按钮有什么作用？

（5） 如何验证表单对象的正确性？

10.12.4 上机练习

（1） 设计并创建一个表单。

（2） 验证表单的正确性。

第11章

添加超链接和导航工具条

教学目标：

设置超链接是网页制作中的一个重要环节。在网页上最常见的超链接是文字的超链接，单击某些文字可以链接到不同网页，这其实只是超链接的一种形式。在 Dreamweaver 中，超链接分为内部链接、外部链接和锚记链接。本章介绍有关超链接和导航条的知识，读者通过学习本章的内容不但可以了解超链接和导航条的基本知识，还可以掌握其设置方法。

教学重点与难点：

1. 设置内部超链接。
2. 设置外部超链接。
3. 设置 E-mail 超链接。
4. 创建与链接锚记。
5. 创建导航条。

11.1 什么是超链接

在制作网页时，如果将所有的内容放在同一网页中，会使网页变得繁杂，不便于用户浏览。为了方便用户分类查看、浏览，可创建多个内容相近的网页，然后在任意网页中创建具有超链接功能的文字、图片。当用户将指针移至这类对象时，鼠标指针自动变为小手形状，单击即可进入目标网页。超链接使每个独立的网页相互间产生关联，形成一个有机的整体。

11.1.1 超链接的概念

超链接是指从一个网页指向一个目标对象的连接关系，该目标对象可以是网页，也可以是当前网页上的其他位置，还可以是图片、电子邮件地址、文件，甚至可以是应用程序。例如，阅读某网页时，可单击含超链接功能的文本，打开含有该词语详细说明的网页，查看完毕后单击“返回”链接字样可回到原网页。

一般情况下，网页中带蓝色下画线的文本具有超链接功能。此外，用户将指针移至文本或图片等对象上时，若显示为小手形状，也表示对象具有超链接功能。

网页中常见的超链接一般分为 3 类：内部链接、外部链接与锚记。内部链接的目标是同一网站内的网页，外部链接的目标是其他网站的网页，锚记则链接到当前网页中特定的位置。

11.1.2 链接路径

路径是指网页的存放位置，即每个网页的地址。每个网页都有一个唯一的地址，被称为统一资源定位符（URL）。在创建链接时，通常不指定作为链接目标文档的完整 URL，而是指定一个始于当前文档或站点根文件夹的相对路径。

在网站中，链接路径可分为 3 类：绝对路径、文档相对路径、站点根目录相对路径。

1. 绝对路径

绝对路径是指包括服务器协议，并且提供链接文档的完整地址的路径，如 http://www.adobe.com/support/dreamweaver/contents.htm（Web 页通常使用服务器协议为 http://）。通常情况下，若要链接站点外远程服务器中的网页或图片等文件，建议用户使用绝对路径进行链接，这样即使用户将本地站点移动至其他位置也不会出现断链现象。

2. 文档相对路径

文档相对路径是针对当前打开的网页而言的，即省略掉当前文档和所链接文档相同的绝对路径部分，只提供不同部分。如果要链接到同一站点中的网页或是其他对象，使用文档相对路径是最合适的。

3. 站点根目录相对路径

站点根目录相对路径是针对当前站点而言的，它描述的是从站点的根文件夹到当前网页或对象的路径。站点根目录相对路径以一个斜杠（/）开始，该斜杠表示站点根文件夹。下面以实例的方式说明相对路径的使用方法。

假设 E:\webs 文件夹中有一个站点 myweb，结构如图 11-1 所示。若要从文件 /main.asp/index.asp 开始，则下列文件的相对路径如下。

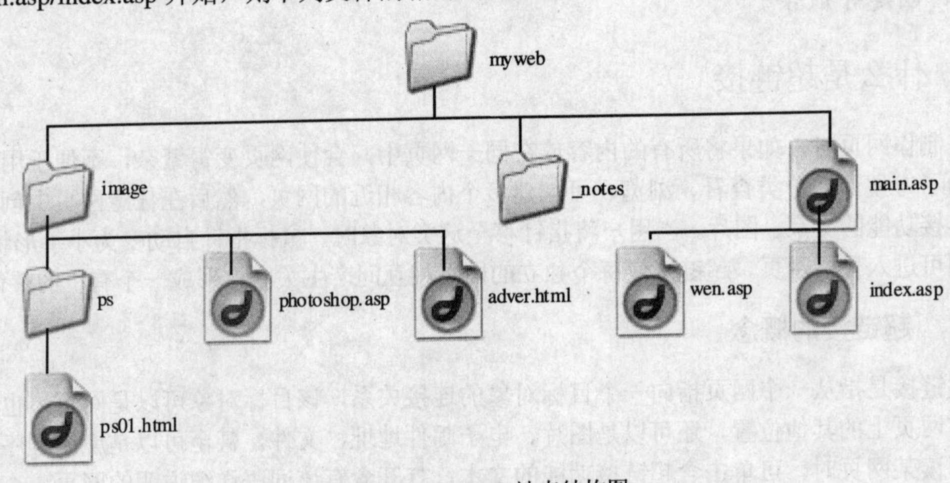

图 11-1 myweb 站点结构图

（1） wen.asp：wen.asp。

（2） main.asp：../main.asp。

（3） photoshop.asp：../image/photoshop.asp。

提示：链接到同一站点内的网页或其他对象时，也可以使用绝对路径。但一般情况下不建议采用这种链接方式，因为一旦将站点移动到其他域或是更改站点名称，则所有绝对路径链接自动失效，此时无法浏览到应用绝对路径链接到的对象。

11.2 内部超链接

链接到网站内部的网页或对象的链接称为内部超链接，内部超链接将网站中的所有文档有机地连接起来形成一个整体。

11.2.1 为文字添加超链接

为指定文字添加超链接前必须先选择文本，然后在属性检查器中设置“链接”选项，如图 11-2 所示。

图 11-2 为文字加入超链接

设置文字超链接的方法有 3 种：一是直接在“链接”文本框中输入链接目标的路径；二是拖动“链接”文本框右侧的“指向文件”图标至链接目标；三是单击“链接”文本框右侧的文件夹图标，从打开的对话框中选择链接目标对象。

★例 11.1：打开 blog 站点中的 index.htm 网页，如图 11-3 所示，分别为“首页”、“日志”、“相册”和“个人资料”字样添加超链接，链接目标分别为 index.htm、log.htm、album.htm 和 data.htm。

图 11-3 网页效果

（1） 进入 blog 站点，双击“文件”面板中的 index.html 网页将其打开。

（2） 选择“首页”字样，将属性检查器中的“指向文件”图标拖动到“文件”面板中的index.htm网页，如图11-4所示。

（3） 以同样的方式为其他文本指定网页的链接对象。

（4） 保存网页按F12键，在浏览器中的显示效果如图11-5所示。

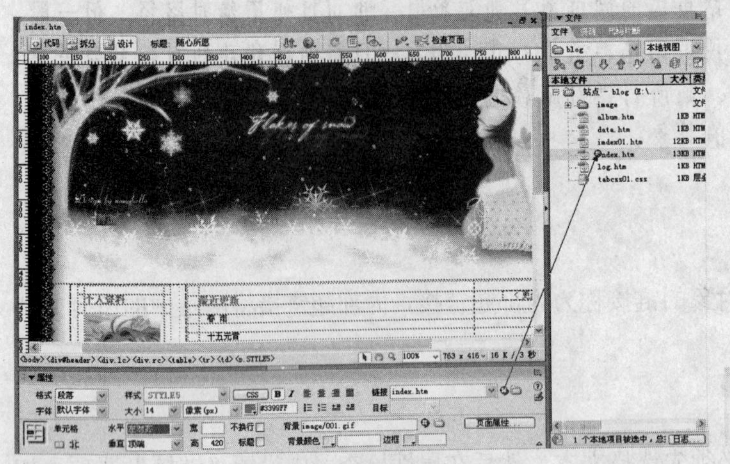

图11-4 设置超链接

图11-5 浏览超链接效果

11.2.2 设置文字超链接的属性

设置了超链接的文本含有4种不同的状态，分别为：指针未移至文字前、指针移至时、单击文字时和单击文字后。在指针未移至链接文字时，其颜色默认为蓝色，且自动添加下画线。用户可以根据需要设置不同状态下链接文字效果。

若要设置文字超链接属性，可单击属性检查器中的“页面属性”按钮，打开“页面属性”对话框。选择“分类”列表框中的“链接”选项，切换至“链接”选项卡，在此设置链接文本的颜色、不同状态下字体颜色及下画线样式，如图11-6所示。

“链接”选项卡中各选项的功能如下。

（1） “链接字体”：用于设置超链接文本的字体。

（2） “大小”：用于设置超链接文本字体大小。

（3） “链接颜色”：用于设置鼠标尚未移至超链接文字时的字体颜色。

（4） “变换图像链接”：用于设置鼠标经过超链接文字时的字体颜色。

（5） “已访问链接”：用于设置鼠标单击超链接文字后的字体颜色。

（6） “活动链接”：用于设置鼠标单击超链接文字时的字体颜色。

（7） “下画线样式”：用于设置超链接文本下画线样式。

★例11.2: 为例11.1创建的超链接自定义效果：鼠标未经过时文字颜色代码为#3399FF，且隐藏下画线；鼠标经过时文字颜色为#3399FF，自动显示下画线；鼠标单击后文字颜色为#FF00FF（紫色）。

（1） 进入blog站点，打开index.htm网页。

（2） 单击属性检查器中的“页面属性”按钮，打开“页面属性”对话框，选择“分类”列表框中的“链接”选项。

（3） 在“链接颜色”文本框中输入颜色代码#3399FF。

（4） 在“已访问链接”文本框中输入颜色代码#FF00FF。

（5） 在“变换图像链接”文本框中输入颜色代码#990000。

（6） 打开“下画线样式”下拉列表框，从中选择“仅在变换图像时显示下画线”选项，如图 11-7 所示。

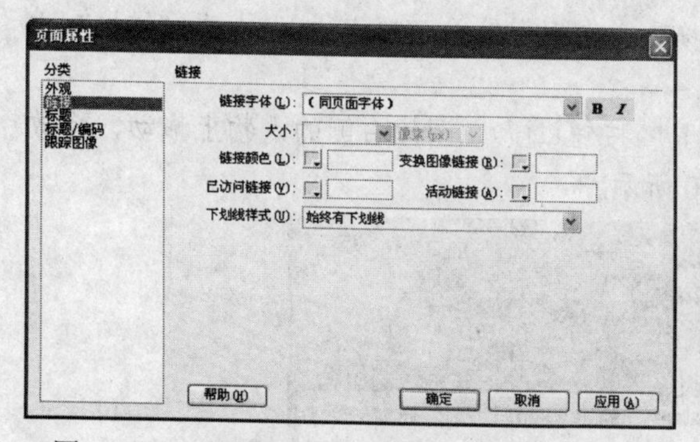

图 11-6 “页面属性”对话框的“链接”选项卡

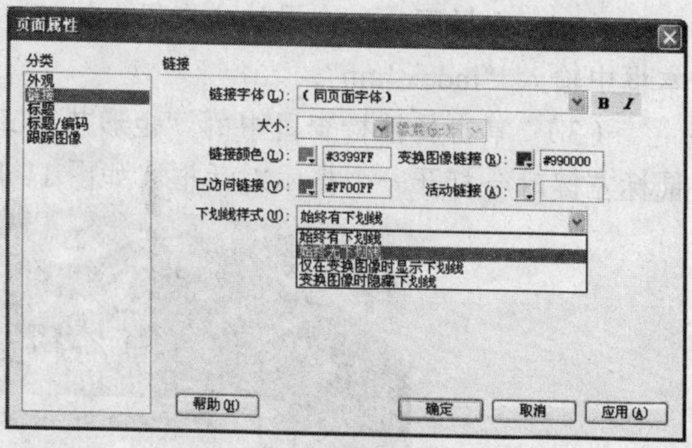

图 11-7 自定义超链接在文档中的显示效果

（7） 单击“确定”按钮。

（8） 保存文件，按 F12 键浏览网页，将鼠标移至“个人资料”超链接上测试变换效果如图 11-8 所示。

图 11-8 在浏览器中测试超链接的实际显示效果

11.2.3 为图片添加超链接

为图片添加超链接可分为两类：一是为整张图片添加超链接，一是为图片中的任意部分添加超链接。为整张图片添加超链接的方法与为文字添加超链接的方法相同，在此不作赘述。下面介绍为图片某部分添加超链接的方法。

选择要设置链接的图片，单击属性检查器左下角的“矩形热点工具”按钮、“椭圆形热点工具”按钮或“多边形热点工具”按钮，然后在图片上拖动使热点区域覆盖链接部分，并在打开的提示对话框中单击“确定”按钮，属性检查器中即会显示热点属性，如图 11-9 所示。使用“链接”选项设置热点链接对象即可。

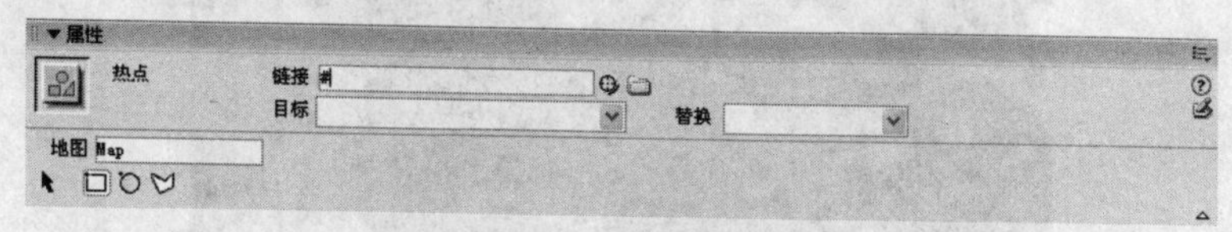

图 11-9 热点的属性检查器

★例 11.3：打开 blog 站点中已存在的文件 default.htm，选择插入的图片，并为其添加超链接。当指针移至图片时显示提示信息“单击进入”，并设置在当前窗口打开网页 index.htm；

为右侧的人物添加矩形热点，链接对象为 flash/f001.htm（显示提示“欣赏：想你.swf”）；为图片上任意雪花设置圆形热点，链接对象为 flash/f002.htm（显示提示“欣赏：你那里下雪了吗.swf”）；为树干部分添加多边形热点，链接对象为 flash/f003.htm（显示提示“欣赏：生日快乐.swf”）。

（1）展开“文件”面板，双击 blog 站点文件夹根目录下的 default.htm 文件将其打开。

（2）选择图片，在属性检查器中的“替换”文本框中输入“单击进入”，在“链接”文本框中输入“index.htm”。

（3）单击属性检查器中的“矩形热点工具”按钮，在图片右侧的人物上拖动，释放鼠标左键时会打开一个提示对话框，如图 11-10 所示。

图 11-10 添加矩形热点区域

（4）单击“确定”按钮关闭提示对话框。

（5）单击属性检查器中的“指针热点工具”按钮，拖动热点区域改变位置，拖动热点区域四周的控制柄更改热点区域大小。

（6）保持热点选择状态，在属性检查器中的“链接”文本框中输入“flash/f001.htm”，在“替换”文本框中输入“欣赏：想你.swf”字样，如图 11-11 所示。

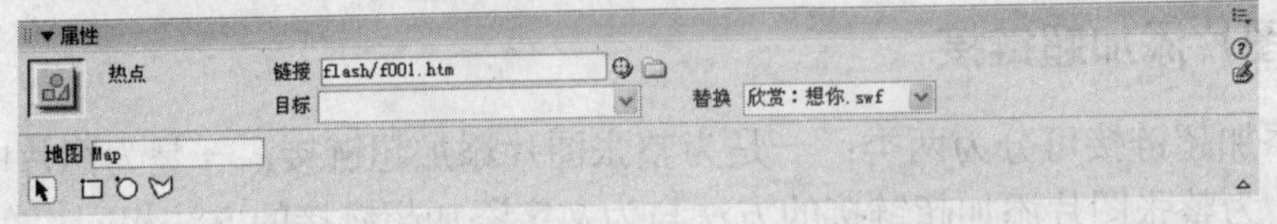

图 11-11 设置矩形热点区域属性

（7）在图片非热点区域处单击以取消矩形热点的选择状态。

（8）单击属性检查器中的“椭圆形热点区域”按钮，在图片中任意雪花上拖动，并在打开的提示对话框中单击“确定”按钮，得到一个圆形热点区域，如图 11-12 所示。

图 11-12 添加圆形热点区域

（9） 在热点属性检查器中的“链接”文本框中输入“flash/f002.htm”，在“替换”文本框中输入“欣赏：你那里下雪了吗.swf”。

（10） 取消对圆形热点的选择，然后单击属性检查器中的“多边形热点区域”按钮，在图片树干部分处单击，打开提示对话框，单击“确定”按钮。

（11） 在图片树干部分依次单击，得到如图 11-13 所示的多边形热点区域。

（12） 单击热点属性检查器中的“指针热点工具”按钮，根据需要调整热点区域中各控制柄，得到如图 11-14 所示的多边形热点区域。

图 11-13 添加多边形热点区域

图 11-14 调整多边形热点区域

（13） 在热点属性检查器中的“链接”文本框中输入“flash/f003.htm”，在“替换”文本框中输入“欣赏：生日快乐.swf”。

（14） 保存文件。按 F12 键在浏览器中打开网页。将指针移至图片中设置热点的雪花区域时，指针会变为手形，并显示提示，如图 11-15 所示。

（15） 单击此区域可进入如图 11-16 所示的网页。

图 11-15 指针移至雪花

图 11-16 欣赏动画

11.3 外部超链接

外部超链接是指将站点中的文字或图片等对象链接至 Internet 中目标的超链接。Internet 上的目标非常多，其中最常用到的外部超链接是链接到 Internet 网页，如图 11-17 所示的网页中的“友情链接”栏目。

设置外部链接的方法很简单，只须在选择对象后，在属性检查器的“链接”文本框中输入以“http://”开头的网址即可。

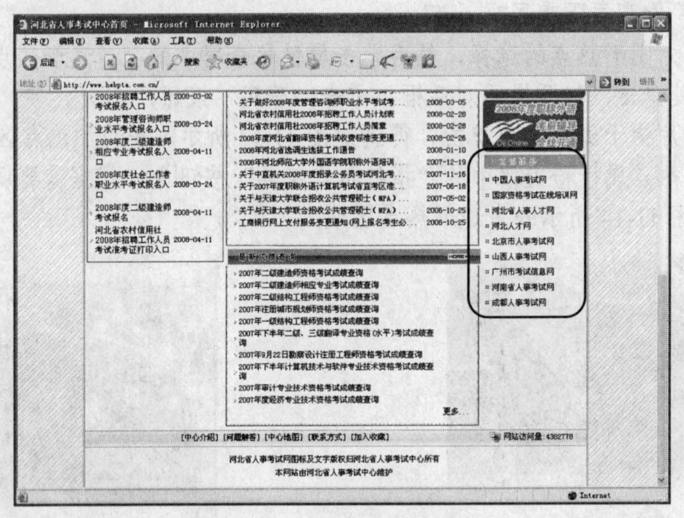

图 11-17　为文字添加超链接

★例 11.4：打开 blog 站点中的 index.htm 网页，为如图 11-18 所示的“精品收藏”栏下各行文本添加外部超链接，并要求在新窗口中打开网页。各文本对象的链接目标如下：

奇法大陆　http://78.showker.com/
红旅动漫　http://www.hltm.net/
贪婪大陆　http://www.greedland.net/subject/comiczt.html
视频空间　http://www.56.com/
迅雷看看　http://kankan.xunlei.com/
心灵鸡汤　http://www.jonahome.net/files/xljt/
老舍文集　http://www.shuku.net/novels/laoshe/laoshe.html

精品收藏

奇法大陆
红旅动漫
贪婪大陆
视频空间
迅雷看看
心灵鸡汤
老舍文集

图 11-18　要设置链接的文本

（1）打开 blog 站点中的 index.htm 网页。

（2）选择“奇法大陆”字样，在属性检查器中的“链接”文本框中输入“http://78.showker.com/”。

（3）打开“目标”下拉列表框，从中选择“_blank”选项。

（4）选择“红旅动漫”字样，在属性检查器中的“链接”文本框中输入“http://www.hltm.net/”，打开“目标”下拉列表框，从中选择“_blank”选项。

（5）以同样的方式为其他字样设置外部链接。

（6）保存网页后按 F12 键浏览网页。单击“红旅动漫”字样，打开红旅动漫网站的首页，如图 11-19 所示。

注意：在测试外部超链接效果时，要求计算机必须连接至 Internet。

图 11-19　红旅动漫网站首页

11.4　为 E-mail 和下载文件添加超链接

为方便用户快速反馈意见或下载文件，网页设计者可以向网页中添加 E-mail（电子邮件）链接和下载文件链接。

11.4.1　添加 E-mail 超链接

Windows 操作系统默认的收发电子邮件程序为 Outlook Express，打开此程序，用户可根据需要设置"收件人"、"抄送"、"主题"以及邮件内容等。在 Dreamweaver 中添加 E-mail 超链接是指设计者为用户指定"收件人"，以方便其他用户与相关人员进行联系。

若要添加 E-mail 超链接，应先确定插入位置，然后单击"常用"工具栏中的"电子邮件链接"按钮，打开"电子邮件链接"对话框。在"文本"文本框中输入所需文本，在"E-mail"文本框中输入收件人地址，然后单击"确定"按钮，如图 11-20 所示。

如果在设置 E-mail 超链接前选择了文本，打开"电子邮件链接"对话框时，"文本"文本框中自动显示选择的文本。如果设置 E-mail 超链接时未选择任何文本，也未在"电子邮件链接"对话框的"文本"文本框输入任何内容，则在网页中会显示 E-mail 文本框中输入的电子邮件地址。

图 11-20　"电子邮件链接"对话框

提示：也可以使用属性检查器中的"链接"文本框设置 E-mail 超链接，其格式为"Mailto:电子邮件地址"，如"mailto:zhouhm1219@163.com"。

★例 11.5: 打开 blog 站点中的 index.htm 网页，为"发送信息"字样添加电子邮件超链接，E-mail 地址为 zhouhm1219@163.com。

（1） 打开 blog 站点中的 index.htm 网页，选择“发送信息”字样，如图 11-21 所示。

（2） 单击“常用”工具栏中的“电子邮件链接”按钮，打开“电子邮件链接”对话框。

（3）在“E-mail”文本框中输入“zhouhm1219@163.com”，单击“确定”按钮。

（4） 将插入点置于“发送信息”字样前，按空格键在图片与文字之间添加一个半角空格。

图 11-21 选择文本

（5） 保存网页，按 F12 键。单击“发送信息”字样，打开“未命名 - 邮件（HTML）”窗口，如图 11-22 所示。

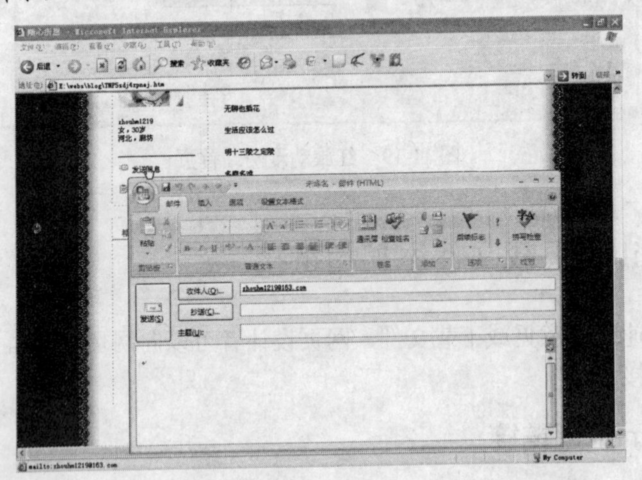

图 11-22 打开 Outlook Express 邮件窗口

11.4.2 为下载文件添加超链接

将 Internet 中的文件或程序下载到本地，可方便用户在脱机状态下随时查看。为网页添加下载功能的方法与设置其他超链接的方法相同，唯一不同的是链接指向的对象不同。一般情况下，打开超链接网页指向的对象为网页，下载文件的超链接指向的对象为文件或程序。

设置下载功能最常用的方法为：选择网页中需建立超链接的文字，然后将属性检查器中的“链接”文本框右侧的“指向文件”图标拖动到“文件”面板中要下载的目标文件上。

★例 11.6: 打开 blog 站点中的 default02.htm 网页，添加 AP 元素并输入文本“下载 flash: 想你 生日快乐 你那里下雪了吗”，分别为 3 个文件名添加下载，下载对象依次为 flash 文件夹中的 001.rar、002.rar、003.rar。

（1） 打开 blog 站点中的 default02..htm 文件，单击“布局”工具栏中的“绘制 AP Div”按钮。

（2） 在图片上拖动创建一个矩形 AP 元素，并在其中输入文本“下载 flash: 想你 生日快乐 你那里下雪了吗”。

（3） 切换至“代码”模式，在“想你”、“生日快乐”和“你那里下雪了吗”两两标题间插入 4 个“ ”代码，以添加空格，如图 11-23 所示。

（4） 设置文本的字体大小为16、颜色代码为#0099FF。

（5） 切换回“设计”模板，选择“想你”字样，拖动属性检查器中的“指向文件”图标至“文件”面板中blog站点flash/001.rar文件。

（6） 以同样的方式，依次为“生日快乐”和“你那里下雪了吗”字样设置下载功能。

（7） 保存文件后，按F12键，在浏览器中浏览网页。

（8） 单击“生日快乐”字样，打开如图11-24所示的“文件下载”对话框。

图11-23 设置文本

图11-24 打开“文件下载”对话框

提示： 图11-24所示的“文件下载”对话框中“来源”项显示为E:\webs\blog\flash，原因在于当前站点并未上传至Internet。如果设计者将站点上传至Internet，则“来源”项显示将显示为站点名称，如cxdlpt.163.com。

11.5 使用锚记

锚记可用来标记文档中的特定位置，使当前位置可以快速跳转到文档中的标记位置，该功能常用于当前文档且文档内容过多需多屏显示时。在网页中使用锚记必须分两步进行：一是在网页中创建锚记，二是为锚记建立链接。

11.5.1 创建锚记

要创建锚记，应先确定要添加锚记的位置，例如将插入点置于某行或某段文字首，单击“常用”工具栏中的“命名锚记”按钮，或选择“插入记录”|“命名锚记”命令，打开“命名锚记”对话框。在“锚记名称”文本框中输入名称，单击“确定”按钮，如图11-25所示。

图11-25 “命名锚记”对话框

默认情况下，创建锚记后在插入点所在位置处自动显示锚记图标。如果创建锚记后不显示锚记图

标，可选择“查看”|“可视化助理”|“不可见元素”命令显示锚记图标。

警告：如果网页中使用了 AP 元素，切记不可将锚记置于 AP 元素中。

11.5.2 链接锚记

为创建的锚记添加链接后即可实现快速跳转，下面介绍 3 种为锚记添加链接的方法。

（1） 选择要链接到锚记的文字或图片，拖动属性检查器中的“指向文件”图至已创建的锚记。

（2） 在属性检查器中的“链接”文本框中输入符号“#锚记名称”，如“#xiangjiao”。值得注意的是其中的“#”为半角符号，且“#”与“锚记名称”之间不存在空格。

（3） 选择要创建链接锚记的文字，按住 Shift 键将鼠标指针指向锚记，在属性检查器上的“链接”文本框中自动显示“#锚记名称”。

在“链接”文本框中输入不同的锚记路径可链接到其他文档中：

（1） 链接到同一文件夹内其他文档中的 top 锚记，可输入“filename.htm#top”。

（2） 链接到父目录文件中的 top 锚记，可输入“../filename.htm#top”。

（3） 如果需要链接到指定目录下的文件中名为 top 的锚点，可输入“D:/filename.htm#top”（假设文件在 D 盘根目录下）。

★例 11.7：打开 blog 站点中如图 11-26 所示的 album.htm 网页，为左侧的“个人相册集”下各相册标题创建锚记。单击相应字样时，跳转至网页右侧对应的栏位。单击各栏右下角的“返回”字样，跳转至顶端。

图 11-26　未设置锚记的 album.htm 网页

（1） 打开 blog 站点中的 album.htm 文件，将插入点置于“2008 灯会”左侧的空白单元格中，如图 11-27 所示。

（2） 单击“常用”工具栏中的“命名锚记”按钮，打开“命名锚记”对话框。

（3） 在“锚记名称”文本框中输入“dh2008”，单击“确定”按钮，在插入点所在位置显示锚记图标，如图 11-28 所示。

图 11-27 确定插入点位置

图 11-28 插入锚记

（4） 以同样的方式分别为其他栏添加标记：“个人相册集”锚记为“album”，“2007 灯会”锚记为“dh2007”，“明十三陵博物展”锚记为“bowu”，“2008 初春”锚记为“spring2008”，“2007 春景”锚记为“spring2007”，“2007 雪景”锚记为“snow2007”，“其他图片”锚记为“other”。

（5） 选择“个人相册集”栏下方的“2008 灯会”字样，在属性检查器中的“链接”文本框中输入“#dh2008”字样，并打开“目标”下拉列表框，从中选择“_self”选项，如图 11-29 所示。

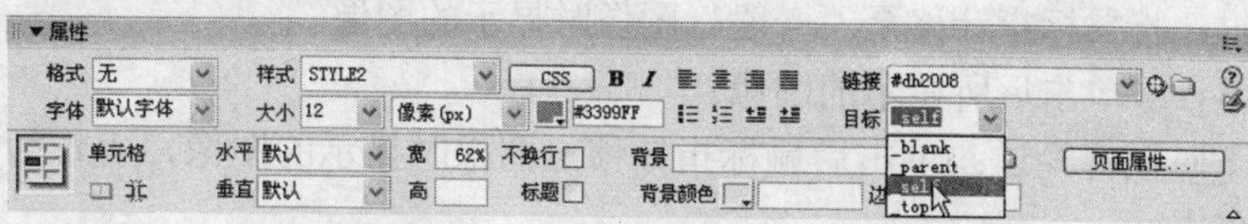

图 11-29 设置链接及目标选项

（6） 以同样的方式分别设置“个人相册集”下方其他文本链接。

（7） 以同样的方式为右侧各栏右下角的“<返回>”设置链接为“#album”。

（8） 保存文件，按 F12 键预览，单击网页左侧“个人相册集”栏目中的“2007 春景”链接，网页立即跳转并显示“2007 春景”栏目，如图 11-30 所示。

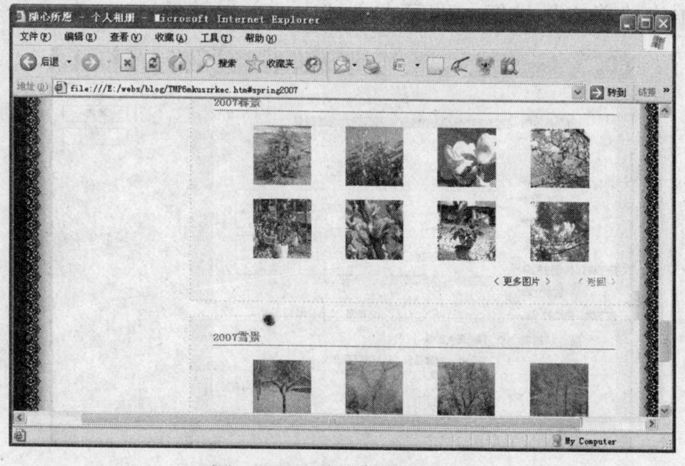

图 11-30 跳转至指定栏目

（9） 单击该栏目右下角的“<返回>”链接，返回上一个相册顶部，如图 11-31 所示。

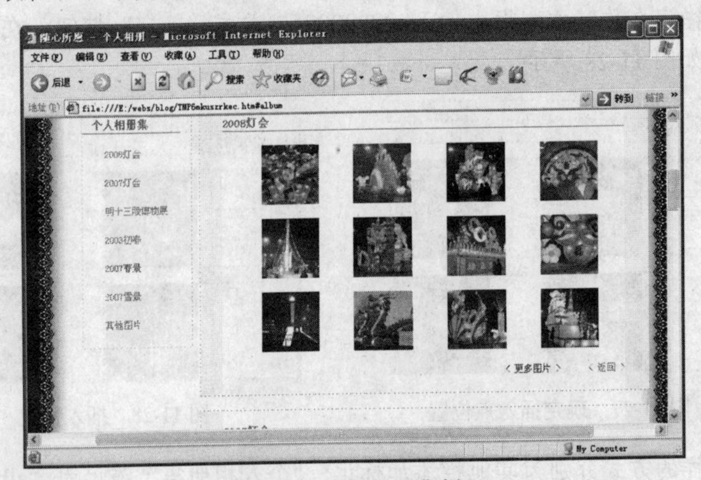

图 11-31　显示相册集栏目

11.6　使用导航工具条

导航工具条是由一组图像组成的，允许用户设置 4 种不同状态：一般、滑过、按下和按下时鼠标经过。在设置导航条时，用户可根据情况决定设置哪种状态。

（1） 一般：未单击时显示的图像。

（2） 滑过：指鼠标指针移至“一般”图像时显示的图像。

（3） 按下：被单击后所显示的图像。

（4） 按下时鼠标经过：单击后鼠标指针移出图像时显示的图像，可作为提示提醒用户该项目已经被单击。

11.6.1　插入导航条

要在文件中插入导航条，前提条件为站点中必须有一组可用的图像，然后单击“常用”工具栏中的“图像”按钮右侧的三角按钮，从弹出的菜单中选择“导航条”命令，或选择“插入记录”|“图像对象”|“导航条”命令，打开“插入导航条”对话框，如图 11-32 所示。进行所需设置后单击“确定”按钮，即可在文档中插入导航条。

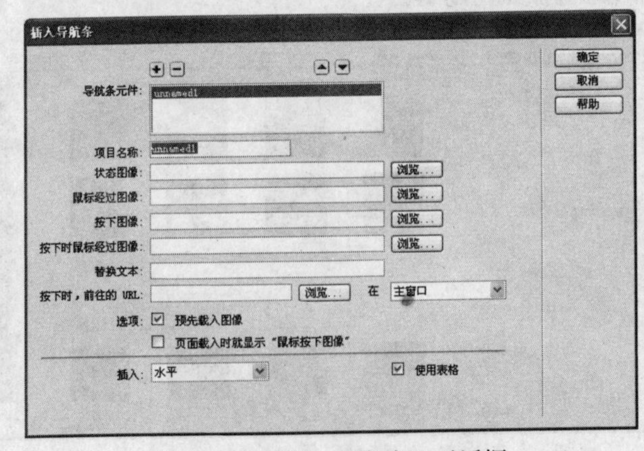

图 11-33　“插入导航条”对话框

“插入导航条”对话框中各选项的功能如下。

（1） “添加项”[+]、“移除项”[-]：单击[+]按钮可向“导航条元件”列表框中添加项目，单击[-]按钮可从“导航条元件”列表框中删除选择的项目。

（2） “上移项”[▲]、“下移项”[▼]：单击[▲]按钮可向上移动选择项目，单击[▼]按钮可向下移动选择项目。

（3） “导航条元件”：用于显示所有项目。

（4） “项目名称”：用于为导航条项目命名。

（5） “状态图像”：用于定义最初显示的图像。该选项为必选项，其他图像状态选项则为可选项。

（6） “鼠标经过图像”：用于定义鼠标指针滑过项目所显示的图像。

（7） “按下图像”：用于定义单击项目后显示的图像。

（8） “按下时鼠标经过图像”：用于定义鼠标指针滑过并按下鼠标时显示的图像。

（9） “替换文本”：用于输入项目的描述替换文件。

（10） “按下时，前往的URL”：用于设置单击后要打开的链接目标。

（11） “预先载入图像”：用于在载入页面时下载图像。如果未选择此选项，则会在用户鼠标指针滑过图像时载入图片。建议用户选择该选项，以免出现延迟。

（12） “页面载入时就显示‘鼠标按下图像’”：用于在显示页面时，以按下状态显示所选项目，而不是以默认的“一般”状态显示。

（13） “插入”：用于设置导航条插入到网页中的方式，可选项为“水平”和“垂直”。

（14） “使用表格”：用于指定是否以表格的形式插入导航条。

★例 11.8：打开 blog 站点中的 index.htm 网页，将其另存为 index02.htm。删除网页顶部的“首页”、“日志”、“相册”、“个人资料”字样，用导航条替代。为导航条设置不同的 3 种状态：原始状态、鼠标经过时状态、单击鼠标后状态，如表 11-1 所示。

表 11-1　导航条项目及使用的素材

	状态图像	鼠标经过时	单击鼠标后	链接目标
首　页	0011.gif	0012.gif	0012.gif	index.htm
日　志	0021.gif	0022.gif	0022.gif	log.htm
相　册	0031.gif	0032.gif	0032.gif	album.htm
个人资料	0041.gif	0042.gif	0042.gif	data.htm

（1） 打开 blog 站点的 index.htm 网页，选择“文件”|“另存为”命令，将网页另存为 index02.htm。

（2） 选择编辑窗口中的“首页”、“日志”、“相册”、“个人资料”字样，按 Delete 键将其删除。

（3） 选择“插入记录”|“图像对象”|“导航条”命令，打开“插入导航条”对话框。

（4） 单击“状态图像”文本框右侧的“浏览”按钮，选择 image 文件夹中的 0011.gif；单击“鼠标经过图像”文本框右侧的“浏览”按钮，选择 image 文件夹中的 0012.gif；单击“按下时鼠标经过图像”文本框右侧的“浏览”按钮，选择 image 文件夹中的 0013.gif.，如图 11-34 所示。

（5） 单击“添加项”按钮，参照步骤（1）~（4）操作，完成“日志”、“相册”、“个人资料”项目设置。

（6） 清除“使用表格”复选框，单击“确定”按钮。

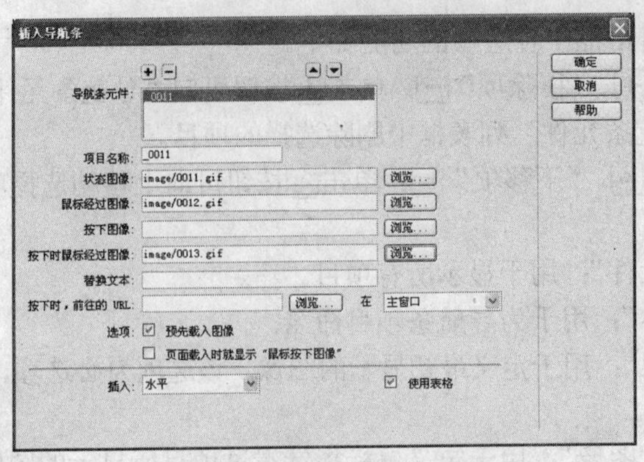

图 11-34　设置“首页”项目

（7）切换至代码编辑模式，在各图片间插入 4 个“&nbps;”代码，保存文件。

（8）按 F12 键浏览网页，将指针移至“相册”链接对象上，图片效果发生改变，如图 11-35 所示。

首 页　　日 志　　相 册　　个人资料

图 11-35　图片效果发生改变

11.6.2　修改导航条

为文档创建导航条后，用户可根据需要更改图像或图像组、更改单击项目时所打开的文件、选择在不同的窗口或框架中打开文件及重新排序图像。

若要修改导航条，可选择“修改”|“导航条”命令，打开“修改导航条”对话框，如图 11-36 所示。从“导航条元件”列表框中选择要编辑的项目，再根据实际需要进行设置，设置后单击“确定”按钮。“修改导航条”对话框与“插入导航条”对话框选项几乎相同，操作方式也是相同的，在此不再赘述。

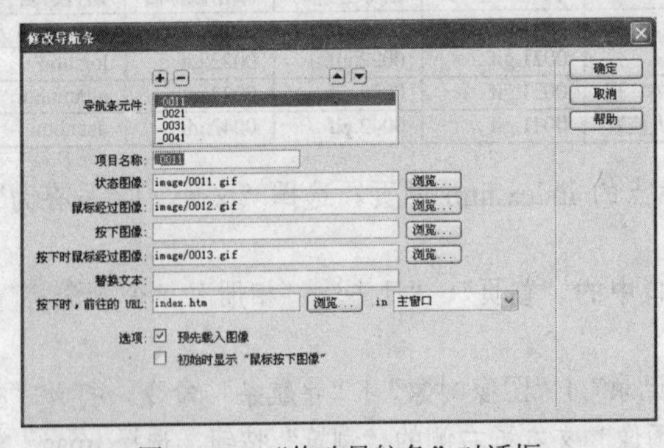

图 11-36　“修改导航条”对话框

11.7　实例——添加链接

打开 xiuxian 站点中已存在的 UntitledFrameset-3.html 网页，进行如下设置。

（1） 为网页右上角的“设为首页”、“加入收藏”和“与我联系”字样添加链接，以便在单击“设为首页”字样时将当前网页设置为首页；单击“加入收藏”字样时将当前网页添加至收藏夹中；单击“与我联系”字样时打开收发电子邮件软件书写 E-mail。

（2） 选择左侧的 katong.jpg 图片，为其添加链接，使其链接至 katong.html 网页，且将指针移至该图片时显示提示信息“单击，浏览更多卡通图片”。

（3） 设置链接效果，删除链接文本下的下画线，各状态下的颜色代码分别为：链接颜色——#336600、已访问链接——#009900、活动链接——#0000FF，如图 11-37 所示。

图 11-37 设置链接后的网页效果

1. 设置“设为首页”链接

（1） 进入 xiuxian 站点，打开站点根目录下的 UntitledFrameset-3.html 网页。

（2） 将插入点置于“设为首页”字样前，然后单击“文档”工具栏中的“拆分”按钮，进入拆分模式。

（3） 将插入点置于“设为首页”前的“>”符号左侧，添加一个半角空格后，加入代码：href=# onClick="this.style.behavior='url（#default#homepage）';this.setHomePage（' http://www.xxx.com/xxx'）;"，如图 11-38 所示。

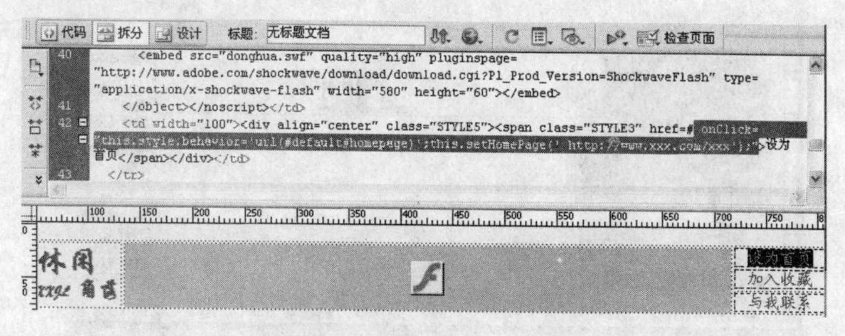

图 11-38 “设为首页”链接

2. 设置“加入收藏”链接

（1） 将光标置于文档中的“加入收藏”字样前，在“设为首页”前的“>”符号左侧单击。

（2） 插入半角空格后添加代码：href=# onClick="window.external.AddFavorite（'http://www.xxx.com/xxx','欢迎光临休闲角落'）"，如图 11-39 所示。

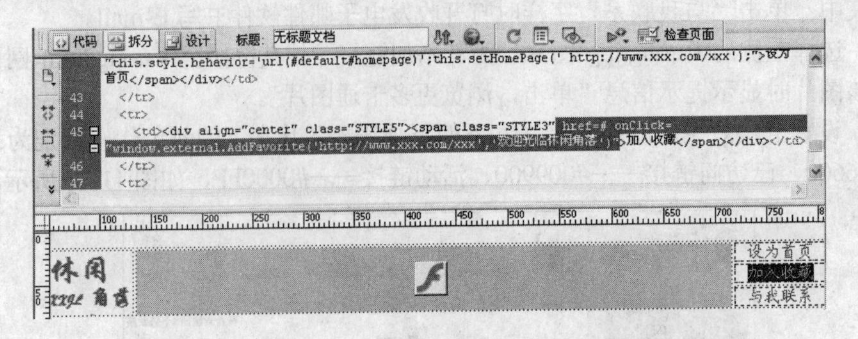

图 11-39 “加入收藏”链接

3. 设置“与我联系”链接

（1） 单击属性检查器中的“刷新”按钮，单击“文档”工具栏中的“设计”按钮，返回“设计”模式。

（2） 选择“与我联系”字样，单击“常用”工具栏中的“电子邮件链接”按钮，打开“电子邮件链接”对话框。

（3） 在“E-mail”文本框中输入“zhouhm1219@163.com”，单击“确定”按钮。

（4） 保持文本选择状态，打开属性检查器中的“样式”下拉列表框，从中选择“style3”选项，为其应用已有样式，得到如图 11-40 所示的效果。

图 11-40 “与我联系”链接

4. 设置图片链接

（1） 选择左侧的 katong.jpg 图片，在属性检查器中的“链接”文本框中输入“katong.html”。

（2） 在“替换”文本框中输入“单击，浏览更多卡通图片”，如图 11-41 所示。

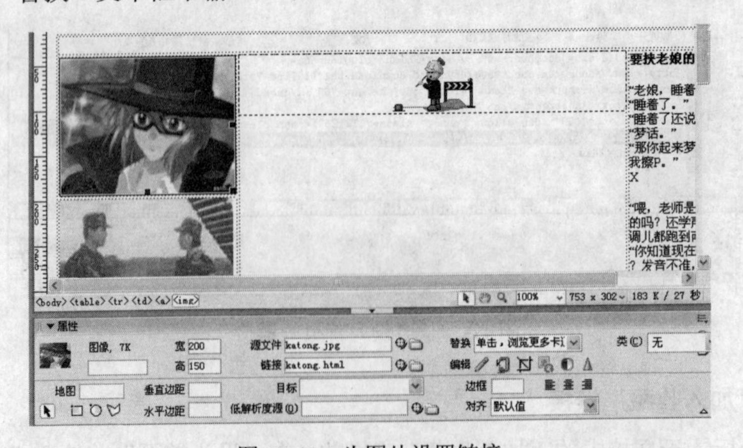

图 11-41 为图片设置链接

（3） 打开“目标”下拉列表框，从中选择“_blank”选项。

5. 设置链接属性

（1） 单击属性检查器中的“页面属性”按钮，打开“页面属性”对话框。

（2） 选择“分类”列表框中的“链接”选项，切换至“链接”选项卡。

（3） 在“链接颜色”文本框中输入颜色代码#336600，在“已访问链接”文本框中输入颜色代码#009900，在“活动链接”文本框中输入颜色代码#0000FF。

（4） 打开“下画线样式”下拉列表框，从中选择“始终无下画线”选项。

（5） 单击“确定”按钮。

6. 保存并预览

（1） 保存文件后，按F12键浏览网页效果。

（2） 单击“设为首页”字样，打开如图11-42所示的提示对话框.

（3） 单击“加入收藏”字样，打开如图11-43所示的“添加到收藏夹”对话框。

图11-42　设为主页提示对话框

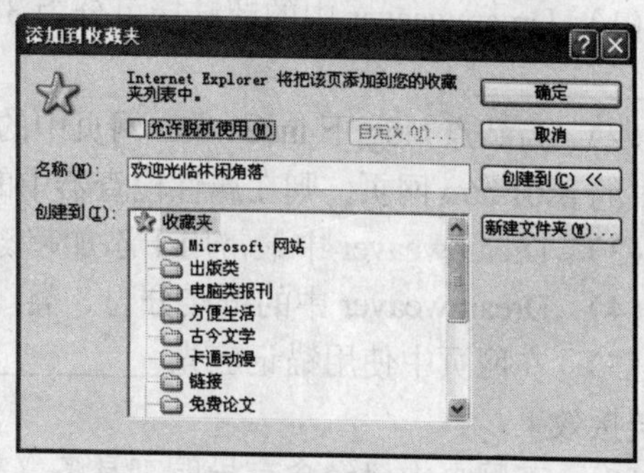

图11-43　“添加到收藏夹”对话框

11.8　本章小结

超链接是Internet的灵魂，可以把Internet上众多的网站和网页联系起来，构成一个有机的整体。通过本章的学习，读者可以掌握Dreamweaver中超链接的基本操作方法，包括内部超链接、外部超链接、E-mail链接、锚记链接和导航工具条等内容。

11.9　上机练习与习题

11.9.1　选择题

（1） Dreamweaver中允许用户为不同的对象添加超链接，下面不允许设置超链接的选项是______________。

A. 网页　　　　B. 对象

C. 图像　　　　D. 文本

（2） 要设置访问过的超链接文字颜色，应在“页面属性”对话框中的“链接”选项页中的__________选项中进行设置。

A. 链接颜色　　　　　　　　　　B. 变换图像链接
C. 已访问链接　　　　　　　　　D. 活动链接

（3）________不能作为锚记的名称。

A. REN　　　　　　　　　　　　B. Ren
C. ccc123　　　　　　　　　　　D. 123

（4）要插入导航工具条，应单击“常用”工具栏中的__________按钮。

A. [icon]　　　　　　　　　　　B.  [icon]
C. [icon]　　　　　　　　　　　D. [icon]

（5）导航工具条具有4种不同的状态，其中必须指定的状态是__________。

A. 按下图像　　　　　　　　　　B. 状态图像
C. 按下时鼠标经过图像　　　　　D. 鼠标经过图像

11.9.2 填空题

（1）Dreamweaver中的超链接可分为3类，其中用于链接到当前网页中指定位置的链接为__________。

（2）为站点blog下index.htm网页中的“相册”字样设置超链接，将其链接至album文件夹中的ps01.htm网页，则在属性检查器中的“链接”文本框中应输入__________________。

（3）Dreamweaver中最常用于添加超链接的载体为__________和__________。

（4）Dreamweaver中的链接分为3类，分别为__________、__________和__________。

（5）在网页中使用锚记应先__________，然后__________，保存网页后即可预览锚记链接效果。

（6）若网页中已经含有导航工具条，需要对其进行编辑、修改以达到用户所需效果，可选择__________菜单中的__________命令。

（7）单击设置了超链接的对象后，若希望在当前窗口中打开网页，应从属性检查器中的“目标”下拉列表框中选择____________选项。

11.9.3 问答题

（1）什么是超链接？简述网站中常用的超链接类型。

（2）选择链接路径类型的原则是什么？

（3）如何创建锚记？怎样才能使锚记具有链接功能？

（4）如何为文本添加超链接并设置链接样式？

（5）如何在网页中插入导航条？

11.9.4 上机练习

（1）练习为文本设置超链接，要求链接对象为站点相同目录下的网页。

（2）向网页中添加导航工具条。

第12章

层叠样式表

教学目标：

层叠样式表（CSS）是由一系列格式组成的规则，可用于控制网页中各对象的外观。例如，使用层叠样式表可以为指定文本、整篇文档及整个站点定义统一的风格。本章主要介绍什么是层叠样式表，如何创建、编辑CSS样式和CSS样式表，以及使用CSS样式表的优先顺序等内容。

重点与难点：

1. 创建与编辑CSS样式。
2. 导入与链接样式。
3. 应用类样式。
4. 设置CSS样式属性。

12.1　层叠样式表概述

Dreamweaver提供了层叠样式表功能，用于灵活控制Web页面内容外观。例如，应用层叠样式表可以统一控制网页的特定字体和字号、文本颜色和背景颜色等。除此之外，还可确保浏览器以一致的方式处理页面布局和外观。

12.1.1　什么是CSS

CSS全称Cascading Style Sheets，中文名为层叠样式表，也可简称为样式表，以下简称为CSS样式。CSS样式本身是一组格式设置规则，用于控制Web页内容的外观。网页设计最初用HTML标记来定义页面文档及格式，如标题<h1>、段落<p>等，但这些标记不能满足更多的文档样式需求。为了解决这个问题，在1997公布了有关样式表的第一个标准CSS1，自CSS1的版本之后，又在1998年5月发布了CSS2版本，样式表得到了更多的充实。

12.1.2 CSS 的作用

下面介绍 CSS 的功能。

1. 具有良好的兼容性

CSS 样式表的代码有良好的兼容性，只要是可以识别 CSS 样式表的浏览器就可以正常应用。换句话说，如果用户丢失了某个插件时，或者使用的是老版本的浏览器时，代码不会出现杂乱无章的情况。

2. 页面内容与表示形式分离

通过使用 CSS 样式设置页面的格式，可将页面的内容与表示形式分离开。页面内容（即 HTML 代码）存放在 HTML 文件中，而用于定义代码表示形式的 CSS 规则存放在另一个文件（外部样式表）或 HTML 文档的另一部分（通常为文件头部分）中。将内容与表示形式分离可使站点外观的维护变得更加容易，更容易控制页面布局。

3. 提供更快的下载速度

CSS 样式表只是简单的文本，它不需要图像，不需要执行程序，不需要插件，就象 HTML 指令那样快。有了 CSS 样式后，以前必须借助 GIF 才能实现的效果现在应用 CSS 样式就可以实现；除此之外，CSS 样式还可以减少表格标签及其他加大 HTML 文件大小的代码，这样就极大地缩减了文件大小，可以制作出文件更小、下载速度更快的网页。

12.1.3 CSS 的语法规则

CSS 样式由两部分组成：选择器和声明。选择器是标识已设置格式元素的术语（如 p、h1、类名称或 ID），而声明块则用于定义样式属性。例如：

```
h1{
   font-size:16pixels;
   font-family:Helvetica;
}
```

其中，h1 是选择器，介于大括号（{}）之间的所有内容都是声明。各个声明均由两部分组成：属性（如 font-family）和值（如），中间用冒号（:）分隔。以声明 font-family:Helvetica 为例，font-family 为属性，Helvetica 为值。

12.1.4 CSS 样式的优先顺序

若定义了多个 CSS 样式，且将两个或多个样式应用于同一文本时，样式间可能会发生冲突，产生意外的结果。浏览器根据以下规则将 CSS 样式应用于文本。

（1） 将多种样式应用于同一文本，浏览器显示样式的所有属性，除非某个特定的属性发生冲突。例如，一种样式将文本颜色指定为蓝色，而另一种样式将文本颜色指定为红色。

（2） 应用于同一文本的多种样式属性发生冲突时，浏览器显示最里面的样式（离文本本身最近的样式）的属性。也就是说，如果外部样式表和内联 CSS 样式同时影响文本元素，则内联样式为其中所应用的那一个。

（3） CSS 样式间若发生直接冲突，则使用 class 属性应用的样式中的属性将取代 HTML 标记样式中的属性。

12.2 CSS 样式的创建、编辑与导出

用户在为文本设置字体、字号、颜色等操作时会自动生成名为 style 的样式，如 style n（n 为从 1 开始的自然数序列），且自动显示在属性面板的“样式”下拉列表框和“CSS”面板组中的“CSS 样式”面板中，如图 12-1 所示。

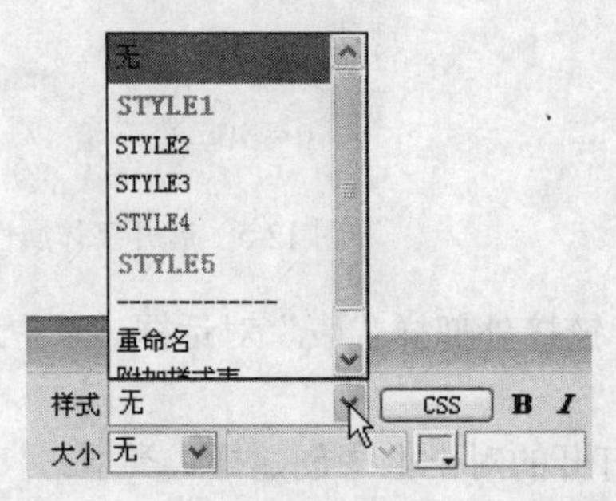

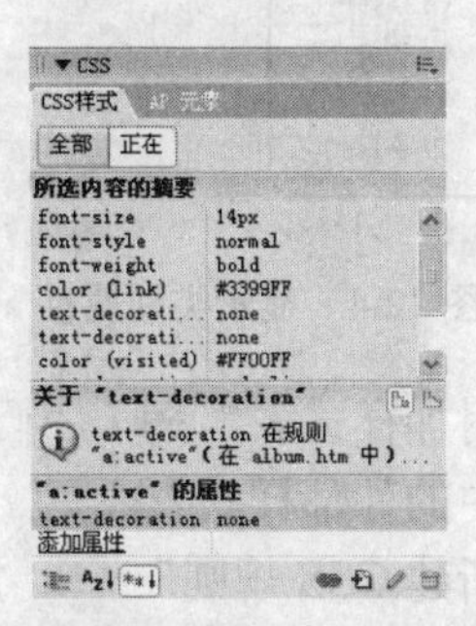

图 12-1 “样式”下拉列表框和“CSS 样式”面板

用户在不断修改文本格式的过程中会生成一系列样式，但并不是所有的样式都符合用户要求。用户除了可以应用 Dreamweaver 自动生成的样式外，还可以定义自己需要的样式。下面先认识一下创建 CSS 样式要应用到的面板，然后再介绍如何创建、管理、链接和导出 CSS 样式。

12.2.1 认识“CSS 样式”面板

“CSS 样式”面板集成在“CSS”面板组中，默认状态下“CSS”面板为隐藏状态，只显示面板标题栏，如图 12-2 所示。单击“CSS”标题栏中的“CSS”字样或向右的三角按钮▶，展开“CSS”面板。若当前网页中不包含 CSS 样式，则显示如图 12-3 所示的“CSS 样式”面板。

图 12-2 选项面板组

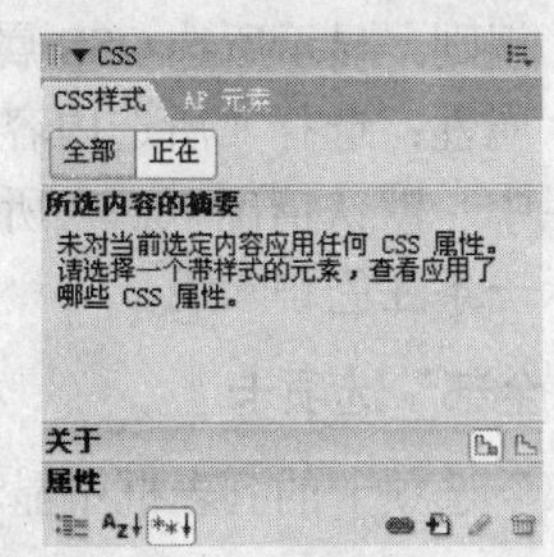

图 12-3 未显示 CSS 样式的面板

“CSS 样式”面板底部含有 7 个按钮，利用这些按钮可以以不同的类别显示 CSS 样式，为 CSS 样式附加样式表，或者编辑、创建、删除样式等。各按钮功能如下。

（1） “显示类别视图”：用于以分类的形式显示所有可用属性。属性可分为 8 个类别，如图 12-4 所示。每个类别的属性都包含在一个列表中，用户可以通过单击类别名称旁边的加号（+）或减号（-）按钮展开或折叠它，如图 12-5 所示。

（2） “显示列表视图”：用于按字母顺序显示所有 CSS 属性。

（3） “只显示设计属性”：用于只显示已设置的属性，此视图为默认视图。

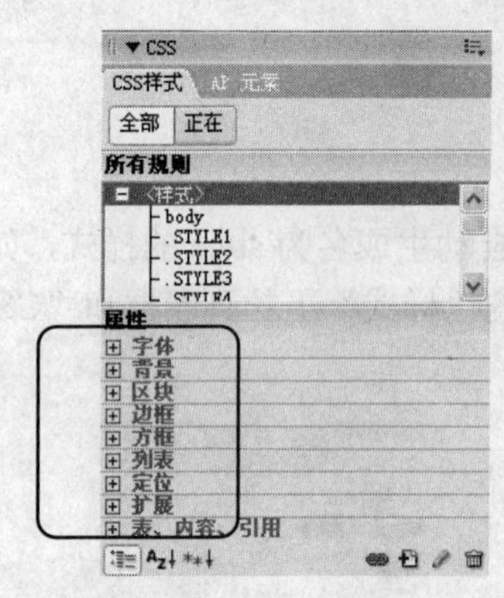

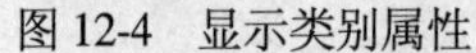

图 12-4 显示类别属性

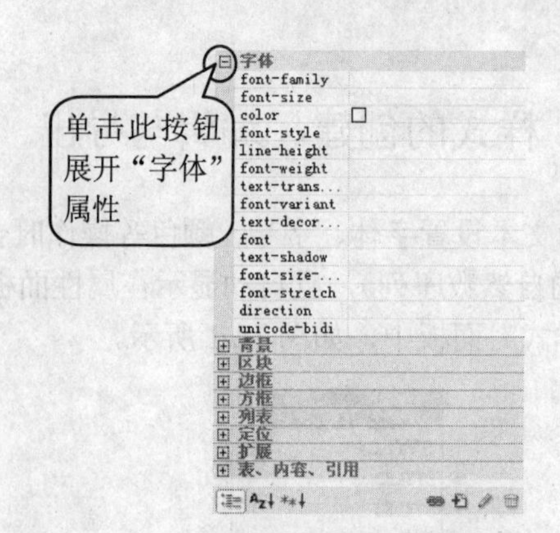

图 12-5 展开字体属性

（4） “附加样式表”：用于打开“链接外部样式表”对话框，从中选择要链接或导入到当前文档中的外部样式表。

（5） “新建 CSS 规则”：用于在打开的对话框中创建样式类型。

（6） “编辑样式”：用于在打开的对话框中编辑当前文档或外部样式表中的样式。

（7） “删除 CSS 规则”：用于删除“CSS 样式”面板中的所选规则或属性，并从应用该规则的所有元素中删除格式。

“CSS 样式”面板中含有两个选项卡：“全部”和“正在”。通过“正在”选项卡可以跟踪影响当前所选页面元素的 CSS 规则和属性，而通过“全部”选项卡可以跟踪影响整个文档的规则和属性。

1. “正在”选项卡

默认状态下“CSS 样式”面板中显示的是“正在”选项卡，若当前打开的文档中已含有样式，则显示如图 12-6 所示的“CSS 样式”面板，该选项卡分为 3 栏。

（1） 所选内容的摘要：显示文档中当前所选内容的 CSS 属性。

（2） 规则：显示所选 CSS 属性的规则的名称，以及包含该规则的文件的名称。

（3） 属性：选择“所选内容的摘要”栏中任意属性时，定义规则的所有属性会显示在“属性”栏中。默认情况下，在所有视图中，已设置的属性会以蓝色显示；与选择无关的属性则会显示一条红色删除线。

2. “全部”选项卡

“全部”选项卡的列表框中显示出当前文档中所包含的 CSS 样式，如图 12-7 所示。

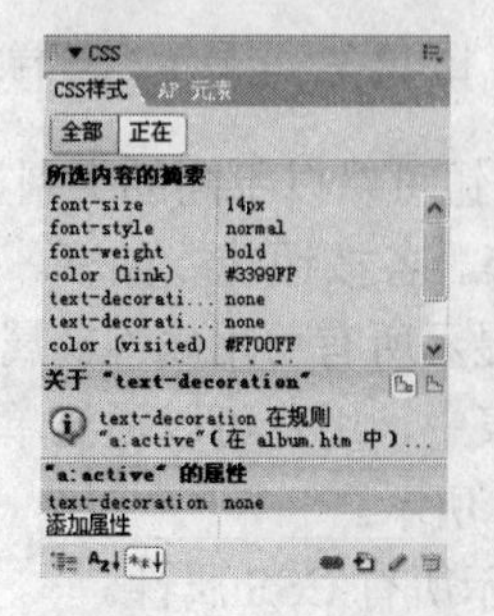

图 12-6 “正在”选项卡

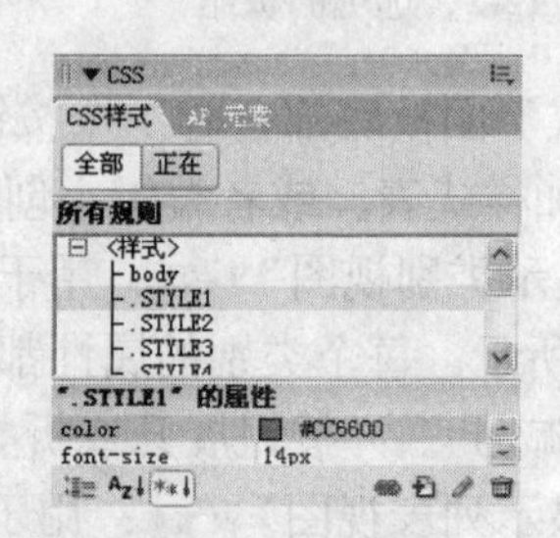

图 12-7 “全部”选项卡

在“所有”模式下，“CSS 样式”面板显示两栏：“所有规则”和“属性”。

（1） 所有规则：显示当前文档中定义的规则以及附加到当前文档的样式表中定义的所有规则的列表。

（2） 属性：可以编辑“所有规则”栏中任何所选规则的 CSS 属性。

12.2.2 创建 CSS 样式

Dreamweaver 允许用户自定义 CSS 样式，如果要自定义 CSS 样式，可通过以下任意一种方式打开如图 12-8 所示的“新建 CSS 规则”对话框。

图 12-8 “新建 CSS 规则”对话框

（1） 单击“CSS 样式”面板右下角的“新建 CSS 规则”按钮。

（2） 选择“文本”|“CSS 样式”|“新建”命令。

（3） 在“CSS 样式”面板中任意位置处右击，从弹出的快捷菜单中选择“新建”命令。

（4） 单击“CSS 样式”面板右上角的按钮，从弹出的下拉菜单中选择“新建”命令。

“新建 CSS 规则”对话框中各选项的功能如下。

（1） “选择器类型”：用于选择新建样式的类型，其中有 3 个可选项。

- 类：创建可应用于文本范围或文本块的样式。
- 标签：可重新定义特定标签的格式。例如，创建或更改 h1 标记的 CSS 样式时，所有用 h1 标记设置了格式的文本都会立即更新。
- 高级：可重新定义特定元素组合的样式，或其他 CSS 允许的选择器表单的格式。高级样式还可以重定义包含特定 id 属性的标记。

（2） “选择器”：用于为新建的样式命名，该选项名会随选择“选择器类型”的不同而发化变化。

- 选择“类”选项，则为“名称”文本框，用于输入样式名称。
- 选择“标签”选项，则为“标签”文本框，用于输入 HTML 标记，或从下拉列表框中选择一个标记。
- 选择“高级”选项，则为“选择器”文本框，用于输入 HTML 标记，或从下拉列表框中选择选择器选项（其中包括 a:active、a:hover、a:link 和 a:visited）。

（3） “定义在”：用于选择定义样式的位置，即定义样式的使用范围。

- “新建样式表文件”：定义外部层叠样式表。选择此单选按钮后单击“确定”按钮，弹出“保存样式表文件为”对话框，要求将样式保存成一个样式文件。保存成文件后，可通过链接应用在所有的文件中。
- “仅对该文档”：定义只能应用于该文档的样式。

提示：类名称是字母和数字的组合，且在类名称前包含英文句点，如“.myhead1”。如果用户没有输入英文句点，系统会自动添加。

★例 12.1：创建一个名为 style1 的样式，要求设置此样式为 14 磅粗体，颜色代码为

#CC6600。

（1） 展开“CSS样式”面板，单击右下角的“新建CSS规则”按钮，弹出“新建CSS规则”对话框。

（2） 从“选择器类型”选项组中选择“类”单选按钮，在“名称”下拉列表框中输入样式名称style1，从“定义在”选项组中选择“仅对该文档”单选按钮，如图12-9所示。

（3） 完成设置，单击“确定”按钮，打开“.style1的CSS规则定义”对话框。

（4） 在“分类”列表框中选择“类型”选项，从“大小”下拉列表中选择14，在“粗细”下拉列表框中选择“粗体”选项，在“颜色”文本框中输入颜色代码#CC6600，如图12-10所示。

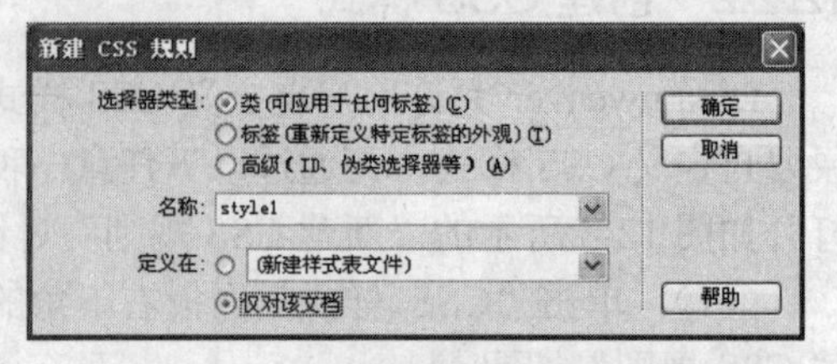

图12-9 仅在当前文档创建类样式

（5） 设置完毕，单击“确定”按钮，在“CSS样式”面板中出现命名为style1的样式，如图12-11所示。

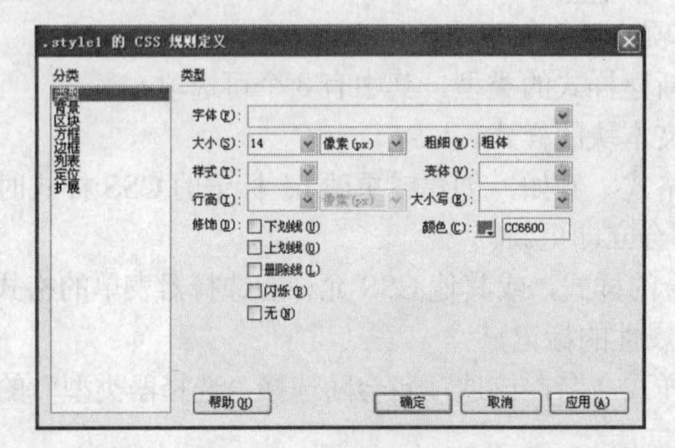

图12-10 定义样式内容

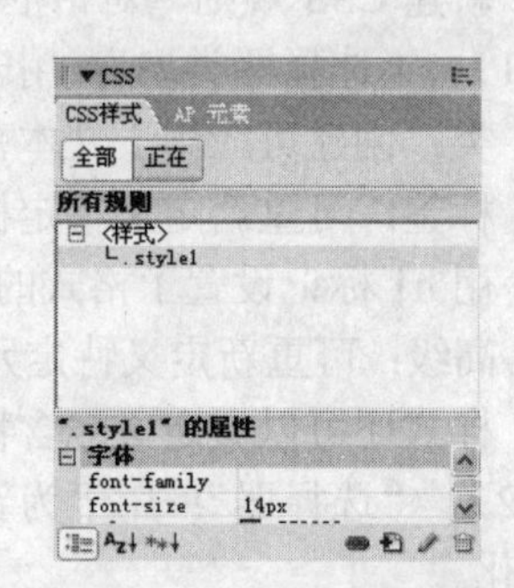

图12-11 “CSS样式”面板

12.2.3 移动样式创建新CSS样式表

根据例12.1的方式创建的CSS样式仅应用于当前文档，如果要将内部样式表应用于其他文档，可将已创建的内部样式移至外部样式表中，创建CSS外部样式表。

右击“CSS样式”面板中要导出的内部样式，从弹出的快捷菜单中选择“移动CSS规则”命令，打开“移至外部样式表”对话框，如图12-12所示。选择“新样式表”单选按钮，单击“确定”按钮。

打开“保存样式表文件为”对话框，如图12-13所示。在“文件名”文本框中输入样式表名称，单击“保存”按钮即可将样式导出为外部样式。

★例12.2：打开blog站点中的album.htm网页，将body下的style1样式导出且外部样式表名称为body01.css。

（1） 展开“CSS样式”面板，选择body下的style1样式。

（2） 右击style1样式，从弹出的快捷菜单中选择“移动CSS规则”命令，打开“移至外部样式表”对话框。

（3） 选择“新样式表”单选按钮，单击“确定”按钮。

（4） 打开“保存样式表文件为”对话框，在“文件名”文本框中输入“body01”。

（5） 单击“保存”按钮，创建名为 body01.css 的外部样式表。

图 12-12 “移至外部样式表”对话框

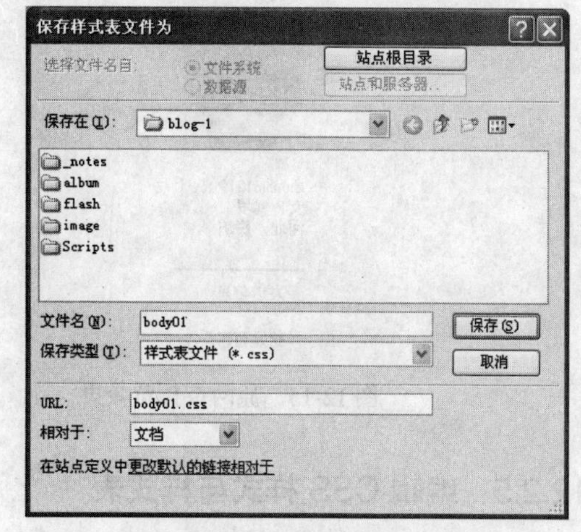

图 12-13 “保存样式表文件为”对话框

12.2.4 链接或导入外部样式表

外部样式表创建后就无须再创建，直接使用链接或导入的方式即可应用至文档中。

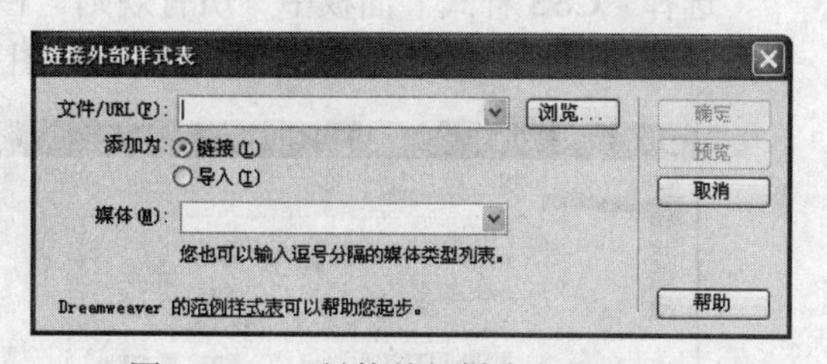

图 12-14 “链接外部样式表”对话框

单击“CSS 样式”面板中的“附加样式表”按钮，打开如图 12-14 所示的“链接外部样式表”对话框。

单击“浏览”按钮，打开“选择样式表文件”对话框，从中选择所需的外部样式表。单击“确定”按钮，返回“链接外部样式表”对话框。然后选择“添加为”选项组中任意选项，单击“确定”按钮。

提示：如果要使用 Dreamweaver 中预置的样式表，可以单击“链接外部样式表”对话框中的“范例样式表”超链接，打开“范例样式表”对话框，从中选择符合需要的样式。

★例 12.3: 打开 blog 站点中的 index01.htm 文档，其预览效果如图 12-15 所示，为其链接一个名为 tabcss01.css 的外部样式表，设置链接后的图片会添加一个点线边框，如图 12-16 所示。

（1） 打开 blog 站点中的 index01.htm 文档，并确认“CSS 样式”面板已经展开。

（2） 单击“CSS 样式”面板中的“附加样式表”按钮，打开“链接外部样式表”对话框。

（3） 单击“浏览”按钮，打开“选择样式表文件”对话框，选择 tabcss01.css。

（4） 单击“确定”按钮，返回“附加样式表”按钮，选择“添加为”选项组中的“链接”单选按钮。

（5） 单击“确定”按钮，完成样式表的链接。

（6）保存文件，按 F12 键预览网页。

图 12-15 原网页预览效果

图 12-16 链接外接样式后的效果

12.2.5 编辑 CSS 样式与样式表

如果要编辑 CSS 样式，可展开“CSS 样式”面板，选择“所有规则”栏中要编辑的 CSS 样式，然后单击“编辑样式”按钮，打开如图 12-17 所示的“CSS 规则定义”对话框，在其中更改样式的各属性。

选择“CSS 样式”面板中“所有规则”栏中要编辑的 CSS 样式，然后在“属性”栏中单击要更改的属性，更改完毕按 Enter 键，如图 12-18 所示。

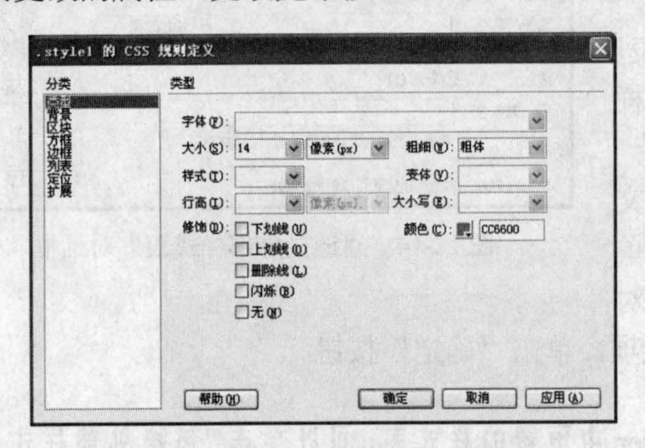

图 12-17 “CSS 规则定义”对话框

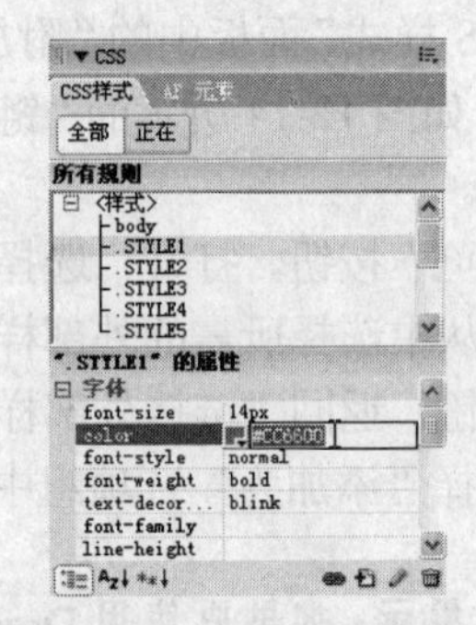

图 12-18 修改样式属性

编辑 CSS 样式表与编辑 CSS 样式的方法类似，同样可应用“CSS 样式”面板中的“属性”栏和“CSS 规则定义”对话框编辑 CSS 样式，编辑 CSS 样式表的方法就不再赘述了。

12.3 应用类样式

类样式是唯一可以应用于文档中任何文本的 CSS 样式类型，与当前文档关联的所有类样式都显示在“CSS 样式”面板和文本属性面板的“样式”下拉列表框中。

12.3.1 应用自定义 CSS 样式

要将 CSS 样式应用至文本，应先选择文本或将插入点置于文本所在段落，然后执行下列操作即可将选择的 CSS 样式应用于文本。

（1）从文本属性面板“样式”下拉列表框中选择要应用的类样式。

（2） 在文档窗口中右击所选文本，弹出如图 12-19 所示的快捷菜单，选择“CSS 样式”命令，从弹出的下级菜单中选择要应用的样式。

（3） 切换至“CSS 样式”面板的“全部”模式，右击“所有规则”栏中要应用的样式，从弹出的快捷菜单中选择“套用”命令。

（4） 单击“CSS 样式”面板中的图标，从弹出的菜单中选择“套用”命令。

（5） 选择“文本”|“CSS 样式”命令，从下级菜单中选择要应用的样式。

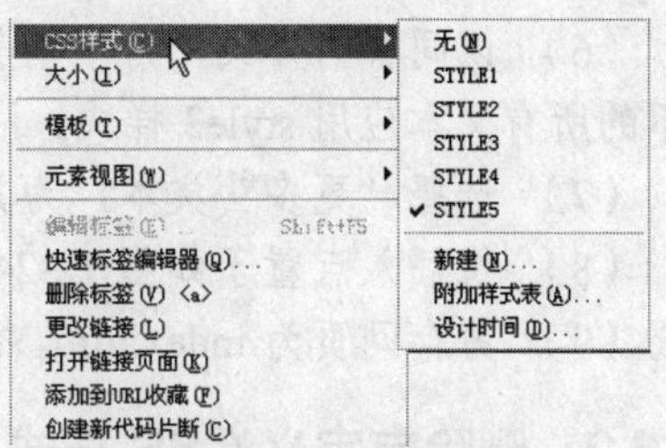

图 12-19 快捷菜单

★例 12.4: 打开 blog 站点中的 index01.htm 网页，如图 12-20 所示。为网页中的“个人资料”、“最近更新”、“精美收藏”和“小说转载”等标题应用 style1 样式，为“个人资料”栏下的文本应用 style2 样式，为其他 3 个标题下的文本应用 style3 样式，为“更多”字样应用 style4 样式，为网页首部的“主页”等文本应用 style5 样式，得到如图 12-21 所示的效果。

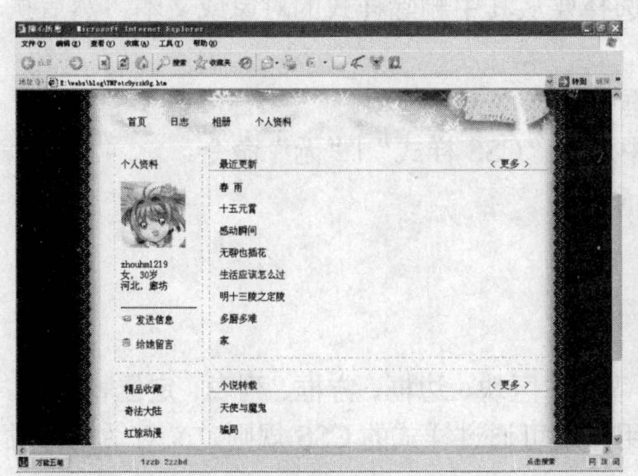
图 12-20 原网页效果

图 12-21 应用样式后的效果

（1） 打开 blog 站点中的 index.htm 文件，并确认“CSS 样式”面板已展开。

（2） 如图 12-22 所示，将插入点置于“个人资料”标题文本后。右击 style1 样式，从弹出的快捷菜单中选择“套用”命令。

（3） 以同样的方式分别为“最近更新”、“精美收藏”和“小说转载”等标题应用 style1 样式。

（4） 如图 12-23 所示，选择“个人资料”栏下方的所有文本，打开属性面板的“样式”下拉列表框，从中选择 style2 选项。

图 12-22 将插入点置于标题栏

图 12-23 选择栏目下所有文本

（5）选择“最近更新”栏下方的所有文本并右击，从弹出的快捷菜单中选择“CSS 样式”|“style3”命令。

（6）以同样的方式，为“精美收藏”和“小说转载”栏下的所有文本应用 style3 样式。

首页　　日志　　相册　　个人资料

图 12-24　应用 style5 的文本

（7）选择“更多”文本，为其应用 style4 样式。

（8）将插入点置于如图 12-24 所示的文本中间，为其应用 style5 样式。

（9）另存网页为 index.htm，按 F12 键预览效果。

12.3.2　删除自定义 CSS 样式

对于无须再使用的自定义 CSS 样式可以将其删除。要删除 CSS 样式，应先选择要删除的 CSS 样式，然后执行以下任一操作。

（1）单击“CSS 样式”面板右下角的“删除”按钮。

（2）在样式上右击，从弹出的快捷菜单中选择“删除”命令。

（3）单击“CSS 样式”面板右上角的按钮，从弹出的快捷菜单中选择“删除”命令。

如果用户只是删除为文本应用的样式，可选择要从其中删除样式的对象或文本，然后执行以下任一操作。

（1）从文本属性面板“样式”下拉列表框中选择“无”选项。

（2）右击选定文本，从弹出的快捷菜单中选择“CSS 样式”|“无”命令。

（3）选择“文本”|“CSS 样式”|“无”命令。

12.4　设置 CSS 样式属性

CSS 样式的属性共分为 8 类，分别为字体、背景、区块、边框、方框、列表、定位和扩展。除了应用“CSS 样式”面板设置 CSS 属性外，用户还可通过样式的 CSS 规则定义对话框来设置 CSS 样式属性。

12.4.1　设置“类型”属性

打开“CSS 规则定义”对话框，确认当前显示如图 12-25 所示的“类型”选项卡，该选项卡中各选项的功能如下。

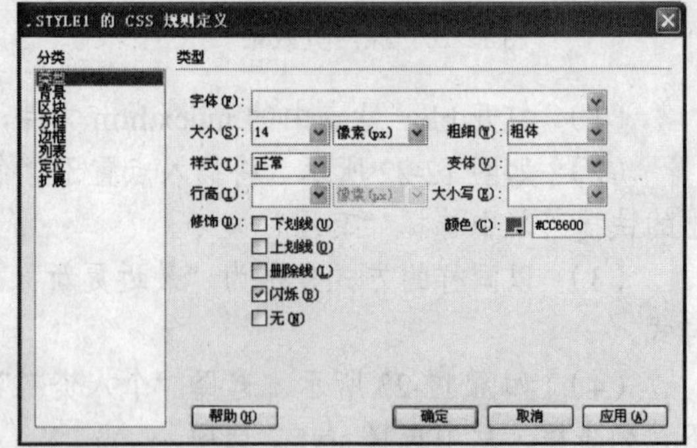

图 12-25　“类型”选项卡

（1）“字体”：用于定义样式的文本字体格式。

（2）“大小”：用于定义字体大小。

（3）“粗细”：用于指定文本的笔画粗细。

（4）“样式”：用于指定文本的字体样式。

（5）“变体”：用于设置文本的小型大写字母变体。

（6）“行高”：用于设置文本所在行的高度。选择“正常”选项，系统自动计算行高；选择“值”选项，用户可输入数值自定义行高。

（7）“大小写”：用于将所选内容中的每个单词的首字母大写或将文本设置为全部大写

或小写。

（8）　“修饰”：用于向文本中添加各种修饰效果，如下画线、上画线、删除线。如果选择“无”选项表示不使用任何修饰。

（9）　“颜色”：用于设置文本颜色。

12.4.2　设置“背景”属性

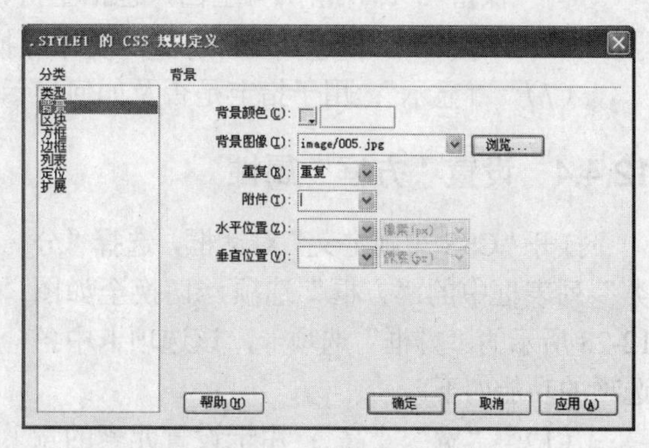

图 12-26　“背景”选项卡

打开“CSS 规则定义”对话框，选择“分类”列表框中的“背景”选项，切换至如图 12-26 所示的“背景”选项卡，该选项卡中各选项的功能如下。

（1）　“背景颜色”：用于设置元素的背景颜色。

（2）　“背景图像”：用于设置元素的背景图像。

（3）　“重复”：用于确定是否以及如何重复背景图像。

（4）　“附件”：用于确定背景图像是固定在它的原始位置还是随内容一起滚动。

（5）　“水平位置”：用于设置背景图像相对于元素或文档窗口的初始水平位置。

（6）　“垂直位置”：用于设置背景图像相对于元素或文档窗口的初始垂直位置。

12.4.3　设置“区块”属性

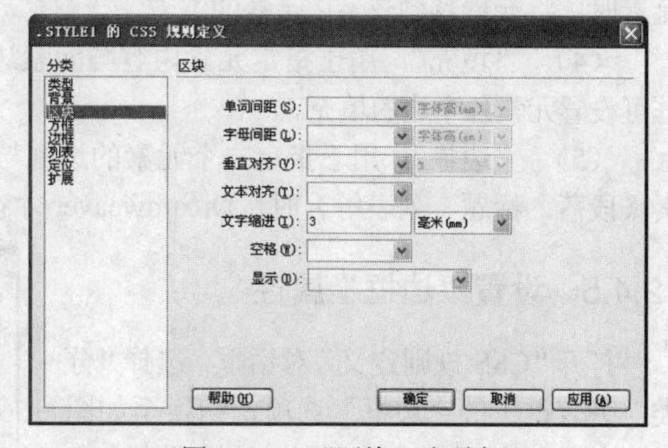

图 12-27　“区块”选项卡

打开“CSS 规则定义”对话框，选择“分类”列表框中的“区块”选项，切换至如图 12-27 所示的“区块”选项卡，该选项卡中各选项的功能如下。

（1）　“单词间距”：用于设置单词的间距。

（2）　“字母间距”：用于设置字母或字符的间距，指定负值可减小字符间距。

（3）　“垂直对齐”：用于指定元素的垂直对齐方式，用户可以选择以下选项。

- “基线”：使元素与元素的上一级基线对齐。
- “下标”：将元素设置为上一级元素的下标。
- “上标”：将元素设置为上一级元素的上标。
- “顶部”：使元素和行中最高的元素向上对齐。
- “文本顶对齐”：使元素和上一级元素的字体向上对齐。
- “中线对齐”：纵向对齐元素的基线加上上一级元素高度的一半的中点。
- “底部”：使元素和行中最低的元素向下对齐。
- “文本底对齐”：使元素和上一级元素的字体向下对齐。

（4）　“文本对齐”：用于设置元素中的文本对齐方式。

（5）　“文字缩进”：用于指定第 1 行文本缩进的程度。可以使用负值创建凸出，但能否正常显示取决于浏览器。

（6）“空格”：用于确定如何处理元素中的空格。

- “正常”：收缩空格。
- “保留”：即保留所有空白，包括空格、制表符和回车符。
- “不换行”：仅遇到
标记时文本才换行。

（7）“显示”：用于指定是否及如何显示元素，若选择“无”，则关闭元素显示。

12.4.4 设置“方框”属性

打开“CSS 规则定义”对话框，选择“分类”列表框中的“方框”选项，切换至如图 12-28 所示的“方框”选项卡，该选项卡中各选项的功能如下。

（1）“宽”、“高”：用于设置元素的宽度和高度。

（2）“浮动”：用于设置其他元素（如文本、AP 元素、表格等）在哪边围绕元素浮动。

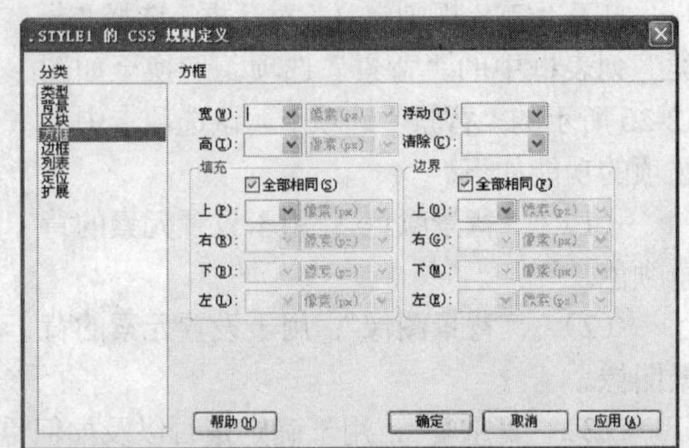

图 11-28 “方框”选项卡

（3）“清除”：用于定义元素的某边不允许有 AP 元素。例如，指定的清除边上出现 AP 元素时，将元素移到该 AP 元素的下方。

（4）“填充”：用于指定元素内容与元素边框之间的间距。取消选择“全部相同”复选框可设置元素各个边的填充。

（5）“边界”：用于指定一个元素的边框与另一个元素之间的间距。仅当应用于块级元素（段落、标题、列表等）时，Dreamweaver 才在文档窗口中显示该属性。

12.4.5 设置“边框”属性

打开“CSS 规则定义”对话框，选择“分类”列表框中的“边框”选项，切换至如图 12-29 所示的“边框”选项卡，该选项卡中各选项的功能如下。

（1）“样式”：用于设置元素边框的样式。

（2）“宽度”：用于设置元素边框的宽度。

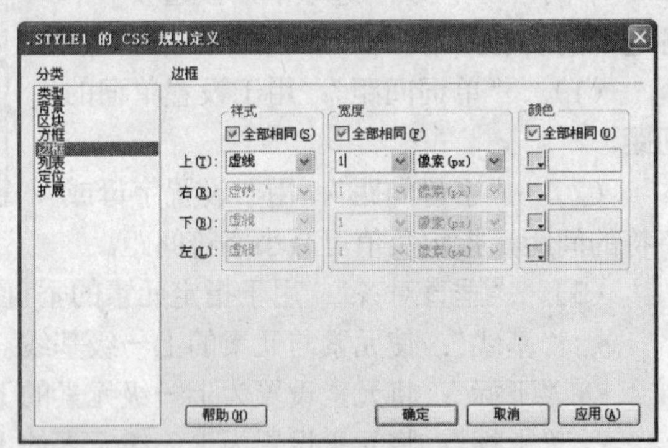

图 12-29 “边框”选项卡

（3）“颜色”：用于设置元素边框的颜色。

（4）“全部相同”：选择该复选框，可为“上”、“下”、“左”、“右”边框设置相同属性。

12.4.6 设置“列表”属性

打开“CSS 规则定义”对话框，选择“分类”列表框中的“列表”选项，切换至如图 12-30 所示的“列表”选项卡，该选项卡中各选项的功能如下。

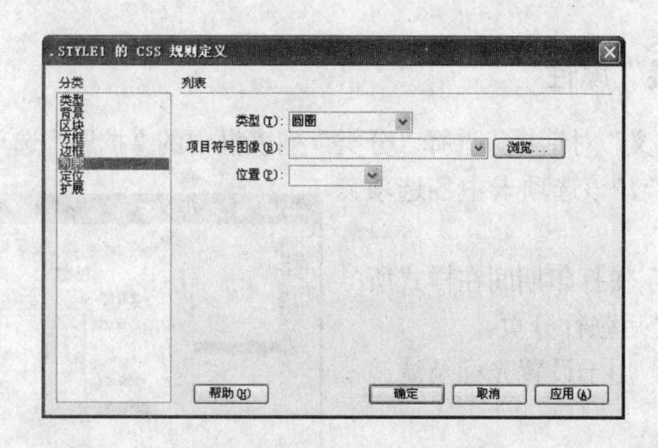

图 12-30　“列表”选项卡

（1）　“类型”：用于设置项目符号或编号的外观。

（2）　“项目符号图像”：用于为项目符号指定自定义图像。

（3）　“位置”：用于设置列表项文本是否换行和缩进（外部）及文本是否换行到左边距（内部）。

12.4.7　设置“定位”属性

打开“CSS 规则定义”对话框，选择“分类”列表框中的“定位”选项，切换至如图 12-31 所示的“定位”选项卡，该选项卡中各选项的功能如下。

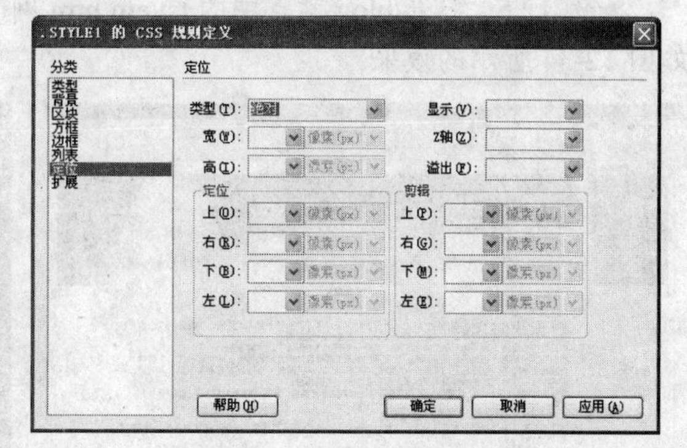

图 12-31　“定位”选项卡

（1）　“类型”：用于确定浏览器如何定位选择的元素。

（2）　“显示”：用于确定内容的初始显示条件。如果不指定可见性属性，则默认情况下内容将继承父级标记的值。

（3）　“宽”、“高”：用于设置 AP 元素的宽度和高度。

（4）　“Z 轴”：用于确定内容的堆叠顺序，Z 轴值较高的元素显示在 Z 轴值较低的元素的上方，其值可以为正，也可以为负。

（5）　“溢出”：用于确定当容器的内容超出容器的显示范围时的处理方式。这些属性按下以下方式控制扩展。

- “可见”：增加容器的大小，以使所有内容都可见。容器将向右下方扩展。
- “隐藏”：保持容器的大小并剪辑任何超出的内容，不提供任何滚动条。
- “滚动”：将在容器中添加滚动条，而不论内容是否超出容器的大小。明确提供滚动条可避免滚动条在动态环境中出现和消失所引起的混乱。
- “自动”：将使滚动条仅在容器的内容超出容器的边界时才出现。

（6）　“定位”：用于指定内容块的位置和大小。

（7）　“剪辑”：用于定义内容的可见部分。如果指定了剪切区域，则可以使用 JavaScript 样式脚本语言访问，并操作其属性创建如擦除之类的特殊效果。

12.4.8 设置“扩展”属性

打开“CSS 规则定义”对话框，选择“分类”列表框中的“扩展”选项，切换至如图 12-32 所示的“扩展”选项卡，该选项卡中各选项的功能如下。

（1）“分页”：用于使打印期间在样式所控制的对象之前或者之后强行分页。

（2）“视觉效果”：用于设置光标及滤镜效果。

- “光标”：当指针位于样式所控制的对象上时改变指针形状。
- “过滤器”：对样式所控制的对象应用特殊效果。

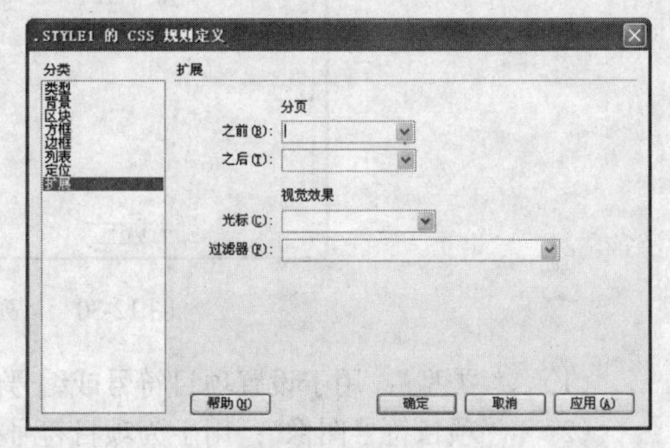

图 12-32 “扩展”选项卡

★例 12.5：打开 blog 站点中的 tsyem.htm 网页，如图 12-33 所示为其添加各种属性，得到如图 12-34 所示的效果。

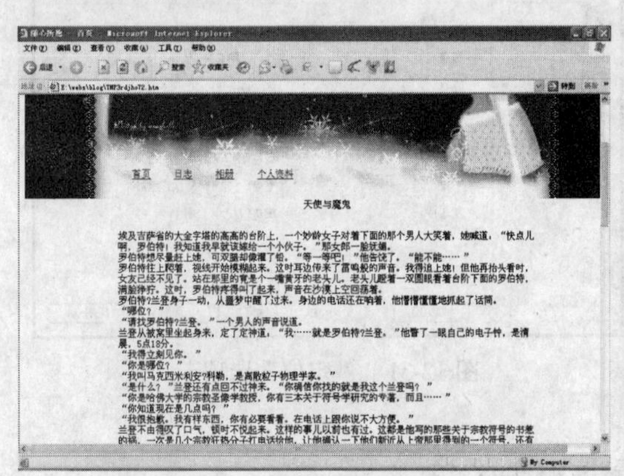

图 12-33 原网页效果

图 12-34 设置样式后的网页效果

tabcss02.css 中的 ttcss 样式各属性如下。

“类型”：字体大小为 14，“样式”为“正常”，“行高”为 25，“颜色”为#000000。

“背景”：“背景颜色”为#000000，“背景图像”为 blog 站点中的 image/005.jpg，“重复”为“纵向重复”，“水平位置”为“左对齐”，“垂直位置”为“顶部”。

“区块”：“垂直对齐”为“中线对齐”，“文本对齐”为“左对齐”。

“边框”：“样式”为“虚线”，“宽度”为 1 像素，“颜色”为#000000。

“扩展”：“过滤器”为 text。

a:link 高级样式属性：字体大小为 14，“样式”为“正常”，“粗细”为“粗体”，“行高”为 25，“颜色”为#0066FF。

a:visited 高级样式属性：字体大小为 14，“样式”为“正常”，“粗细”为“粗体”，“行高”为 25，“颜色”为#FF00FF。

a:hover 高级样式属性：字体大小为 14，“样式”为“正常”，“粗细”为“粗体”，“行高”

为 25，“颜色”为#990000。

style01 类样式属性：字体大小为 24，“粗细”为“粗体”，“行高”为 50，“颜色”为#000000。

（1）打开 blog 站点中的 tsyem.htm，单击属性检查器中的“CSS”按钮 CSS ，展开“CSS 样式”面板。

（2）单击“新建 CSS 规则”按钮，打开“新建 CSS 规则”对话框。选择“选择器类型”选项组中的“类”单选按钮，在“名称”文本框中输入“ttcss”，选择“定义在”选项组中的“(新建样式表文件)”单选按钮，如图 12-35 所示。

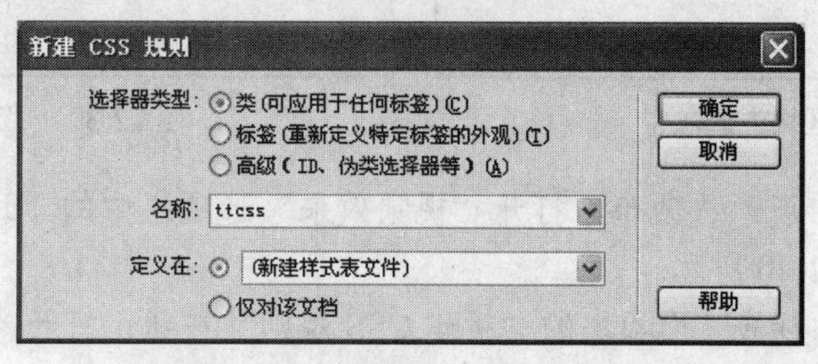

图 12-35 “新建 CSS 规则”对话框

（3）单击“确定”按钮，打开“保存样式表文件为”对话框。在“文件名”文本框中输入“tabcss02”，单击“保存”按钮。

（4）打开“.ttcss 的 CSS 规则定义（在 tabcss02.css）”对话框，切换至“类型”选项卡。在“大小”文本框中输入 14；打开“样式”下拉列表框，从中选择“正常”选项；在“行高”文本框中输入 25；设置“颜色”为#000000，如图 12-36 所示。

（5）切换至“背景”选项卡，设置“背景颜色”为#000000；单击“背景图像”右侧的“浏览”按钮，选择 blog 站点 image 文件夹中的 005.jpg 图像文件；打开“重复”下拉列表框，从中选择“纵向重复”选项；打开“水平位置”下拉列表框，从中选择“左对齐”选项；打开“垂直位置”下拉列表框，从中选择“顶部”选项，如图 12-37 所示。

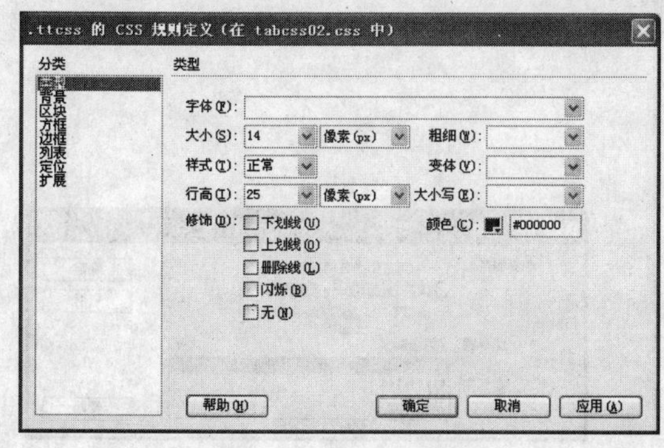

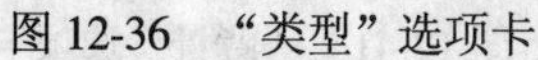

图 12-36 “类型”选项卡

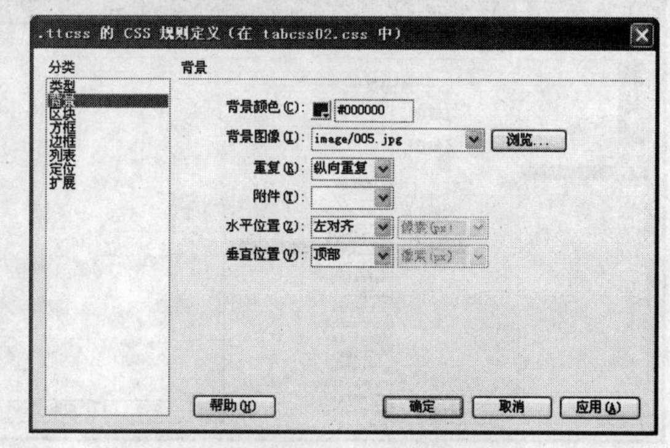

图 12-37 “背景”选项卡

（6）切换至“区块”选项卡。打开“垂直对齐”下拉列表框，从中选择“中线对齐”选项；打开“文本对齐”下拉列表框，从中选择“左对齐”选项，如图 12-38 所示。

（7）切换至“边框”选项卡。选择“样式”选项组中的“上”下拉列表框中的“虚线”选项，在“宽度”组中的输入 1，设置“颜色”为#000000，如图 12-39 所示。

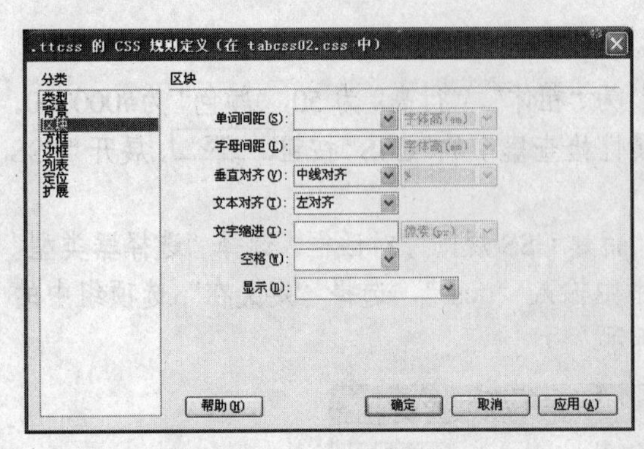

图 12-38 “区块”选项卡

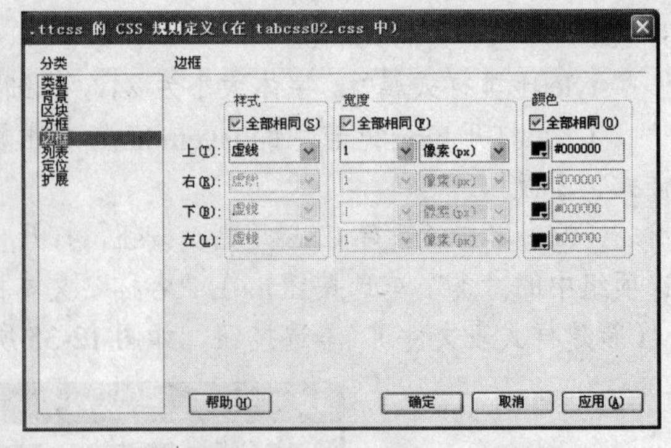

图 12-39 “边框”选项卡

（8） 切换至“扩展”选项卡，打开“视觉效果”选项组中的“过滤器”下拉列表框，从中选择 text，如图 12-40 所示。

（9） 单击“CSS 样式”面板中的“新建 CSS 规则”按钮，打开“新建 CSS 规则”对话框。选择“选择器类型”选项组中的“高级”单选按钮，选择“选择器”下拉列表框中的“a:link”选项，如图 12-41 所示，单击“确定”按钮。

（10） 打开“a:link 的 CSS 规则定义（在 tabcss02.css）”对话框，打开“类型”选项卡。在“大小”文本框中输入 14，在“样式”下拉列表框中选择“正常”选项，在“粗细”下拉列表框中选择“粗体”选项，在“行高”文本框中输入 25，设置“颜色”为#0066FF，单击“确定”按钮。

（11） 创建“a:visited”高级样式，并设置如下属性：字体大小为 14，“样式”为“正常”，“粗细”为“粗体”，“行高”为 25，“颜色”为#FF00FF。

（12） 创建“a:hover”高级样式，并设置如下属性：字体大小为 14，“样式”为“正常”，“粗细”为“粗体”，“行高”为 25，“颜色”为#990000。

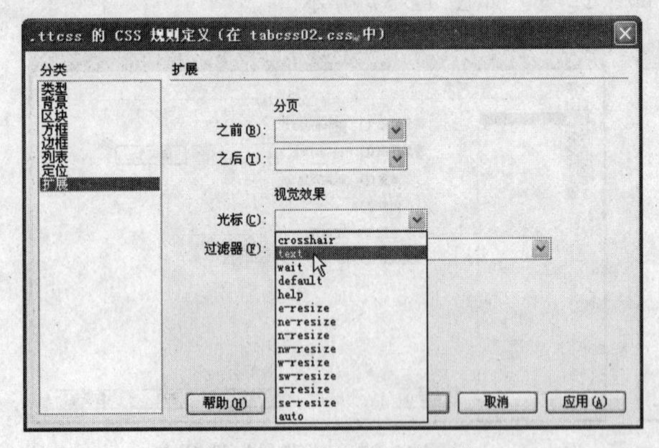

图 12-40 “类型”选项卡

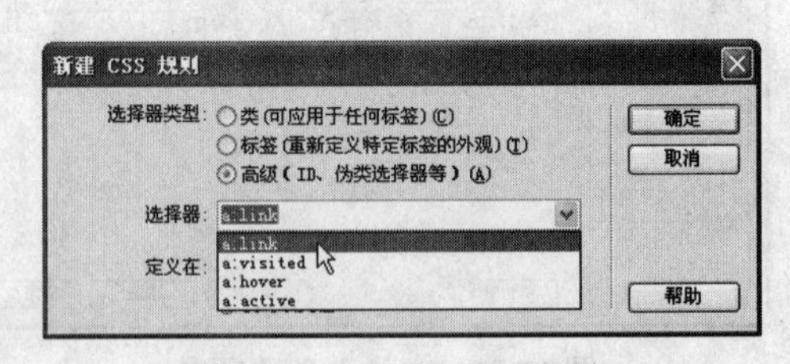

图 12-41 “背景”选项卡

（13） 单击“CSS 样式”面板中的“新建 CSS 规则”按钮，打开“新建 CSS 规则”对话框。选择“选择器类型”选项组中的“类”单选按钮，在“名称”文本框中输入“sytle01”，单击“确定”按钮。

（14） 打开“.sytle01 的 CSS 规则定义（在 tabcss02.css）”对话框，设置如下“类型”属性：字体大小为 24，“粗细”为“粗体”，“行高”为 50，“颜色”为#000000。

（15） 将插入点置于网页中，右击“CSS 样式”面板中的“.ttcss”样式，从弹出的快捷菜单中选择“套用”命令，得到如图 12-42 所示的效果。

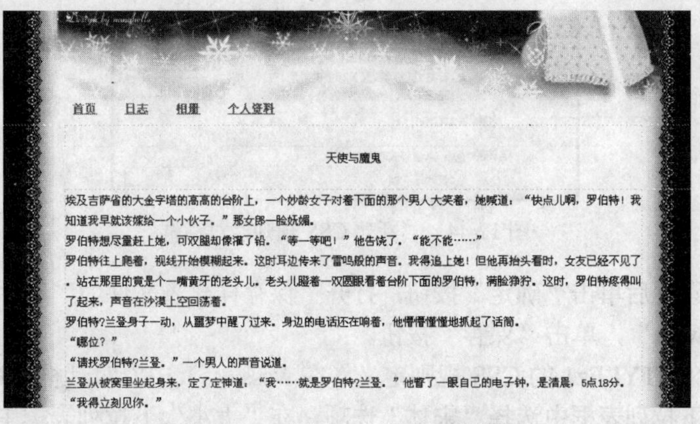

图 12-42 应用.ttcss 样式后的效果

（16） 将插入点置于“天使与魔鬼”行，右击“CSS 样式”面板中的“.style01”样式，从弹出的快捷菜单中选择“套用”命令。

（17） 保存文件，按 F12 键预览。

12.5 实例——设置 CSS 样式

打开 xiuxian 站点中已存在的 UntitledFrameset-3.html 网页，创建名为 wcss 的外部样式表，其中包含“.STYLEz1”、“.STYLEz2”和“.STYLEz3”3 个链接样式。为文档应用样式后得到如图 12-43 所示的效果。

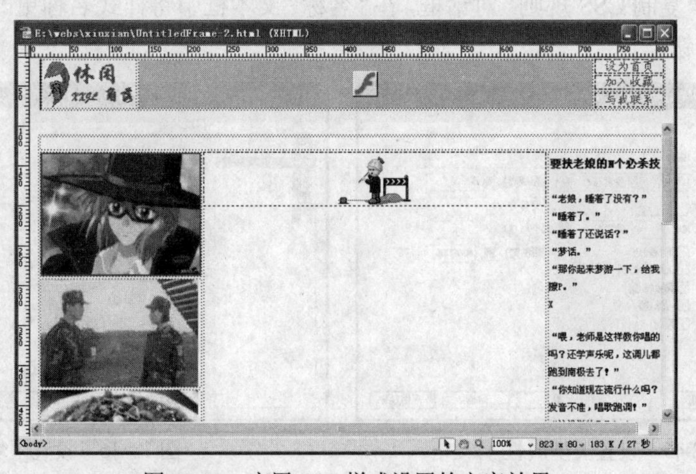

图 12-43 应用 CSS 样式设置的文字效果

1. 创建外部样式表

（1） 进入 xiuxian 站点，打开站点根目录下的 UntitledFrameset-3.html 网页。

（2） 单击属性检查器中的 CSS 按钮，展开 CSS 面板组。

（3） 单击“CSS 格式”面板中的“新建 CSS 样式”按钮，打开“新建 CSS 规则”对话框。

（4） 选择“选择器类型”选项组中的“类（可应用于任何标签）”单选按钮，在“名称”

文本框中输入“.STYLEz1”，选择“定义在”选项组中的“(新建样式表文件)”单选按钮，如图 12-44 所示。

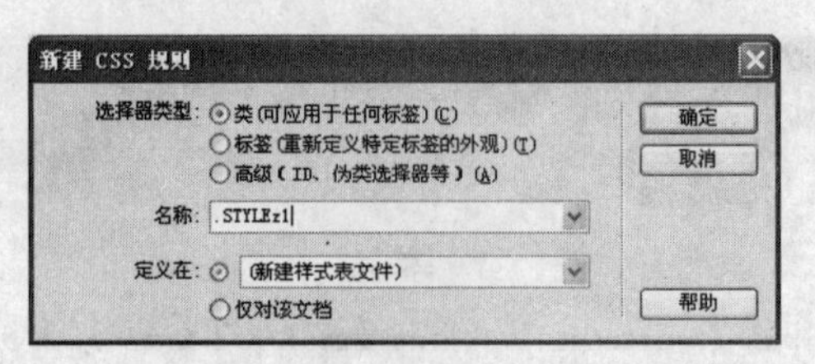

图 12-44　“新建 CSS 规则”对话框

（5） 完成设置后单击“确定”按钮，打开“保存样式表文件为”对话框。在“文件名”文本框中输入“wcss”，单击“保存”按钮。

（6） 打开“.STYLEz1 的 CSS 规则定义（在 wcss.css）中”对话框，进入“类型”选项卡。在“字体”下拉列表框中选择“宋体”选项，在“大小”下拉列表框中选择 14，在“粗细”下拉列表框中选择“粗体”选项，在“行高”文本框中输入 28，设置“颜色”为#000000，如图 12-45 所示。

（7） 选择“分类”列表框中的“区块”选项，切换至“区域”选项卡，在“文本对齐”下拉列表框中选择“右对齐”选项，如图 12-46 所示。

（8） 单击“确定”按钮。

2. 复制并编辑样式

（1） 右击“CSS 样式”面板中的外部样式 wcss 下的“.STYLEz1”样式，从弹出的快捷菜单中选择“复制”命令。

（2） 打开“复制 CSS 规则”对话框，在“名称”文本框中将样式名称更改为“.STYLEz2”，单击“确定”按钮。

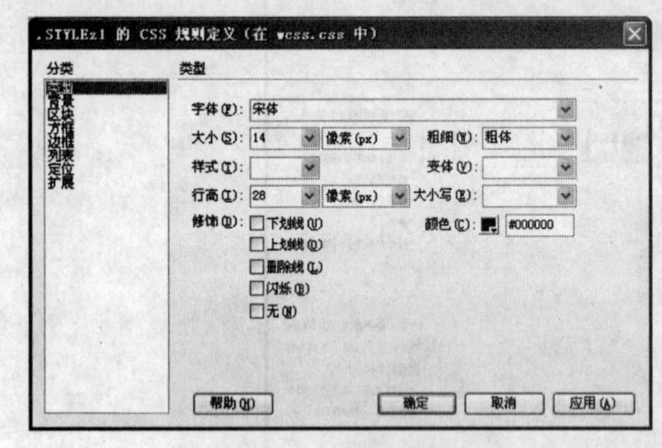

图 12-45　设置类型属性

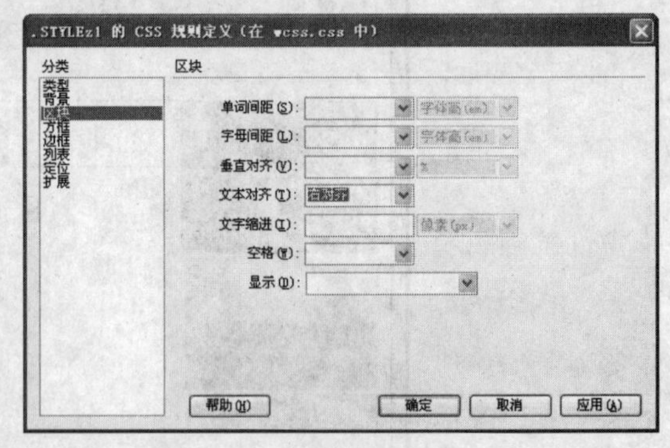

图 12-46　设置区块属性

（3） 双击“CSS 样式”面板中的“.STYLEz2”样式，打开“.STYLEz2 的 CSS 规则定义（在 wcss.css）中”对话框。

（4） 进入“类型”选项卡，设置字体“大小”为 12，“粗细”为“正常”，“行高”为 22 像素。

（5） 选择“分类”列表框中的“区块”选项，切换至“区域”选项卡，在“文本对齐”下拉列表框中选择“左对齐”选项。

（6） 单击“确定”按钮。

（7） 以同样的方式，复制“.STYLEz3”样式，设置字体为“楷体_GB2312”，“大小”为16，“颜色”代码为#336600。

3. 编辑 wcss.css 文件

（1） 双击站点根目录下的 wcss.css 文件，打开外部样式表。

（2） 将插入点置于第23行，输入如图12-47所示的代码。

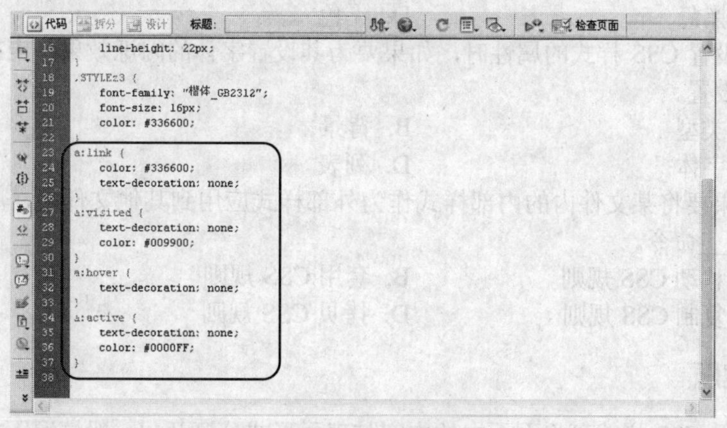

图12-47 添加CSS规则

（3） 按Ctrl+S组合键保存样式文件。

4. 应用样式

（1） 选择文档右侧的“必杀技”字样，展开“CSS”面板中的wcss外部样式。

（2） 右击“.STYLEz1”样式，从弹出的快捷菜单中选择“套用”命令。

（3） 选择其下方的所有正文，右击wcss外部样式下的“.STYLEz2”样式，从弹出的快捷菜单中选择“套用”命令。

（4） 按Ctrl+S组合键保存文件。

12.6 本章小结

本章主要介绍层叠样式表的相关知识，包括CSS的基本语法与功能、“CSS样式”面板的使用、应用类样式的方法、插入样式表的方式、CSS样式的属性设置，以及样式表的优先顺序等内容。学完本章的内容后，读者应该能够创建和编辑样式，根据自己的需要应用CSS样式轻松制作网页。

12.7 上机练习与习题

12.7.1 选择题

（1） Dreamweaver中自定义样式和类样式的名称必须以________开头。

A. 数字　　　　B. 字母

C. 英文点（.） D. 无所谓

（2） 要链接一个外部样式表，应单击“样式”对话框中的________按钮。

A. 新建 B. 编辑

C. 重制 D. 附加

（3） 一个样式指定文本的颜色为绿色，而另一个样式则指定文本的颜色为红色，文档中应显示________。

A. 绿色 B. 红色

C. 黑色 D. 无色

（4） 在设置 CSS 样式的属性时，如果要为其设置字体的闪烁效果，应在________分类选项中进行设置。

A. 类型 B. 背景

C. 字体 D. 列表

（5） 如果要将某文件内的内部样式作为外部样式应用到其他文件中，应选择快捷菜单中的________命令。

A. 移动 CSS 规则 B. 套用 CSS 规则

C. 复制 CSS 规则 D. 拷贝 CSS 规则

12.7.2 填空题

（1） 应用 CSS 样式可将页面中的内容与表示形式分离开，一般情况下将页面内容存放在________中。

（2） CSS 样式规则由________和________两部分组成。

（3） CSS 样式属性共分为 8 类，在设置 AP 元素的 CSS 样式属性时，应使用________。

（4） 将某文件中的所有样式都导出保存为 CSS 样式表，导出的文件扩展名为________。

（5） ________是唯一可以应用于文档中任何文本的 CSS 样式类型。

（6） 在为某元素设置视觉效果时，若要设置当指针位于样式所控制的对象上时改变指针形状，应切换至“CSS 规则定义”对话框中的________选项卡。

12.7.3 问答题

（1） 简述 CSS 样式的作用。

（2） 简述创建 CSS 样式的方法。

（3） 简述 CSS 样式应用的优先规则。

（4） 简述应用 CSS 样式的方法。

（5） 简述移动内部样式至外部样式的方法。

12.7.4 上机练习

（1） 打开任意网页创建外部样式，并将该样式应用于其他网页。

（2） 定义 1 像素虚线红色边框的样式，并将该样式保存在外部样式表中。

第 13 章

HTML 语言控制

教学目标：

HTML 是一种用来制作超文本文档的简单置标语言，用 HTML 编写的超文本文档称为 HTML 文档，它兼容于各种操作系统平台。本章主要介绍 HTML 的相关知识，包括什么是 HTML 及其基本语法、如何定制及清理多余的 HTML 代码，以及在各种环境中编辑 HTML 代码的方法。

教学重点与难点：

1. HTML 的基本语法。
2. 插入 HTML 代码。
3. 设置 HTML 代码参数。
4. 清理多余的 HTML 代码。

13.1　什么是 HTML

HTML（HyperText Markup Language，超文本标记语言）是一种用来制作网页的语言。所谓超文本，是指可以在文档中加入图片、声音、动画、影视等内容。而用 HTML 编写的超文本文档（文件）称为 HTML 文档（网页），它兼容于各种操作系统平台，如 UNIX、Windows 等，并且可以通知浏览器显示什么。

1990 年以来，HTML 就一直被用做互联网的信息表示语言，用于描述网页的格式设计和它与互联网上其他网页的链接信息。HTML 语言描述的文件需要通过浏览器显示出效果，如 FireFox、IE 等，图 13-1 所示即为用 HTML 编写的网页。

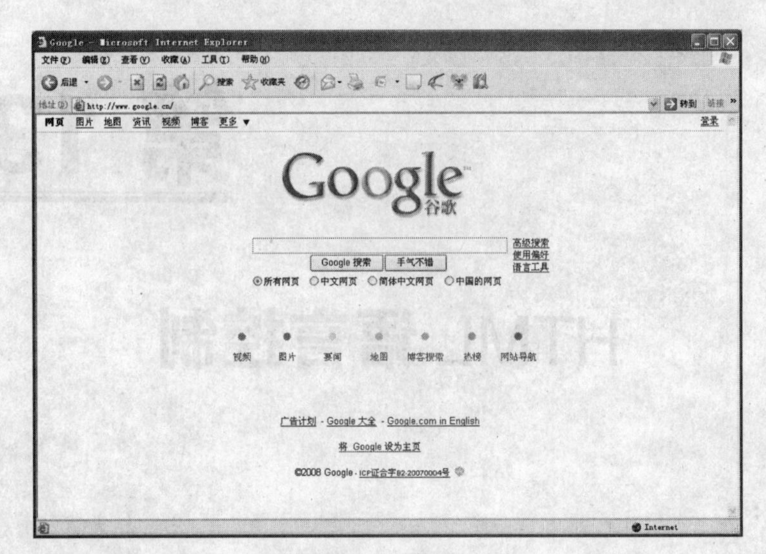

图 13-1　浏览网页

13.2　HTML 的基本语法

HTML 实质上是一个基于文本的编码标准，用于指示 Web 浏览器以什么方式显示信息。HTML 是由一系列标记组成的，每组标记都用单括号（ < 和 > ）括起。

13.2.1　常用标记

一般情况下标记是成对出现的，每对标记都含有起始标记和结束标记，其语法为：

```
<x>受控文本</x>
```

其中，x 代表标记名称。<x>为起始标记，</x>为结束标记，受控文本放在两标记之间。在标记之间还可以附加一些属性，用来完成某些特殊效果或功能。例如：

```
<x a1="v1",a2="v2", ..., an="vn">受控文字</x>
```

其中，a1，a2，…，an 为属性名称，而 v1，v2，…，vn 则是其所对应的属性值。

提 示：HTML 标记并没有大小写之分，即<BODY>和<body>是相同的。

13.2.2　空标记

大部分的标记是成对出现的，但也有一些是单独存在的，这些标记称为空标记，其语法为：<x>。常见的空标记有<hr>、
等。与常用标记一样，空标记也可以附带一些属性，用来设置特殊效果或实现某些特殊功能，例如：

```
<x a1="v1", a2="v2", ..., an="vn">
```

W3C 定义的新标准（XHTML1.0/HTML13.0）建议：空标记应以/结尾，即：<X />；如果附加属性则为：

```
<x a1="v1", a2="v2", ..., an="vn" />
```

目前使用的浏览器对于空标记后面是否要加“/”并没有严格要求，即在空标记最后加“/”和没有加“/”不影响其功能。但是如果希望你的文件能满足最新标准，那么最好加上“/”。

13.2.3 HTML 标记的分类

1. 文件结构标记

此类标记的目的是标示出文件的结构，主要有以下 3 个。

（1） <html>...</html>：标示 html 文件的起始和终止。

（2） <head>...</head>：标示出文件标题区。

（3） <body>...</body>：标示出文件主体区

2. 区段格式标记

此类标记的主要用途是将 HTML 文件中的某个区段文字以特定格式显示，以增加文件的易读性。

（1） <title>...</title>：文件题目。

（2） <hi>...</hi>：1~6 级网页标题。

（3） <hr>：产生水平线。

（4）
：强制换行。

（5） <p>...</p>：文件段落。

（6） <pre>...</pre>：以原始格式显示。

（7） <address>...</address>：标注联络人姓名、电话、地址等信息。

（8） <blockquote>...</blockquote>：区段引用标记。

3. 字符格式标记

用来改变 HTML 文件中文本的外观，增加文件的美观程度。

（1） <b>...</b>：粗体字。

（2） <i>...</i>：斜体字。

（3） <tt>...</tt>：打字体。

（4） <font>...</font>：改变字体设置。

（5） <center>...</center>：居中对齐。

（6） <blink>...</blink>：文字闪烁。

（7） <big>...</big>：加大字号。

（8） <small>...</small>：缩小字号。

（9） <cite>...</cite>：参照。

4. 列表标记

此类标记用于定义项目符号列表、数字编号列表及定义列表。

（1） <ul>...</ul>：无编号列表。

（2） <ol>...</ol>：有编号列表。

（3） <li>...</li>：列表项目。
（4） <dl>...</dl>：定义式列表。
（5） <dd>...</dd>：定义项目。
（6） <dt>...</dt>：定义项目。
（7） <dir>...</dir>：目录式列表。
（8） <menu>...</menu>：菜单式列表。

5. 超链接标记

超链接标记<a>...</a>的主要用途为定义超链接。

6. 多媒体标记

此类标记用来显示图像数据。

（1） <img>：嵌入图像。
（2） <embed>：嵌入多媒体对象。
（3） <bgsound>：背景音乐。

7. 表格标记

此类标记用于制作表格。

（1） <table>...</table>：定义表格区段。
（2） <caption>...</caption>：表格标题。
（3） <th>...</th>：表头。
（4） <tr>...</tr>：表格列。
（5） <td>...</td>：表格单元格。

8. 表单标记

此类标记用来制作交互式表单。

（1） <form>...</form>：表明表单区段的开始与结束。
（2） <input>：定义单行文本框、单选按钮、复选框等。
（3） <textarea>...</textarea>：产生多行输入文本框。
（4） <select>...</select>：标明下拉列表的开始与结束。
（5） <option>...</option>：在下拉列表中定义一个选择项目。

13.3 插入 HTML 代码

Dreamweaver 提供了代码、设计和拆分 3 种视图模式，通过单击“文档”工具栏中的相应按钮即可在不同视图模式之间切换。

13.3.1 在“代码”模式下插入 HTML 代码

单击“文档”工具栏中的“代码”按钮代码，切换至“代码”视图，确定插入点在代码中的位置，或选择一个代码块，单击如图 13-2 所示“编码”工具栏中的一个按钮，或者从工具栏的弹出菜单中选择一个菜单项。

图 13-2 编码工具栏

1. “编码”工具栏

“编码”工具栏中各按钮的功能如下。

（1） “打开的文档”：用于列出打开文档的绝对路径，如图 13-3 所示。选择一个文档后，它将显示在“文档”窗口中。单击按钮右下角的小三角可以显示出当前文档的绝对路径。

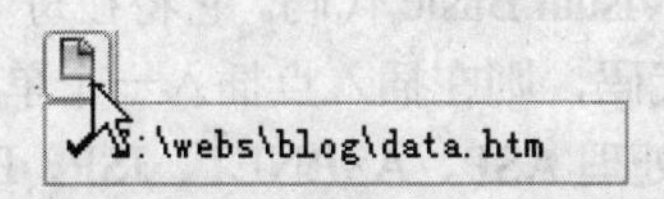

图 13-3 显示当前文件绝对路径

（2） “折叠整个标签”：用于折叠插入点所在标记中的所有内容。图 13-4 所示为折叠<html>标记后的效果。

```
1    <!DOCTYPE html PUBLIC "-//W3C//DTD XHTML 1.0 Transitional//EN"
     "http://www.w3.org/TR/xhtml1/DTD/xhtml1-transitional.dtd">
2 ⊞ <html x...
11
```

图 13-4 折叠整个标签

（3） “折叠所选”：用于折叠所选代码行。

（4） “扩展全部”：用于展开所有折叠的代码。

（5） “选择父标签”：用于选择当前插入点的上一级标记。例如，将插入点置于第 9 行行首，单击此按钮可选择整个<tr>标记中的内容，如图 13-5 所示。

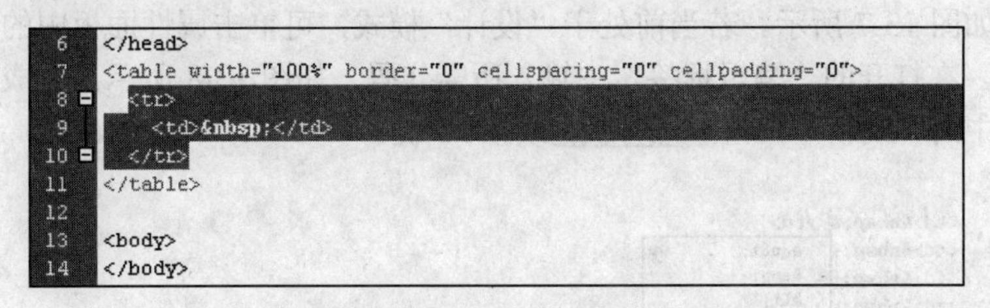

图 13-5 选择插入点所在标记的上级标记

（6） “选择当前代码段”：用于选择放置了插入点的那一行的内容及其两侧的圆括号、大括弧或方括号。

（7） “行号”：用于在每个代码行的行首隐藏或显示数字。

（8） “高亮显示无效代码”：用于以黄色高亮显示无效代码。

（9） “应用注释”：用于在所选代码两侧添加注释标记或创建新的注释标记。单击该按钮可打开如图 13-6 所示的菜单。

图 13-6 注释菜单

- “应用 HTML 注释”：在所选代码两侧添加 <!-- 和 --!>，如果未选择代码，则创建一个新标记。
- “应用/* */”：在所选 CSS 或 JavaScript 代码两侧添加“/*”和“*/”。
- “应用//注释”：在所选 CSS 或 JavaScript 代码每一行的行首插入“//”。如果未选择代码，则单独插入一个“//”字符。
- “应用 ' 注释”：适用于 Visual Basic 代码。它将在每一行 VBScript 脚本的行首插入一个单引号。如果未选择代码，则在插入点插入一个单引号。
- “应用服务器注释”：在处理 ASP、ASP.NET、JSP、PHP 或 ColdFusion 文件时选择该选项，Dreamweaver 自动检测正确的注释标记并将其应用到所选内容。

（10） “删除注释”：用于删除所选代码的注释标记。如果所选内容包含嵌套注释，则只会删除外部注释标记。

（11） “环绕标签”：用于在所选代码两侧添加选自“快速标签编辑器”的标记。

（12） “最近的代码片断”：用于从“代码片断”面板中插入最近使用过的代码片断。

（13） “移动或转换 CSS”：用于将 CSS 移动到另一个位置，或者将内联 CSS 转换为 CSS 规则。

（14） “缩进代码”：用于将选定内容向右移动。

（15） “凸出代码”：用于将选定内容向左移动。

（16） “格式化源代码”：用于将先前指定的代码格式应用于所选代码。

2. 在“代码”视图中编辑 HTML

用户可以直接在“代码”视图中编写所需的代码，或应用标记选择器从打开的面板中选择所需代码，如图 13-7 所示。若当前处于“设计”模式，可单击属性面板中的“快速标签编辑器”按钮，在打开的“编辑标签”中输入所需代码，如图 13-8 所示。完成代码输入后，单击属性面板中的“刷新”按钮 刷新 或按 F5 键。

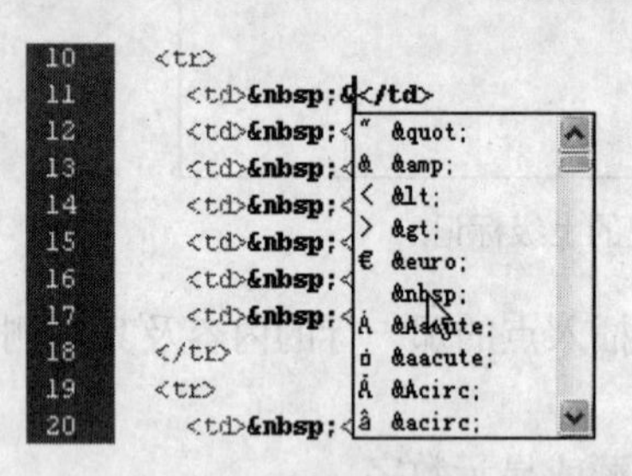

图 13-7 标记选择器

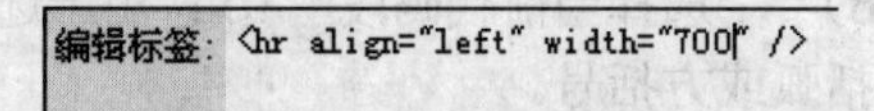

图 13-8 快速编辑标签

13.3.2 使用插入栏插入代码

切换至“代码”编辑模式下，确定插入点所在位置，单击插入工具栏中的任意按钮即可插入代码；如果单击任意按钮后打开某对话框，用户可根据情况进行相关设置后，向插入点所在位置插入代码，然后单击属性面板中的“刷新”按钮。

★例 13.1：打开 blog 站点中的 data.htm 空白网页，切换至“代码”编辑模式，向其中添加一个 4 行 7 列的无边框、无边距表格。

（1） 从“文件”面板中选择 blog 站点，打开 data.htm 网页。

（2） 如图 13-9 所示，单击“文档”工具栏中的“代码”按钮，切换至“代码”编辑模式。

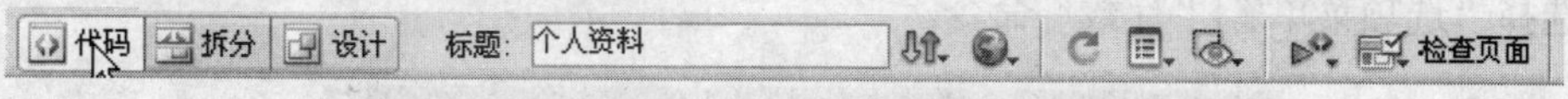

图 13-9 “文件”工具栏

（3） 将插入点置于<body>后，按 Enter 键插入空行，如图 13-10 所示。

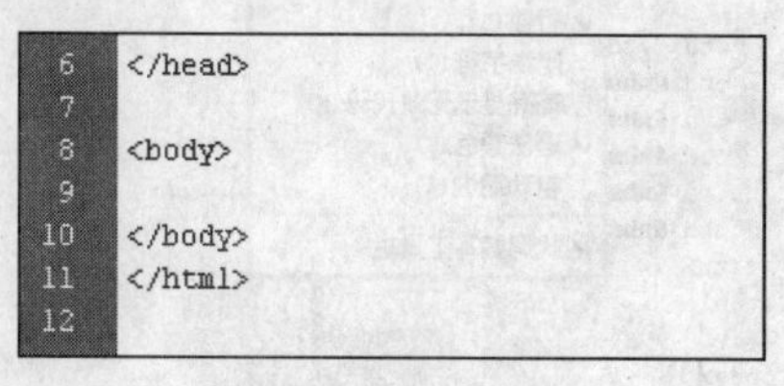

图 13-10 插入空行

（4） 单击“常用”工具栏中的“表格”按钮，打开“表格”对话框。

（5） 在“行数”文本框中输入 4，在“列数”文本框中输入 7。

（6） 打开“表格宽度”后面的下拉列表框，从中选择“百分比”选项，并在前面的文本框中输入 100。

（7） 在“边框粗细”文本框中输入 0，在“单元格边距”文本框中输入 0，在“单元格间距”文本框中输入 0。

（8） 单击“确定”按钮。

（9） 单击属性面板中的“刷新”按钮。

13.3.3 使用代码检查器

选择“窗口”|“代码检查器”命令或按 F10 键都可以打开“代码检查器”面板，如图 13-11 所示。“代码检查器”可以显示当前文档的源代码，并按照 HTML 颜色参数中的设置显示各种标签的颜色。若修改了页面内容则“代码检查器”面板中的代码也会相应地发生改变。

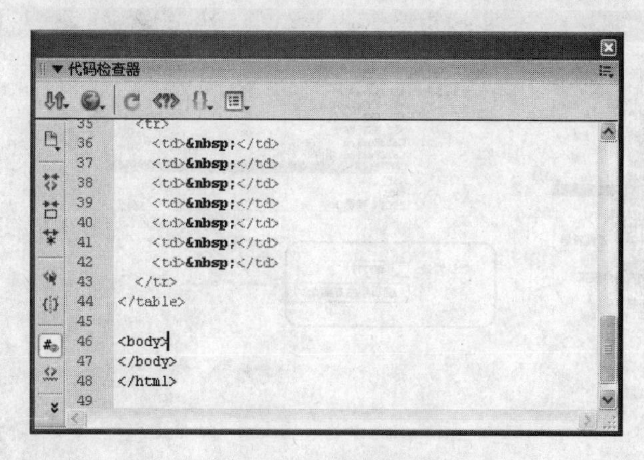

图 13-11 代码检查器

若要添加 HTML 代码，确定插入点所在位置，直接输入所需代码即可。如果要编辑代码格式，可单击“代码检查器”面板中的“选项菜单”按钮，打开如图 13-12 所示的下拉菜单，从该菜单中选择不同的命令，进行代码设置。

例如，若要使代码能够自动换行，可选择“选项菜单”|“自动换行”命令；若要隐藏行号，可选择“选项菜单”|“行数”命令。

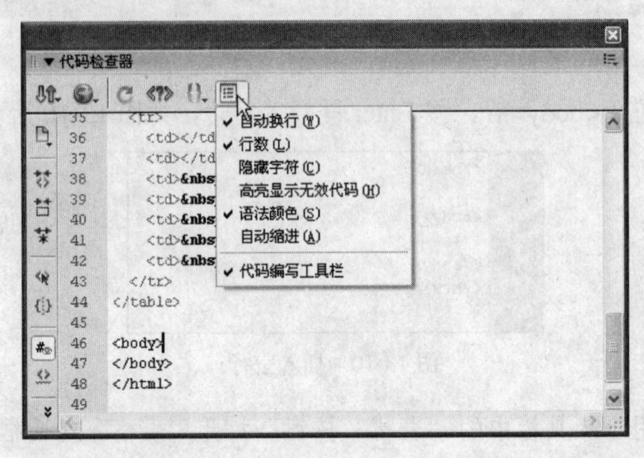

图 13-12 “选项菜单”下拉菜单

13.4 设置 HTML 代码参数

在 Dreamweaver 中，用户可以设置代码颜色、代码格式及代码改写等参数。打开 HTML 文档时，Dreamweaver 的代码改写功能可以重新编写原有的 HTML 代码。

13.4.1 设置代码颜色

默认情况下，代码视图和代码检查器背景颜色为白色（#FFFFFF）。更改背景颜色的方法是：选择“编辑”|“首选参数”命令，打开如图 13-13 所示的“首选参数”对话框，在“分类”列表框中选择“代码颜色”选项，调整“默认背景”值即可显示相应的设置值。

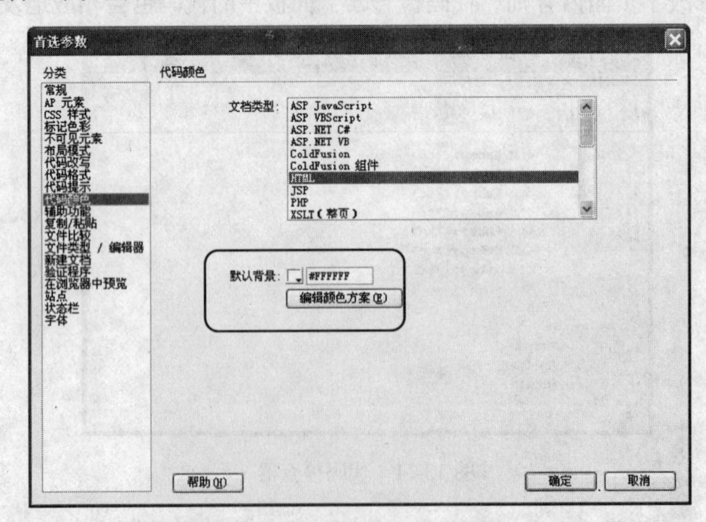

图 13-13 “代码颜色”选项页

13.4.2 设置代码格式

用户可根据情况设置 HTML 代码的格式，如缩进、行长度及标记和属性名称的大小写等，方法是：选择“编辑”|“首选参数”命令，打开“首选参数”对话框，在“分类”列表框中选择“代码格式”选项，如图 13-14 所示。

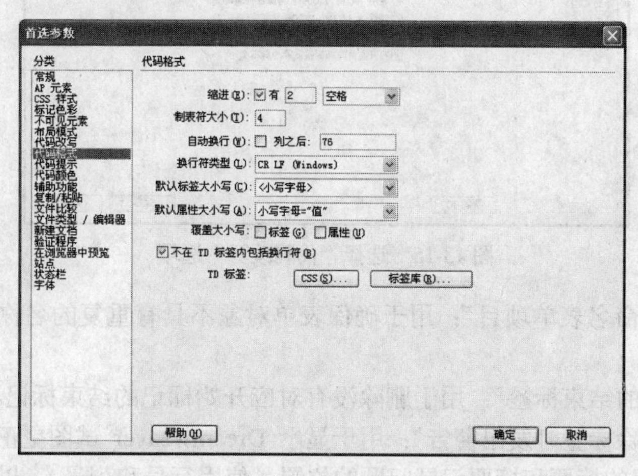

图 13-14 “代码格式”选项页

“代码格式”选项页中各选项的功能如下。

（1）“缩进”：用于设置代码是否缩进。若选择“有”复选框，用户可在其后的文本框和下拉列表框选择缩进大小值及缩进方式。缩进值默为 2，缩进方式默认使用空格，也可将其设置为制表符。

（2）“制表符大小”：用于确定制表符显示的字符宽度，默认值为 4。

（3）“自动换行”：用于在行上达到指定字符数时添加换行符。

（4）“换行符类型”：用于选择换行符类型。

（5）“默认标签大小写”、“默认属性大小写”：用于控制标记和属性名称的大小写。

（6）“覆盖大小写”选项组：用于指定强制“标签”和“属性”使用指定的大小写选项。

（7）“居中”选项组：用于指定单击属性检查器中的“居中对齐”按钮时，是使用 div align="center"还是使用 center 标记来居中选择元素。

13.4.3 设置代码改写参数

选择“编辑”|“首选参数”命令，打开“首选参数”对话框，在“分类”列表框中选择“代码改写”选项，如图 13-15 所示。

“代码改写”允许用户指定首选参数，以确定在打开文档、复制和粘贴表单元素或在使用 Dreamweaver 工具（例如属性检查器）输入属性值和 URL 时，是否要修改代码，以及如何修改。“代码改写”选项页中各选项的功能如下。

（1）“改写代码”选项组。

- “修正非法嵌套标签或未结束标签”：用于自动修正代码中的非法嵌套标记或未成对出现的标记。例如，将 <b><i>text</b></i> 改写为 <b><i>text</i></b>；如果缺少右引号或右括号，则此选项还将插入右引号或右括号。

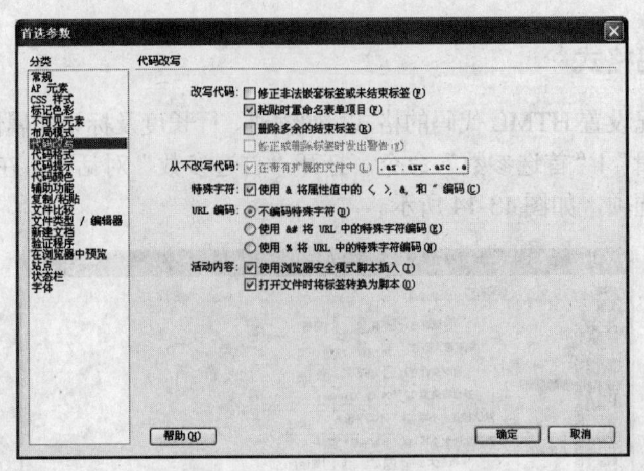

图 13-15　选择“代码改写”选项

- “粘贴时重命名表单项目”：用于确保表单对象不具有重复的名称，默认情况下选中该复选框。
- “删除多余的结束标签”：用于删除没有对应开始标记的结束标记。
- “修正或删除标签时发出警告”：用于显示 Dreamweaver 试图更正的在技术上无效的 HTML 代码的摘要和摘要记录问题的位置（使用行号和列号），以便用户可以找到问题代码以更正并确保它是按预期方式实现的。

（2）“从不改写代码”选项组。

“在带有扩展的文件中”复选框用于防止 Dreamweaver 改写具有指定文件扩展名的文件中的代码。对于包含第三方标签（例如 ASP 标签）的文件，此选项特别有用。

（3）“特殊字符”。

“使用&将属性值中的<，>，&，和"编码”复选框用于确保 HTML 代码中只包含合法的字符，除非文件中含有某些第三方标记，通常不选择此项。

（4）“URL 编码”选项组。

- “不编码特殊字符”：用于防止 Dreamweaver 更改 URL 从而仅使用合法字符。
- “使用&# 将 URL 中的特殊字符编码”：用于确保当用户使用 Dreamweaver 工具（如属性检查器）输入或编辑 URL 时，这些 URL 只包含合法的字符。默认情况下选中该选项。
- “使用%将 URL 中的特殊字符编码”：与前一选项的操作方式相同，但是使用另一方法编码特殊字符。

★例 13.2：将“代码检查器”面板的背景色设为淡蓝色（#3399FF），设置缩进值为 1 个制表符，制表符大小为 2 字符。

（1）选择“编辑”|“首选参数”命令，打开“首选参数”对话框。

（2）选择“分类”列表框中的“代码颜色”选项，在“文档类型”列表框中选择“HTML”选项。单击“默认背景”拾色器，从弹出的调色板中选择淡蓝色，或在其后的文本框中直接输入“#3399FF”。

（3）选择“分类”列表框中的“代码格式”选项。在“缩进”后的下拉列表框中选择

“Tab 键”选项，在文本框中输入 1，在“制表符大小”文本框中输入 2。

（4） 单击“确定”按钮。

13.5 清理 HTML 代码

使用清理 HTML 功能可以删除空标记，合并嵌入<font>标记，并改善杂乱无章的 HTML 代码。

13.5.1 消除多余的 HTML 代码

在代码视图或代码检查器中经常会看到一些多余的代码，这些代码不仅影响 HTML 文档的运行，而且造成阅读不便。

打开 HTML 文档，选择“命令”|“清理 XHTML”命令，打开“清理 HTML/XHTML”对话框，如图 13-16 所示。选择所需选项，单击“确定”按钮，即可清除多余的代码。

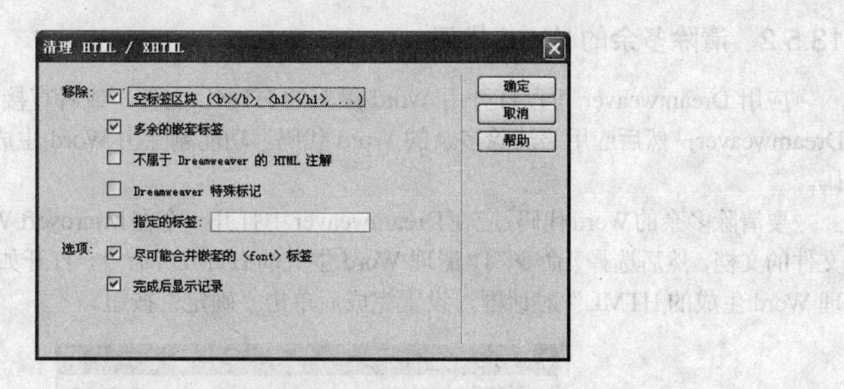

图 13-16 “清理 HTML/XHTML”对话框

“清理 HTML/XHTML”对话框中各选项的功能如下。

（1） “空标签区块”：用于删除中间没有内容的所有标记。例如，<b></b>和<font color="#FF0000"></font>都是空标记。

（2） “多余的嵌套标签”：用于删除所有多余的标记。例如，在代码“<b>平步<b>青云</b></b>”中包围“青云”的<b>标记是多余的，可以删除之而变为“<b>平步青云</b>”。

（3） “不属于 Dreamweaver 的 HTML 注解”：用于删除所有非 Dreamweaver 插入的注解。例如，<!--begin body text-->注解会被删除，但<!-- #BeginEditable "doctitle" -->注解不会被删除，因为此批注是由 Dreamweaver 添加的，表示模板中编辑区域的开始。

（4） “Dreamweaver 特殊标记”：用于删除所有 Dreamweaver 插入的特殊标记。

（5） “指定的标签”：用于删除其后文本框中指定的标记，如可视化编辑器插入的自定义标记和一些不想出现在站点中的标记。标记之间使用半角逗号分隔。

（6） “尽可能合并嵌套的<font>标签”：用于合并两个或多个控制相同范围文本的 font 标记。

（7） “完成后显示记录”：用于确定是否在清理完毕立即显示警告框。

★例 13.3：打开 blog 站点中的 index.htm 网页，对该网页中的 HTML 代码进行优化。

（1） 打开 blog 站点中的 index.htm 网页。

（2） 选择“命令”|“清理 HTML”命令，打开“清理 HTML/XHTML”对话框。

（3） 选择“移除”选项组中的“空标签区块”、“多余的嵌套标签”复选框及“选项”选项组中所有复选框，然后选择其中的“不属于 Dreamweaver 的 HTML 注释”复选框。

（4） 单击“确定”按钮，弹出如图 13-17 所示的对话框。

（5） 单击“确定”按钮，完成 HTML 代码清理。

图 13-17 提示对话框

13.5.2 清除多余的 Word 代码

应用 Dreamweaver 可以打开用 Word 编辑的 HTML 文件，或者直接将 Word 文档导入到 Dreamweaver，然后应用“清除多余的 Word 代码”功能删除由 Word 生成的无关的 HTML 代码。

要清除多余的Word代码，应在Dreamweaver中打开一个在Microsoft Word中保存为HTML文件的文档，然后选择“命令”|“清理 Word 生成的 HTML”命令，打开如图 13-18 所示的“清理 Word 生成的 HTML”对话框，设置完成后单击“确定”按钮。

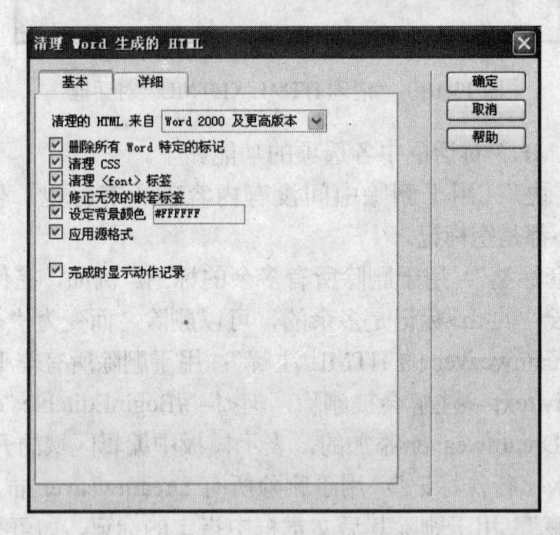

图 13-18 “清理 Word 生成的 HTML”对话框

“清理 Word 生成的 HTML”对话框的“基本”选项卡中各个选项的功能如下。

（1）“删除所有 Word 特定的标记”：用于删除所有 Word 特定的 HTML 标记，包括<html>标记中的 XML、文档头中的 Word 自定义元数据和链接标记、Word XML 标记、条件标记及其内容，以及样式中的空段落和边距。

（2） “清理 CSS”：用于删除所有 Word 特定的 CSS（AP 元素叠样式表），包括尽可能移除内联 CSS 样式、非 CSS 样式声明、表格中的 CSS 样式属性及文件头中所有未使用的样式。

（3）“清理<font>标签”：用于删除<font>标记，将默认的正文文本转换成 2 号字的 HTML 文本。

（4）“修正无效的嵌套标签”：用于删除 Word 在段落和标题标记外部插入的<font>标记。

（5）“设定背景颜色”：用于允许在文档中输入十六进制值来设置背景颜色。如果不设置背景颜色，Word 的 HTML 文档以灰色背景显示，而 Dreamweaver 默认的背景色为白色。

（6）“应用源格式”：用于将 HTML 格式参数选择和 SourceFormat.txt 中指定的源格式选项应用于文档。

（7）“完成时显示动作记录”：与“清理 HTML”命令类似，清理完成时显示一个警告对话框，其中包含有关文档改动的详细信息。

13.6 实例——应用代码编辑网页

下面应用本章介绍的 HTML 知识，编写一段 HTML 代码，在网页中添加无边框无间距、宽为 800 像素的两个表格，并将其添加到网页中，得到如图 13-19 所示的网页。

图 13-19 由 HTML 代码制作的网页

1. 创建空文档

（1）选择“文件”|“新建”命令，打开“新建文档”对话框。

（2）单击“空白页”选项，选择“页面类型”列表框中的“HTML”选项，选择“布局”列表框中的“<无>”选项。

（3）单击“确定”按钮。

2. 编写代码

（1）单击“文档”工具栏中的“拆分”按钮，进入代码编辑模式。

（2）如图 13-20 所示，将插入点置于第 8 行中的<body>标记右侧，按 Enter 键插入空行。

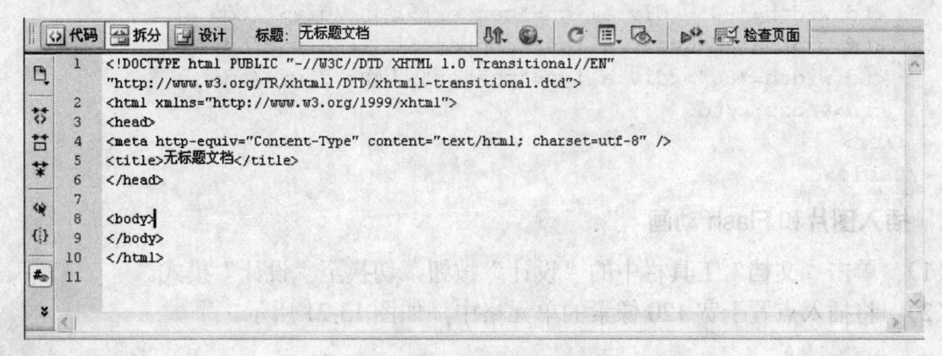

图 13-20 切换至拆分模式

（3） 输入如下代码：

```
<table width="800" height="60" border="0" align="center" cellspacing="0">
  <tr>
    <td width="120" rowspan="3"> </td>
    <td width="580" rowspan="3"> </td>
    <td width="100">
        <div align="center" >
            <a href="#" onClick="this.style.behavior='url(#default#homepage)
this.setHomePage (' http://www.xxx.com/xxx') ;">设为首页</a>
        </div>
     </td>
  </tr>
  <tr>
    <td>
        <div align="center">
            <a          href="#"          onClick="window.external.AddFavorite
('http://www.xxx.com/xxx','欢迎光临休闲角落') ">加入收藏</a>
        </div>
    </td>
  </tr>
  <tr>
    <td>
        <div align="center" class="STYLE5">
            <a href="mailto:zhouhm1219@163.com" class="STYLE3">与我联系</a>
        </div>
    </td>
  </tr>
</table>
<table     width="800"     border="0"     align="center"     cellpadding="0"
cellspacing="0">
  <tr>
    <td width="80"><div align="center">卡通</div></td>
    <td width="80"><div align="center">影视</div></td>
    <td width="80"><div align="center">美食</div></td>
    <td width="80"><div align="center">花卉</div></td>
    <td width="80"><div align="center">动物</div></td>
    <td width="80"><div align="center">风景</div></td>
    <td width="80"><div align="center">人物</div></td>
    <td> </td>
  </tr>
</table>
```

3. 插入图片和 Flash 动画

（1） 单击“文档”工具栏中的“设计”按钮，切换至“设计”模式。

（2） 将插入点置于宽 120 像素的单元格中，如图 13-21 所示。

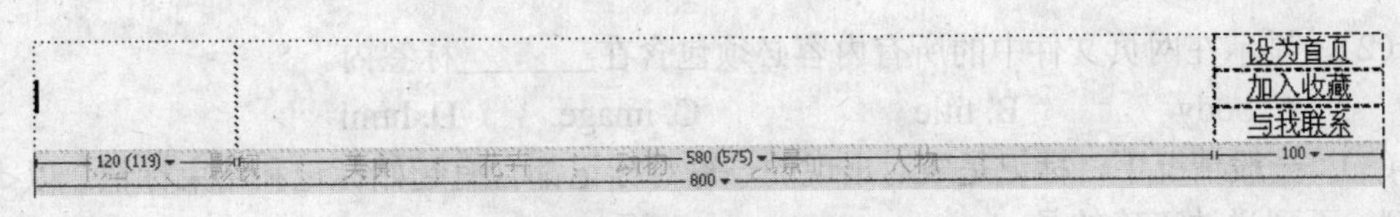

图 13-21　确定插入点所在位置

（3） 在“文件”选项卡中，选择 xiuxian 站点中的 zb.gif 图片文件，将其拖动至插入点所在的单元格中。

（4） 打开“图像标签辅助功能属性”对话框，单击“确定”按钮得到如图 13-22 所示的效果。

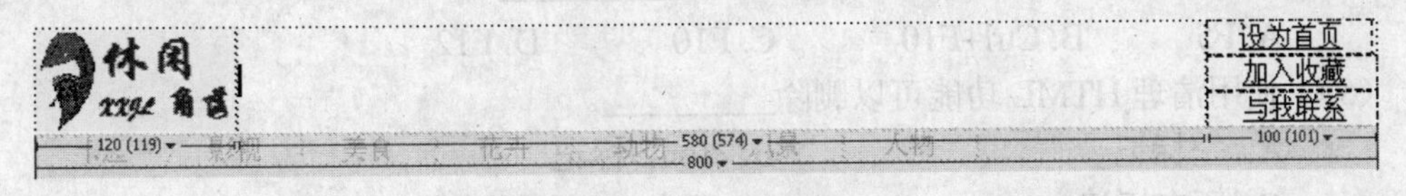

图 13-22　插入图像

（5） 将插入点置于下一单元格中，将 donghua.swf 拖动至文档，打开“对象标签辅助功能属性”对话框，单击“确定”按钮得到如图 13-23 所示的效果。

图 13-23　插入动画

4. 保存并预览文件

（1） 按 Ctrl+S 组合键，打开“另存为”对话框。

（2） 在“文件名”文本框中输入“zhtml”，单击“保存”按钮。

（3） 按 F12 键预览网页效果。

13.7　本章小结

HTML 是创建网页时使用的语言，是网页设计的基础。虽然应用 Dreamweaver 制作网页可以不使用 HTML 语言，但如果能掌握一些 HTML 知识，对于设计者来说可以是如虎添翼，制作出来的网页也会更加精美。通过本章的学习，读者应掌握基本的 HTML 知识，学会使用 HTML 语言进行简单的网页设计，并了解根据不同需要清除不必要的 HTML 代码以及在 Dreamweaver 的不同视图模式下编辑 HTML 代码的方法。

13.8　上机练习与习题

13.8.1　选择题

（1） 下列标记中，____________必须嵌套于<head>标记之中。

A. body　　B. title　　C. image　　D. html

（2） 显示在网页文件中的所有内容必须包含在________标签内。

A. body　　B. title　　C. image　　D. html

（3） 一般情况下，标记是成对出现的，每对标记都含有超始标记和结束标记。以<tr>标记为例，下列说法正确的是____________。

A. 标记中的代码需要区分大小写

B. Dreamweaver 中所有的标记都必须成对出现

C. <tr>为起始标记，</tr>为结束标记

D. <tr>为添加图像的标记。

（4） 打开“代码检查器”面板的快捷键是__________。

A. F5　　B. Ctrl+F10　　C. F10　　D. F12

（5） 使用清理 HTML 功能可以删除__________。

A. 空标记　　B. <font>标记

C. 所有标记　　D. 所有 HTML 代码

13.8.2 填空题

（1） Dreamweaver 为用户提供了 3 种不同的视图模式，允许用户在不同的模式下编辑文档，这 3 种模式分别为____________、__________和设计视图。

（2） HTML 是 Hyper Text Markup Language 的缩写，其中文全称为______________。

（3） 如果要为水平线添加颜色代码，应使用__________属性代码。

（4） 通过设置__________可以控制背景色、文本、标记和保留关键字等项目的颜色；通过设置____________，则可以控制 HTML 代码的格式，例如缩进、行长度及标记和属性名称的大小写等。

（5） 若要清除多余的 HTML，可选择____________菜单下的“清理 XHTML”命令。

（6） 选择“设计”模式中任意对象，单击属性面板中的____________按钮，可打开快速标记插入代码。

（7） 在快速标记编辑器中，按____________键可以使其从一个元素移到下一个元素，按__________键可以将插入点移动到合适的位置。

13.8.3 问答题

（1） 如何在 Dreamweaver 中打开 Word 文件并清除其中多余的 Word 代码？

（2） 如何使用外部代码编辑器来编辑当前文档的 HTML 代码？

13.8.4 上机练习

以 13.6 节中编写的网页为基础，完善网页效果。

（1） 将文本字体设置为华文中宋、五号，字体颜色为#A97DFF。

（2） 为整个网页添加背景颜色。

第 14 章

生成动态特效

教学目标：

Dreamweaver 内置了各种动效果特效——行为，设计者只须将其附加至对象即可，无须动手编写 JavaScript 代码。本章介绍行为的基本使用方法，包括行为的含义、应用 Dreamweaver 中内置的各种行为、为对象附加行为、获取更多的行为及时间轴动画的制作等。

教学重点与难点：

1. 了解行为和内置行为。
2. 了解事件。
3. 为对象附加行为。
4. 创建时间轴动画。

14.1　动态特效技术

动态网页是指可以与浏览者进行互动的功能，比如网上购物、交易以及论坛、留言等。动态网页中的动态并不是指网页中的动态元素，如 Flash、GIF、悬停按钮等。

14.1.1　网页中的动态元素

网页中可以“动”起来的元素，都可以称之为动态元素，如动画。动画一般可分为 GIF 动画和 Flash 动画。GIF 动画在早期的网页中应用相当普遍，但只能表现出 200 多种颜色。Flash 动画具有极好的显示连贯性，可以加入声音，而且体积较小，比较适合应用于网页。除此之外，应用 Dreamweaver 也同样可以制作出简单动画——时间轴动画。

除了动画外，网页中常见的动态元素还包括滚动字幕、悬停按钮、导航工具条和广告横幅等。结合 Dreamweaver 中的行为还可以设计随指针移动改变对象属性、动态图像说明、状态栏文字跳动信息、打开网页时弹出窗口、打开网页时播放声音等动态特效。

除此之外，如果用户精通编程语言，还可以在 Dreamweaver 中直接编辑 JavaScript 代码，自行定义动态元素。

虽然在网页中添加动态元素可以使网页更加生动，但网页中的动态元素无非越多越好，而要讲究原则。动的原则很简单：突出主题，视需要而定。

14.1.2 使用 Dreamweaver 进行动态特效设计

为了方便设计者创建动态特效，Dreamweaver 内置了多种“行为”。通过“行为”面板，用户可以先为某对象指定一个动作，然后指定触发该动作的事件，完成行为创建。由此可见，行为是由事件和动作组合而成的。

1. 事件

事件是网页浏览者执行的某种操作。例如，当浏览者将鼠标指针移至某链接时，浏览器将响应其触发 onMouseOver 事件，然后查看是否存在应调用的 JavaScript 代码。

每个浏览器都能够响应一组事件，这些事件可以与“行为”面板的“动作”弹出菜单中列出的动作相关联。当网页浏览者与页面进行交互时（如单击图像），浏览器会响应事件，并调用执行动作的 JavaScript 函数。

不同的浏览器所能够响应的事件种类各不相同，例如，IE 4.0 与 Netscape Navigator 4.0 所支持的事件种类就不相同。除此之外，用户可为不同的网页元素定义不同的事件，例如，在大多数浏览器中，onMouseOver 和 onClick 是与链接关联的事件，而 onLoad 是与图像和文档的主体部分关联的事件。

2. 动作

动作是由 JavaScript 代码组成的，能够执行各种特定的任务，例如打开浏览器窗口、显示或隐藏 AP 元素、播放声音或停止 Shockwave 影片等。

将行为附加到网页后，只要触发了指定事件，浏览器就会调用与该事件相关联的动作。例如，将“弹出消息”动作附加到某个链接，并指定该动作由 onMouseOver 事件触发，则当用户将鼠标指针指向该元素时，将弹出设计者设置的对话框。

14.2 应用行为和动作

默认情况下，“标签”面板组中有“标签”和“行为”两个面板，如图 14-1 所示。

14.2.1 “行为”面板

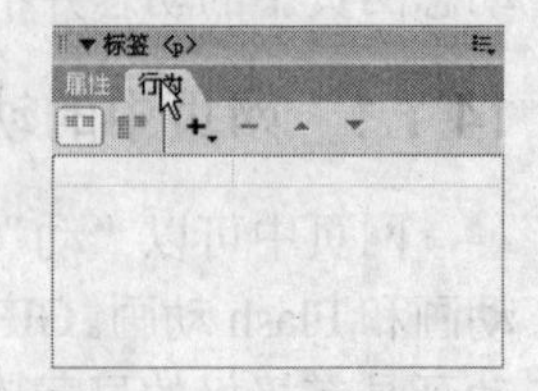

图 14-1 “行为”面板

若要为某元素添加行为，应先单击“行为”面板中的“添加行为”按钮 +，然后才能从打开的下拉菜单中选择行为。下面介绍“行为”面板中各按钮功能。

（1）“添加行为” +：用于打开下拉菜单，从中选择要添加的行为。

（2）“显示设置事件”：用于显示附加事件。添加行为后，系统自动为行为添加各类事件，如 onMouseOut 或 onMouseOver 等。

（3）“显示所有事件”：用于按字母顺序降序显示所有事件。例如，为图片设置“交换图像”行为，会显示 onMouseDown、onMouseOut、onMouseOver 和 onMouseUp 事件。

（4）“删除事件”：用于删除选择的事件和动作。

（5）“上移/下移”：用于调整动作的顺序，即将选择的动作向上或向下移动。

14.2.2 内置行为

Dreamweaver 的“行为”面板中预设有二十多种可直接应用的行为，如图 14-2 所示。下面简单介绍一下各行为的功能。

（1）“交换图像”：该行为用于创建鼠标经过图像和其他图像效果（包括一次交换多个图像）。值得注意的是，交换图像尺寸应与原图像尺寸相同。

（2）“弹出信息”：用于创建进入某个网页前弹出提示对话框。例如，当访问者进入某个网站首页时，会自动弹出“欢迎访问本站”对话框。

（3）“恢复交换图像”：用于将最后一组交换的图像恢复为它们以前的源文件。

（4）“打开浏览器窗口”：用于打开一个具有特定属性（包括其大小）、特性（是否可以调整大小、是否具有菜单条等）和名称的窗口。

（5）“拖动 AP 元素”：用于允许访问者拖动 AP 元素。该行为可用于创建拼板游戏和随鼠标移动而发生位移的网页特效。

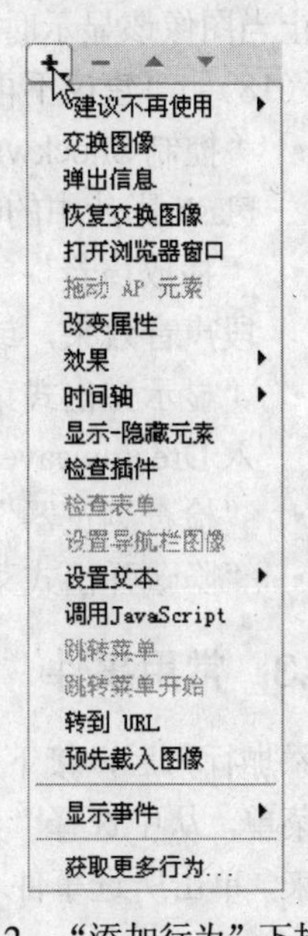

图 14-2 “添加行为”下拉菜单

（6）“改变属性”：用于更改选择对象的属性值。如 AP 元素的背景颜色。

（7）“效果”：用于设置视觉增强效果，通常用于在一段时间内高亮显示信息，创建动画过渡或者以可视方式修改页面元素。

（8）“显示-隐藏元素”：用于显示、隐藏或恢复一个或多个 AP 元素的默认可见性，该行为用于在用户与网页进行交互时显示信息。

（9）“检查插件”：用于根据检查到的不同插件将当前网页引入不同的网页。

（10）“检查表单”：用于检查表单文本域中输入的数据类型是否正确。

（11）“设置导航栏图像”：用于将图像设为导航条图像，或更改导航条中图像的动作。

（12）“设置文本”：用于设置 AP 元素文本、文本域文字、框架文本和状态栏文本。

- “设置容器的文本”：用于将页面上出现在容器中的内容和格式替换为指定的内容，该内容可以包括任何有效的 HTML 源代码。
- “设置文本域文字”：用指定的内容替换表单文本域的内容。
- “设置框架文本”：用于允许动态设置框架的文本，用指定的内容替换框架的内容和格式设置。该内容可以包括任何有效的 HTML 源代码。
- “设置状态栏文本”：用于设置在浏览器窗口状态栏左侧显示的消息。注意，浏览者通常不会注意到状态栏中的信息，如果必要的话，最好考虑使用弹出式窗口。

（13）“调用 JavaScript”：用于指定当发生某事件时应执行的函数或 JavaScript 代码行。

（14）“跳转菜单”：若在表单中插入跳转菜单，则自动创建一个菜单对象并向其附加一个 JumpMenu（或 JumpMenuGo）行为。

（15）“跳转菜单开始”：用于允许用户将一个“转到”按钮和一个跳转菜单关联起来。注意，在使用该行为前，必须已存在一个跳转菜单。

（16）“转到 URL”：用于在当前窗口或指定的框架中打开一个新 URL。常用于刚刚更改网址的网站，单击旧网址显示“网址变更为×××”等消息，然后自动链接到新网址。

（17）“预先载入图像”：用于将不立即显示在网页中的图像载入浏览器缓存中，可用于防止当图像该显示时由于下载导致的延迟。

（18）“建议不再使用”：其中包括一些某些用户习惯使用但系统建议不再使用的行为。

- “控制 Shockwave 或 Flash”：用于使用行为来播放、停止、倒带或转到 Shockwave 或 Flash 影片中的帧。
- “播放声音”：用来播放声音。例如，可能要在每次鼠标指针滑过某个链接时播放一段声音效果，或在页面载入时播放音乐剪辑。
- “显示弹出式菜单”：用于创建或编辑 Dreamweaver 弹出菜单，或者打开并修改已插入 Dreamweaver 文档的 Fireworks 弹出菜单。
- “检查浏览器”：用于设置网页在不同浏览器中的效果。
- “隐藏弹出式菜单”：用于将设置的弹出菜单隐藏起来。

14.2.3 常用事件

添加行为后，接下来应指定当前行为在哪个浏览器中起作用，方法是：打开“添加行为”下拉菜单，从中选择“显示事件”命令，从打开的下级菜单中选择所需选项，如图 14-3 所示。接下来，单击所选事件名称旁的按钮，从下拉菜单中选择触发动作的事件，如图 14-4 所示。

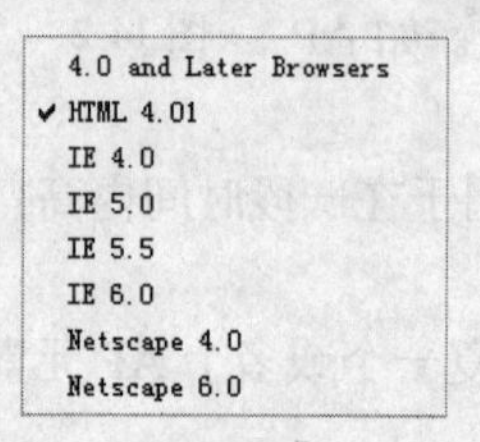

图 14-3 “显示事件”菜单

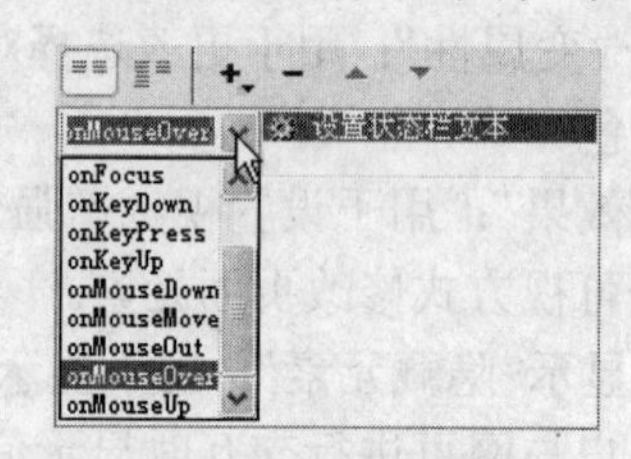

图 14-4 事件下拉列表框

选择“显示事件”菜单中不同的选项，事件下拉列表框中所显示的事件也不相同。版本越新的浏览器所支持的事件就越多，默认情况下，使用的是支持 HTML 4.01 浏览器，该浏览器支持的事件如下。

（1） onBlur：元素失去焦点。

（2） onClick：当用户单击某对象时调用动作。

（3） onDblClick：当用户双击某对象时调用动作。

（4） onFocus：元素获得焦点。

（5） onKeyDowm：当用户按下某键时调用动作。

（6） onKeyPress：当用户按下并释放某键时调用动作。

（7） onKeyUP：当用户释放某键时调用动作。

（8） onMouseDown：当用户按下鼠标左键时调用动作。

（9） onMouseMove：当用户移动鼠标指针时调用动作。

（10） onMouseOut：当用户将鼠标指针从某对象上移开时调用动作。

（11） onMouseOver：当用户将鼠标指针移至某对象上时调用动作。

（12） onMouseUp：当用户释放鼠标左键时调用动作。

14.2.4 为对象附加行为

Dreamweaver 中的行为可以附加到整个文档，也可以附加到链接、图像、表单元素或多种 HTML 元素。在为对象附加行为时，主要用到一些简单的事件（如按下、移入、移出等）和一些超链接（如文字或图片）的应用。

一般情况下，用户无法为普通文本（即未设置超链接的文本）设置行为，若要为该类文本附加行为，用户必须先为其添加一个空链接，然后为其附加行为。为普通文本添加空链接有以下两种方法。

（1） 直接在属性检查器中的“链接”文本框中输入“javascript:;”或“#”。

（2） 切换至代码视图模式，为文本添加 herf="javascript:;"或 herf="#"代码。

Dreamweaver 中提供了多种内置的行为，不同的行为拥有不同的参数，下面以载入网页时弹出小窗口（即添加“打开浏览器窗口”行为）为例，介绍为网页添加行为的方法。

在为网页中添加“打开浏览器窗口”行为前，应先制作一个小窗口。然后在网页的任意空白位置处单击，确定插入点所在位置。然后单击“行为”面板中的“添加行为”按钮，从弹出的菜单中选择“打开浏览器窗口”命令，打开如图 14-5 所示“打开浏览器窗口”对话框。在该对话框中对弹出窗口中要显示的链接文件、窗口宽高、界面设置和窗口名称等选项设置后，单击“确定”按钮。

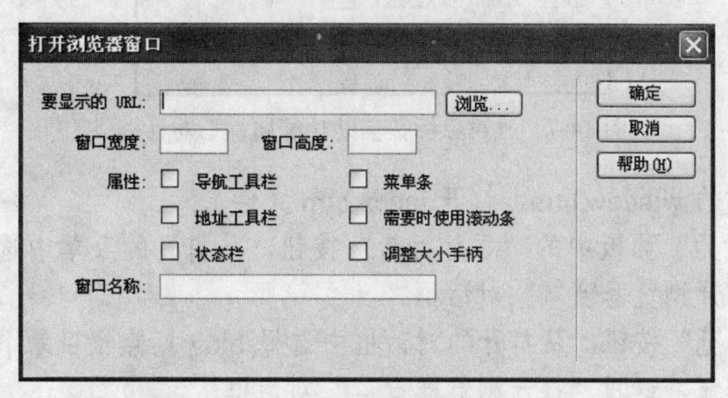

图 14-5 “打开浏览器窗口”对话框

“打开浏览器窗口”对话框中各选项的功能如下。

（1） “要显示的 URL”：用于选择要打开的网页。

（2） “窗口宽度”、“窗口高度”：用于设置弹出窗口的宽度和高度。

（3） “属性”：用于设置弹出窗口的参数，如是否包含导航工具栏、地址工具栏、状态栏、菜单栏、需要时使用滚动条和调整大小控制柄等。

（4） “窗口名称”：用于设置弹出窗口的名字。如果只弹出一个窗口，此选择可忽略；如果同时弹出多个窗口，则应为每个窗口设置名称。在为窗口命名时建议使用英文名称，且不能包含空格或特殊字符。

★例 14.1: 打开 blog 站点新创建一个名为 window.htm 的网页，在网页中插入 flash\003.swf，得到如图 14-6 所示效果，然后打开 index.htm 网页为其添加“打开浏览器窗口”行为。

图 14-6 弹出的浏览器窗口

（1） 展开 blog 站点，在站点根目录下新建 window.htm 文件。

（2） 展开“文件”面板，将站点根目录中的 flash\003.swf 文件拖动至文档中，系统自动弹出如图 14-7 所示的“对象标签辅助功能属性”对话框，单击“确定”按钮。

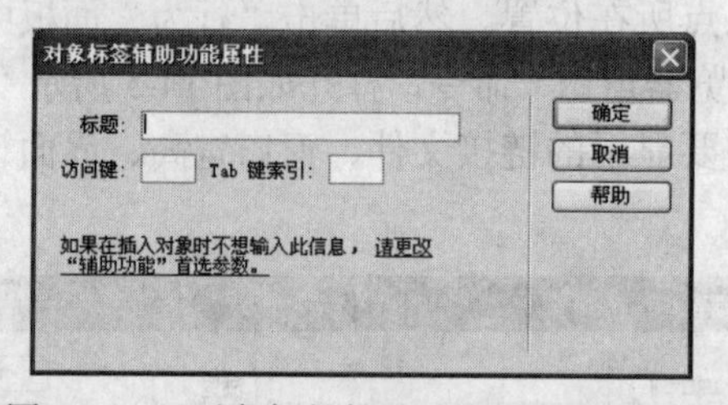

图 14-7 “对象标签辅助功能属性”对话框

（3） 保存新建的 window.htm，打开 index.htm 文件。

（4） 单击“行为”面板中的“添加行为”按钮，从打开的菜单中选择“打开浏览器窗口”命令，打开“打开浏览器窗口”对话框。

（5） 单击“浏览”按钮，从打开的对话框中选择 blog 站点根目录下的 windows.htm 文件，单击“确定”按钮，返回“打开浏览器窗口”对话框。

（6） 在“窗口宽度”文本框中输入 420，在“窗口高度”文本框中输入 310，选择“属性”选项组中的“菜单条”和“状态栏”复选框，如图 14-8 所示。

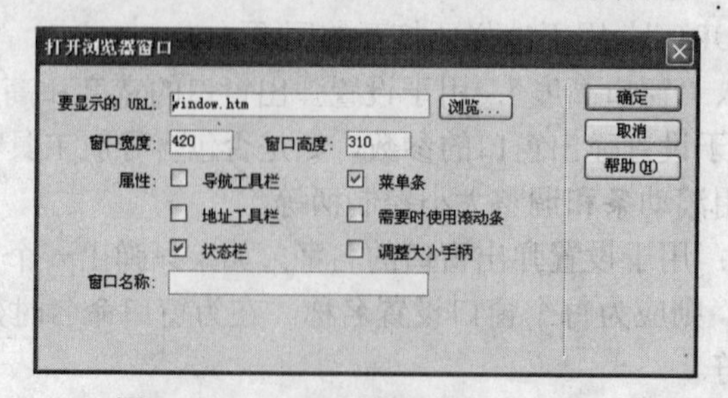

图 14-8 “打开浏览器窗口”对话框

（7） 单击“确定”按钮，保存文件。

（8） 按 F12 键，在打开 index.htm 网页的同时弹出“公告”窗口，如图 14-9 所示。

图 14-9　打开网页的同时弹出信息窗口

提示：IE 浏览器为帮助用户保护计算机安全，限制了 ActiveX 控件。为了可以正常显示行为效果，可单击浏览窗口中的黄色信息提示栏，选择如图 14-10 所示弹出菜单中的“允许阻止的内容”命令，打开如图 14-11 所示的“安全警告”对话框，单击“是”按钮。

图 14-10　快捷菜单

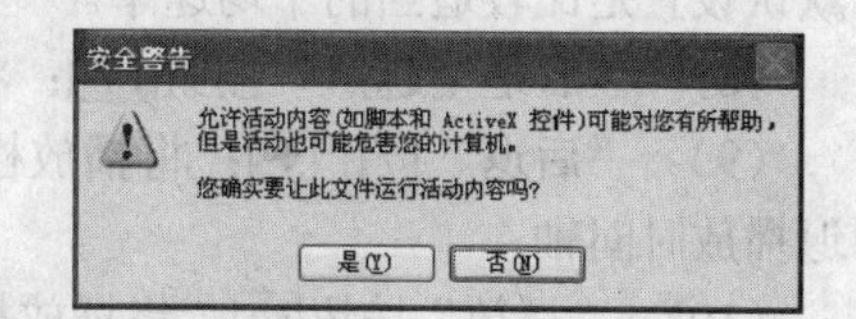

图 14-11　“安全警告”对话框

14.3　时间轴动画

可以使用动态 HTML 来更改 AP 元素和图像在一段时间内的属性，使用时间轴可创建不需要任何 ActiveX 控件、插件或 Java Applet（但需要 JavaScript）的动画。

14.3.1　“时间轴”面板

利用时间轴可以显示 AP 元素和图像的位置、大小、可见性和 AP 元素堆叠顺序等属性随时间变化情况。例如，应用时间轴可以更改图像标记中的源文件属性，使一段时间内会有不同的图像显示在页面上。

选择“窗口”|“时间轴”命令，或按 Alt+F9 组合键，可打开“时间轴”面板。为了方便介绍，这里先向时间轴中添加一个对象，如图 14-12 所示。

“时间轴”面板中各选项的功能如下。

（1） 关键帧：动画条中已经为对象指定属性（如位置）的帧。Dreamweaver 会计算关键帧之间帧的中间值。小圆标记表示关键帧。

（2）“行为”通道：应在时间轴中特定帧处执行的行为的通道。

（3）“时间轴”下拉列表框：指定当前在“时间轴”面板中显示文档的哪一个时间轴。

（4）“动画”通道：显示用于制作AP元素和图像动画的通道。

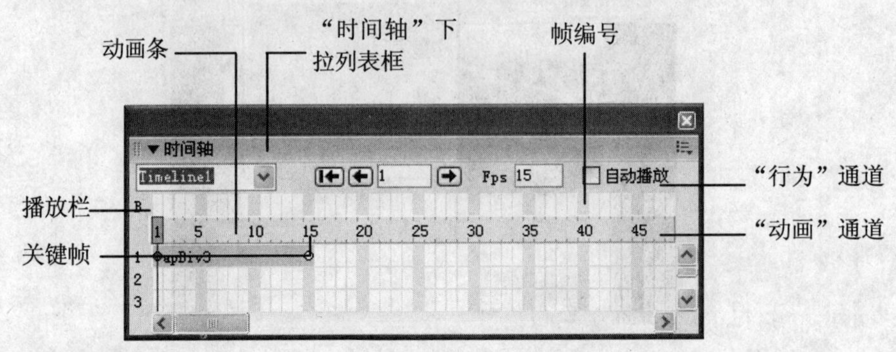

图14-12 “时间轴”面板

（5）动画条：显示每个对象的动画的持续时间。一个行为可以包含表示不同对象的多个条。不同的条无法控制同一帧中的同一对象。

（6）播放栏：显示当前在“文档”窗口中显示时间轴的哪一帧。

（7）帧编号：指示帧的序号。“后退”和“播放”按钮之间的数字代表的是当前帧编号。用户可以通过设置帧的总数和每秒帧数（fps）来控制动画的持续时间。15fps这一默认设置是比较适当的平均速率。

（8）“后退至起点”按钮：将播放栏移至时间轴中的第1帧。

（9）“后退”按钮：将播放栏向左移动一帧。单击“后退”按钮并按住鼠标左键可后退播放时间轴。

（10）“播放”按钮：将播放栏向右移动一帧。单击“播放”按钮并按住鼠标左键可前进播放时间轴。

（11）“自动播放”复选框：使时间轴于当前页在浏览器中加载时自动开始播放。“自动播放”将一个行为附加到页的<body>标签，该行为在页加载时执行“播放时间轴”操作。

（12）“循环”复选框：使当前时间轴在浏览器中打开时无限地循环。“循环”在动画的最后一帧之后将“转到时间轴帧”行为插入到“行为”通道中。在“行为”通道中双击该行为的标记可编辑此行为的参数并更改循环的次数。

14.3.2 创建时间轴动画

应用时间轴只能移动AP元素，如果要移动图像、文本等对象，必须先创建一个AP元素，然后将图像、文本或其他元素插入AP Div中。

如果要让AP元素沿直线运动，可先将AP元素移至动画起始位置，选择“窗口”|“时间轴”命令，打开“时间轴”面板，然后单击AP元素选择柄选择AP元素，如图14-13所示。再选择“修改”|“时间轴”|“增加对象到时间轴”命令，或直接将选择的AP元素拖动至“时间轴”面板，系统自动弹出如图14-14所示的对话框。单击“确定”按钮，得到如图14-15所示的时间轴。单击动画条未端的关键帧标记，在页面上将AP元素移至动画结束位置。

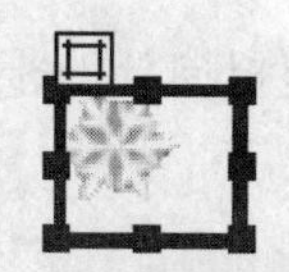

图 14-13　选择 AP 元素

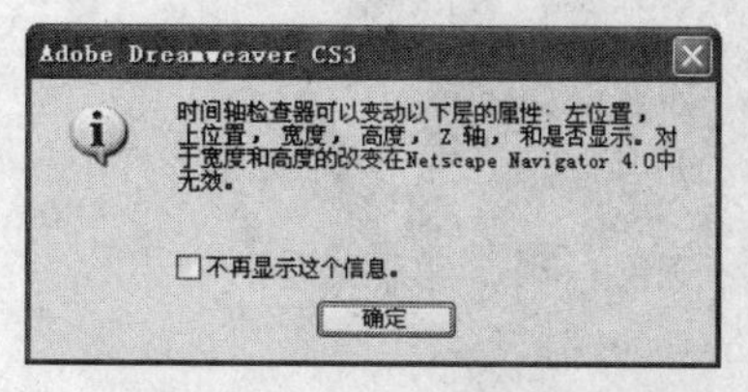

图 14-14　提示对话框

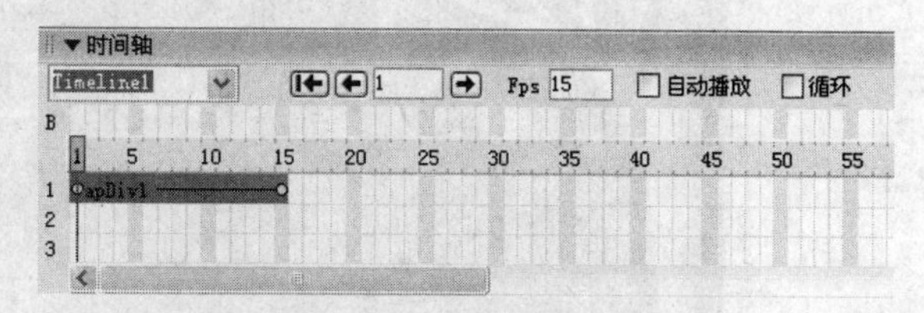

图 14-15　添加动画条的时间轴

如果要让 AP 元素沿曲线运动，可选择动画条，然后按住 Ctrl 键单击动画条中部的一个帧，或右击动画条中部任意帧，从弹出的快捷菜单中选择“增加关键帧”命令，添加一个关键帧，然后重复上面介绍的方法移动关键帧处 AP 元素的位置即可。

如果要设计复杂的曲线轨迹动画，最有效的方法是让系统自动记录拖动 AP 元素时经过的轨迹。先选择一个 AP 元素，将 AP 元素移至动画起始位置，选择“修改”|“时间轴”|“记录 AP 元素的轨迹”命令。在页面上拖动 AP 元素以创建轨迹，当到达动画终止位置时释放 AP 元素。

★例 14.2：打开 blog 站点中的 index.htm，在网页顶部创建两个动画，一个沿直线运动，另一个沿曲线运动。

（1）展开 blog 站点，打开 index.htm 文件。

（2）单击“布局”工具栏中的“绘制 AP Div”按钮，在页面顶部拖动创建一个空 AP 元素。

（3）展开“文件”面板，将站点根目录中的 image\009.gif 文件拖动至 AP 元素中，系统自动弹出“对象标签辅助功能属性”对话框，单击“确定”按钮，得到如图 14-16 所示的效果。

图 14-16　向 AP 元素中添加图像

（4）单击 AP 元素选择柄并将其拖动至时间轴，系统自动弹出提示对话框，单击“确定”按钮。

（5）在时间轴第 15 帧处单击，选择 AP 元素将其拖动至其他位置，释放鼠标左键后得到如图 14-17 所示的效果。

图 14-17　改变 AP 元素的最终位置

（6） 选择第 16 帧，拖动 AP 元素至时间轴；选择第 30 帧，改变 AP 元素位置，得到如图 14-18 所示的效果。

图 14-18　创建第 1 通道的第 2 动画条

（7） 以同样的方式再创建一个 AP 元素，将 009.gif 图像添加至新建 AP 元素中。

（8） 在图像上右击，从弹出的快捷菜单中选择“记录路径”命令，在页面上拖动 AP 元素，如图 14-19 所示。

图 14-19　拖动 AP 元素记录路径

14.3.3　修改时间轴

Dreamweaver 中默认创建的动画条只有 15 帧，为了使动画达到预期的效果，需要修改时间轴。下面介绍几种修改时间轴的方法。

（1） 添加或删除帧：选择“修改”|“时间轴”|“添加帧”命令可添加帧，选择“修改”|“时间轴”|“删除帧”命令可删除帧。

（2） 延长动画插入时间：向右拖动结束帧标记。为了使动画效果保持不变，系统会自动调整动画中所有关键帧。若希望在调整结束帧标记时，其他关键帧的位置保持不变，可按住 Ctrl 键拖动结束帧标记。

（3） 移动关键帧：若要使 AP 元素更早或更晚地到达某一关键帧位置，可向左或向右移动动画条中关键帧。

（4） 调整动画播放时间：选择一个或多个与动画关联的动画条（按 Shift 键可一次选择

多个动画条)，然后向左或向右移动。

14.3.4 控制时间轴的行为

Dreamweavaer 中可用于控制时间轴的行为包括：停止时间轴、播放时间轴、转到时间轴帧。如果用户希望在打开网页的同时播放动画，可选择“时间轴”面板中的“自动播放”复选框，系统自动为其添加当网页载入（onLoad）时的“播放时间轴”行为。

如果用户希望播放的动画可以不间断地重复播放，可选择“时间轴”面板中的“循环”复选框。系统会在该动画最后一帧的下一帧处添加一个 onFrameN 事件及“转到时间轴帧”动作。例如，onFrame126“转到时间轴帧”表示当动画播放至第 126 帧时自动转到时间轴起始帧处。

如果用户希望将激活时间轴的方式添加至其他事件，可单击“行为”面板中的“添加行为”按钮，从打开的下拉菜单中选择“时间轴”下级菜单的相关命令。例如，若用户希望在双击时停止播放时间轴，可选择“时间轴”|“停止时间轴”命令，然后选择一个双击事件。

提示：如果打算申请免费空间上传的自己的网站，那么不必要的动态特效还是不要添加为妙。因为有的免费空间会限制单个文件的最大值，超过限定值则不允许上传。

★例 14.3：在例 14.2 基础上修改动画效果：修改第 1 动画通道中第 2 动画条的结束关键帧为第 25 帧，修改第 2 动画通道的播放帧为第 26 帧，设置双击第 1~2 动画通道中任意元素时停止播放动画。

（1） 选择第 1 动画通道中的第 30 关键帧，向左拖动至第 25 帧处释放鼠标左键。

（2） 选择第 2 动画通道中的所有动画条，向右拖动使其播放起始帧为第 26 帧，如图 14-20 所示。

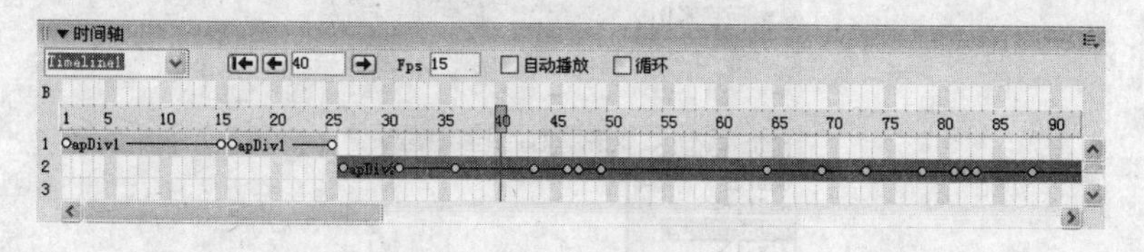

图 14-20 修改时间轴

（3） 选择“时间轴”面板中的“自动播放”复选框，系统弹出如图 14-21 所示的提示对话框，单击“确定”按钮。

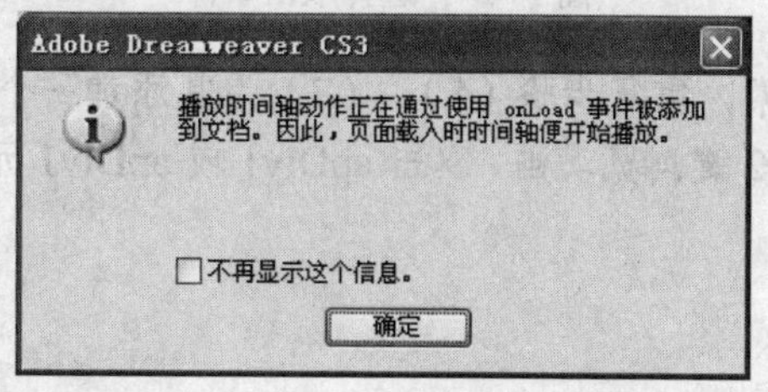

图 14-21 自动播放提示对话框

（4） 选择“时间轴”面板中的“循环”复选框，系统弹出如图 14-22 所示的提示对话框，单击“确定”按钮。

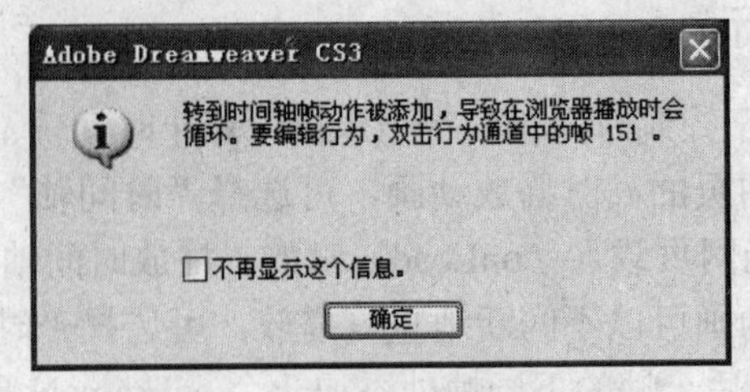

图 14-22　循环播放提示对话框

提示：选择图 14-21 或图 14-22 所示对话框中的“不再显示这个信息”复选框，此后再创建时间轴动画时，此对话框就不会再显示。

（5） 选择 apDiv1 元素，单击“行为”面板中的“添加行为”按钮，从打开的下拉菜单中选择“时间轴”|“停止时间轴”命令，打开如图 14-23 所示的“停止时间轴”对话框。

图 14-23　“停止时间轴”对话框

（6） 从“停止时间轴”下拉列表框中选择“所有时间轴”命令，单击“确定”按钮。

（7） 打开“行为”面板事件下拉列表框，从中选择 onDblClick 选项，如图 14-24 所示。

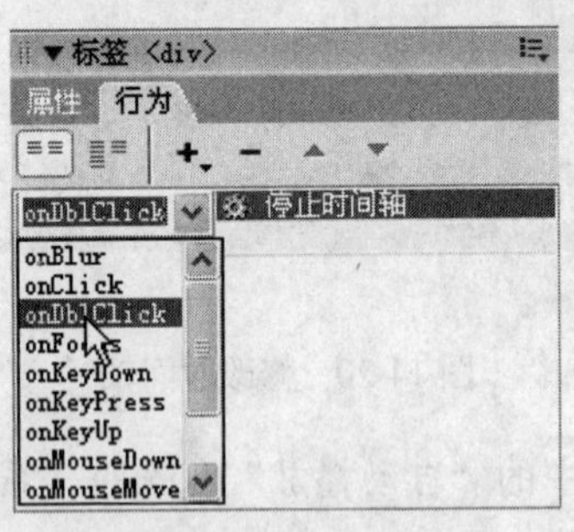

图 14-24　选择双击事件

（8） 选择 apDiv2 元素，重复步骤（5）~（7）为其添加一个双击停止播放时间轴行为。

（9）保存文件，按 F12 键浏览动画，双击 apDiv1 或 apDiv1 元素，停止播放时间轴动画，如图 14-25 所示。

图 14-25　双击停止播放时间轴

14.4　实例——设置动态效果

打开 xiuxian 站点中已存在的 zhtml-1.html 网页，为该网页附加一个弹出对话框行为，即打开网页时弹出提示对话框，显示提示信息“欢迎登陆休闲网站!”；并在顶部添加时间轴动画，如图 14-26 所示。

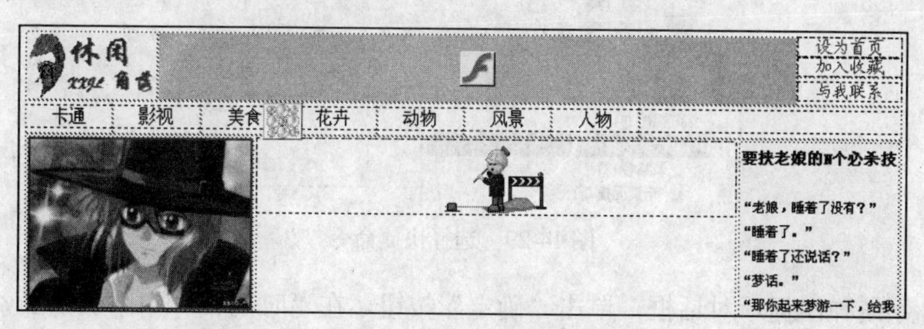

图 14-26　应用时间轴创建的动画

1. 添加弹出对话框行为

（1） 进入 xiuxian 站点，打开站点根目录下的 zhtml-1.html 网页。

（2） 选择顶部表格，按←键将插入点置于表格左侧，展开“行为”面板。

（3） 单击“添加行为”按钮，从弹出的快捷菜单中选择“弹出信息”命令，打开“弹出信息”对话框。

（4） 如图 14-27 所示，在“消息”文本框中输入“欢迎登陆休闲网站!”，单击“确定”按钮。

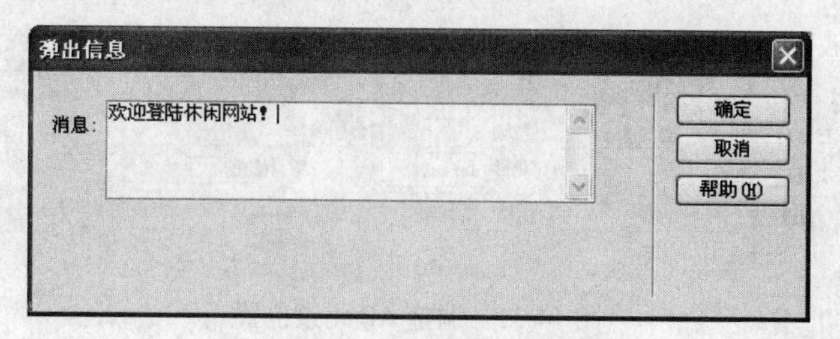

图 14-27　“弹出信息”对话框

2. 添加时间轴

（1） 单击“布局”工具栏中的“绘制 AP 元素”按钮，在“卡通”字样左侧绘制一个AP 元素。

（2） 在“文件”面板中展开 xiuxian 站点中的 image 文件夹，将其中的 gs5016.gif 图像拖动至 AP 元素，系统弹出“图像标签辅助功能属性”对话框，单击“确定”按钮。

（3） 保持图像选择状态，按住 Shift 键等比例调整图像大小，使其宽 34、高 31，如图 14-28 所示。

图 14-28 “弹出信息”对话框

（4） 在选择的 AP 元素上右击，从弹出的快捷菜单中选择“添加到时间轴”命令，如图 14-29 所示。

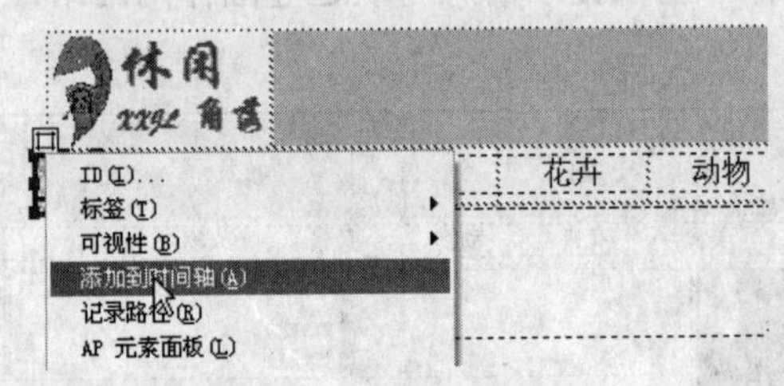

图 14-29 选择快捷命令

（5） 系统弹出提示对话框，单击“确定”按钮，在“时间轴”中添加动画条。

（6） 拖动“时间轴”面板中的结束帧第 15~第 25 帧，如图 14-30 所示。

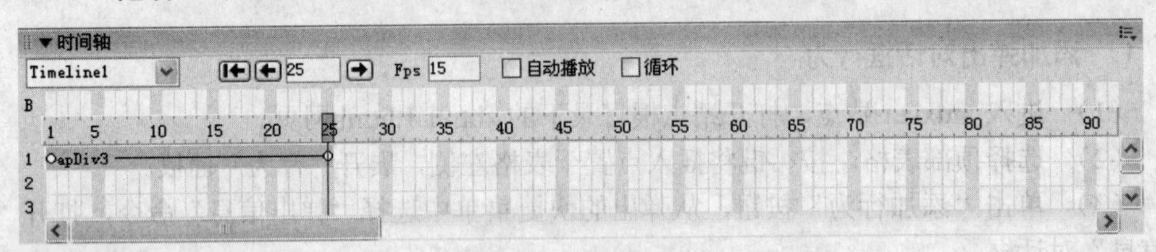

图 14-30 调整结束帧

（7） 双击 AP 元素显示其属性检查器，在“左”文本框中输入 900，按 Enter 键，如图 14-31 所示。

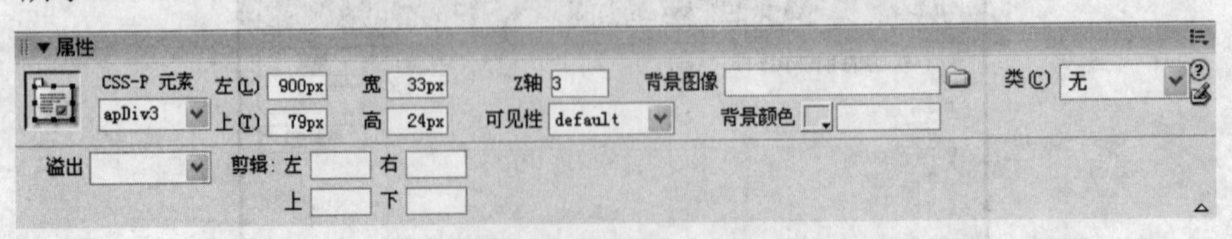

图 14-31 调整 AP 元素位置

（8） 选择第 25 帧，拖动 AP 元素至“时间轴”面板中的第 26 帧处，调整新增加的动画条结束帧至第 50 帧。

（9） 保持第 50 帧处于选择状态，在属性检查器中的“左”文本框中输入 3，按 Enter 键。

（10） 选择“时间轴”面板中的“自动播放”和“循环”复选框。

3. 保存并预览效果

（1） 保存文件，按 F12 键预览动画效果。

（2） 在打开网页的同时，自动弹出如图 14-32 所示的对话框，与此同时添加的时间轴动画自动播放。

图 14-32 提示对话框

14.5 本章小结

行为是在网页中进行一系列动作，可以帮助用户构建页面中的交互行为，通过这些动作实现用户与页面的交互。本章主要介绍了行为的概念、Dreamweaver 内置行为以及行为的应用等知识。通过本章的学习，用户应了解如何应用 Dreamweaver 中的各种内置行为设置动态特效。

14.6 上机练习与习题

14.6.1 选择题

（1） 关于时间轴动画，下列说法正确的是__________。

A. 时间轴动画效果应用于图像

B. 时间轴动画只能沿直线运动

C. 时间轴对象只能应用于 AP 元素

D. 时间轴动画只能沿曲线运动

（2） 若要设置打开某网页时自动弹出窗口特效，应使用的事件是__________。

A. onClick　　B. onLoad　　C. onMouseOver　　D. onMouseOut

（3） 若要为对象添加行为，应单击“行为”面板中的__________按钮。

A.　　B.

C.　　D. +

（4） 要想在浏览器窗口底部显示文本消息，应在“添加行为”|“设置文本”子菜单中选择____________命令。

A. 设置框架文本　　　　B. 设置 AP 元素文本
C. 设置状态栏文本　　　　D. 设置文本域文本

（5） 要使指针移过一段文本或图片上时自动打开一个含有“确定”按钮的信息提示窗口，应为其附加________行为。

A. 弹出信息　　　　B. 打开浏览器窗口
C. 显示弹出式菜单　　　　D. 设置文本

14.6.2 填空题

（1） Dreamweaver 中的行为是由 __________和__________组成的。

（2） 若要获取 Dreamweaver 内置行为之外的更多行为，可选择“添加行为”下拉菜单中的___________命令。

（3） 为某网页添加载入时弹出窗口行为时，触发该动作的默认事件是_________。

（4） 应用“打开浏览器窗口”行为设计一个弹出窗口，若要使弹出窗口可改变大小，应选择“打开浏览器窗口”对话框中“属性”选项组中的___________选项。

（5） 在创建时间轴动画的过程中，可以使用行为控制时间轴动画，若要添加双击停止播放动画行为，应为其添加___________事件。

（6） 若要通过拖动轨迹来创建时间轴，应先选择一个 AP 元素，将该 AP 元素移至它在动画开始时应处于的位置，选择__________下的“时间轴”子菜单中的______________命令。

（7） 选择添加时间轴动画的对象，再选择_________菜单中的“时间轴”|“增加对象到时间轴”命令，可添加时间轴动画。

14.6.3 问答题

（1） 简述 Dreamweaver 内置行为的种类。

（2） 简述改变 AP 元素属性的方法。

（3） 简述单击某按钮时发出声音特效的制作方法。

（4） 简述添加滚动字幕的方法。

（5） 简单应用时间轴创建简单的轨迹动画的方法。

14.6.4 上机练习

（1） 为选择的对象添加单击时执行“交换图像”行为。

（2） 为 AP 元素添加沿轨迹运动的时间轴动画，且在双击的情况下播放动画。

第 15 章

库与模板

教学目标：

在 Dreamweaver 中，可以利用库与模板创建出具有统一风格的网页，也能更加方便地维护网站。通过本章的学习，读者可了解库与模板的基础知识和应用，即如何创建和设置库项目、为网页添加库项目和编辑库项目，如何创建模板、设置模板的网页属性，以及如何导入导出 XML 内容等。

教学重点与难点：

1. 创建库项目。
2. 利用库项目更新网站。
3. 创建模板。
4. 应用模板创建网页。
5. 导入导出 XML 内容。

15.1 库与模板概述

库是一种特殊的 Dreamweaver 文件，其中包含可放置到 Web 页中的一组资源或资源副本。库中的这些资源称为库项目。可在库中存储的项目包括图像、表格、声音和 Flash 文件。当用户更改某个库项目的内容时，系统会更新所有使用该项目的页面。

Dreamweaver 将库项目存储在每个站点的本地根文件夹中的 Library 文件夹中，且每个站点都有自己的库。在使用库项目时，系统将库项目链接插入到 Web 页中，而不是直接将库项目本身插入到 Web 页。换句话说，Dreamweaver 是向文档中插入项目的 HTML 源代码副本，并添加一个包含对原始外部项目的引用的 HTML 注释。自动更新过程就是通过这个外部引用来实现的。

模板是一种特殊类型的文档，可用于设计固定的页面布局。用户可基于该模板创建文档，创建的文档会自动继承模板的页面布局。设计模板时，用户可以指定在基于模板的文档中哪些内容是“可编辑的”。模板最强大的功能之一在于一次可更新多个页面，从模板创建的文档与该模板保持同步状态，因此可以修改模板即可立即更新基于该模板的所有文档中的设计。

15.2 使用库项目

库项目可以是网站中的各类元素，如文本、表格、表单、JavaApplet、插件、ActivwX 元素、导航条和图像等。如果这些项目在网页制作的过程中重复使用，则更新某个网页元素后，若要打开每个网页重新修改这些元素，太浪费时间和精力。如果使用库项目，则可以一次更新该网站中的多个网页，既省时又省力。

15.2.1 认识“资源”面板中的库

在使用库项目前，选择“窗口”|“资源”命令，显示“资源”面板，或单击“文件”面板组中的“资源”标签，切换至“资源”面板，如图 15-1 所示。单击“资源”面板左下角的中的“库”按钮，进入“库”类别，如图 15-2 所示。

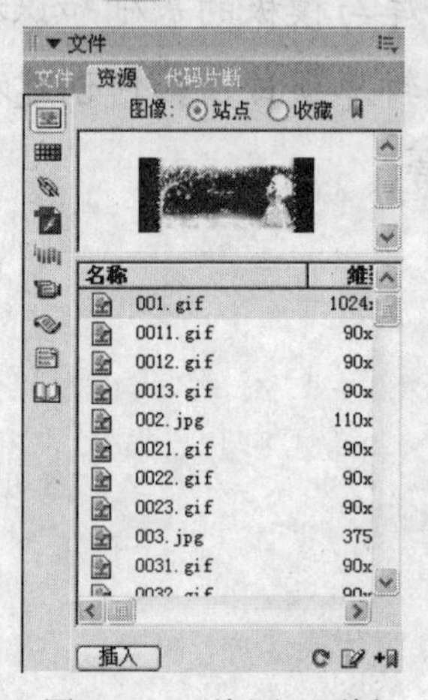

图 15-1 “资源”面板

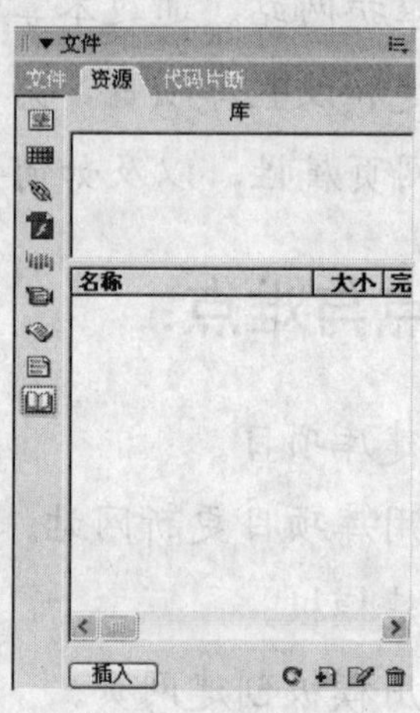

图 15-2 库类别

“资源”面板中库类别下各选项的功能如下。

（1）“图像”：用于列出当前站点中包含的所有图像。

（2）“颜色”：用于列出当前站点中使用过的所有颜色。

（3）“URLs”：用于列出当前站点中设置的超链接，如空链接、电子邮件链接、绝对链接及相对链接等。

（4）“Flash”：用于列出当前站点中应用的 Flash 动画。

（5）“Shockwave”：用于列出当前站点中应用的 Shockwave。

（6）“影片”：用于列出当前站点中应用的影片。

（7）“脚本”：用于列出当前站点中应用行为后得到的脚本文件。

（8）“模板”：用于列出当前站点中创建的模板。

（9）“库”：用于列出当前站点中创建的库项目。

（10）“插入”：单击以上各类按钮（除颜色和模板）后，从右侧列表框中选择任意选项，再单击此按钮，可将其插入到网页中。若选择颜色和模板，则“插入”按钮变为“应用”按钮，单击“应用”按钮，可将选择的颜色或模板应用于打开的文档。

（11） “刷新站点列表”：用于重新刷新当前站点，将新建对象显示到列表框中。

（12） “新建库项目”：用于创建一个新的库项目。

（13） “编辑”：用于编辑选择的对象。

（14） “删除”：用于删除选择的对象。

15.2.2 创建库项目

库项目是要在整个网站范围内重新使用或经常更新的元素。例如，将某图像指定为库项目，Dreamweaver 会存储一个完整的<img>标记，使用户可以方便地在整个站点中更改图像的替换文本，甚至更改源文件属性。值得注意的是，不可以使用此方法更改图像的宽度和高度属性，除非使用图像编码器更改源图像的实际大小。

若要基于选定内容创建库项目，应先选择“文档”窗口中要另存为库项目的内容或对象，然后执行以下任一操作后，为新库项目定义名称。

（1） 将选择的内容拖动至“资源”面板的“库”类别中。

（2） 单击“资源”面板的“库”类别下的“新建库项目”按钮。

（3） 选择“修改”|“库”|“增加对象到库”命令。

（4） 单击“资源”面板右上角的图标，从弹出的下拉菜单中选择“新建库项”命令。

若要创建一个空白库项目，在不选择任何内容的情况下，单击“资源”面板“库”类别下的“新建库项目”按钮，一个新的、无标题的库项目将被添加到面板中的列表。

如果不对新创建的库项目进行任何操作，它将处于选定状态。若库项目名称为 UntitledX（X 为数字序列），此时可直接输入库项目名称，然后按 Enter 键创建库项目。

★例 15.1：打开 blog 站点中的 index.htm 网页，将“个人资料”中的水平线添加至库中，并为其命名为 level。

（1） 展开“文件”面板，进入 blog 站点，双击根目录下的 index.htm 网页。

（2） 显示“资源”面板，单击“库”按钮，进入库类别。

（3） 选择“个人资料”表格下的水平线，单击“资源”面板中的“新建库项目”按钮，得到名为 Untitled 的库项目，如图 15-3 所示。

（4） 在库项目名称处输入“level”，按 Enter 键，将选择的水平线创建为名为 level 的库项目，如图 15-4 所示。

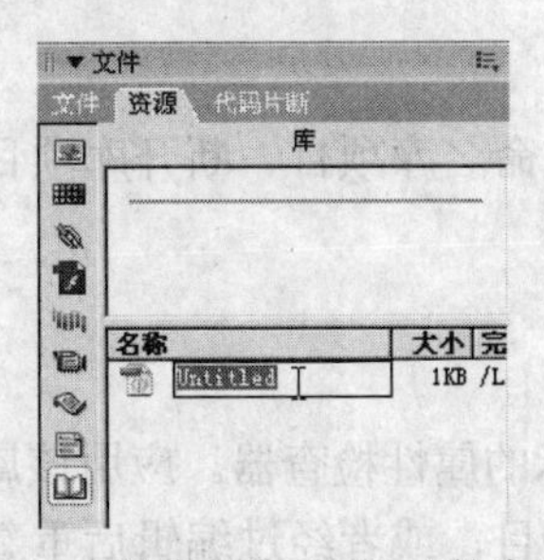

图 15-3 创建名为 Untitled 的库项目

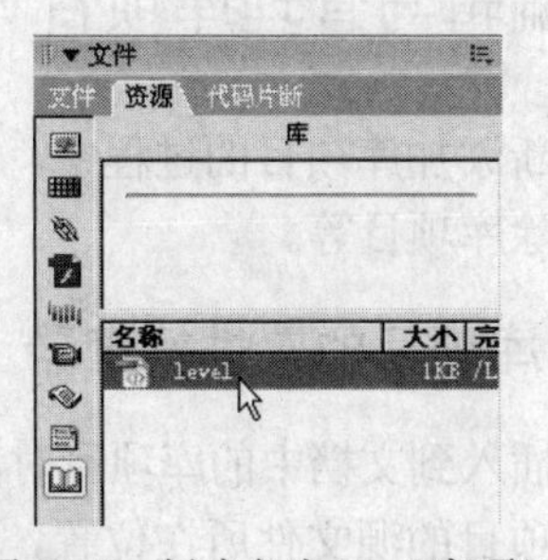

图 15-4 创建名为 level 库项目

提示： 每个库项目都保存在 Library 文件中，且以独立文件的形式存在，文件扩展名为.lbi。例如，用户创建了一个名为 welcome 的图像库项目，则可在站点根目录下的 Library 文件夹中找到 welcome.lbi 文件。

15.2.3　将库项目添加到网页

用户可以直接将创建的库项目应用于文档。若要在文档中插入库项目，应先确定插入点位置，然后选择“资源”面板中将一个库项目拖动到“文档”窗口中，或单击面板中的“插入”按钮。

若要在文档中插入库项目的内容而不包括对该项目的引用，可在拖动时按住 Ctrl 键。使用此方法插入库项目后，用户在文档中编辑此项目时，其他文档中的此库项目不会随之更新。

★例 15.2：打开 blog 站点中的 index02.htm 网页，将 level 库项目插入到如图 15-5 所示的位置。

图 15-5　插入 level 库项目前后效果对比

（1）展开“文件”面板，进入 blog 站点，双击根目录下的 index02.htm 网页。
（2）显示“资源”面板，单击“库”按钮，进入库类别。
（3）将插入点置于“发送信息”图像左侧，选择库类别中的 level 库项目。
（4）单击“资源”面板中的“插入”按钮。

15.3　编辑与管理库项目

在不断添加库项目的过程中，用户可根据实际需要重命名库项目、断开库项目与文档的链接、删除库项目等。

15.3.1　库项目的属性检查器

选择插入到文档中的库项目时，会显示如图 15-6 所示的属性检查器。应用该属性检查器可查看库项目的源文件所在位置，打开或分离选择的库项目，或者经过编辑后重新创建库项目。

图 15-6　库项目的属性检查器

库项目的属性检查器中各选项的功能如下。

（1）“Src”：用于显示选中的库项目的源文件的路径及文件名。

（2）“打开”：用于打开当前选择的库项目源文件，可用于编辑库项目。用户也可单击“资源”面板右上角的按钮，从弹出的菜单中选择“编辑”命令，或单击“资源”面板中的“编辑”按钮，打开源文件编辑库项目。

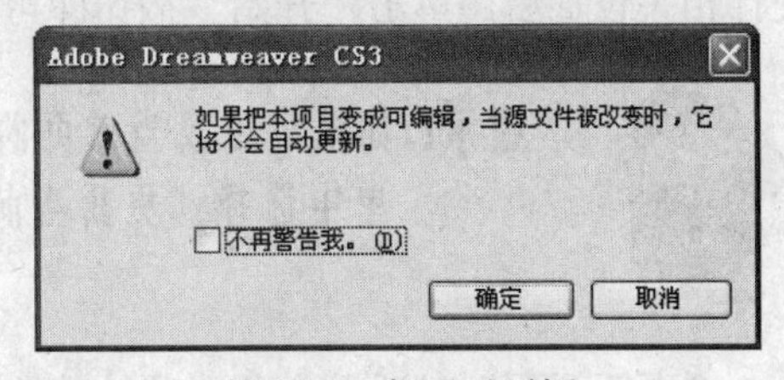

图 15-7　提示对话框

（3）“从源文件中分离”：用于中断选择的库项目与源文件之间的链接。单击此按钮，打开如图 15-7 所示的提示对话框，提示用户该项目变为可编辑，但是改变源文件时不会自动更新网页中当前选择的库项目。

（4）“重新创建”：用于使用当前库项目覆盖初始库项目。

15.3.2　删除与重命名库项目

不断向库类别中添加库项目的同时，可以删除不再使用的库项目。若要删除一个库项目，可在“资源”面板中选择要删除的库项目，然后执行以下任一操作。

（1）单击“资源”面板中的“删除”按钮。

（2）单击“资源”面板右上角的按钮，从弹出的快捷菜单中选择“删除”命令。

（3）在选择的库项目名称上右击，从弹出的快捷菜单中选择“删除”命令。

注意：删除后无法使用“撤销”命令将其找回，只能重新创建。

若要重新命名库项目，可在“资源”面板中选中需重命名的库项目，然后执行以下任一操作。

（1）在库项目的选择状态下单击，当库项目名称变为可编辑时输入新名称。

（2）单击面板右上角的按钮，从弹出的快捷菜单中选择“重命名”命令，当库项目名称处于可编辑状态时输入新名称。

（3）右击库项目名称，从弹出的快捷菜单中选择“重命名”命令，当库项目名称处于可编辑状态时输入新名称。

输入新名称后按 Enter 键，或在其他位置单击即可完成重命名操作。

提示：在应用单击方式重命名库项目时，一定要注意在前后两次单击之间稍作暂停，不要双击名称，否则将会打开库项目窗口。

15.4　利用库项目更新网站

修改库项目或更改库项目名称后，选择“修改”|“库”|“更新页面”命令，或在选择的库项目上右击，从弹出的快捷菜单中选择“更新站点”命令，Dreamwevaer 弹出如图 15-8 所示的“更新页面”对话框。进行相关设置后，单击“开始”按钮即可更新网站。

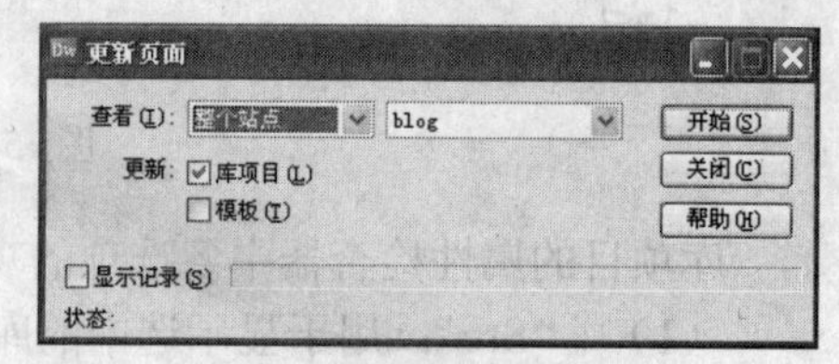

图 15-8　“更新页面”对话框

提示：如果只更改当前页的库项目，在选择的库项目上右击，从弹出的快捷菜单中选择“更新当前页”命令。

“更新页面”对话框中各选项的功能如下。

（1）“查看”选项组：用于选择要更新库项目的范围。

- “整个站点”：用于更新站点中的所有文件。可从“查看”下拉列表框右面的下拉列表框中选择要更新的站点。
- “文件使用”：用于根据特定模板更新文件。可从“查看”下拉列表框右面的下拉列表框中选择文件。

（2）“更新”选项组：用于选择要更新的目标。

- “库项目”：用于指定更新的目标为库项目。
- “模板”：用于指定更新的目标为模板。

（3）“显示记录”：用于展开“状态”文本框，显示 Dreamweaver 试图更新的文件的信息，包括它们是否成功更新的信息。

★例 15.3：站点 blog 中的库项目 level 应用于 index.htm、index01.htm、index02.htm 网页，断开 index.htm 与 level 库项目的链接关键，然后修改 level 水平线的颜色代码为#FFCC00，更改 index01.htm、index02.htm 中的 level 库项目。

（1）展开“文件”面板，进入 blog 站点，双击打开根目录下的 index.htm 网页。

（2）选择“个人资料”表格中的水平线，单击属性检查器中的“从源文件中分离”按钮，系统弹出如图 15-9 所示的提示对话框，单击“确定”按钮。

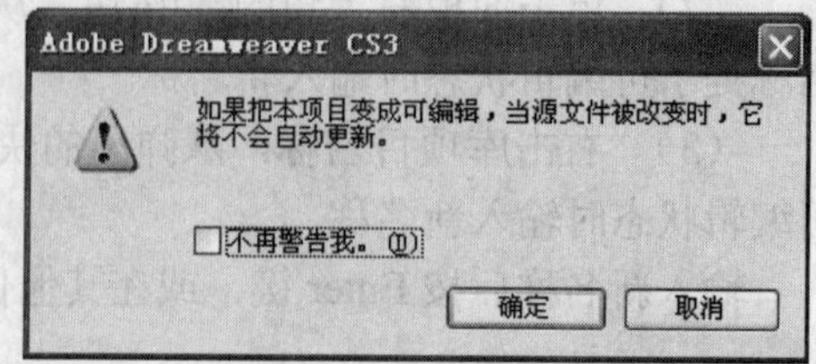

图 15-9　提示对话框

（3）保存 index.htm 网页。

（4）显示“资源”面板，进入库类别，双击 level 库项目，打开编辑库项目窗口。

（5）单击“文件”工具栏中的“拆分”按钮，切换到“拆分”编辑模式，将“color="#ff0000"”代码更改为“color="#ffcc00"”，然后单击属性检查器中的“刷新”按钮，如图 15-10 所示。

（6）保存 level 库项目，系统弹出如图 15-11 所示的“更新库项目”对话框。

（7）单击“更新”按钮，打开如图 15-12 所示的“更新页面”对话框，显示完成更新，单击“关闭”按钮。

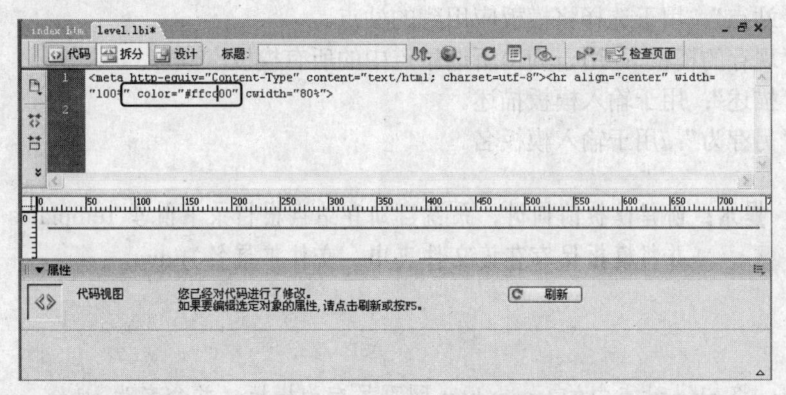

图 15-10　编辑 level 库项目

图 15-11 “更新库项目”对话框

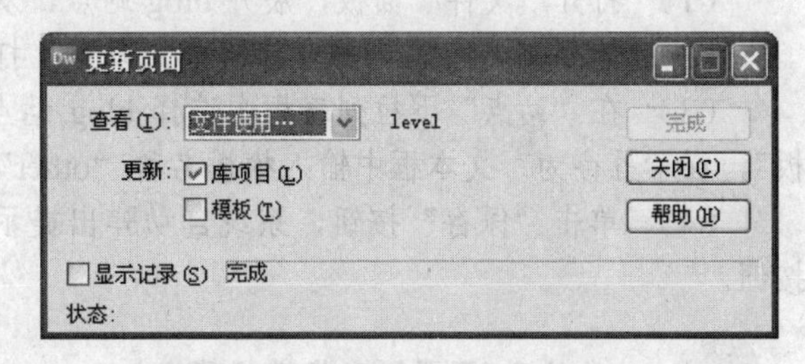

图 15-12 “更新页面”对话框

15.5　创建模板

应用 Dreamweaver 中的模板功能，将网页中相同部分定义为不可更改部分，将需要更改的部分定义为可更改的部分，可以保持站点风格的一致，减少站点制作过程中的工作量。

15.5.1　将文档另存为模板

创建模板的方法主要有两种：一种是将现有文档保存为模板，另一种是以新建的空文档为基础创建模板。若要将已存在的文档另存为模板，可选择“文件”|“另存为模板”命令，打开如图 15-13 所示的“另存模板”对话框。在对话框中设置好模板名称及描述后单击“保存”按钮，弹出如图 15-14 所示的提示对话框，提示是否更新链接。单击“是”按钮，将文档另存为模板。

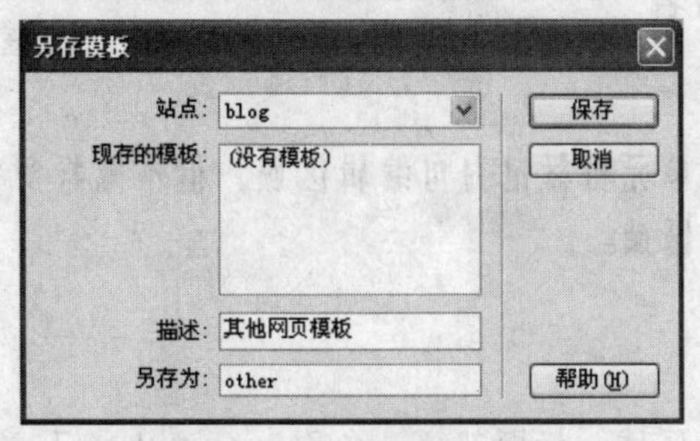

图 15-13 “另存模板”对话框

图 15-14　提示更新链接

“另存为模板”对话框中各选项的功能如下。

（1） “站点”：用于选择将模板应用到的站点。

（2） “现存的模板”：用于列出所选站点中的所有模板。

（3） “描述”：用于输入模板描述。

（4） “另存为”：用于输入模板名。

提示：创建模板的同时，系统自动在站点根目录下创建 Templates 文件夹，并将模板保存在该文件夹中，文件扩展名为.dwt。

★例 15.4：将 blog 站点中的 tsyem.htm 网页另存为模板，并命名为 other。

（1） 打开“文件”面板，展开 blog 站点，双击 tsyem.htm 网页。

（2） 选择“文件”|“另存为模板”命令。打开“另存模板”对话框。

（3） 在“站点”下拉列表框中选择 blog 站点，在“描述”文本框中输入“其他网页模板”，在“另存为”文本框中输入模板名称“other”。

（4） 单击“保存”按钮，系统自动弹出提示框询问用户是否要更新链接，单击“是”按钮。

注意：不要随意将模板移出 Templates 文件夹，或将非模板文件存放在 Templates 文件夹中，以免引用模板时出现路径错误。

15.5.2 创建可编辑区域

将已存在的文档另存为模板后，如果用户无法进行编辑，也就失去了模板的作用。因此，要求设计者在制作模板时，应创建可编辑区域，以方便向其中添加内容。模板中除可编辑区域外，其余不可编辑的区域统称为锁定区域。

若要创建可编辑模板区域，应先选择要设为可编辑区域的文本或内容，或将插入点置于某区域内，选择“插入记录”|“模板对象”|“可编辑区域”命令，打开如图 15-15 所示的“新建可编辑区域”对话框。输入可编辑区域的名称，然后单击“确定”按钮。值得注意的是：在为同一文档中的不同可编辑区域命名时，不能使用相同的名称。

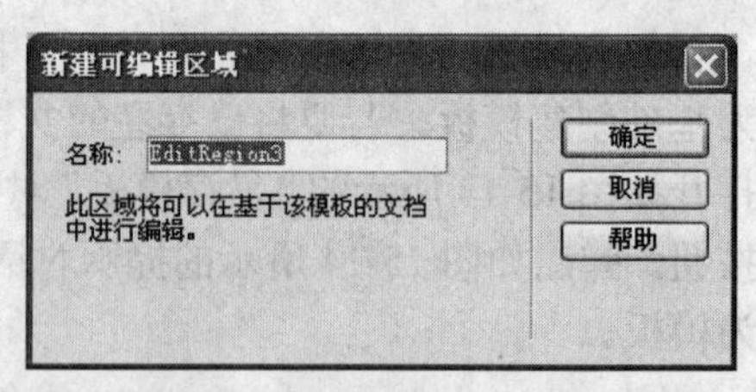

图 15-15 “新建可编辑区域”对话框

提示：可以将整个表格或单独的表格单元格标记为可编辑区域，但不能将多个表格单元格标记为单个可编辑区域。

★例 15.5：在例 15.4 的基础上创建两个可编辑区域：标题部分，名称为 texttitle；正文部分，名称为 text，如图 15-16 所示。

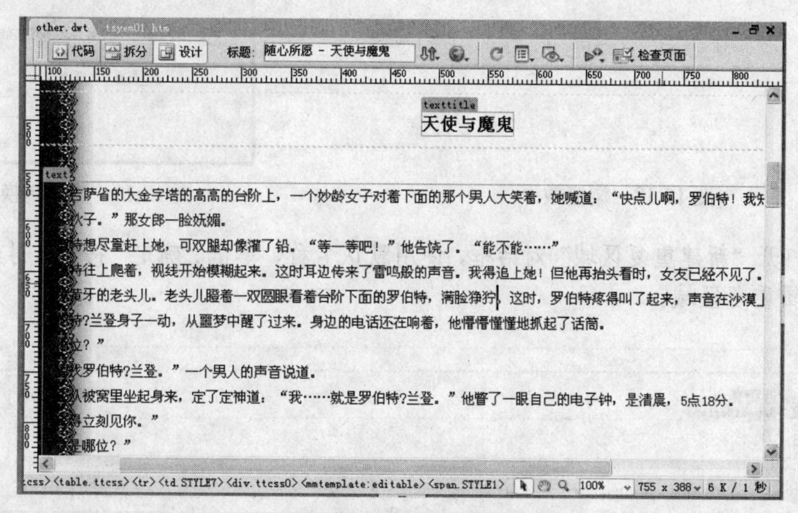

图 15-16　定义可编辑区域

（1）打开 other.dwt 模板，将插入点置于"天使与魔鬼"所在的单元格中。

（2）选择"天使与魔鬼"标题，然后在其上右击，从弹出的快捷菜单中选择"模板"|"可编辑区域"命令，打开"新建可编辑区域"对话框。

（3）在"名称"文本框中输入"texttitle"，单击"确定"按钮。

（4）在正文部分三击，选择所有正文，然后选择"插入记录"|"模板对象"|"可编辑区域"命令，打开"新建可编辑区域"对话框。在"名称"文本框中输入"text"，单击"确定"按钮。

（5）按 Ctrl+S 组合键保存模板。

15.5.3　创建重复区域

重复区域是模板文档中所选区域的多个副本。该区域不是可编辑区域，若要使重复区域中的内容可编辑，必须在重复区域中插入可编辑区域。重复区域通常用于表格，可用于控制页面中的重复布局或重复数据行。

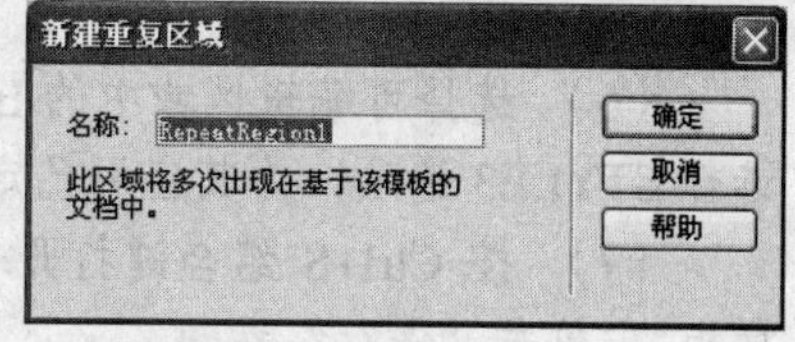

图 15-17　"新建重复区域"对话框

若要在模板中插入重复区域，必须先选择想要设置为重复区域的对象，然后选择"插入记录"|"模板对象"|"重复区域"命令，打开如图 15-17 所示的"新建重复区域"对话框，在"名称"文本框中输入名称，单击"确定"按钮。

★例 15.6: 打开 blog 站点中的 repreg.htm 文件，将如图 15-18 所示的"最近更新"下方的单元格设置为可重复编辑区域。

（1）打开"文件"面板，展开 blog 站点，双击 repreg.htm 网页。

（2）选择"最近更新"字样下方空行中所有单元格，选择"插入记录"|"模板对象"|"重复区域"命令，打开如图 15-19 所示的 Dreamweaver 提示对话框。提示用户 Dreamweaver 会自动将此文档转换为模板，单击"确定"按钮。

图 15-18　浏览效果

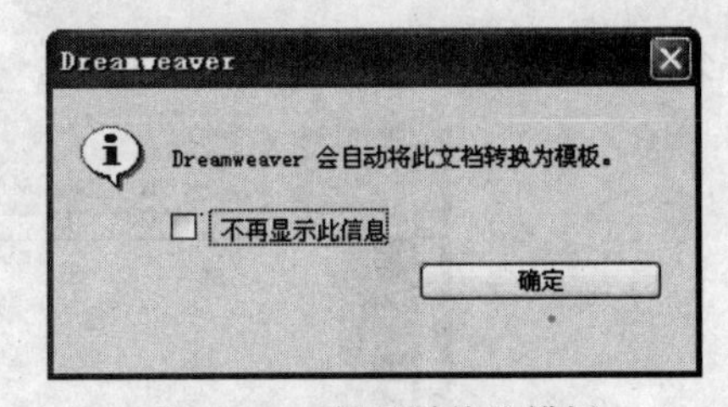

图 15-19　提示转换为模板

（3）打开“新建重复区域”对话框，使用默认名称，单击“确定”按钮，得到如图 15-20 所示的可编辑重复区域。

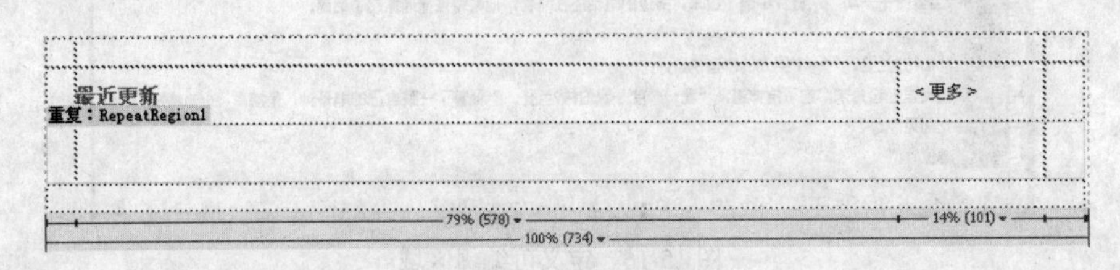

图 15-20　创建重复区域

（4）将插入点置于重复区域行中第 2 列的单元格，选择“插入记录”|“模板对象”|“可编辑区域”命令，系统弹出提示对话框，单击“确定”按钮。

（5）打开“新建可编辑区域”对话框，使用默认名称，单击“确定”按钮，得到如图 15-21 所示的可编辑重复区域。

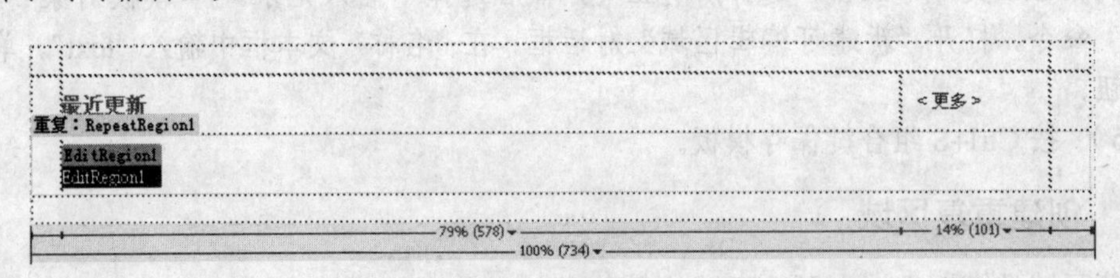

图 15-21　添加可编辑区域

（6）选择可编辑区域中的 EditRegion1 字样，在属性检查器中的“样式”下拉列表框中选择 STYLE3 选项，为其应用已定义的样式。

（7）按 Ctrl+S 组合键打开“另存模板”对话框。在“描述”文本框中输入“重复表格模板”，单击“保存”按钮。

（8）打开提示对话框，询问是否要更新链接，单击“是”按钮。

提示：在未定义重复区域时，若直接将插入点置于第 3 行第 2 列的单元格中，然后选择“插入记录”|“模板对象”|“重复表格”命令，打开“插入重复表格”对话框，如图 15-22 所示设置重复表格效果。完成设置后单击“确定”按钮，可得到如图 15-23 所示的效果。

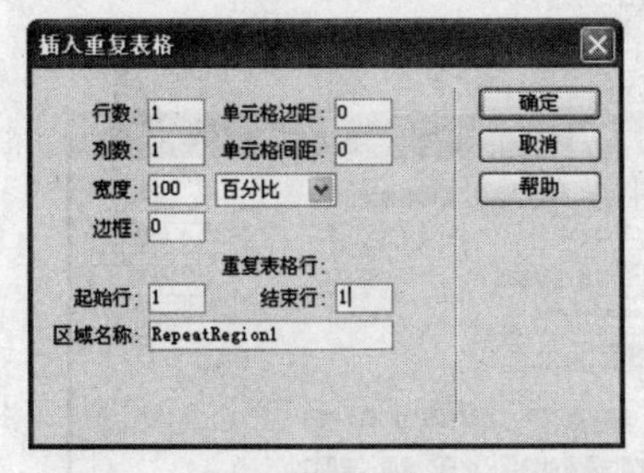

图 15-22 “插入重复表格”对话框

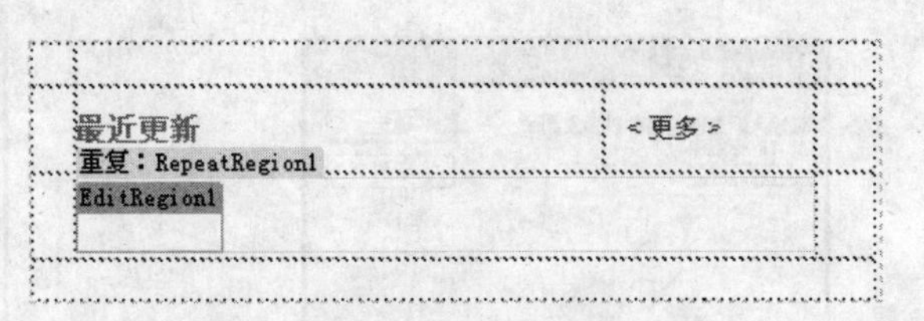

图 15-23 重复表格效果

15.5.4 定义可编辑标记属性

系统允许设计者在创建模板时指定某些标记属性可以修改。例如，设计者设置了模板的背景后，可将页面背景属性设置为可编辑，并允许应用模板创建文档的用户修改文档的背景颜色。

要定义可编辑标记的属性，可先在文档窗口下方的标记选择器中选择标记，然后选择“修改”|“模板”|“令属性可编辑”命令，打开如图 15-24 所示的“可编辑标签属性”对话框。

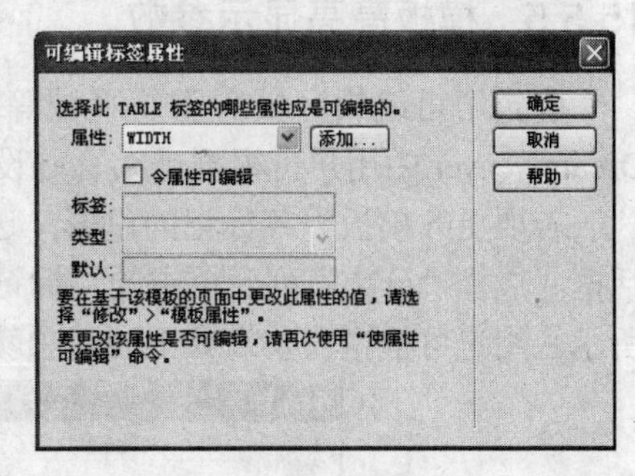

图 15-24 “可编辑标签属性”对话框

“可编辑标签属性”对话框中各选项的功能如下。

（1） “属性”：用于选择要编辑的属性。若要使用的属性未显示在下拉列表框中，可单击“添加”按钮，添加属性名称。

（2） “令属性可编辑”：选择该复选框，标记属性才能进行编辑；反之则不可编辑。

（3） “标签”：用于为属性输入唯一的名称。若要使以后标识特定的可编辑标签属性变得更加容易，可使用标识元素和属性的标签。例如，可以将具有可编辑源的图像标为 logoSrc，或者将<body>标记的可编辑背景颜色标为 bodyBgcolor。

（4） “类型”：用于选择该属性所允许具有的值的类型。

（5） “默认”：用于显示模板中所选标记属性的值。在此文本框中输入一个新值，可为模板文档中的参数设置一个不同的初始值。

★例 15.7：在例 15.6 中更改的 repreg.dwt 模板的基础上，选择第 3 行的所有单元格，设置其允许用户设置模板表格的 callpadding 属性值（表格边框与内容间的距离）。

（1） 打开 repreg.dwt 文件，选择表格中第 3 行的所有单元格。

（2） 选择“最近更新”字样下方空行中的所有单元格，选择“修改”|“模板”|“令属性可编辑”命令，打开“可编辑标签属性”对话框。

（3） 单击“添加”按钮，打开 Dreamwever 对话框，如图 15-25 所示在文本框中输入“cellpadding”，单击“确定”按钮。

（4） 返回“可编辑标签属性”对话框，选择“令属性可编辑”复选框。

（5） 如图 15-26 所示，在“标签”文本框中输入“cellpadding”，在“类型”下拉列表框中选择“数字”选项。

（6） 单击“确定”按钮，保存模板文件。

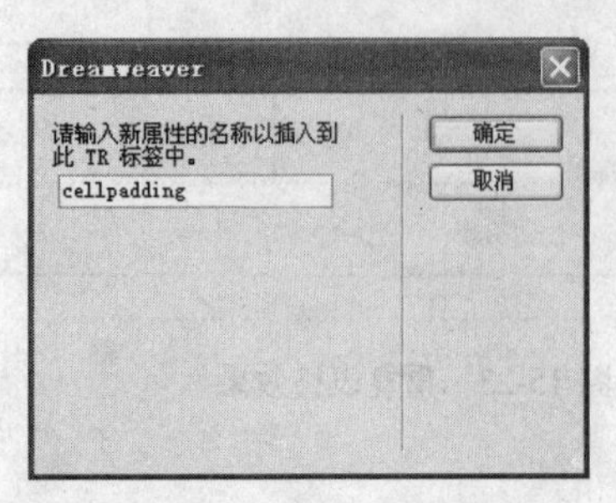

图 15-25　Dreamweaver 对话框

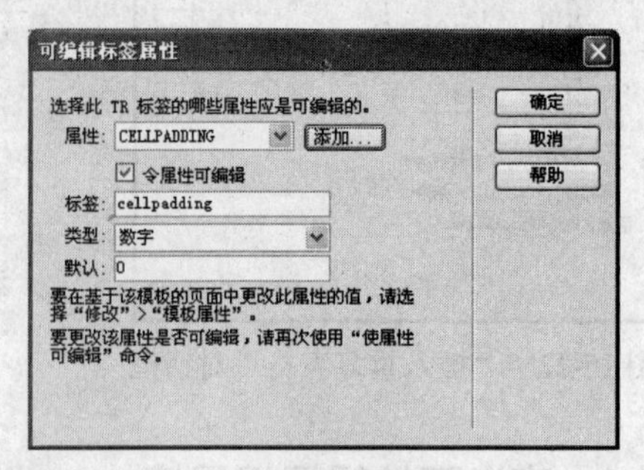

图 15-26　“可编辑标签属性”对话框

15.5.5　模板高亮显示参数

确定了可编辑区域、重复区域等内容后，各区域会被不同的标记和边框颜色围绕，在 Dreamweaver 中用户可根据个人喜好设置各标记的颜色。

若要更改模板中各标记的色彩，选择“编辑”|“首选参数”命令，打开“首选参数”对话框。选择“分类”列表框中的“标记色彩”选项，切换到“标记色彩”选项页，如图 15-27 所示。用户可根据需要设置不同选项颜色，例如设置“可编辑区域”颜色。

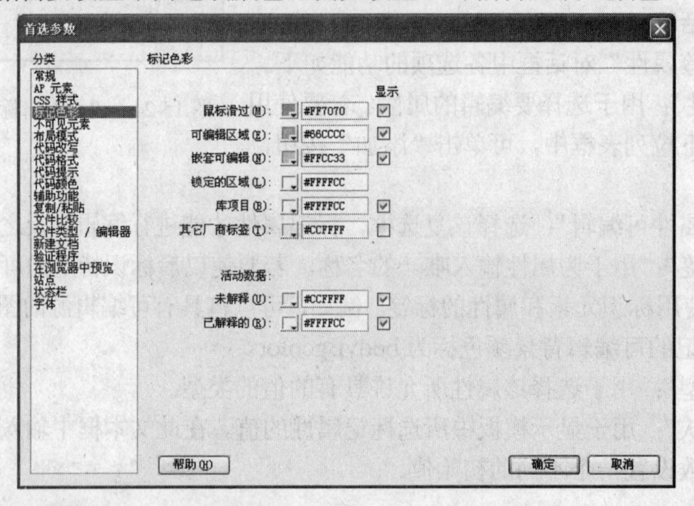

图 15-27　“标记色彩”选项页

15.6　基于模板创建文档

若要基于模板创建新文档，可选择“文件”|“新建”命令，打开“新建文档”对话框。单击左侧“模板中的页”标签，从“站点”列表框中选择模板所在站点，从右侧列表框中选择所需的模板，如图 15-28 所示。完成设置后单击“确定”按钮。

基于模板创建文档时，建议用户选择“新建文档”中的“当模板改变时更改页面”复选框，有利于统一修改、调整各网页效果。

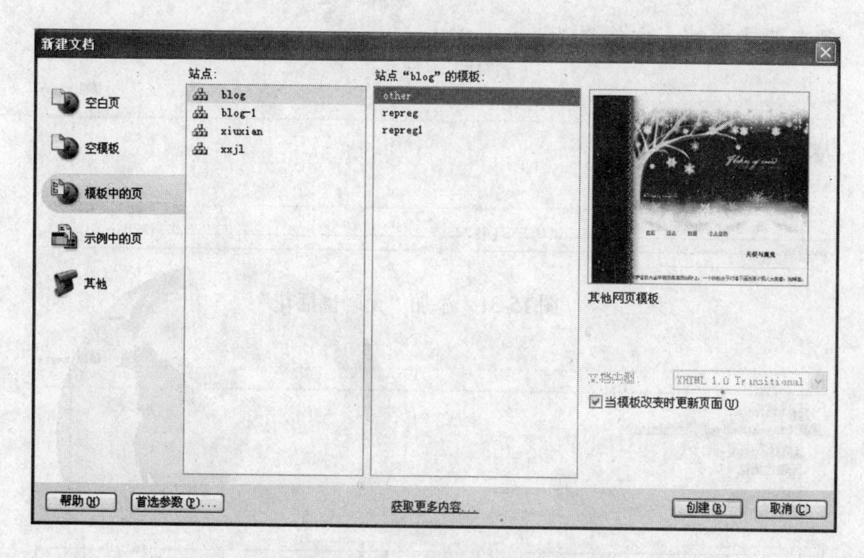

图 15-28 “新建文档”对话框

★例 15.8：在例 15.7 的基础上创建一个新文档，并向其中添加 3 条记录：无聊也插花、明十三陵之定陵、生活应该怎么过，得到如图 15-29 所示的效果。

图 15-29 添加多条记录后的效果

（1）选择“文件”|“新建”命令，打开“新建文档”对话框，单击左侧“模板中的页”标签，切换至“模板”选项页。

（2）在“站点”列表框中选择 blog 站点，在“站点‘blog’的模板”列表框中选择 repreg，单击“创建”按钮，创建如图 15-30 所示的新文档。

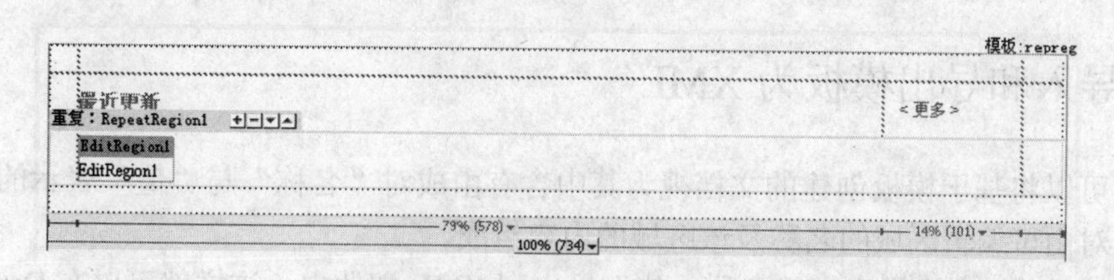

图 15-30 应用模板创建的空白文档

（3）选择 EditRegion1 字样，输入“无聊也插花”，单击“添加记录”按钮，如图 15-31 所示。

（4）添加一个空行，修改文本为“明十三陵之定陵”，得到如图 15-32 所示的效果。

（5）以同样的方式，应用“添加记录”按钮添加空行并修改文本为“生活应该怎么过”。

（6） 保存新建文档，文件名为 repreg01.htm。

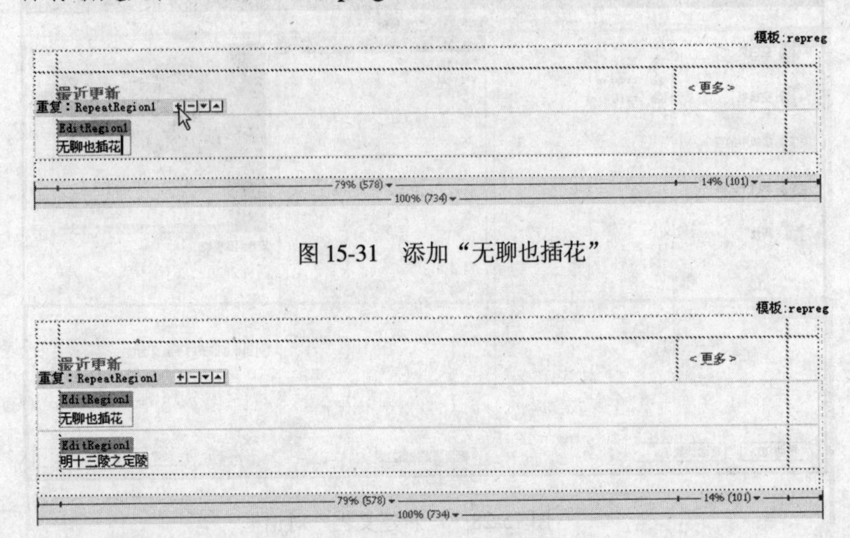

图 15-31　添加“无聊也插花”

图 15-32　添加“明十三陵之定陵”

（7） 按 F12 键浏览网页，得到如图 15-33 所示的效果。

图 15-33　网页效果

提示：单击“添加记录”按钮⊞可以添加一条空记录，单击“删除记录”按钮⊟可删除插入点所在记录行，单击“上移记录”按钮▲可向上移动当前记录，单击“下移记录”按钮▼可向下移动当前记录。

15.7　导入和导出模板为 XML

用户可以将基于模板创建的文档视为其中含有由成对“名称”与“值”表示的数据的模板，每一对由可编辑区域的名称及该区域的内容组成。

Dreamweaver 允许用户将“名称－值”导出到 XML 文件中，这样就可以在 Dreamweaver 外部使用数据了，如，在 XML 编辑器或文本编辑器中使用。反之，如果 XML 文档经过适当的组织，则可以将该文档中的数据导入到基于 Dreamweaver 模板的文档中。

15.7.1　导出可编辑区域内容为 XML

若要将基于模板创建的包含可编辑区域的文档导出为 XML，可选择“文件”|“导出”|

“作为 XML 的数据模板”命令，打开“以 XML 形式导出模板数据”对话框，如图 15-34 所示。选择所需的选项后，单击“确定”按钮，在打开的“以 XML 形式导出模板数据”对话框中输入 XML 文件的名称（扩展名为.xml）并单击“保存”按钮，完成导出操作。

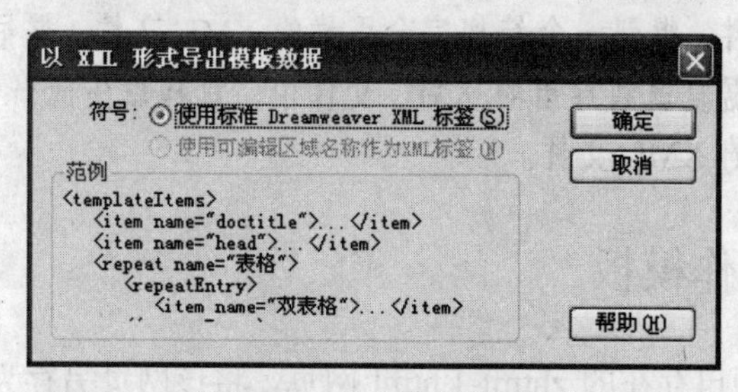

图 15-34　“以 XML 形式导出模板数据”对话框

“以 XML 形式导出模板数据”对话框中各选项的功能如下。

（1）“使用标准 Dreamweaver XML 标签”：如果文档中包含重复区域或模板参数，可选择此选项。

（2）“使用可编辑区域名称作为 XML 标签”：对于不包含重复区域或模板参数的模板，可选择此选项。

完成导出后，Dreamweaver 生成一个 XML 文件，文档的内容来自文档的参数和可编辑区域，包括重复区域或可选区域中的可编辑区域。除此之外，XML 文件中还包括原始模板的名称及每个模板区域的名称和内容。值得注意的是：不可编辑区域中的内容不会导出到 XML 文件中。

★例 15.9：打开例 15.8 中创建的文档 repreg01.htm，将其导出为 XML 文件，名称为 editXML。

（1）打开 blog 站点中的 repreg01.htm 文件。

（2）选择“文件”|“导出”|“作为 XML 的数据模板”命令，打开“以 XML 形式导出模板数据”对话框。

（3）选择“使用可编辑区域名称作为 XML 标签”单选按钮，单击“确定”按钮。

（4）弹出“以 XML 形式导出模板数据”对话框，在“文件名”文本框中输入“editXML”，单击“保存”按钮。

15.7.2 导入 XML 内容

导入 XML 内容不仅可基于 XML 文件中指定的模板创建一个新的文档，而且还可使用 XML 文件中的数据填充文档中每个可编辑区域的内容。

若要导入 XML 内容，可选择“文件”|“导入”|“XML 到模板”命令，打开“导入 XML”对话框，如图 15-35 所示。选择要导入的 XML 文件，单击“打开”按钮。

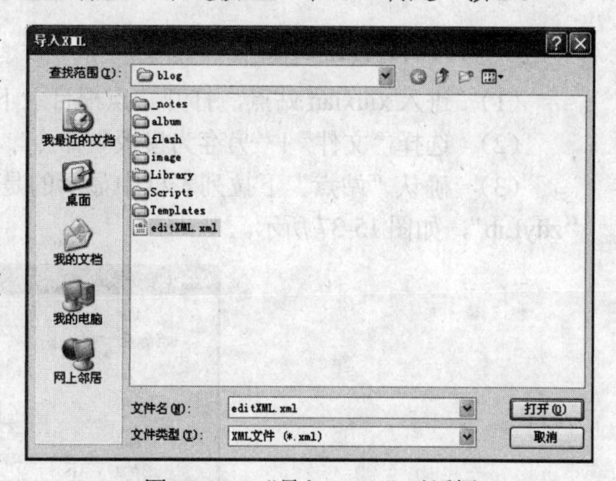

图 15-35　“导入 XML”对话框

提示： 如果 XML 文件并非完全按照 Dreamweaver 要求的方式设置，可能无法导入数据。解决此问题的方法是：从 Dreamweaver 导出一个空白 XML 文件，得到一个结构完全正确的 XML 文件。然后将原始 XML 文件中的数据复制到导出的 XML 文件中，这样就生成一个符合 Dreamweaver 格式的 XML 文件。

15.8 实例——制作模板

打开 xiuxian 站点中已存在的 zhtml-1.html 网页，将该网页另存为模板，并定义文本区为可编辑区域。设置完毕用该模板创建新文档，得到如图 15-36 所示的网页效果。

图 15-36 应用模板创建的 amusement.html 文件

1. 将文档另存为模板

（1） 进入 xiuxian 站点，打开站点根目录下的 zhtml-1.html 网页。

（2） 选择"文件"|"另存为模板"命令，打开"另存模板"对话框。

（3） 确认"站点"下拉列表框中显示的是 xiuxian 站点，在"另存为"文本框中输入"zdyLib"，如图 15-37 所示。

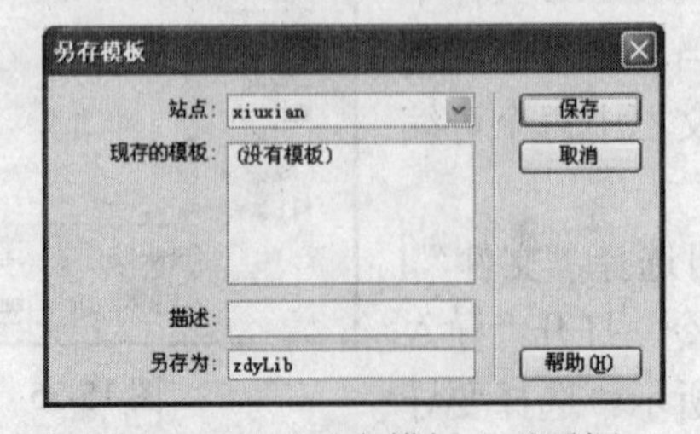

图 15-37 "另存模板"对话框

（4） 完成设置，单击“保存”按钮，系统弹出提示框询问用户是否要更新链接。

（5） 单击“是”按钮。

2. 向模板中添加元素

（1） 将插入点置于如图 15-38 所示的图片右侧，按 Enter 键插入空行。

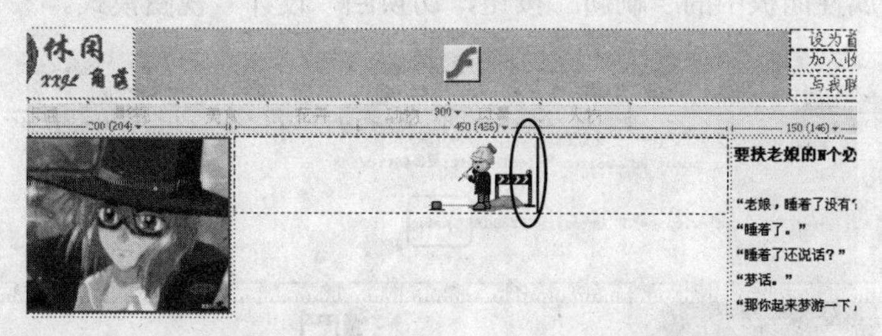

图 15-38 确定插入点所在位置

（2） 单击“常用”工具栏中的“表格”按钮，打开“表格”对话框。

（3） 在“行数”文本框中输入 3，在“列数”文本框中输入 3，在“表格宽度”下拉列表框中选择“百分比”选项并在文本框中输入 90，设置“边框粗细”、“单元格边距”和“单元格间距”值为 0，单击“确定”按钮。

（4） 选择第 1 行第 1 列及第 1 行第 2 列单元格，单击属性检查器中的“合并单元格”按钮。然后合并第 2 行中的所有单元格，再合并第 3 行第 2 列与第 3 行第 3 列单元格，得到如图 15-39 所示的效果。

（5） 将插入点置于第 1 行的右侧单元格，在属性检查器的“宽”文本框中输入 90，然后将插入点置于第 3 行的左侧单元格，设置其宽度为 20，得到如图 15-40 所示的效果。

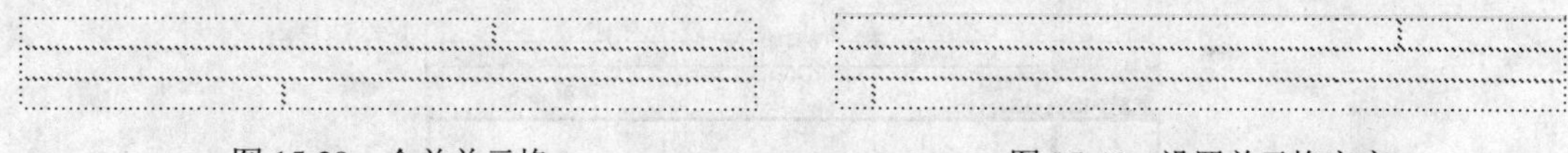

图 15-39 合并单元格　　　　图 15-40 设置单元格宽度

（6） 创建名为“.STYLEbg”类样式，并按图 14-41 所示定义该“边框”规则，然后单击“确定”按钮。

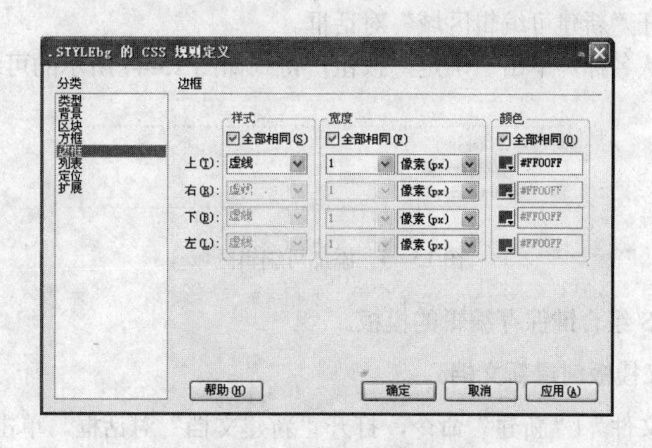

图 15-41 定义表格边框

（7） 选择新建的表格，右击“CSS 样式”面板中的“.STYLEbg”类样式，从弹出的快捷菜单中选择“套用”命令。

（8） 在表格中插入文本及图像，并设置第 2 行单元格填充颜色为#FF00FF。

（9） 切换至“拆分”视图模式，删除代码编辑窗格插入点后的“ ”，如图 15-42 所示。然后单击属性面板中的“刷新”按钮，切换回“设计”视图模式。

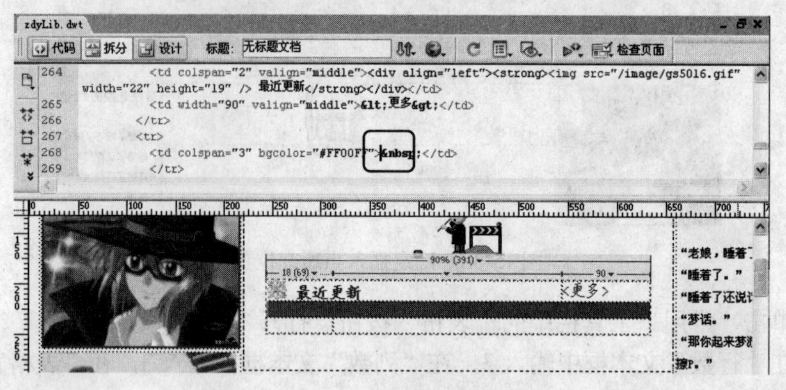

图 15-42 创建细线分隔

3. 编辑模板

（1） 选择第 3 行中的所有单元格，为其套用“.STYLEz2”样式。

（2） 保持单元格的选择状态，执行“插入记录”|“模板对象”|“重复区域”命令，打开“新建重复区域”对话框。

（3） 使用默认名称，单击“确定”按钮，得到如图 15-43 所示的可重复区域。

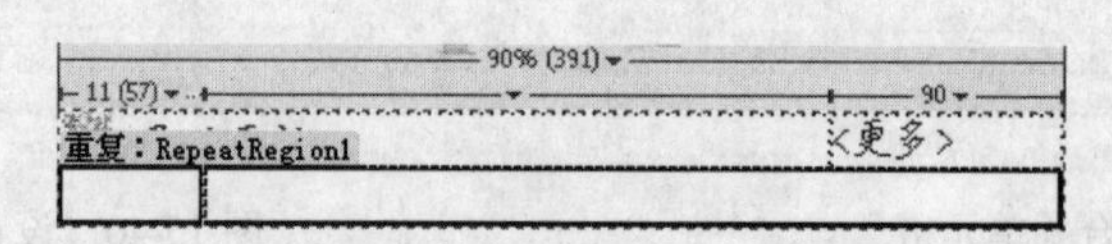

图 15-43 创建重复区域

（4） 将插入点置于重复区域的右侧单元格中，选择“插入记录”|“模板对象”|“可编辑区域”命令，打开“新建可编辑区域”对话框。

（5） 使用默认名称，单击“确定”按钮，得到如图 15-44 所示的可编辑重复区域。

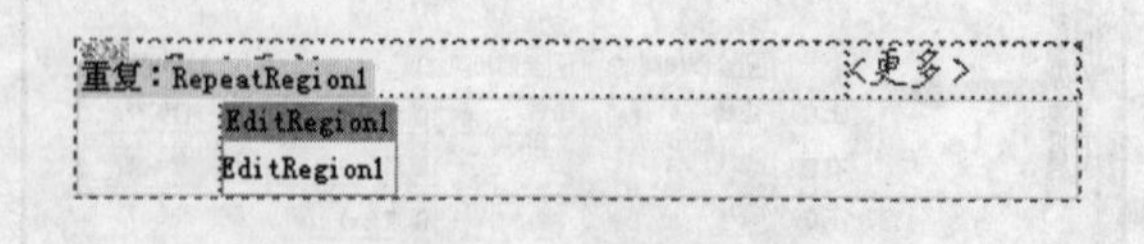

图 15-44 添加可编辑区域

（6） 按 Ctrl+S 组合键保存编辑的模板。

4. 根据自定义模板创建新文档

（1） 选择“文件”|“新建”命令，打开“新建文档”对话框。单击左侧的“模板中的页”标签，切换至“模板”选项页。

（2） 在“站点”列表框中选择 xiuxian 站点，在“站点 xiuxian 的模板”列表框中选择 zdyLib 选项，如图 15-45 所示。

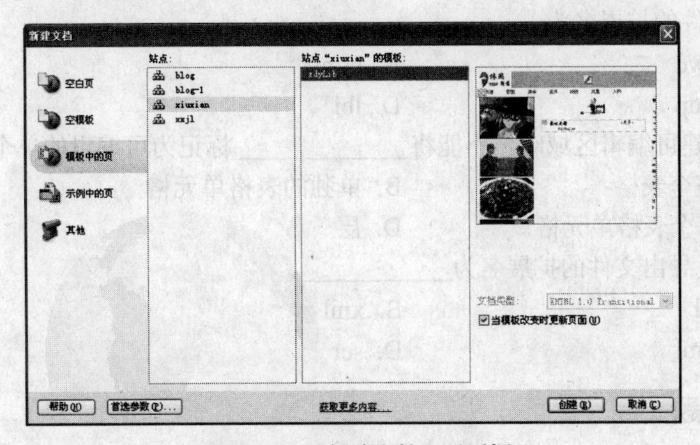

图 15-45 “新建文档”对话框

（3） 单击“创建”按钮，创建一个新文档。

（4） 选择 EditRegion1 字样，输入“地震，那是一场噩梦”字样。再单击“添加记录”按钮，添加一空记录，结果如图 15-46 所示。

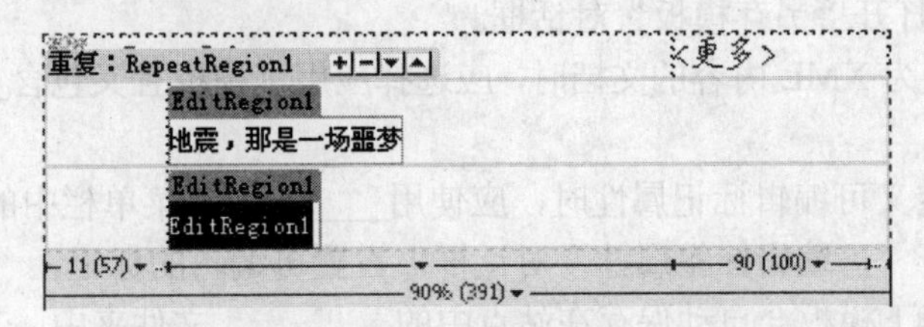

图 15-46 输入可编辑区域的内容

（5） 修改文本为“汤元和元宵的区别”，以同样的方式创建其他新记录。

（6） 保存新建文档，将文件命名为 index.html。

（7） 按 F12 键浏览网页。

15.9 本章小结

本章介绍了库项目与模板的基础知识与应用，包括使用库项目、编辑库项目、创建模板和套用模板创建文档等内容。本章中重点需要掌握的是利用现有网页创建模板，以及在网页中应用模板以避免大量重复操作的方法。

15.10 上机练习与习题

15.10.1 选择题

（1） 库项目的范围很广，以下选项中不属于库项目的是________。

A. 图像　　B. 表格

C. 模板　　D. 多媒体

（2） 库文件的扩展名为________。

A. .dwt　　B. .html

C. .bmp　　D.. lbi

（3） 在创建可编辑区域时，不能将____________标记为可编辑的单个区域。

A. 整个表格　　B. 单独的表格单元格

C. 多个表格单元格　　D. 层

（4） XML 导出文件的扩展名为__________。

A. .ml　　B. .xml

C. .html　　D. .scr

15.10.2 填空题

（1） 应用模板创建的文档中，允许用户输入数据的区域称为__________，不允许输入数据的区域称为___________。

（2） 要断开文档中的项目与库之间的链接，须单击属性检查器中的________按钮。

（3） 创建模板时，用户可将现有文档保存为模板，方法是：选择________菜单中的__________命令，打开“另存模板”对话框。

（4） 选择导出为 XML 内容的文档时，应选择应用了模板且又包含____________区域的文档。

（5） 为模板定义可编辑标记属性时，应使用_________菜单栏中的“模板”|“令属性可编辑”命令，打开“可编辑标签属性”对话框，设置可编辑的标记。

（6） 默认情况下模板会自动保存在站点中的________文件夹中，其扩展名为_______。

15.10.3 问答题

（1） 如何将已有文件转换成模板？

（2） 如何设置可编辑区域？

（3） 如何设置重复区域？

（4） 更改了库项目或模板后，如何更新网站？

（5） 简述导出 XML 内容的方法。

15.10.4 上机练习

（1） 打开实例 15.8 中创建的 zdyLib.dwt 模板，为其中的导航文本添加链接，并将“要挟老娘的 N 个必杀技”下所有表格设置为可编辑区域。除此之外，进一步美化表格并更新网站中应用该模板创建的文档。

（2） 打开更新后的 index.html 网页，将其导出为 XML 文件。

第 16 章

添加 Spry 构件和行为效果

教学目标：

Spry 构件是预置的一组用户界面组件，用户可以在网页中添加 XML 驱动的列表和表格、折叠构件、选项卡式界面和具有验证功能的表单元素。行为效果具有增强视觉效果的功能，可用于提高网站外观吸引力。本章主要介绍各种 Spry 构件的创建方法，以及各类行为效果的应用。

教学重点与难点：

1. 使用 Spry 显示数据。
2. 使用各种 Spry 验证表单元素。
3. 向网页中添加 Spry 菜单栏构件。
4. 向网页中添加 Spry 选项卡式面板构件。
5. 向网页中添加 Spry 折叠式构件。
6. 向网页中添加 Spry 可折叠式面板构件。
7. 为对象添加行为效果。

16.1 关于 Spry 构件和行为效果

Spry 构件是预置的一组用户界面组件，可以使用 CSS 自定义这些组件，然后将其添加到网页中，通过启用用户交互来提供更丰富的用户体验。Spry 构件由以下 3 部分组成。

（1） 构件结构：用来定义构件结构组成的 HMTL 代码块。

（2） 构件行为：用来控制构件如何响应用户启动事件的 JavaScript。

（3） 构件样式：用来指定构件外观的 CSS。

用 Dreamweaver 可以将多个 Spry 构件添加到自己的页面中，这些构件包括 XML 驱动的列表和表格、折叠构件、选项卡式界面和具有验证功能的表单元素。

行为效果具有增强视觉效果的功能，可用于提高网站外观吸引力。行为效果通常用于在一段时间内高亮显示信息，创建动画过渡或者以可视方式修改页面元素。行为效果几乎可应用于 HTML 页面上的所有元素。

当用户单击应用了行为效果的对象时，系统会动态更新该对象，但不会刷新整个 HTML 页面。Dreamweaver 中可添加到网页元素的行为效果有增大/收缩、挤压、显示/渐隐、晃动、滑动、遮帘、高亮颜色。

16.2 添加 Spry 构件

可添加到网页中的 Spry 构件包括 Spry XML 数据集、Spry 区域、Spry 重复项、Spry 重复列表、Spry 验证文本域、Spry 验证选择、Spry 验证复选框、Spry 验证文本区域、Spry 菜单栏、Spry 选项卡式面板、Spry 折叠式、Spry 可折叠面板。

16.2.1 插入 Spry 构件

若要向网页中插入 Spry 构件，可在“插入记录”|“Spry”子菜单中选择要插入的 Spry 构件名称，如图 16-1 所示。此外，还可以通过“Spry”工具栏插入 Spry 构件，如图 16-2 所示。

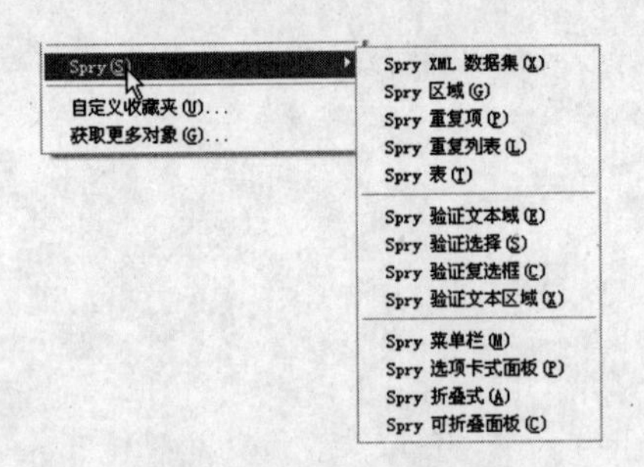

图 16-1　Spry 子菜单

图 16-2　Spry 选项卡

16.2.2 使用 Spry 显示数据

使用 Spry 框架可以插入数据对象，允许用户从浏览窗口中动态地与页面快速交互。例如，在网页中插入一个可排序的表格，则无须刷新整页就可重新排列表格中的数据，或在表格中包括 Spry 动态表格对象来触发页面上其他位置的数据更新。

为此，用户需要首先在 Dreamweaver 中标识一个或多个包含用户的数据的 XML 源文件即 Spry 数据集。然后插入一个或多个 Spry 数据对象以显示此数据。当用户在浏览器中打开该页面时，该数据集会作为 XML 数据的一个数组加载，该数组就像一个包含行和列的标准表格。

1. Spry XML 数据集

确定要处理的数据后，选择“插入记录”|“Spry”|“Spry XML 数据集”命令，打开“Spry XML 数据集”对话框，如图 16-3 所示。进行相关设置后，单击“确定”按钮将数据集与页面相关联。与此同时，“应用程序”面板中的“绑定”面板中显示出该数据集的所有数据，如图 16-4 所示。

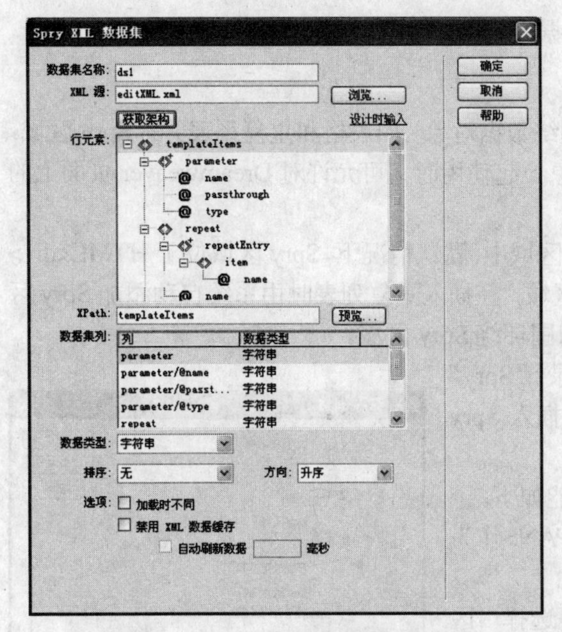

图 16-3 “Spry XML 数据集”对话框

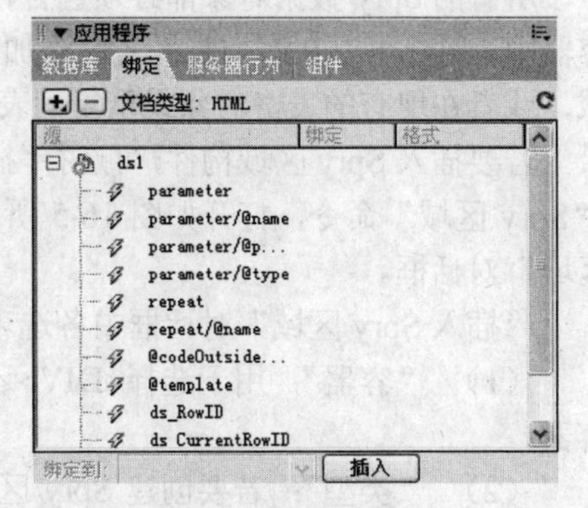

图 16-4 “绑定”面板

“Spry XML 数据集”对话框中各选项的功能如下。

（1） “数据集名称”：默认名称为 ds1，也可以输入更有意义的名称。

（2） “XML 源”：单击“浏览”按钮可从打开的对话框中选择 XML 数据文件。

（3） “设计时输入”：单击此按钮可使用测试服务器上的示例源设计页面。

（4） “获取架构”：确定数据集后，单击此按钮可填充“行元素”列表框。

（5） “行元素”：用于显示哪些元素是重复的（标记为小加号“+”），哪些元素从属于其他元素（缩进）。

（6） “XPath”：用于显示一个表达式，指示所选节点在 XML 源文件中位置。例如，如果用户使用的数据集具有类似图 16-4 所示的架构，那么，当用户选择<product>重复节点时，XPath 文本框中将显示“products/product”，以指示应当显示在<product>数据集内的<product>重复节点中找到的数据。

（7） “预览”：用于查看数据在浏览器中的外观。

（8） “数据集列”：用于选择要更改数据类型的元素。

（9） “数据类型”：用于选择要更改的数据类型。

（10） “排序”：若希望在加载数据时自动排序数据，可从此下拉列表框中选择一个元素。如果后来插入一个具有不同排序顺序的可排序 Spry 表格，则该排序顺序的优先级高。

（11） “方向”：在此下拉列表框中可选择“升序”或“降序”选项，以指示要执行的排序类型。

（12） “加载时不同”：用于选择是否确保没有重复列。

（13） “禁用 XML 数据缓存”：用于指定是否直接从服务器中加载数据。默认情况下，Spry XML 数据集会加载到用户计算机的本缓存中以改善性能，但是如果用户的数据频繁变化，则这种方法没有优势。

（14） “自动刷新数据”：选择该选项并输入一个毫秒值，则系统会以指定的间隔，自动用服务器中的数据刷新数据集内的 XML 数据。

2. Spry 区域构件

Spry 框架使用两种类型的区域：一种是围绕数据对象（如表格和重复列表）的 Spry 区域；另一种是 Spry 详细区域，该区域与主表格对象一起使用时，可允许对 Dreamweaver 页面上的数据进行动态更新。

所有的 Spry 数据对象都必须包含在 Spry 区域中。默认情况下，Spry 区域位于 HTML<div>容器中。用户可以在添加表格之前添加 Spry 区域，在插入重复列表时由系统自动添加 Spry 区域，或者在现有的表格对象或重复列表对象周围环绕 Spry 区域。

若要插入 Spry 区域构件，可选择“插入记录”|“Spry”|“Spry 区域”命令，打开如图 16-5 所示的“插入 Spry 区域”对话框。

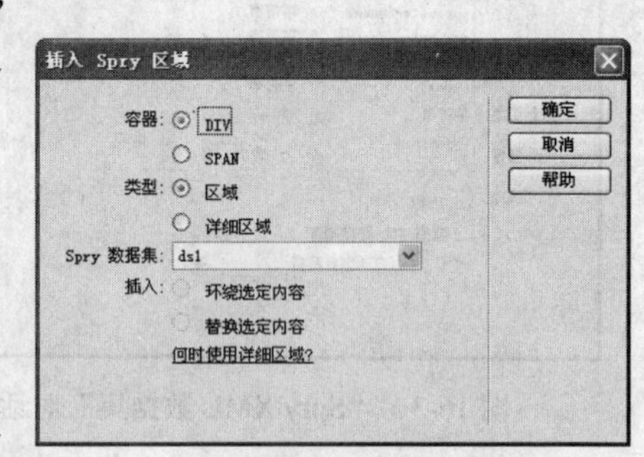

图 16-5 “插入 Spry 区域”对话框

“插入 Spry 区域”对话框中各选项的功能如下。

（1） “容器”：用于选择<DIV>还是<SPAN>作为容器。

（2） “类型”：若要创建 Spry 区域，可选择“区域”（这是默认值）作为要插入的区域类型；若要创建 Spry 详细区域，可选择“详细区域”选项。只有当用户希望绑定动态数据时，才应使用详细区域，当另一个 Spry 区域中的数据发生变化时，动态数据将随之更新。

（3） “Spry 数据集”：用于选择用户所需的 Spry 数据集。

（4） “插入”：如果要创建或者更改为某个对象定义的区域，可选择该对象，并在此选项组中选择下列选项。

- “环绕选定内容”：将新区域放在对象周围。
- “替换选定内容”：替换对象的现在区域。

进行相关设置后，单击“确定”按钮，在页面中添加一个 Spry 区域占位符，并显示文本“此处为 Spry 区域的内容”，如图 16-6 所示。用户可以将该占位符文本替换为 Spry 数据对象（如表格或重复列表）或者替换为“绑定”面板中的动态数据。

此处为 Spry 区域的内容

图 16-6 Spry 区域占位符

要将占位符文本替换为 Spry 数据对象，可单击“Spry”工具栏中的 Spry 数据对象按钮。要将占位符文本替换为动态数据，可选择下列方法之一。

（1） 将一个或多个元素从“绑定”面板拖动到选定文本的上方。

（2） 切换至“代码”视图中，直接输入一个或多个元素的代码。

3. Spry 重复项构件

用户可以应用重复区域来显示数据。重复区域是一个简单数据结构，用户可以根据需要设置它的格式以显示数据。例如，如果用户有一组照片缩略图，希望将它们逐个按顺序放在页面布局对象（如 AP div 元素）中。

若要插入 Spry 重复项构件，选择“插入记录”|“Spry”|“Spry 重复项”命令，打开如图

16-7 所示的“插入 Spry 重复项”对话框。

“插入 Spry 重复项”对话框中各选项的功能如下。

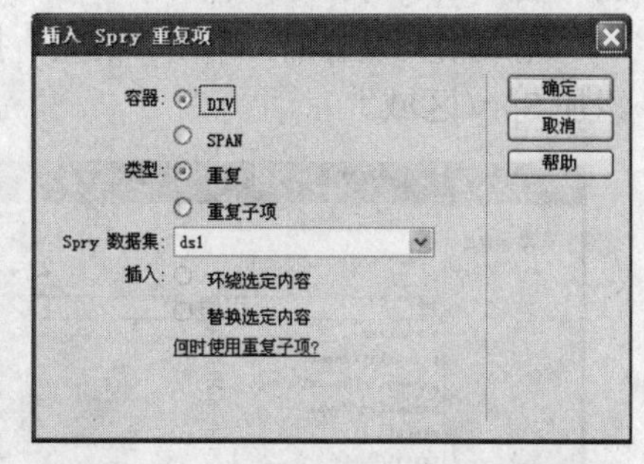

图 16-7 “插入 Spry 重复项”对话框

（1） “容器”：用于选择<DIV>还是<SPAN>作为容器。

（2） “类型”：如果希望提高灵活性，则可能需要使用“重复子项”选项，这将对子级别列表中的每一行执行数据验证。例如，如果有一个<ul>列表，系统将在<li>级别检查数据。如果用户选择“重复”选项，系统将在<ul>级别检查数据。如果在代码中使用条件表达式，“重复子项”选项可能会非常有用。

（3） “Spry 数据集”：用于选择用户所需的 Spry 数据集。

（4） “插入”：如果已经选择了文本或元素，即可被环绕或替换。

进行相关设置后，单击“确定”按钮。在页面中显示与 Spry 区域区域构件相似的占位符，向该占位符中添加数据对象或动态数据的方法与 Srpy 区域构件相同。

4. Spry 重复列表构件

用户可以添加重复列表，以便将数据显示为经过排序的列表、未经排序的（项目符号）列表、定义列表或下拉列表框。若要插入 Spry 重复列表构件，可选择“插入记录”|“Spry”|“Spry 重复列表”命令，打开如图 16-8 所示的“插入 Spry 重复列表”对话框。完成相关设置后单击“确定”按钮，弹出如图 16-9 所示的提示对话框，提示用户需要添加 Spry 区域。

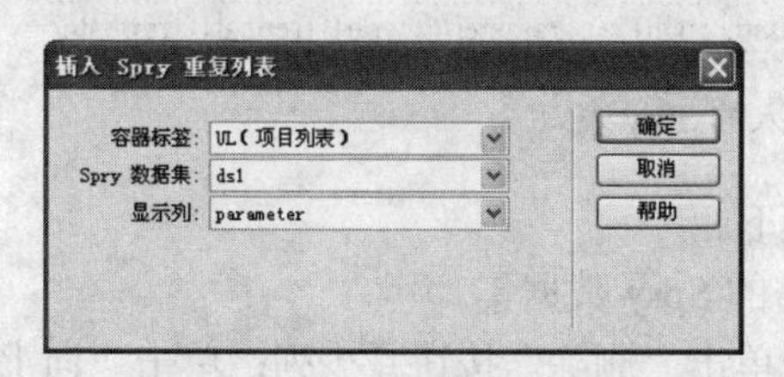

图 16-8 “插入 Spry 重复项”对话框

图 16-9 提示对话框

单击“确定”按钮，将得到如图 16-10 所示的 Spry 重复列表构件，此时即可在页面上显示重复列表区域。

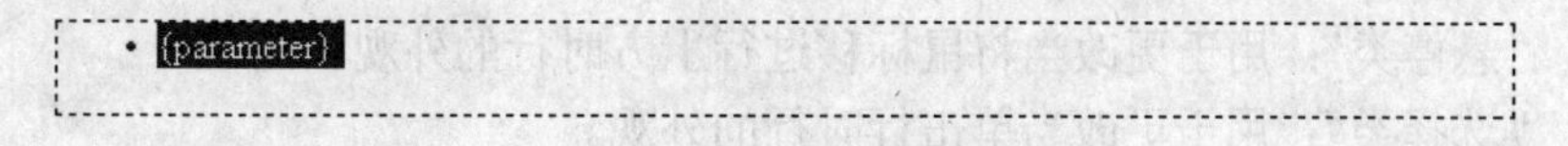

图 16-10 插入 Spry 重复列表

5. Spry 表构件

Dreamweaver 中有两种类型的 Spry 表格：一种是简单表格，另一种是动态表格。如果若创建简单表格，则可以将一列或多列设置为可排序，并为各个表格元素定义 CSS 样式。创建动态表格的过程与创建简单表格的过程相同；但用户须将动态详细区域绑定到表格，以便用户单击表格中的某一行时，详细区域中的数据会进行动态更新。

要插入 Spry 表构件，选择“插入记录”|“Spry”|“Spry 表”命令，打开如图 16-11 所示

的“插入 Spry 表”对话框。

完成相关设置后，单击“确定”按钮，打开如图 16-12 所示的提示对话框，提示用户需要添加 Spry 区域。

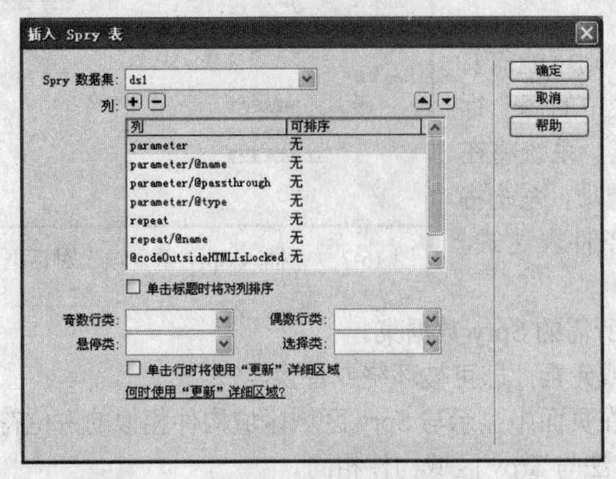

图 16-11 “插入 Spry 表”对话框

图 16-12 提示对话框

单击“是”按钮后，将在文档中插入一个表格。在该表格中，针对所包括的每个元素都有一行标题和一行数据引用，并用大括号（{}）括起来。除此之外，HTML 表标记已经和用来确定可排序的名称列和类别列的代码一起插入到文件中，如图 16-13 所示。

Parameter	Parameter/@name	Parameter/@passthrough	Parameter/@type	Repeat	Repeat/(
{parameter}	{parameter/@name}	{parameter/@passthrough}	{parameter/@type}	{repeat}	{repeat/@

图 16-13 插入的 Spry 表

“插入 Spry 表”对话框中各选项的功能如下。

（1） “Spry 数据集”：用于选择用户所需的 Spry 数据集。

（2） “列”：单击“添加”按钮添加列，单击“删除”按钮减少列；单击“向上移动”按钮向上移动列，单击“向下移动”按钮向下移动列。

（3） “单击标题时将对列排序”：用于定义作为排序依据的列。

（4） “奇数行类”：用于更改奇数行的外观。

（5） “偶数行类”：用于更改偶数行的外观。

（6） “悬停类”：用于更改当将鼠标移过行上方时行的外观。

（7） “选择类”：用于更改当单击行时行的外观。

（8） “单击行时将使用‘更新’详细区域”：如果要创建简单的 Spry 表格，可取消选择；如果要创建 Spry 动态表格，可使该复选框保持选中状态。

★例 16.1：新建文档，为其绑定 http://www.dw8.cn/common/dw8.xml 数据集，并在其中添加 Spry 表构件与详细区域构件，得到如图 16-14 所示的效果。

（1） 选择“文件”|“新建”命令，打开“新建文档”对话框。在“页面类型”列表框中选择 HTML 选项，在“布局”列表框中选择“<无>”选项，单击“创建”按钮。

（2） 选择“插入记录”|“Spry”|“Spry XML 数据集”命令，弹出如图 16-15 所示的提

示对话框，单击“确定”按钮。

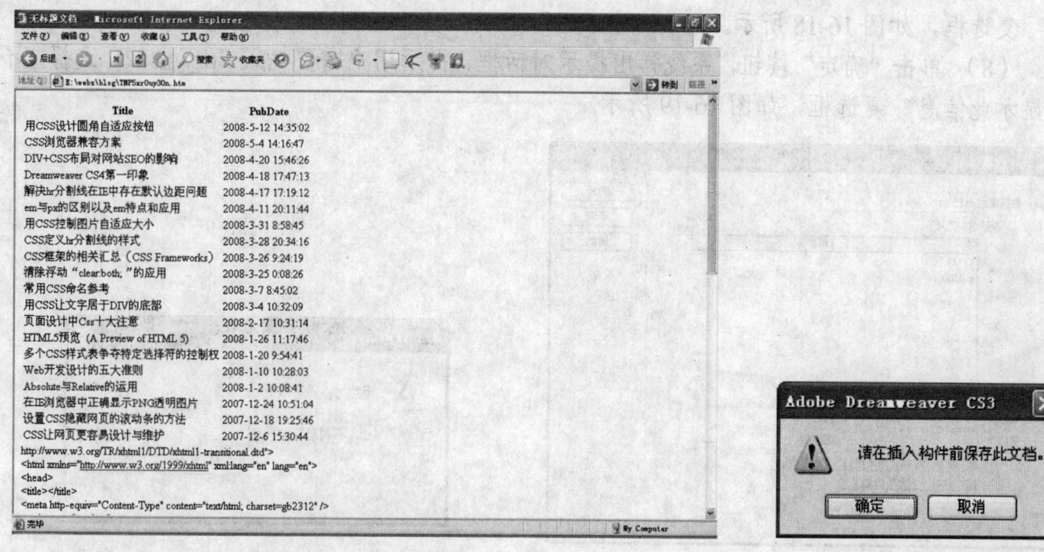

图 16-14　预览效果　　　　图 16-15　提示对话框

（3）打开“另存为”对话框，选择保存路径为 blog 站点根目录，在“文件名”文本框中输入“ind01.htm”，单击“保存”按钮。

（4）系统打开“Spry XML 数据集”对话框，在“XML 源”文本框中输入 XML 数据源路径“http://www.dw8.cn/common/dw8.xml”。

（5）单击“获取架构”按钮，选择“行元素”列表框中的“item”节点，如图 16-16 所示。

（6）单击“Spry”工具栏中的“Spry 表”按钮，打开如图 16-17 所示的“插入 Spry 表”对话框。

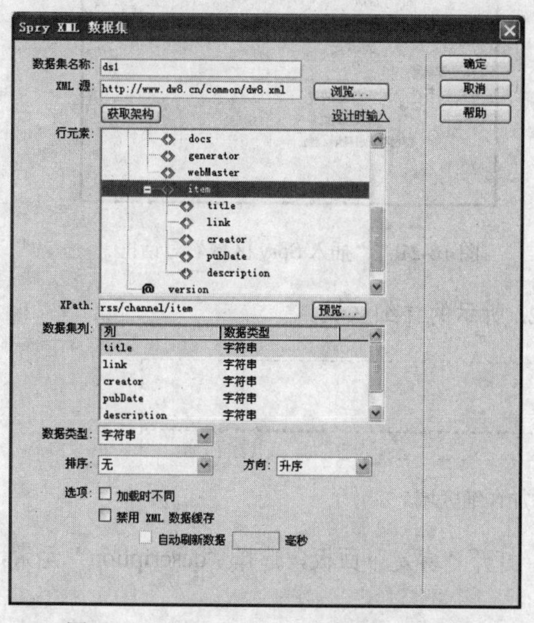

图 16-16　“Spry XML 数据集”对话框

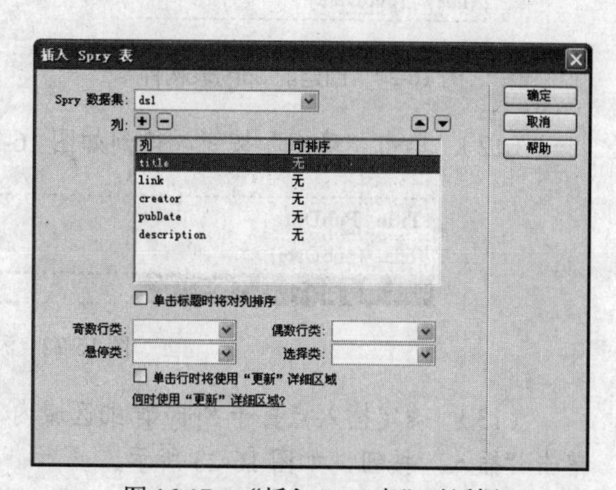

图 16-17　“插入 Spry 表”对话框

（7） 删除“列”列表框中不需要使用的选项，选择“单击行时将使用‘更新’详细区域”复选框，如图 16-18 所示。

（8） 单击“确定”按钮，系统弹出提示对话框，提示用户需要插入 Spry 区域，选择“不再显示此信息”复选框，如图 16-19 所示。

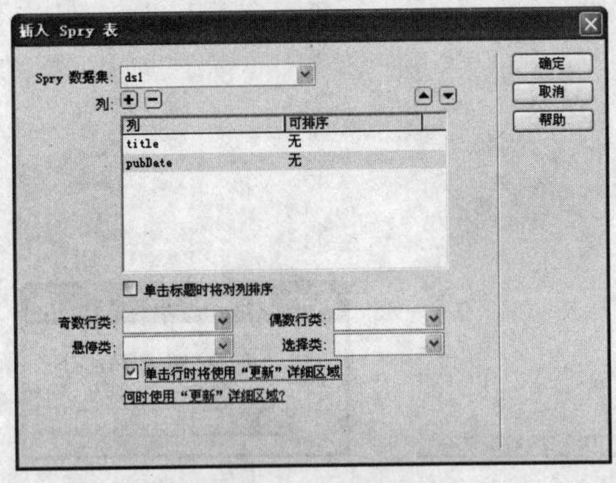

图 16-18 删除列

图 16-19 提示对话框

（9） 单击“是”按钮，得到如图 16-20 所示的效果。

（10） 将插入点置于“Spry 表”构件右侧，单击“Spry”工具栏选项卡中的“Spry 区域”按钮，打开“插入 Spry 区域”对话框。

（11） 选择“类型”选项组中的“详细区域”单选按钮，如图 16-21 所示。

图 16-20 创建的 Spry 表构件

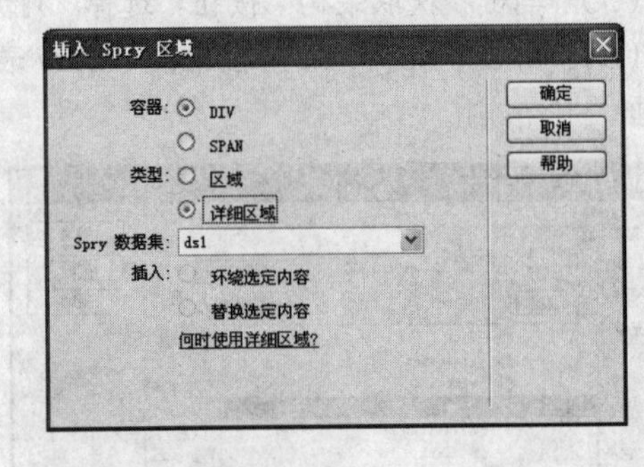

图 16-21 “插入 Spry 区域”对话框

（12） 单击“确定”按钮，得到如图 16-22 所示的详细区域。

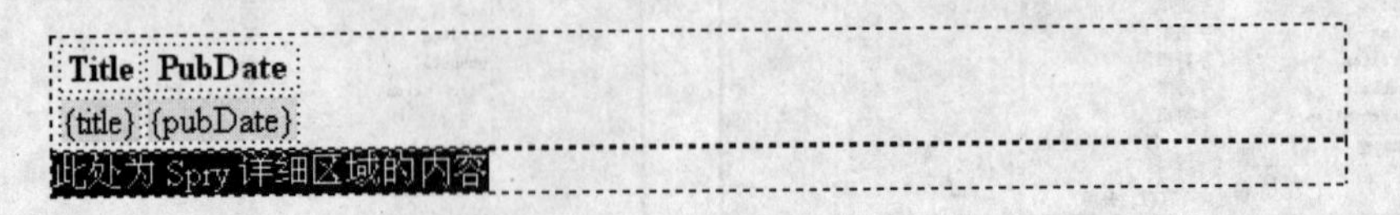

图 16-22 添加详细区域

（13） 确定插入点置于 Spry 详细区域内，打开“绑定”面板，选择“description”元素，单击“插入”按钮，如图 16-23 所示。

（14） 按 Ctrl+S 组合键保存网页，系统弹出如图 16-24 所示的“复制相关文件”对话框，单击“确定”按钮。

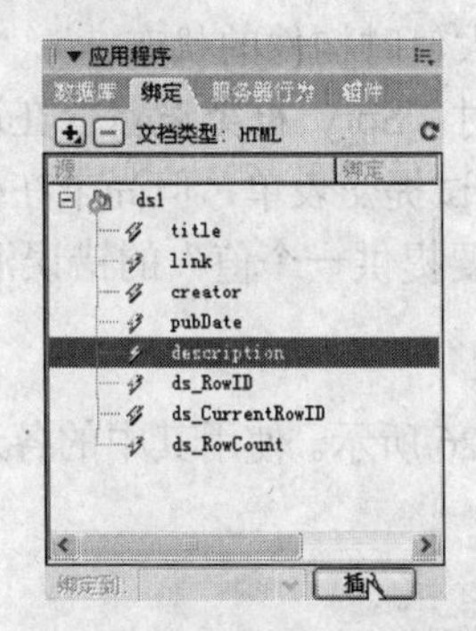

图 16-23 插入 description

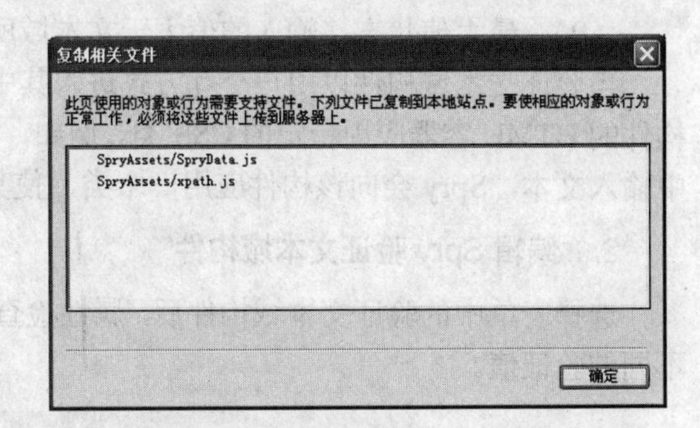

图 16-24 “复制相关文件”对话框

提示：系统自动将“复制相关文件”对话框中列出的文件保存在站点根目录下的 SpryAssets 文件夹中。如果此文件夹不存在，系统会自动创建。

16.2.3 使用 Spry 验证文本域构件

Spry 验证文本域构件是一个文本域，该域用于在站点访问者输入文本时显示文本的状态（有效或无效）。例如，用户可以向访问者输入电子邮件地址的表单中添加验证文本域构件。如果访问者未能输入合法的电子邮件地址，验证文本域构件会返回一条消息，声明用户输入的信息无效。

1. 插入 Spry 验证文本域构件

选择表单中的文本域，然后选择“插入记录”|“Spry”|“Spry 验证文本域”命令，插入如图 16-25 所示的 Spry 验证文本域构件。

图 16-25 Spry 验证文本域构件

验证文本域构件具有多种状态，用户可以根据所需的验证结果，使用属性检查器来修改这些状态的属性。

（1） 初始状态：在浏览器中加载页面或用户重置表单时构件的状态。

（2） 焦点状态：当用户在构件中放置插入点时构件的状态。

（3） 有效状态：当用户正确地输入信息且表单可以提交时构件的状态。

（4） 无效状态：当用户输入的文本的格式无效时构件的状态。

（5） 必需状态：当用户在文本域中没有输入必需文本时构件的状态。

（6） 最小字符数状态：输入的字符数少于文本域所要求的最小字符数时构件的状态。

（7） 最大字符数状态：输入的字符数多于文本域所允许的最大字符数时构件的状态。

（8） 最小值状态：输入的值小于文本域所允许的最小值时构件的状态。

（9） 最大值状态：输入的值大于文本域所允许的最大值时构件的状态。

当验证文本域构件以用户交互方式进入其中一种状态时，Spry 框架逻辑会在运行时向该构件的 HTML 容器应用特定的 CSS 类。例如，如果用户尝试提交表单，但尚未在必填文本域中输入文本，Spry 会向该构件应用一个类，使其显示“需要提供一个值”的错误消息。

2. 编辑 Spry 验证文本域构件

选择表单中的验证文本域构件后，属性检查器如图 16-26 所示。使用其中的各选项可设置不同的验证值。

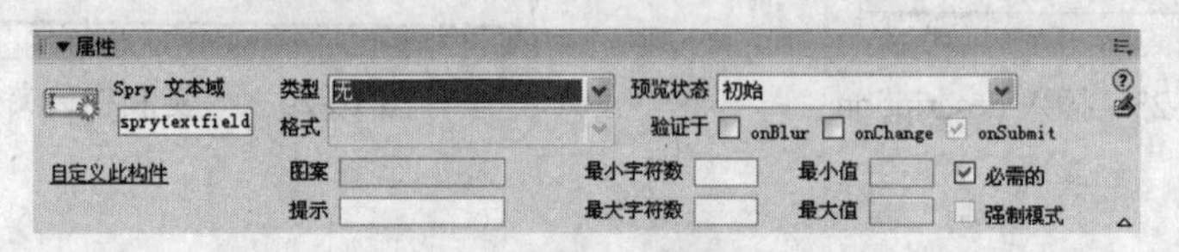

图 16-26 Spry 文本域属性检查器

16.2.4 使用 Spry 验证文本区域构件

Spry 验证文本区域构件是一个文本区域，该区域在用户输入多行文本时显示文本的状态（有效或无效）。如果文本区域是必填域，而用户没有输入任何文本，该构件将返回一条消息，声明必须输入值。

1. 插入 Spry 验证文本区域构件

选择表单中的文本域，然后选择“插入记录”|“Spry”|“Spry 验证文本区域”命令，插入如图 16-27 所示的 Spry 验证文本区域构件。

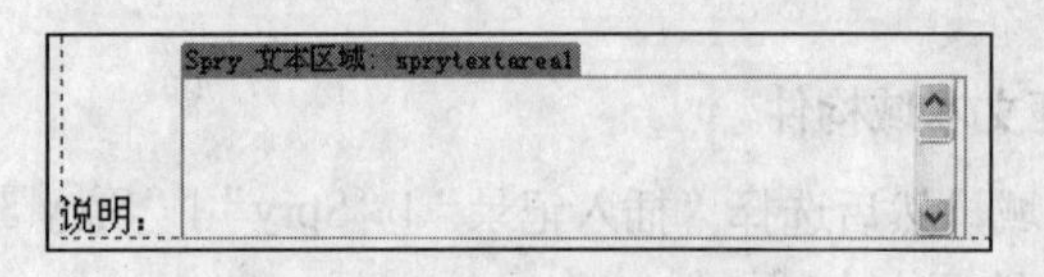

图 16-27 Spry 验证文本区域构件

2. 编辑 Spry 验证文本区域构件

选择验证文本区域构件后，属性检查器如图 16-28 所示，使用其中的各选项可设置不同的验证值。

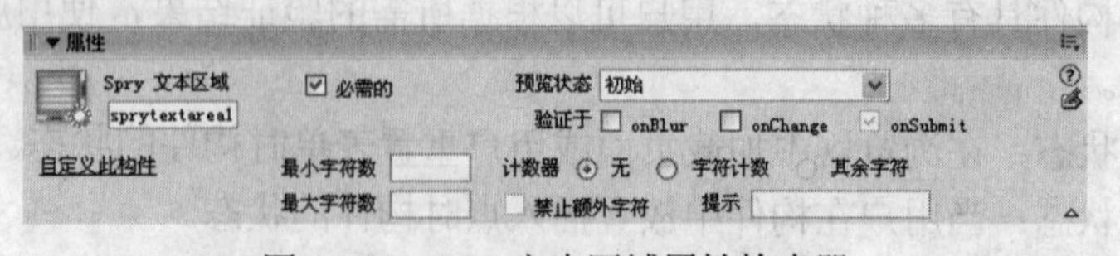

图 16-28 Spry 文本区域属性检查器

16.2.5 使用 Spry 验证选择构件

Spry 验证选择构件是一个下拉菜单，该菜单在用户进行选择时显示构件的状态（有效或无效），例如，用户可以插入一个包含状态列表的验证选择构件，这些状态按不同的部分组合并用水平线分隔。如果用户意外选择了某条分界线，验证选择构件会向用户返回一条消息，声明他们的选择无效。

1. 插入 Spry 验证选择构件

选择表单中的下拉列表框，然后选择“插入记录”|“Spry”|“Spry 验证选择”命令，插入如图 16-29 所示的 Spry 验证选择构件。

2. 编辑 Spry 验证选择构件

选择表单中的内验证选择构件后，属性检查器如图 16-30 所示，使用其中的各选项可设置不同的验证值。

图 16-29 Spry 验证选择构件

图 16-30 Spry 选择属性检查器

16.2.6 使用 Spry 验证复选框构件

Spry 验证复选框构件是 HTML 表单中的一个或一组复选框，该复选框在用户选择（或未选择）时会显示构件的状态。例如，用户可以向表单中添加验证复选框构件，该表单可能会要求用户进行 3 项选择，如果用户未选择 3 个选项，则构件会返回一条消息，声明不符合最小选择数要求。

1. 插入 Spry 验证复选框构件

选择表单中的复选框，然后选择“插入记录”|“Spry”|“Spry 验证复选框”命令，插入如图 16-31 所示的 Spry 验证复选框构件。

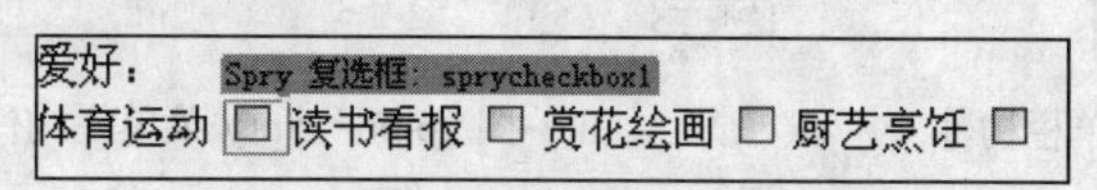

图 16-31 Spry 验证复选框构件

2. 编辑 Spry 验证复选框构件

选择表单中的验证复选框构件后，属性检查器如图 16-32 所示，使用其中的各选项可设置不同的验证值。

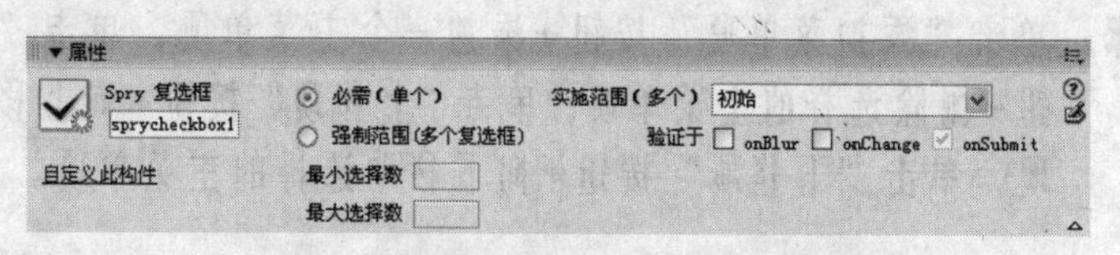

图 16-32 Spry 验证复选框属性检查器

16.2.7 使用 Spry 菜单栏构件

Dreamweaver 允许用户插入两种菜单栏构件：垂直菜单栏构件和水平菜单栏构件。菜单栏构件是一组可导航的菜单按钮，当站点访问者将鼠标悬停在其中的某个菜单项上时，将显示相应的子菜单。使用菜单栏可在紧凑的空间中显示大量可导航信息，并使站点访问者无须深入浏览站点即可了解站点中提供的内容。

1. 插入 Spry 菜单栏构件

选择“插入记录”|“Spry”|“Spry 菜单栏”命令，打开如图 16-33 所示的“Spry 菜单栏”对话框。选择“水平”单选按钮，单击“确定”按钮，可插入如图 16-34 所示的 Spry 水平菜单栏构件。

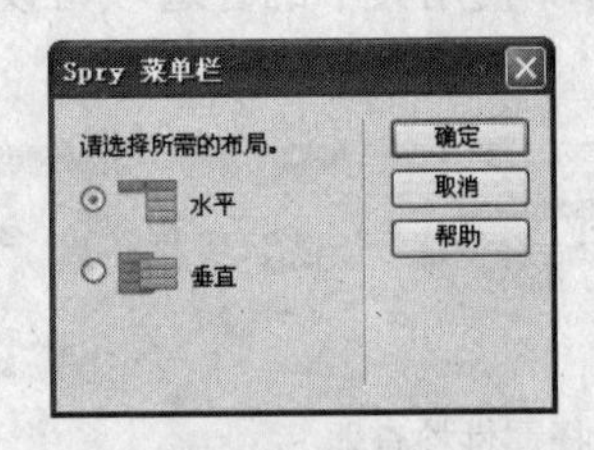

图 16-33 “Spry 菜单栏”对话框

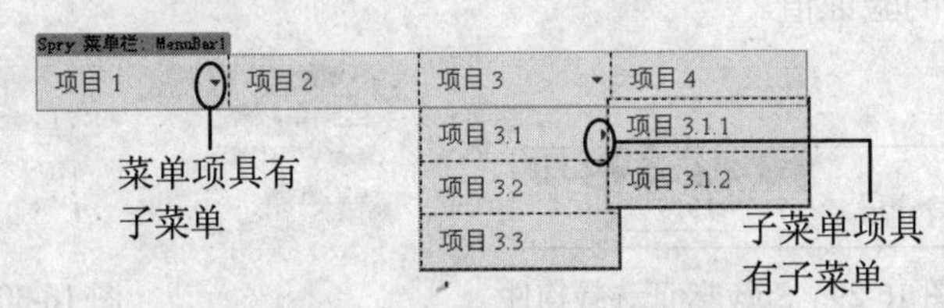

图 16-34 Spry 水平菜单栏构件

如果选择“垂直”单选按钮，可插入如图 16-35 所示的 Spry 垂直菜单栏构件。

2. 编辑 Spry 菜单栏构件

选择 Spry 菜单栏构件后，属性检查器如图 16-36 所示，使用其中的各选项可设置不同的参数值。

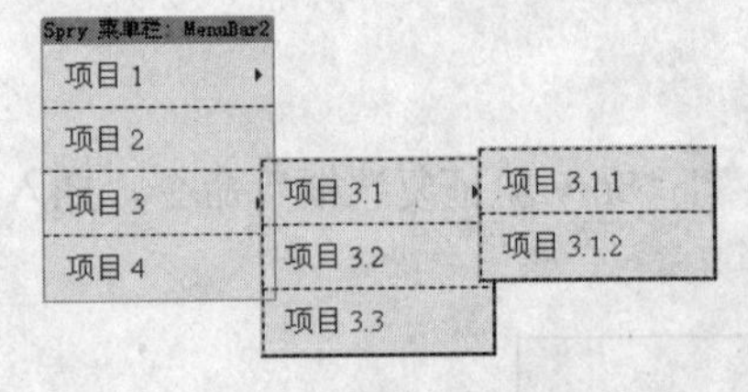

图 16-35 Spry 垂直菜单栏构件

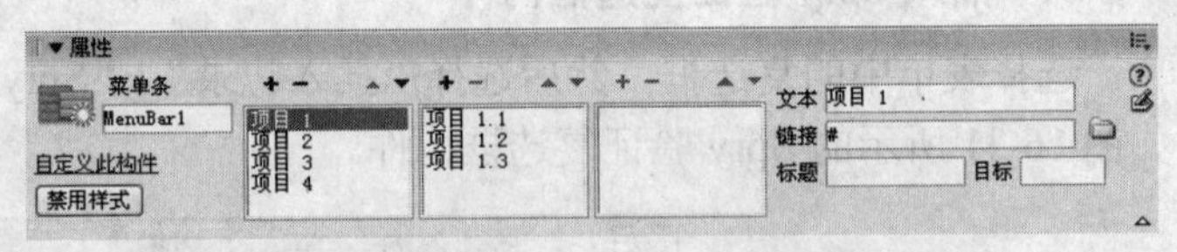

图 16-36 Spry 菜单栏构件属性检查器

Spry 菜单栏构件属性检查器中各选项的功能如下。

（1） “主菜单”：用于显示所有主菜单项。

（2） “子菜单”：用于显示所选主菜单的子菜单项。

（3） “子菜单的子菜单”：用于显示所选择子菜单的所有子菜单项。

提示：单击“添加菜单项”按钮+添加一个主菜单项，单击“删除菜单项”按钮−删除选择的主菜单项，单击“上移项”按钮▲向上移动选择的主菜单项，单击“下移项”按钮▼向下移动选择的主菜单项。

（4） “文本”：用于更改菜单项的名称。

（5） “链接”：可直接输入链接目标，或单击文件夹图标以浏览链接目标。

（6） “标题”：用于输入工具提示的文本。

（7） “目标”：用于指定要在何处打开所链接的页面。

16.2.8 使用 Spry 选项卡式面板构件

选项卡式面板构件是一组面板，用来将内容存储到紧凑空间中。站点访问者可通过单击他们要访问的面板上的选项卡来隐藏或显示存储在选项卡面板中的内容。当访问者单击不同的选项卡时，构件的面板会相应地打开。在给定时间内，选项卡式面板构件中只有一个内容面板处于打开状态。

1. 插入 Spry 选项卡式面板构件

选择“插入记录”|“Spry”|“Spry 选项卡式面板”命令，插入如图 16-37 所示的 Spry 选项卡式面板构件。

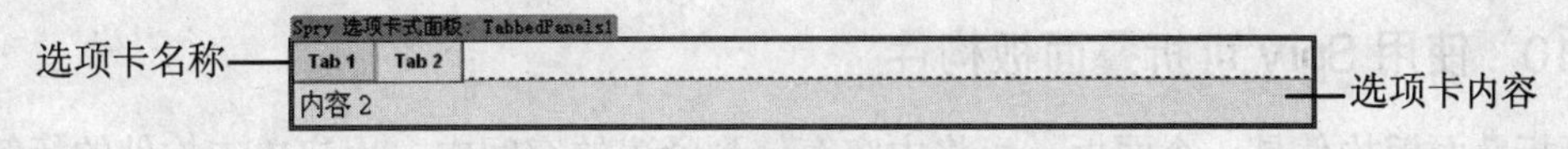

图 16-37　Spry 选项卡式面板构件

2. 编辑 Spry 选项卡式面板构件

选择 Spry 选项卡式面板构件后，属性检查器如图 16-38 所示，使用其中的各选项可设置不同的参数值。

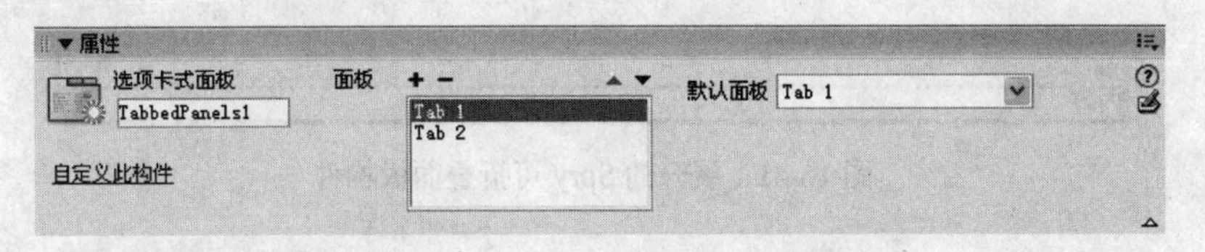

图 16-38　Spry 选项卡式面板构件属性检查器

16.2.9 使用 Spry 折叠式构件

折叠式构件是一组可折叠的面板，可以将大量内容存储在一个紧凑的空间中。当访问者单击不同的面板标签时，折叠构件的面板会相应地展开或收缩。在折叠构件中，每次只能有一个内容面板处于打开且可见的状态。

1. 插入 Spry 折叠式构件

选择“插入记录”|“Spry”|“Spry 折叠式”命令，插入如图 16-39 所示的 Spry 折叠式构件。

图 16-39　Spry 折叠式构件

2. 编辑 Spry 折叠式构件

选择 Spry 折叠式构件后，属性检查器如图 16-40 所示，使用其中的各选项可设置不同的参数值。

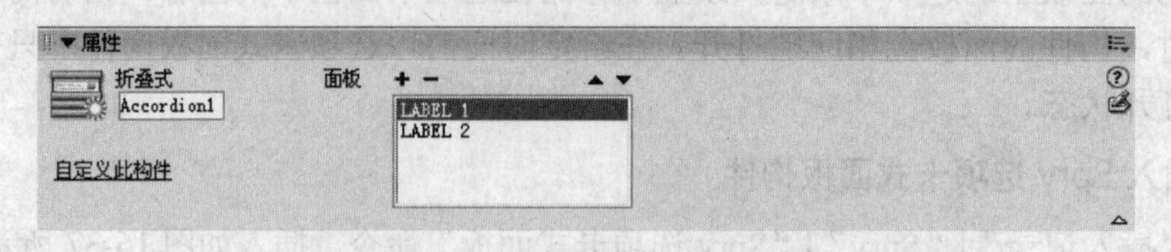

图 16-40 Spry 折叠式构件属性检查器

16.2.10 使用 Spry 可折叠面板构件

可折叠面板构件是一个面板，可将内容存储到紧凑的空间中。用户单击构件的标签即可隐藏或显示存储在可折叠面板中的内容。

1. 插入 Spry 可折叠面板构件

选择“插入记录”|“Spry”|“Spry 可折叠面板”命令，插入如图 16-41 所示的 Spry 可折叠面板构件。

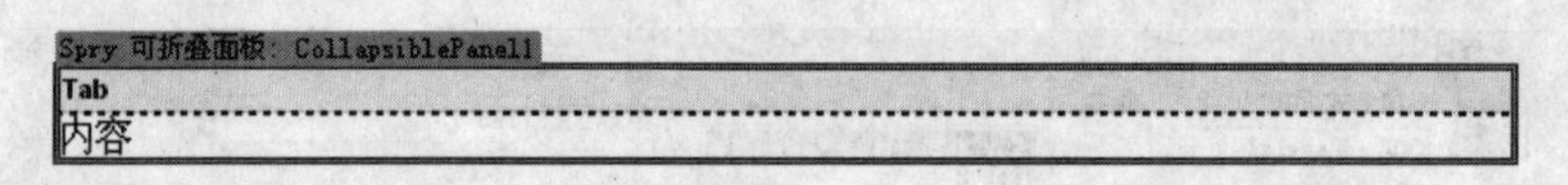

图 16-41 展开的 Spry 可折叠面板构件

2. 编辑 Spry 可折叠面板构件

选择 Spry 可折叠式面板构件后，属性检查器如图 16-42 所示，使用其中的各选项可设置不同的参数值。

图 16-42 Spry 可折叠式面板构件属性检查器

选中其中的“启用动画”复选框可使面板缓缓地平滑打开或关闭。

★例 16.2: 新建文档，在其中添加菜单栏，主菜单栏为“首页”、“日志”、“相册”、“个人资料”；在“相册”菜单中包含“2007 相册集”、“2008 相册集”和“其他相册集”3 个子菜单；在“2007 相册集”子菜单中包含“2007 灯会”、“2007 春景”、“明十三陵博物展”、“2007 雪景”4 个子菜单，效果如图 16-43 所示。

（1） 选择“文件”|“新建”命令，打开“新建文档”对话框。在“页面类型”列表框中选择 HTML 选项，在“布局”列表框中选择“<无>”选项，单击“创建”按钮。

（2） 选择“插入记录”|“Spry”|“Spry 菜单栏”命令，打开保存文件提示对话框，单

击“确定”按钮。

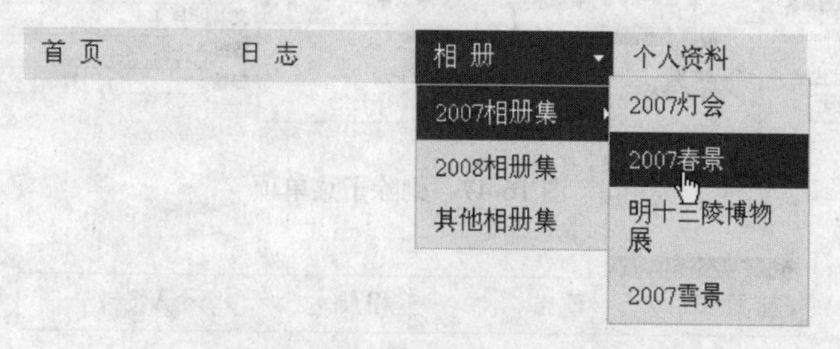

图 16-43　创建的 Spry 菜单栏

（3）打开“另存为”对话框，选择保存路径为 blog 站点根目录，在“文件名”文本框中输入“ind02.htm”，单击“保存”按钮。

（4）系统弹出“Spry 菜单栏”对话框，选择“水平”单选按钮，单击“确定”按钮，得到如图 16-44 所示的 Spry 菜单栏构件。

图 16-44　创建的 Spry 菜单栏构件

（5）保持 Spry 菜单栏控件的选择状态，在属性检查器中的“主菜单”列表框中选择“首页”选项，在“文本”文本框中输入“首　页”，在“链接”文本框中输入“index.htm”，如图 16-45 所示。

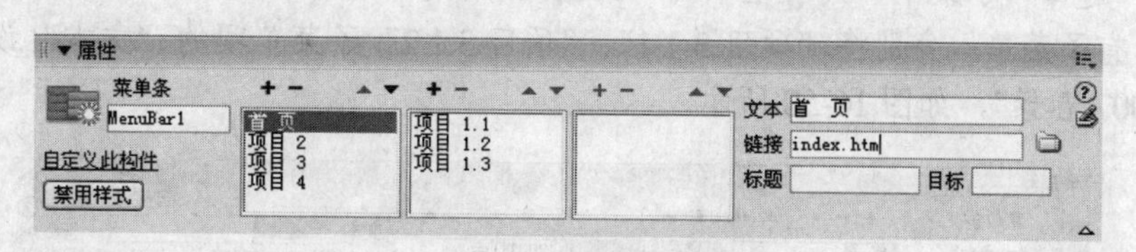

图 16-45　设置“首页”菜单项

（6）以同样的方式，更改“项目 2”、“项目 3”和“项目 4”的“文本”分别为“日　志”、“相　册”和“个人资料”；“链接”对象分别为“log.htm”、“album.htm”、“data.htm”，如图 16-46 所示。

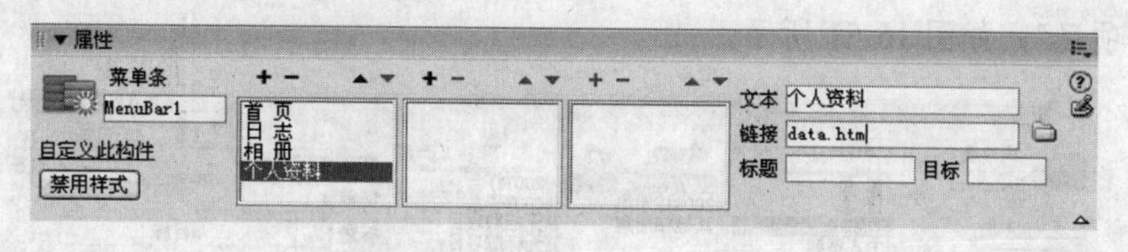

图 16-46　设置其他主菜单项

（7）选择“主菜单”列表框中的“首页”菜单项，显示“首页”的所有子菜单。选择“项目 1.1”子菜单项，单击“子菜单”列表框上方的“删除菜单项”按钮，如图 16-47 所示。

（8）以同样的方式将“子菜单”列表框中的“项目 1.2”和“项目 1.3”子菜单项删除，得到如图 16-48 所示的 Spry 菜单栏构件。

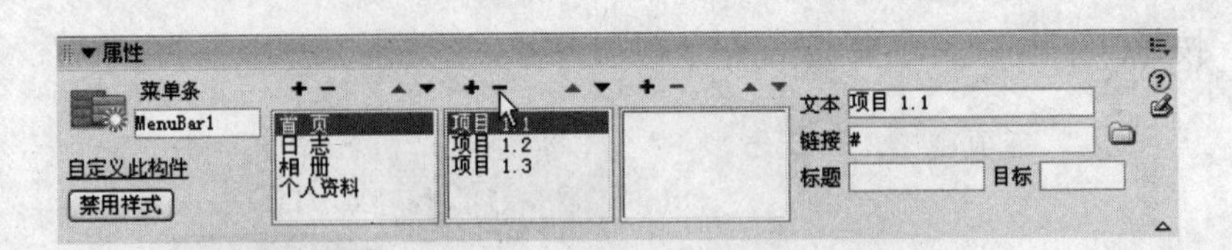

图 16-47　删除子菜单项

图 16-48　删除其他多余的子菜单项

（9） 选择“主菜单”列表框中的“相册”菜单项，显示“相册”的所有子菜单。分别将“项目 3.1”、“项目 3.2”与“项目 3.3”子菜单项的“文本”设置为“2007 相册集”、“2008 相册集”和“其他相册集”，得到如图 16-49 所示的效果。

图 16-49　修改“相册”菜单的子菜单项

（10） 选择“子菜单”列表框中的“2007 相册集”子菜单项，显示“2007 相册集”子菜单中的所有子菜单。分别将“项目 3.1.1”、“项目 3.1.2”子菜单项的“文本”设置为“2007 灯会”、“2007 春景”，如图 16-50 所示。

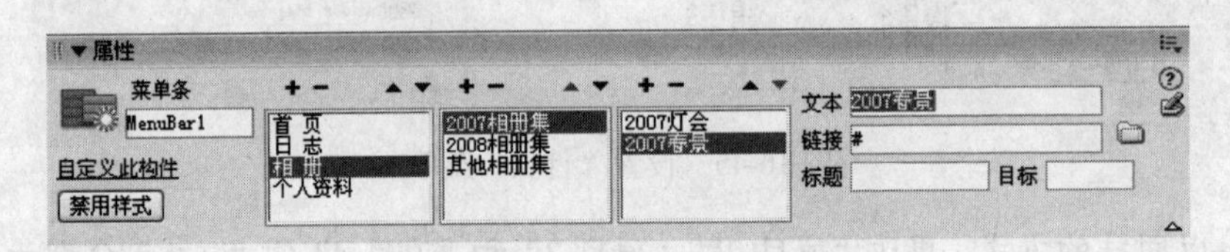

图 16-50　设置三级菜单项的文本

（11） 选择“2007 春景”子菜单项，单击该列表框上方的“添加菜单项”按钮，添加两个“无标题项目”，如图 16-51 所示。

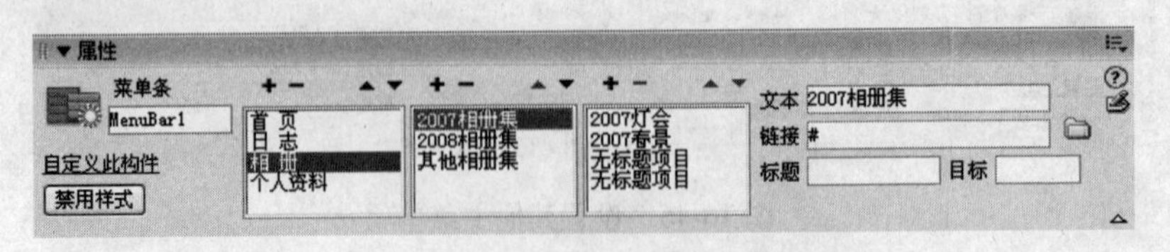

图 16-51　添加两个三级子菜单项

（12） 将两个“无标题项目”的“文本”分别更改为“明十三陵博物展”和“2007 雪景”，得到如图 16-52 所示的效果。

（13） 按 Ctrl+S 组合键保存文档，系统弹出如图 16-53 所示的“复制相关文件”对话框，提示用户使用的对象或行为已经复制到本地站点，单击“确定”按钮。

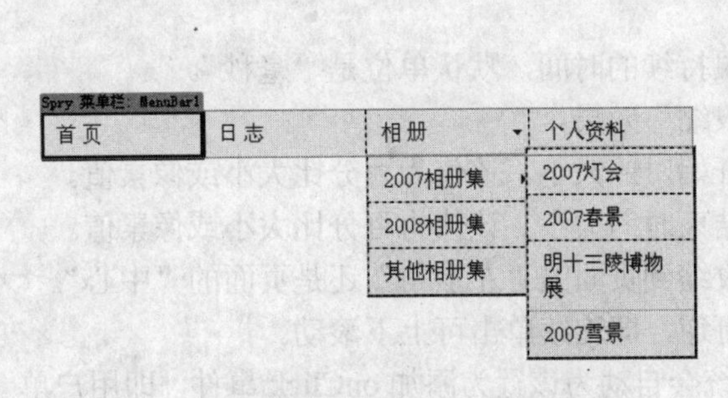

图 16-52　更改所有菜单项文本后的效果

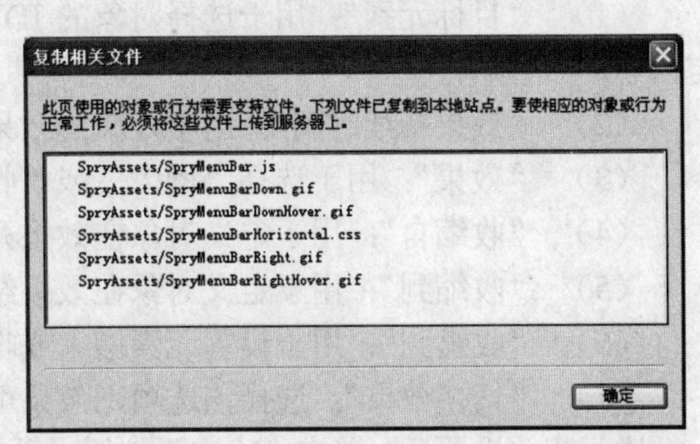

图 16-53　“复制相关文件”对话框

16.3　添加行为效果

在 Dreamweaver 中用户可为网页中选择的对象添加以下多种行为效果。

（1）　增大/收缩：使对象变大或变小。

（2）　挤压：使对象从页面的左上角消失。

（3）　显示/渐隐：使对象显示或渐隐。

（4）　晃动：模拟从左向右晃动对象。

（5）　滑动：上下移动对象。

（6）　遮帘：模拟百页窗，向上或向下滚动来隐藏或显示对象。

（7）　高亮颜色：更改对象的背景颜色。

16.3.1　应用行为效果

选择要应用行为效果的对象，展开“行为”面板，单击“添加行为”按钮从弹出的下拉菜单中打开“效果”子菜单，如图 16-54 所示。从其中选择要应用的各种效果。

1.　应用增大/收缩效果

选择要应用效果的内容或布局对象后，选择“效果”子菜单中的“增大/收缩”命令，打开如图 16-55 所示的“增大/收缩”对话框。

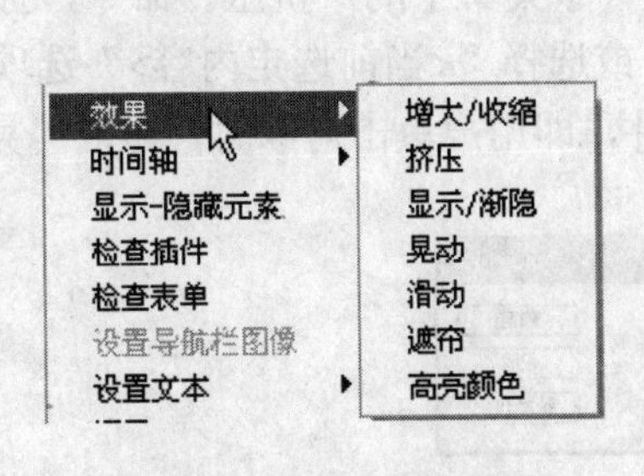

图 16-54　“效果”子菜单

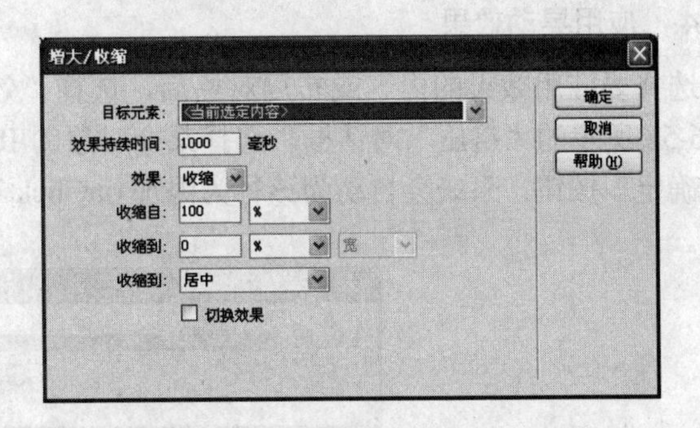

图 16-55　“增大/收缩”对话框

“增大/收缩”对话框中选项的功能如下。

（1）“目标元素”：用于选择对象的 ID。如果用户已经选择了对象，可选择“<当前选定内容>”选项。

（2）“效果持续时间”：用于定义此效果持续的时间，默认单位是“毫秒”。

（3）“效果”：用于选择“增大”或“收缩”效果。

（4）“收缩自”：用于定义对象在效果开始时的大小。该值为百分比大小或像素值。

（5）“收缩到”：用于定义对象在效果结束时的大小。该值为百分比大小或像素值。

（6）“收缩到”：用于设置元素增大或收缩到页面的“左上角”还是页面的“中心”。

（7）“切换效果”：选择该选项则效果可逆，即连续单击可上下滚动。

进行相关设置后，单击“确定”按钮，系统会自动为该行为添加 onClick 事件，即用户单击对象时，激活“增大/收缩”效果。

2. 应用挤压效果

选择要应用效果的内容或布局对象后，选择“效果”子菜单中的“挤压”命令，打开如图 16-56 所示的“挤压”对话框。选择某个对象的 ID，或选择“<当前选定内容>”选项，单击“确定”按钮，系统会自动为该行为添加 onClick 事件，即用户单击对象时，激活“挤压”效果。

3. 应用显示/渐隐效果

选择要应用效果的内容或布局对象后，选择“效果”子菜单中的“显示/渐隐”命令，打开如图 16-57 所示的“显示/渐隐”对话框。进行相关设置后，单击“确定”按钮，系统会自动为该行为添加 onClick 事件，即用户单击选择时，激活“显示/渐隐”效果。

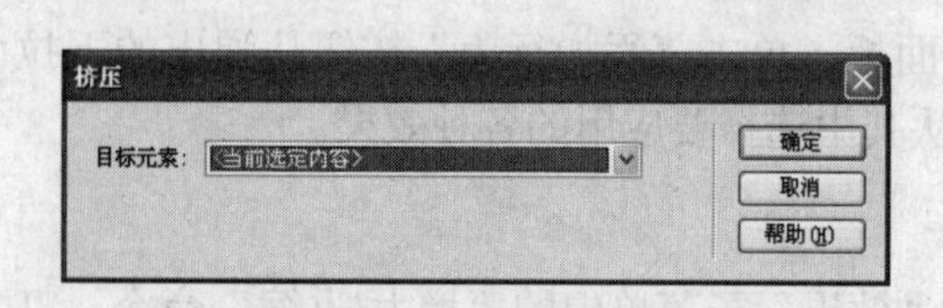

图 16-56 “挤压”对话框

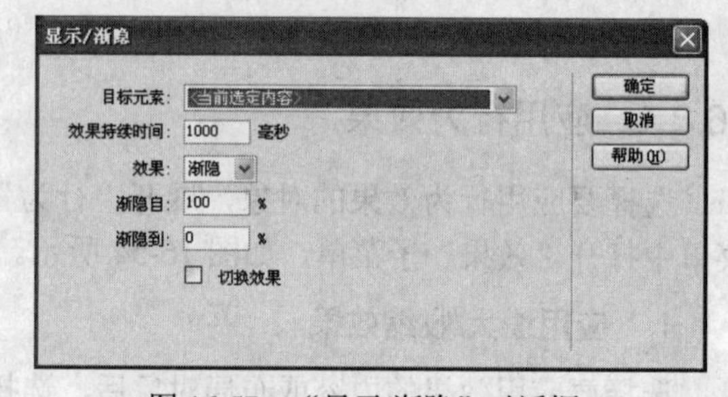

图 16-57 “显示/渐隐”对话框

4. 应用晃动效果

选择要应用效果的内容或布局对象后，选择“效果”子菜单中的“挤压”命令，打开如图 16-58 所示的“挤压”对话框。选择某个对象的 ID，或选择“<当前选定内容>”选项，单击“确定”按钮，系统会自动为该行为添加 onClick 事件，即用户单击对象时，激活“晃动”效果。

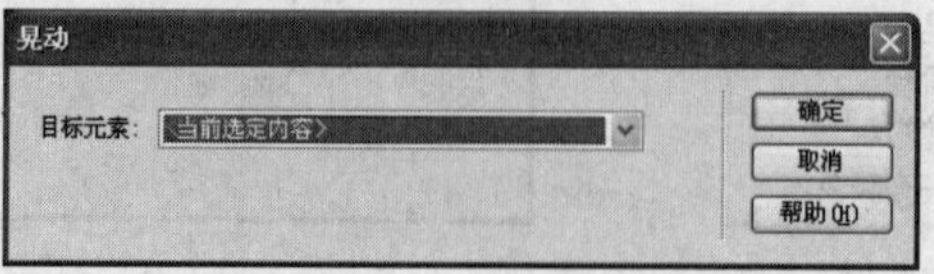

图 16-58 “晃动”对话框

5. 应用滑动效果

选择要应用效果的内容或布局对象后，选择“效果”子菜单中的“滑动”命令，打开如图 16-59 所示的“滑动”对话框。进行相关设置后，单击“确定”按钮，系统会自动为该行为添加 onClick 事件，即用户单击对象时，激活“滑动”效果。

6. 应用遮帘效果

选择要应用效果的内容或布局对象后，选择“效果”子菜单中的“遮帘”命令，打开如图 16-60 所示的“遮帘”对话框。进行相关设置后，单击“确定”按钮，系统会自动为该行为添加 onClick 事件，即用户单击对象时，激活“遮帘”效果。

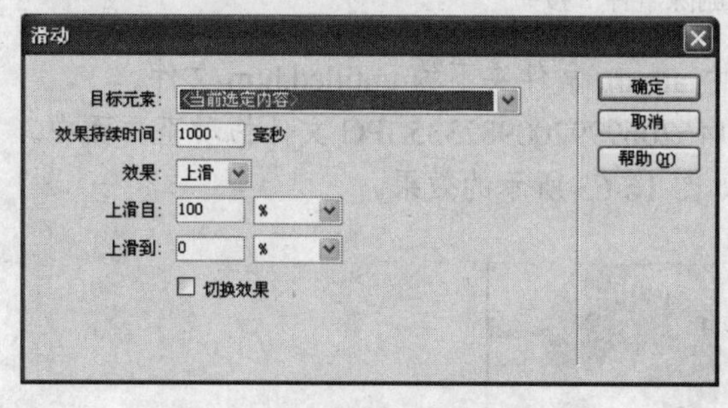

图 16-59 “滑动”对话框

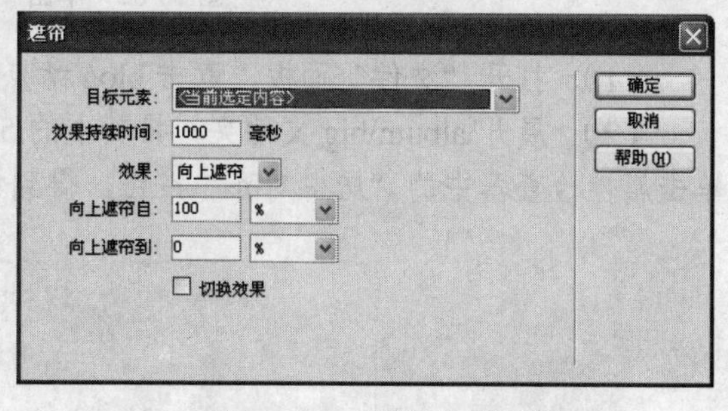

图 16-60 “遮帘”对话框

7. 应用高亮效果

选择要应用效果的内容或布局对象后，选择“效果”子菜单中的“高亮颜色”命令，打开如图 16-61 所示的“高亮颜色”对话框。进行相关设置后，单击“确定”按钮，系统会自动为该行为添加 onClick 事件，即用户单击对象时，激活“高亮”效果。

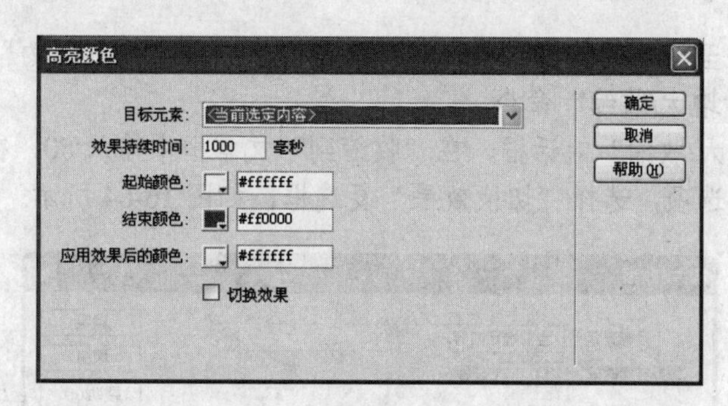

图 16-61 “高亮颜色”对话框

16.3.2 删除行为效果

如果要删除某对象的行为效果，可先选择该对象，然后打开“行为”面板，选择列表框中要删除的效果，单击“删除事件”按钮即可，如图 16-62 所示。

★例 16.3：打开 blog 站点中 album 文件夹下的 untitled.htm 文件，并将\album\big\514620699920098233 5.JPG 插入到网页中，为其添加单击图像时“增大/收缩”、双击图像时“晃动”的 Spry 效果。

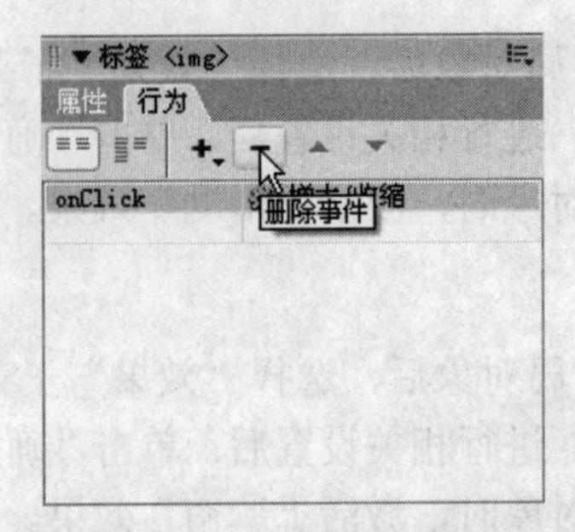

图 16-62 单击“删除事件”按钮

（1） 打开“文件”面板，双击 blog 站点中 album 文件夹下的 untitled.htm 文件。

（2） 展开\album\big 文件夹，将其中的 5146206999200982335.JPG 文件拖动至页面中。单击属性检查器中的“居中对齐”按钮，得到如图 16-63 所示的效果。

图 16-63 图像居中对齐

（3） 选择插入至网页的图像，单击“行为”面板中的“添加行为”按钮，从弹出的菜单中选择“效果”|“增大/收缩”命令。

（4） 打开“增大/收缩”对话框，在“收缩到”文本框中输入 50，在“收缩到”下拉列表框中选择“居中”选项，选择“切换效果”复选框，如图 16-64 所示。

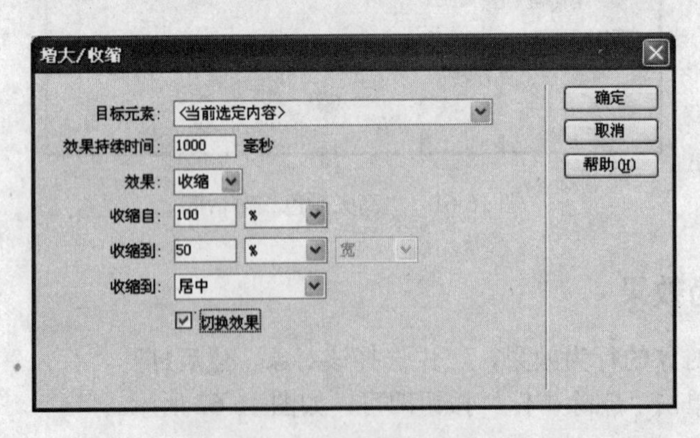

图 16-64 “增大/收缩”对话框

（5） 再次选择图像，打开“添加行为”下拉菜单，从中选择“效果”|“晃动”命令，

打开“晃动”对话框，单击“确定”按钮。此时的“行为”面板如图 16-65 所示。

（6） 打开“晃动”左侧的事件下拉列表框，从中选择 onDblClick 事件，如图 16-66 所示。

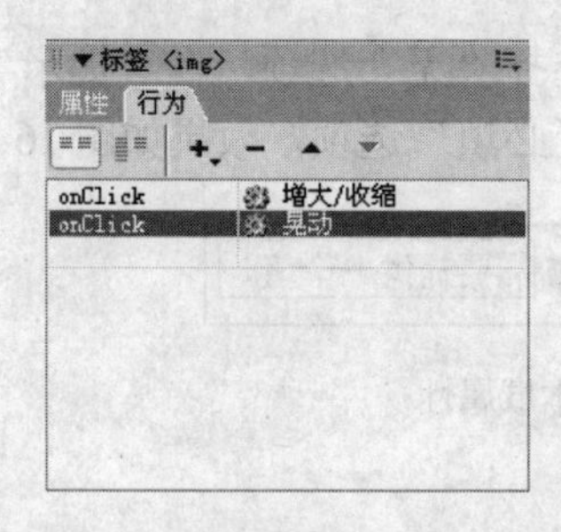

图 16-65　添加效果后的“行为”面板

图 16-66　将事件更改为双击

（7） 按 Ctrl+S 组合键保存文件。按 F12 键预览网页，在图像上双击可预览晃动效果，在图像上单击可查看“增大/收缩”效果。

16.4　实例——添加 Spry 验证构件

打开 xiuxian 站点中的 jiaoliu.asp 网页，将该网页另存为 jiaoliu.html，为表单中的文本域及文本区域添加 Spry 验证构件，如图 16-67 所示。

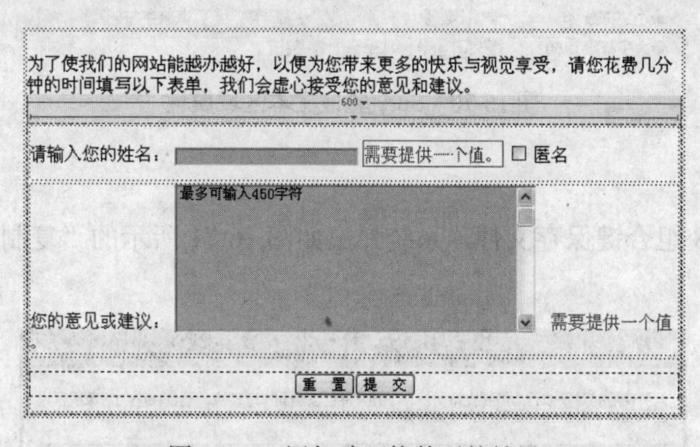

图 16-67　添加验证构件后的效果

1. 另存文件

（1） 进入 xiuxian 站点，打开站点根目录下的 jiaoliu.asp 网页。

（2） 选择“文件”|“另存为”命令，打开“另存为”对话框。

（3） 在“文件名”文本框中输入“jiaoliu.html”，单击“保存”按钮。

2. 设置 Spry 验证文本域

（1） 选择“请输入您的名称”右侧的文本域，单击“Spry”工具栏中的“Spry 验证文本域”按钮，添加 Spry 验证文本域，如图 16-68 所示。

图 16-68　添加 Spry 验证文本域

（2） 在属性检查器中的“类型”下拉列表框中选择“无”选项，在“提示”文本框中输入“spry_145”，在“预览状态”下拉列表框中选择“必填”选项，效果如图 16-69 所示。

图 16-69　设置 Spry 验证文本域属性

3. 设置 Spry 验证文本区域

（1） 选择“您的意见或建议”右侧的文本区域，单击“Spry”工具栏中的“Spry 验证文本区域”按钮，添加 Spry 验证文本区域构件，如图 16-68 所示。

（2） 在属性检查器中的“最小字符数”文本框中输入 5，在“最大字符数”文本框中输入 450，在“预览状态”下拉列表框中选择“必填”选项，选择“计数器”选项组中的“字符计数”单选按钮，如图 16-70 所示。

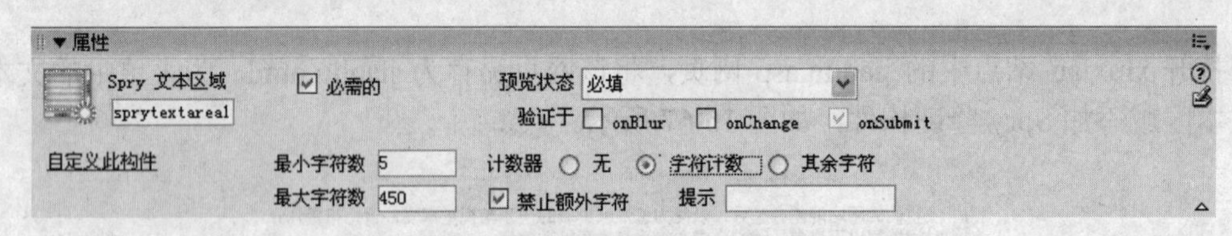

图 16-70　Spry 验证文本区域属性

4. 保存并预览

（1） 按 Ctrl+S 组合键保存文件，系统弹出如图 16-71 所示的“复制相关文件”对话框，单击“确定”按钮。

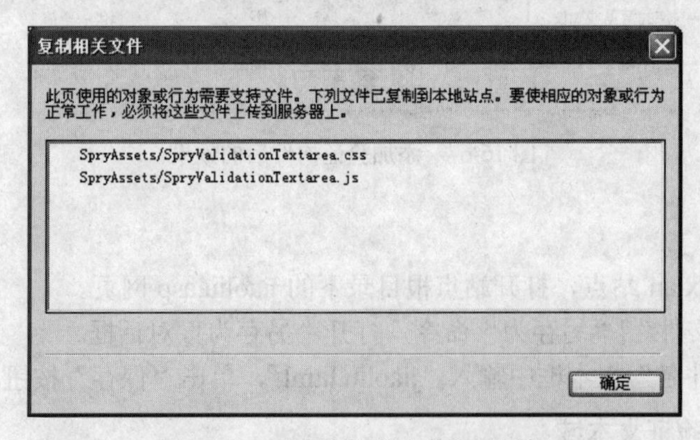

图 16-71　“复制相关文件”对话框

（2） 按 F12 键预览网页。若直接单击“提交”按钮，则会显示如图 16-72 所示的信息，提示用户必须输入值。

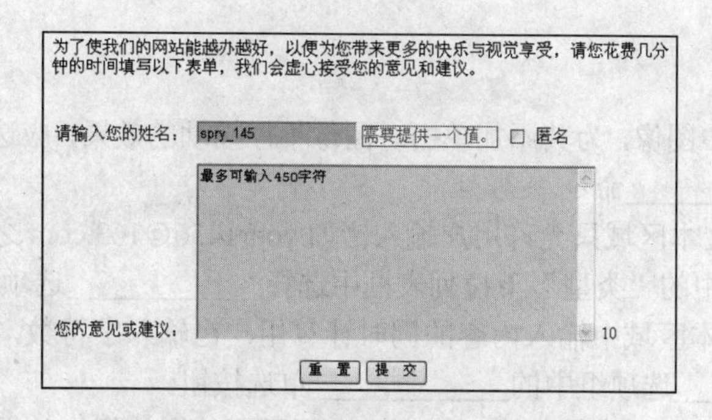

图 16-72　提示用户输入数值

16.5　本章小结

本章首先介绍了 Spry 构件的应用，包括使用 Spry 构件显示数据、使用 Spry 构件验证表单元素，使用 Spry 构件创建菜单栏、选项卡式面板、折叠式面板、可折叠面板等，然后介绍了为页面元素添加各种行为效果的方法，如“增大/收缩”效果、“晃动”效果等。通过本章的学习，用户应能够根据需要向页页中添加各种 Spry 构件，及为对象设置行为效果的方法。

16.6　上机练习与习题

16.6.1　选择题

（1）在向网页中插入 Spry 表构件时，应进行下面哪项操作＿＿＿＿＿＿。

A. 绑定 XML 数据集　　B. 插入 Spry 区域构件

C. 插入 Spry 重复项构件　　D. 插入 Spry 重复列表构件

（2）为文件绑定数据集时，绑定的文件扩展名为＿＿＿＿。

A. .css　　B. .xml

C. .dwt　　D. .dll

（3）下列关于行为效果的说法正确的是＿＿＿＿＿。

A. 单击“CSS 样式”面板中的 + 可以添加行为效果。

B. Dreamweaver 只能为选择的对象添加 1 种行为效果。

C. 选择“插入记录”|“行为”命令，可从该子菜单中选择行为效果。

D. 行为效果几乎可以应用于所有页面元素。

（4）对于默认创建的 Spry 菜单栏构件，每个菜单栏的名称分别为＿＿＿＿加“数字”。

A. Tab　　B. Label

C. 菜单　　D. 项目

（5）打开“Spry XML 数据集”对话框，设置 XML 源文件后，单击＿＿＿＿按钮可以显示文件中包含的所有元素。

A. 获取架构　　B. 浏览

C. 设计时输入　　D. 数据类型

16.6.2 填空题

（1） 选择网页中图像，为其添加单击时图像不停摇动的效果，应选择“添加行为”|“效果”子菜单中的__________命令。

（2） 设置验证文本区域只允许用户输入诸如 your1456@163.com 之类的电子邮件地址格式，应从属性检查器中的“类型”下拉列表框中选择____________选项。

（3） 要求向文本区域中输入内容的同时计算用户已输入字符数，应选择验证文本区域属性检查器___________选项组中的____________单选按钮。

（4） 在“行为”面板中的行为列表框中选择不再使用的行为效果，单击________按钮可将其删除。

（5） 表单中包含多个复选框并分别为其设置了验证，要求用户最少选择 3 个选项时，应选择属性检查器中的__________单选按钮，并在___________文本框中输入 3。

（6） Spry 菜单栏按照布局方式的不同，可分为__________和_________两类。

（7） 默认创建的 Spry 选项卡式面板构件只含有两个面板，如果要添加新面板，应单击列表框上方的_____________按钮。

16.6.3 问答题

（1） 如何创建绑定数据集？

（2） 如何向 Spry 文本区域中添加数据？

（3） 如何添加挤压行为效果？

（4） 如何设置 Spry 验证复选框构件？

（5） 如何创建 Spry 可折叠面板构件？

16.6.4 上机练习

（1） 在新建文档中创建如图 16-73 所示的 Spry 选项卡式面板。

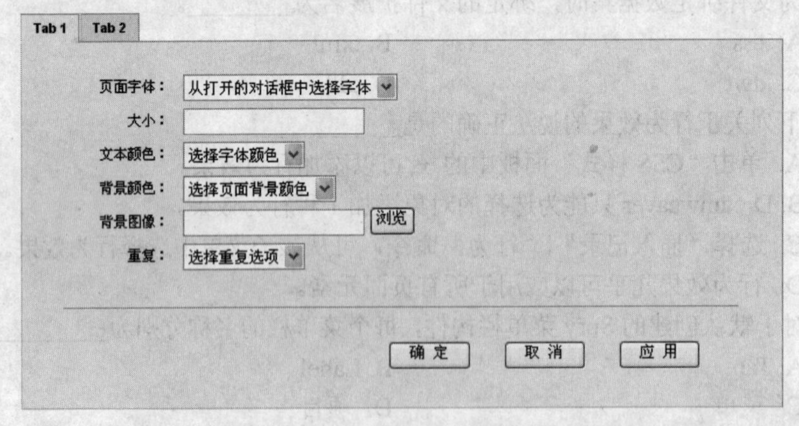

图 16-73 Spry 选项卡式面板构件示例

（2） 新建文档并添加任意图像，为其添加“显示/渐隐”效果且双击时激活该效果。

第17章

站点的共同开发及测试与发布

教学目标：

要制作一个相对完美的网站，仅靠一个人的力量远远不够，通常需要多人协作，共同开发。此外，站点制作完毕后也不能立即上传，还必须经过测试，正确无误后才能上传到远程站点。本章介绍多人协作开发网站以及测试与发布站点的知识，包括使用“存回”与“取出”功能共同开发网站、测试网站、上传网站、宣传和推广网站等内容。

教学重点与难点：

1. 使用“存回”与“取出”功能。
2. 测试站点。
3. 申请网站空间。
4. 上传站点。
5. 网站的宣传和推广。

17.1 使用“存回/取出”功能共同开发站点

当多人共同进行一个网站的开发时，各位用户可通过使用“存回/取出”功能来进行有机协作。这样，当其中一位用户“取出”某个网页进行编辑时，其他用户将不能对该网页进行编辑，以保证网页编辑的有效性。完成编辑后，用户可通过“存回”功能将网页的编辑权还回网站，以便别人查看和再编辑此网页。

17.1.1 关于“存回”和“取出”

“取出”是指从网站中取得文件的编辑权，此时其他人不可对网页进行编辑。文件被取出后，Dreamweaver 会在“文件”面板中显示取出此文件的用户姓名，并在文件图标的旁边显示一个复选标记。当小组成员取出文件时为红色复选标记，当用户自己取出文件时则为绿色复选标记。如果此时有其他小组成员要打开含有复选标记的文件，则系统会发出警告。

“存回”是指将文件的编辑权还给网站，表示其他人可以对此网页进行编辑。当用户将修改后的文件存回时，本地文件属性自动转变为只读，并且“文件”面板上该文件图标旁边会显示一个锁形符号。

注意：“存回/取出”功能不能应用于测试服务器。如果要保持测试服务器网站的同步性，可使用“获取”和“上传”功能。

Dreamweaver 不会使远程服务器上的取出文件成为只读。如果使用 Dreamweaver 之外的应用程序传输文件，则可能会覆盖取出文件。

17.1.2　设置“存回”和“取出”

在使用“存回”与“取出”功能之前，应先建立一个由一些空文档及文件夹组成的网站结构上传到主机，并制作一份给每一个参加创建网站的人，以确保所有人编辑的是同一站点。将主机放置网站的文件夹共享，并将该文件设为远程网站。

要设置“存回”和“取出”功能，可选择“站点”|“管理站点”命令，打开“管理站点”对话框，从列表框中选择站点名称后单击“编辑”按钮，打开当前站点的定义对话框的“高级”选项卡。从“分类”列表框中选择“远程信息”选项，再在“访问”下拉列表框中选择“FTP”选项，然后选中“启用存回和取出”复选框，如图 17-1 所示。

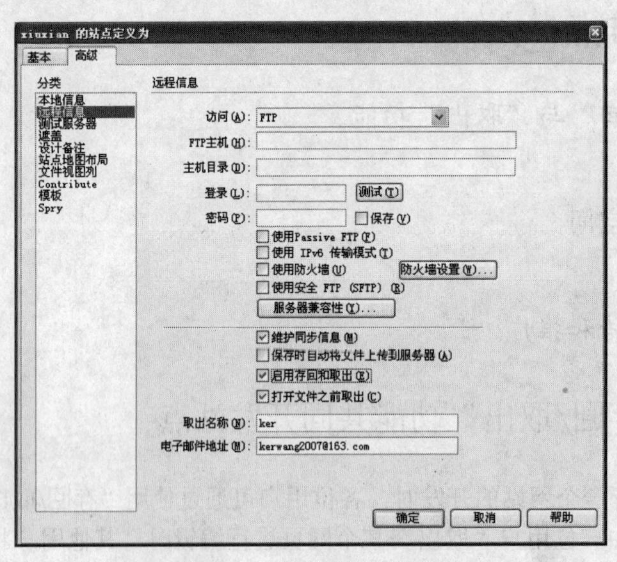

图 17-1　启用存回和取出

选择“启用存回和取出”复选框后，该选项下方会出现一些相关的选项，用于具体设置“存回”或“取出”文件时的条件，下面简单说明这些选项的功能。

（1）　“打开文件之前取出”：用于指定是否在打开文件时自动取出这些文件。

（2）　“取出名称”：用于指定显示取出文件时显示的名称。该名称显示在“文件”面板中已取出文件的旁边，可方便小组成员在需要已被取出文件时可以和相关的人员联系。如果用户要在几台不同的计算机上独自工作，最好在每台计算机上使用不同的取出名称，这样当用户忘记存回文件时，可得知该文件最新版本的位置。

（3） “电子邮件地址”：输入电子邮件地址后取出某个文件时，在“文件”面板中用户的名称会以链接（蓝色并带下画线）的形式显示在该文件旁边，其他小组成员可通过单击该链接启动默认的电子邮件程序与用户联系。

17.1.3 使用“存回”和“取出”功能

在站点定义对话框中设置了“存回/取出”功能后，即会激活“文件”面板中的“取出文件”和“存回文件”按钮，用户可利用这两个按钮进行存回或取出文件的编辑权。

1. 从远程文件夹中取出文件

要从远程文件夹中取出文件，可在“文件”面板中选择要从远程服务器取出的文件，然后单击面板工具栏上的“取出文件”按钮，打开如图 17-2 所示的“相关文件”对话框。如果要将相关文件随选定文件一起下载取出，可单击“是”按钮；如果不要下载相关文件，则单击“否”按钮。执行“取出文件”操作后，在取出的文件旁边会显示一个绿色的复选标记。

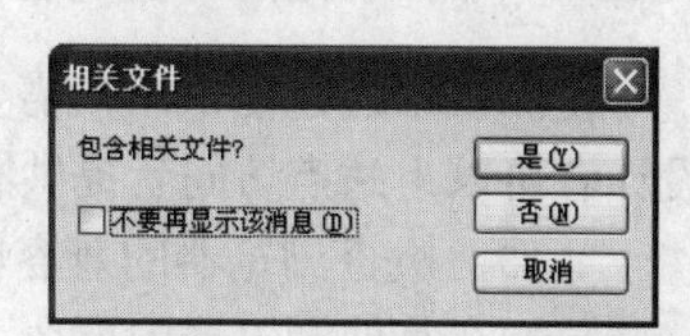

图 17-2 “相关文件”对话框

提示：在取出新文件时下载相关文件通常是一种不错的做法，但是如果本地磁盘上已经有最新版本的相关文件，则无须再次下载。

取出一个文件或者对取出的文件进行更改后，可以通过撤销操作来放弃取出以及对其所进行的编辑，使文件恢复到原来的状态。该文件的本地副本会成为只读文件，对该文件所做的任何更改都会丢失。

要撤销文件取出，可在“文件”面板中右击要撤销取出的文件，从弹出的快捷菜单中选择“撤销取出”命令，或者打开文件后选择“站点”|“撤销取出”命令。

2. 将文件存回远程文件夹

若要将取出的文件或者新文件存回远程文件夹，可在“文件”面板中选择所需文件，然后单击面板工具栏中的“存回文件”按钮，或者右击所选文件，从快捷菜单中选择“存回”命令，打开“相关文件”对话框，单击“是”按钮。这样将连同相关文件一起随选定文件上传，保证远程文件夹中的文件保持最新状态。执行“存回”操作后，在文件旁边会显示一个锁形图标。

存回后的文件属性为只读，所以自动更新功能会失效。例如，网页套用了模板或加入了库的组件，则当模板或库内容已经修改时，只读状态下的网页文件无法自动进行更新。解决此问题的方法是解除文件的只读属性，方法为：右击所选只读文件，从弹出的快捷菜单中选择“消除只读属性”命令。需要注意的是，更新了解除只读属性的文件后，一定要单击“存回”按钮，将此文件上传到远程网站。

提示： 如果当前文件处于打开状态，可选择“站点”|“存回”/“取出”命令，或单击文档窗口工具栏中的“文件管理”按钮，从弹出的菜单中选择“存回”或“取出”命令，来执行文件的存回或取出操作。

17.2 测试站点

在将站点上传到服务器供浏览之前，最好先在本地对其进行测试，以确保在目标浏览器中可以正常运行，并且没有断开的链接，页面下载也不占用太长时间。此外还可通过运行站点报告测试整个站点并解决出现的问题。

17.2.1 测试站点时需考虑的问题

在测试站点之前，用户需要先了解一下测试的内容，以及在测试时须注意的问题，以便设计者可以为站点访问者提供愉快的访问经历。下面简单介绍几个要点。

（1） 检查浏览器的兼容性：确保页面在目标浏览器中能够如预期的那样工作，并确保这些页面在其他浏览器中要么工作正常，要么“明确地拒绝工作”。

（2） 检查浏览器：对于一些版本较早，不支持样式、层、插件等的浏览器，应考虑使用“检查浏览器”行为，自动将访问者重定向到其他页面。

（3） 在浏览器中预览和测试页面：应尽可能多地在不同的浏览器和平台上预览页面。以便能有机会查看布局、颜色、字体大小和默认浏览器窗口大小等方面的区别，这些区别在目标浏览器检查中是无法预见的。

（4） 检查站内链接：检查站点是否有断开的链接，并修复断开的链接，由于其他站点也在重新设计、重新组织，所以你所链接的页面可能已被移动或删除。可运行链接检查报告对链接进行测试。

（5） 设置下载时间和大小：监测页面的文件大小以及下载这些页面所占用的时间。要知道，对于由大型表格组成的页面，在某些浏览器中，在整张表完全载入之前，访问者将什么也看不到。应考虑将大型表格分为几部分，如果不可能这样做，应考虑将少量内容（例如欢迎辞或广告横幅）放在表格以外的页面顶部，这样用户可以在下载表格的同时查看这些内容。

（6） 运行站点报告：运行一些站点报告来测试并解决整个站点的问题。可以检查整个站点是否存在问题，例如无标题文档、空标记，以及冗余的嵌套标记等。

（7） 验证标记：检查代码中是否存在标记或语法错误。

（8） 发布后期工作：在完成对大部分站点的大部分发布以后，应继续对站点进行更新和维护。站点的发布可以通过多种方式完成，而且是一个持续的过程。

17.2.2 检查浏览器的兼容性

在制作网页时先要确定浏览站点的用户可能使用的浏览器。如果大多数用户使用 Netscape 4 浏览器，应该避免使用此浏览器所不支持的标记。“检查目标浏览器”功能用于对文档中的代码进行测试，检查是否存在目标浏览器所不支持的任何标签、属性、CSS 属性和值，此检查对文档不做任何方式的更改。

默认情况下，在打开一个文档时，Dreamweaver 自动执行目标浏览器检查，用户也可在文档、文件夹或整个站点上运行手动目标浏览器检查。

注意：目标浏览器检查不会连续更新。更改代码后，应手动运行目标浏览器检查，以确认已经删除了不可用于目标浏览器的代码。

要对目标浏览器进行检查，应先打开要检查的文档，然后单击文档窗口工具栏中的“检查页面”按钮，从弹出的菜单中选择“检查浏览器兼容性”命令，或者选择“文件”|“检查页”|“浏览器兼容性”命令，打开“结果”面板组，并且显示“浏览器兼容性检查”面板。如果有浏览器不兼容的情况出现，“浏览器兼容性检查”面板左侧的列表框中会列出相关问题；否则在面板底部会显示“未检测到任何问题”字样，如图 17-3 所示

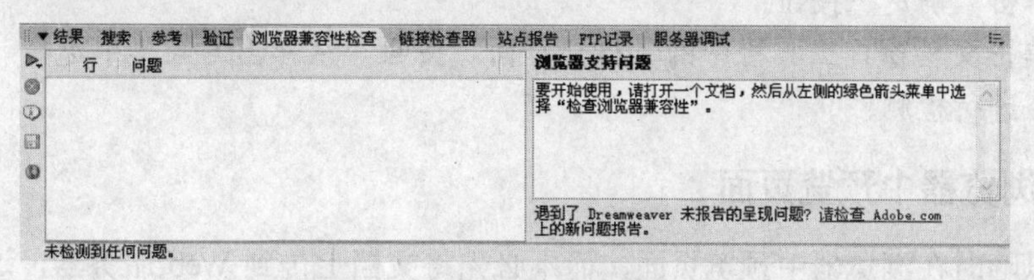

图 17-3 “浏览器兼容性检查”面板

用户还可以更改目标浏览器，以使测试其他非默认浏览器的兼容性，方法是：单击文档窗口工具栏中的“检查页面”按钮，从弹出的菜单中选择“设置”命令，或者在“浏览器兼容性检查”面板中单击绿色箭头按钮，从弹出的菜单中选择“设置”命令，打开如图 17-4 所示的“目标浏览器”对话框，从中选择所要检查的目标浏览器。

图 17-4 “目标浏览器”对话框

目标浏览器检查可提供 3 个级别的潜在问题的信息：错误、警告和告知性信息。

（1） 错误信息：以红色感叹号图标标记，表示代码可能在特定浏览器中导致严重的、可见的问题，例如导致页面的某些部分消失。

（2） 警告信息：以黄色感叹号图标标记，表示一段代码将不能在特定浏览器中正确显示，但不会导致任何严重的显示问题。

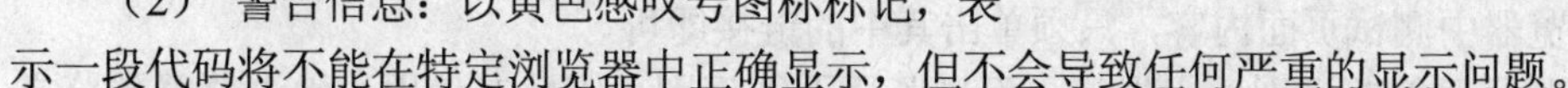

（3） 告知性信息：以文字气球图标标记，表示代码在特定浏览器中不受支持，但没有可见的影响。例如，<img>标记的 galleryimg 属性在一些浏览器中不受支持，但那些浏览器会忽略该属性，所以它不会有任何可见的影响。

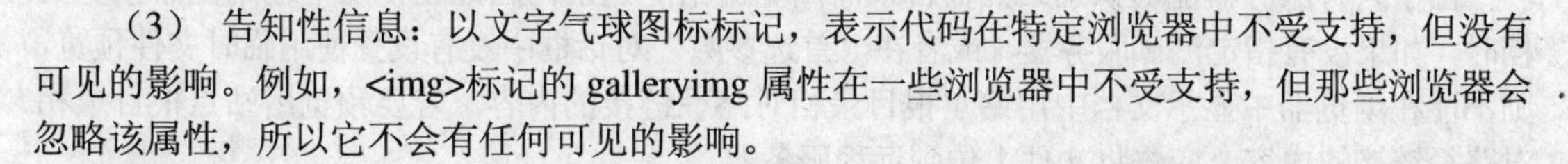

注意：用户对某文件进行修改操作后，若要对其进行目标浏览器检查操作，必须先保存该文件；否则，系统只检查保存部分，而不检查未保存的更改。此外，系统只能对本地文件进行目标浏览器检查。

★例 17.1：测试 xxjl 站点的主页在 IE 7.0 浏览器中的兼容性。

（1） 打开 xxjl 站点的主页。

（2） 单击文档窗口工具栏中的“检查页面”按钮，从弹出的菜单中选择“设置”选项，

打开“目标浏览器”对话框。

（3） 在“浏览器最低版本”列表框中选中“Intermet Explorer”复选框，并在其后的下拉列表框中选择“7.0”选项，如图 17-5 所示。

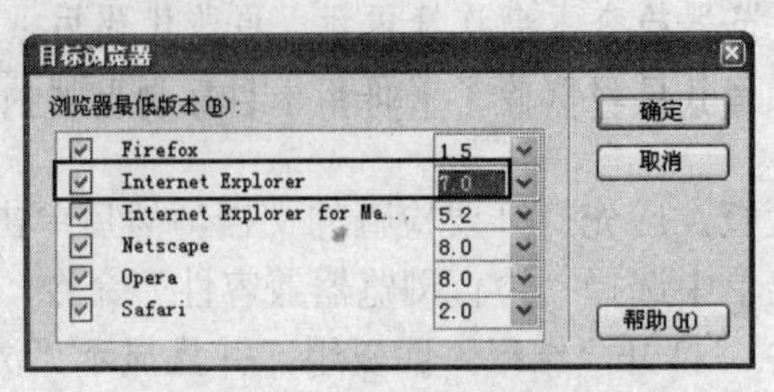

图 17-5 设置目标浏览器

（4） 单击“确定”按钮。

（5） 单击文档窗口工具栏中的“检查页面”按钮，从弹出的菜单中选择“检查浏览器兼容性”命令进行检测。

17.2.3 在浏览器中预览页面

用户可以随时在浏览器中预览页面，而不必先将文档上传到 Web 服务器，这有利于用户在设计网站的过程中即可通过预览和测试页来来及时发现问题并及时进行修改，以免加重后期的测试和修改工作。在预览页面时，如果浏览器已安装了必需的插件或 ActiveX 控件，则与浏览器相关的所有功能（包括 JavaScript 行为、文档相对链接和绝对链接、ActiveX 控件和 Netscape Navigator 插件）都会起作用。

1. 在浏览器中预览文档

在使用浏览器预览文档之前，应先保存该文档，否则浏览器不会显示最新的更改。执行以下任一操作即可在浏览器中预览文档。

（1） 选择“文件”|“在浏览器中预览”菜单中列出的某个浏览器。如果此菜单中未列出任何浏览器，可在“首选参数”对话框中进行设置。

（2） 按 F12 键在首选浏览器中预览当前文档。

（3） 按 Ctrl+F12 键在次选浏览器中预览当前文档。

若要在浏览器中测试页面内容，只须单击其中的链接即可。

由于只有服务器能够识别站点根目录而浏览器不能识别，因此在使用本地浏览器预览文档时，如果没有指定测试服务器，或者在“首选参数”对话框中没有设置使用临时文件预览，则不能在浏览器中显示文档中用站点根目录相对路径链接的内容。若要预览用站点根目录相对路径链接的内容，应先将文件上传到远程服务器。

2. 设置预览文档首选参数

Dreamweaver 中最多允许定义 20 个用于预览的浏览器，并且可以指定主浏览器和次浏览器。建议最好在 Internet Explorer 6.0、Netscape Navigator 7.0 和仅适用于 Macintosh 的 Safari 浏览器中进行预览。除了这些比较常用的图形化浏览器之外，还可以在只显示文本的浏览器（如 Lynx）中测试页面。

若要设置预览文档相关的首选参数，可选择“编辑”|“首选参数”命令，打开“首选参数”对话框。从“分类”列表框中选择“在浏览器中预览”选项，切换至相应的选项卡，在“浏览

器”列表框中添加、删除浏览器，并设置主浏览器或次浏览器，如图 17-6 所示。

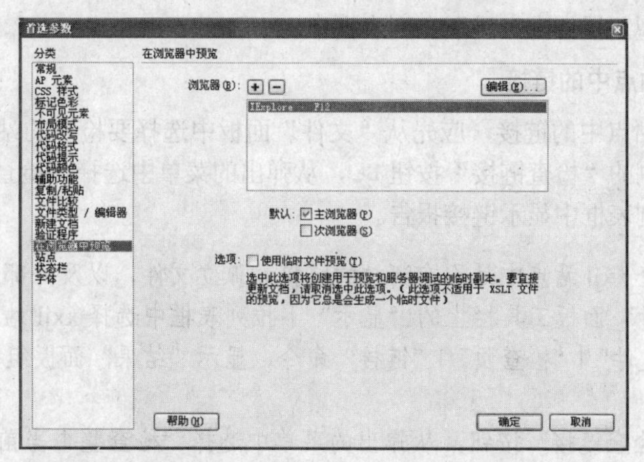

图 17-6 “首选参数”对话框的“在浏览器中预览”选项卡

17.2.4 检查页面或站点内的链接

“检查链接”功能用于在打开的文件、本地站点的某一部分或者整个本地站点中查找断链接和未被引用的文件。Dreamweaver 只验证那些指向站点内文档的链接，并将出现在选定文档中的外部链接编辑成一个列表。此外，还可以标识和删除站点中其他不再使用的文件。

1. 检查当前文档内的链接

若要检查当前文档内的链接，应先保存文件，然后选择“文件”|“检查页”|“链接”命令，显示“结果”面板组中的“链接检查器”面板，如图 17-7 所示。如果有链接错误，列表框内会显示错误文件报告。该报告为临时文件，用户可通过单击“保存报告”按钮将报告保存起来。

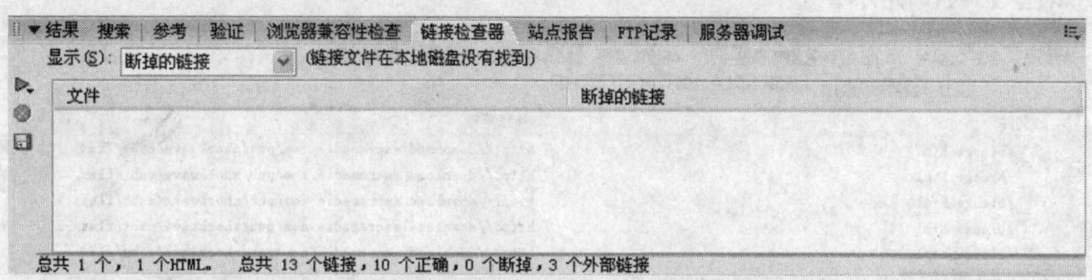

图 17-7 “链接检查器”面板

利用链接检查器可以查看“断掉的链接”、“外部链接”和“孤立文件”3 类链接报告，用户可通过选择“显示”下拉列表框中的相应选项来查看不同类型的报告。下面介绍这 3 种类型的链接报告的含义。

（1） 断掉的链接：显示含有断裂超链接的网页名称。

（2） 外部链接：显示包含外部超链接的网页名称（可从此网页链接到其他网站中的网页）。

（3） 孤立文件：显示网站中没有被用到或未被链接到的文件。

2. 检查站点内某部分的链接

若要检查站点内某一部分中的链接，应先从“文件”面板中选择要检查的站点，并从本地视图中选择要检查的文件或文件夹，然后单击“链接检查器”面板中的“检查链接”按钮，从弹出的菜单中选择“检查站点中所选文件的链接”命令，然后在“显示”下拉列表框中选择要查看的报告类型。报告内容显示在列表框中。

3. 检查整个站点中的链接

若要检查整个站点中的链接，应先从“文件”面板中选择要检查的站点，然后单击“链接检查器”面板左侧的“检查链接”按钮▶，从弹出的菜单中选择“检查整个当前本地站点的链接”命令，在列表框中显示链接报告。

★例 17.2：检查 xxjl 站点中是否有断掉的链接和孤立文件，以及外部链接的链接状态。

（1）从“文件”面板工具栏上的“显示”下拉列表框中选择 xxjl 站点。

（2）选择“文件”|“检查页”|“链接”命令，显示“结果”面板组中的“链接检查器”面板。

（3）单击“检查链接”按钮，从弹出的菜单中选择“检查整个当前本地站点的链接”命令。

（4）从“显示”下拉列表框中选择“断掉的链接”选项，如果有断掉的链接，在列表框中即会显示报告，如图 17-9 所示。

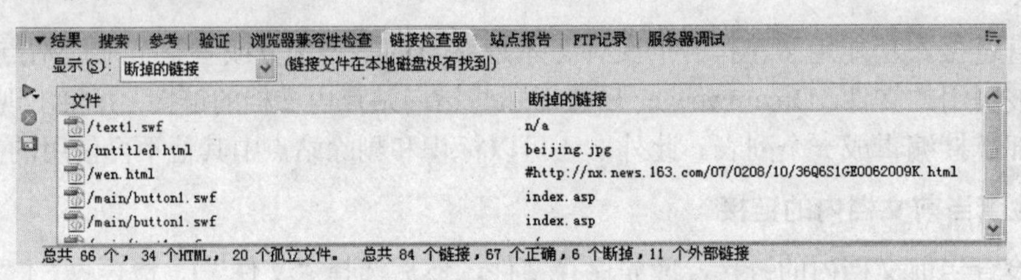

图 17-9 检查整个站点中断掉的链接

（5）从“显示”下拉列表框中选择“外部链接”选项，如果有外部链接会在列表框中显示报告，如图 17-10 所示。

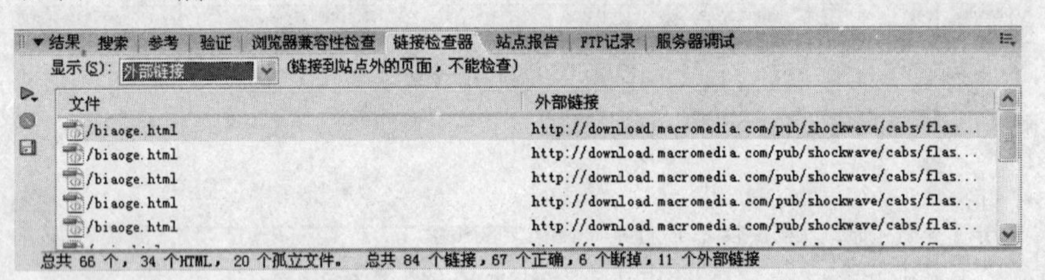

图 17-10 检查整个站点中的外部链接

（6）从“显示”下拉列表框中选择“孤立文件”选项，如果有孤立文件会在列表框中显示报告，如图 17-11 所示。

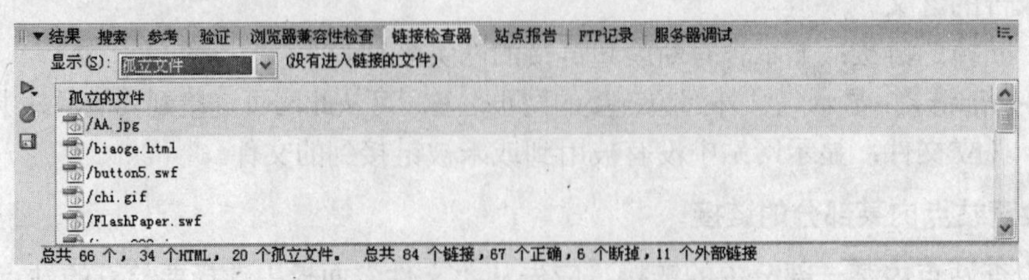

图 17-11 检查整个站点中的孤立文件

17.2.5 修复断开的链接

当在 Dreamweaver 中检查链接时，“链接检查器”面板中可以显示关于断开的链接、外部链接和孤立文件的报告。用户可以直接在“链接检查器”面板中修复断链接和图像引用，也可以从此列表中打开文件在属性检查器中修复链接。

若要在“链接检查器”面板中修复链接，应先对打开的文件、选择的文件或文件夹、整个站点进行链接检查，然后在“显示”下拉列表框中选择“断掉的链接”选项，显示所有断掉链链的报告，再在列表框中的“断掉的链接”栏下单击要修改的链接路径，此路径即进入编辑状态，并在右侧显示文件夹图标，如图 17-12 所示。单击文件夹图标，打开“选择文件”对话框，从站点中选择需要链接的文件，单击“确定”按钮，即可完成此链接的修复工作。也可以直接在编辑框中输入已知的链接文件的具体路径和文件名，并按 Enter 键确认。

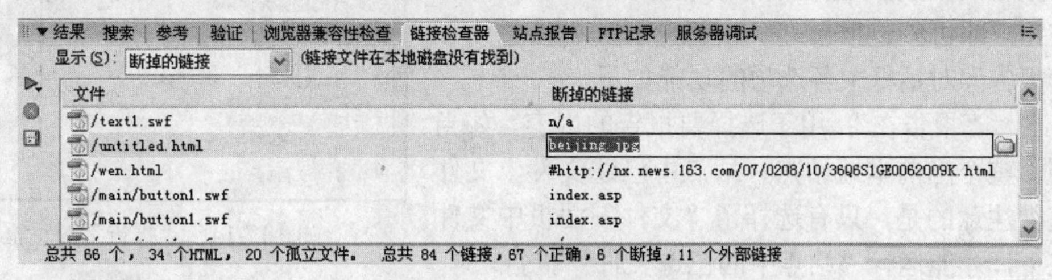

图 17-12 编辑断掉的链接

断掉的链接修复后，链接文件在“链接检查器”面板“文件”列表框中不会再显示；如果该选项依然显示在列表框中，则表明链接仍然是断开的。

17.2.6 预估页面下载时间

网页设计完毕，页面的所有内容就已经确定了，即文件大小不会再有所改变。用户可以根据“状态栏”首选参数中输入的连接速度估计页面下载时间。

若要预估页面下载时间，可选择“编辑”|“首选参数”命令，打开“首选参数”对话框。从“分类”列表框中选择“状态栏”选项，切换到“状态栏”选项页，如图 17-13 所示。打开“连接速度”下拉列表框从中选择网络连接速度，或直接在文本框中输入连接速度。

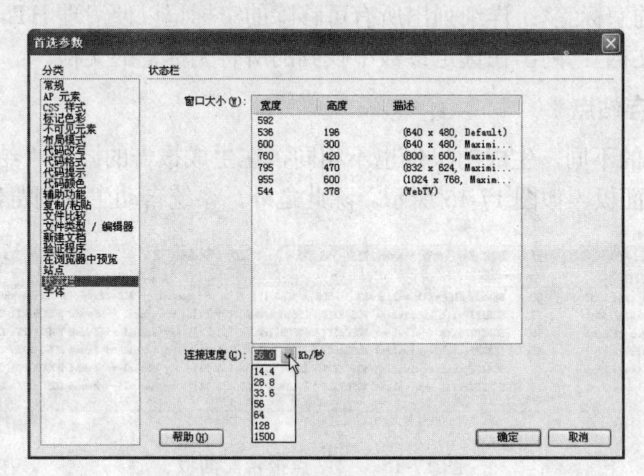

图 17-13 设置网络连接速度

完成设置后单击“确定”按钮，在文档窗口状态栏中会自动显示当前网页以指定速度连接至网络完全显示所需的时间，例如 16 K / 1 秒。

17.2.7 使用报告检查站点

用户可以对当前文档、选定的文件或整个站点的工作流程或 HTML 属性运行站点报告，还可以使用“报告”命令来检查站点中的链接。

1. 运行报告以检查站点

若要运行报告以检查站点，可选择“站点”|“报告”命令，打开如图 17-14 所示的“报告”对话框。选择要报告的类别和运行的报告类型，然后单击“运行”按钮，即可创建报告。

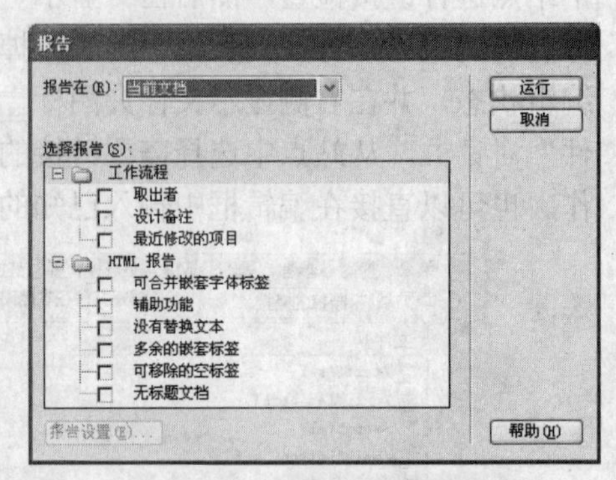

图 17-14 “报告”对话框

“报告”对话框中各选项的功能如下。

（1）“报告在”：用于选择要报告的内容，如当前文档、整个当前本地站点、站点中已选文件、文件夹。值得注意的是，只有选择了“文件”面板中文件的情况下，才能运行“站点中的已选文件”报告。

（2）“工作流程”：用于设置工作流程报告。如果选择了多个工作流程报告，则生成每个报告时都需单击“报告设置”按钮。

- “取出者”：列出某特定小组成员取出的所有文档。
- “设计备注”：列出选定文档或站点的所有设计备注。
- “最近修改”：列出在指定时间段内发生更改的文件。

（3）“HTML 报告”：用于设置 HTML 报告。

- “可合并嵌套字体标签”：列出所有可合并的嵌套字体标记以便清理代码。
- “辅助功能”：详细列出用户的内容与辅助功能准则之间的冲突。
- “没有替换文本”：列出所有没有替换文本的<img>标记。
- “多余的嵌套标签”：详细列出应该清理的嵌套标记。
- “可移除的空标签”：详细列出所有可移除的空标记以便清理 HTML 代码。
- “无标签文档”：列出在选定参数中找到的所有无标记的文档。

2. 使用和保存站点

根据选择项目的不同，生成的报告也不相同，在生成报告的同时“结果”面板组中自动显示“站点报告”面板，如图 17-15 所示。除此之外，系统自动生成浏览器显示报告内容。

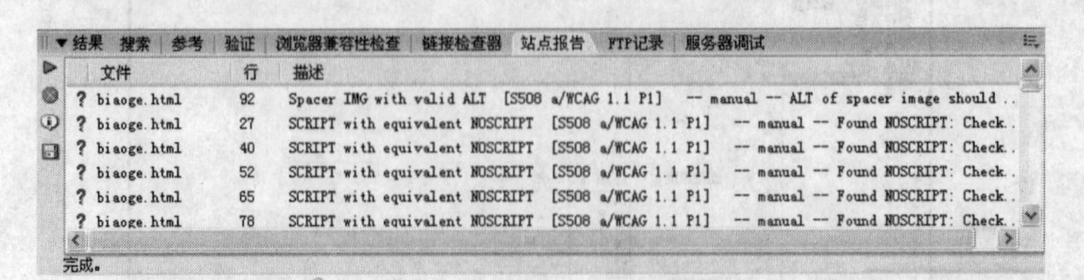

图 17-15 “站点报告”面板

在“站点报告”面板中，可执行以下操作。

（1） 单击“保存报告”按钮，打开“另存为”对话框保存该报告，报告默认名称为ResultsReport，扩展名为xml。

（2） 单击“更多信息”按钮，打开如图17-16所示的“参考”面板，可了解问题的更多说明。

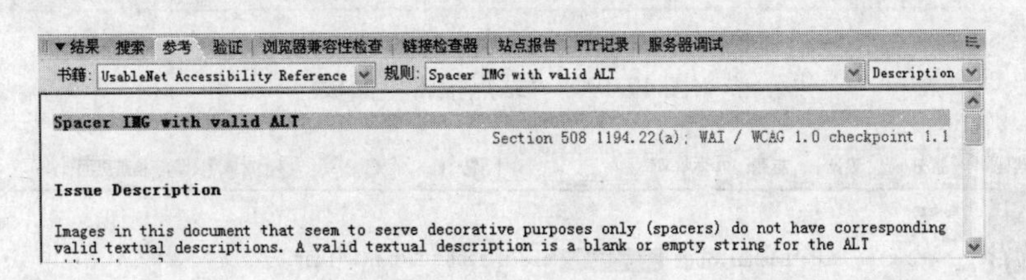

图17-16 “参考”面板

★例17.3：打开xxjl站点中的index.html网页，使用报告检查当前网页。

（1） 切换至“文件”面板，在“站点”下拉列表框中选择xxjl站点，并打开index.html网页。

（2） 选择“站点”|“报告”命令，打开“站点”对话框。

（3） 打开“报告在”下拉列表框从中选择“当前文档”选项。

（4） 选择“工作流程”选项组中的“最近修改的项目”复选框，单击“报告设置”按钮，打开“最近修改的项目”对话框。

（5） 如图17-17所示选择“在此期间创建或修改的文件”单选按钮，在月份下拉列表框中选择4，单击“确定”按钮。

（6） 选择“HTML报告”选项组中的“没有替换文本”、“多余的嵌套标签”和“可移除的空标签”复选框，如图17-18所示。

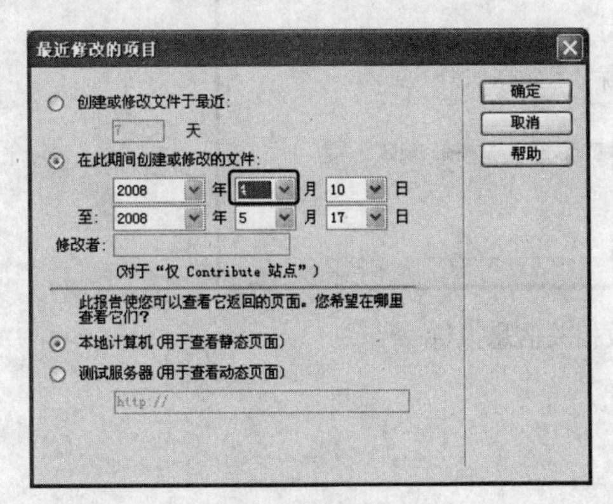

图17-17 “最近修改的项目”对话框

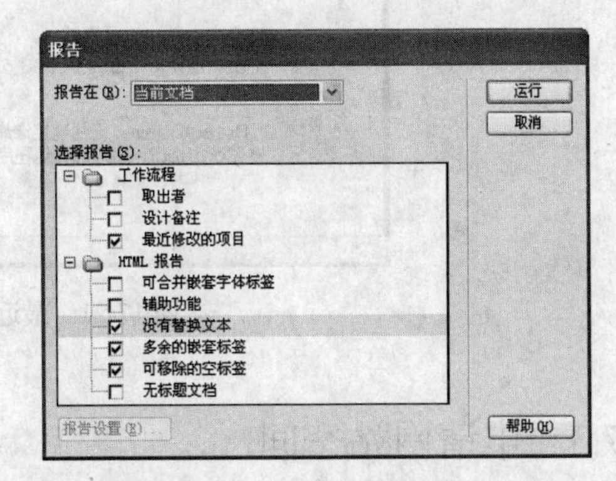

图17-18 设置“报告”的相关选项

（7） 单击“运行”按钮，系统自动在“站点报告”面板中显示生成的报告，如图17-19所示。

（8） 双击“站点报告”面板中列表框中的第一行，切换至“拆分”模式，在其中加入代码“alt="花卉"”，如图17-20所示。

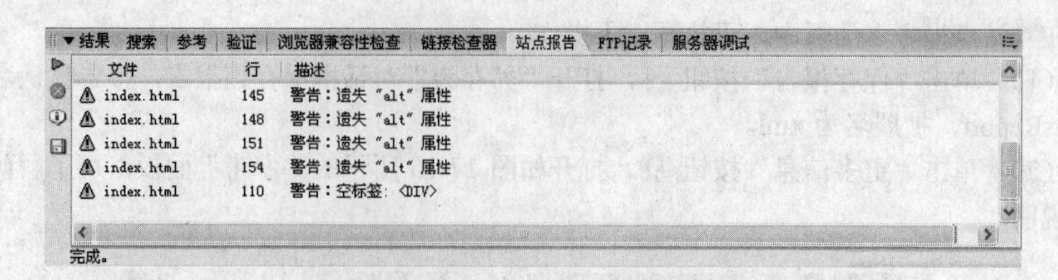

图 17-19 “站点报告”面板

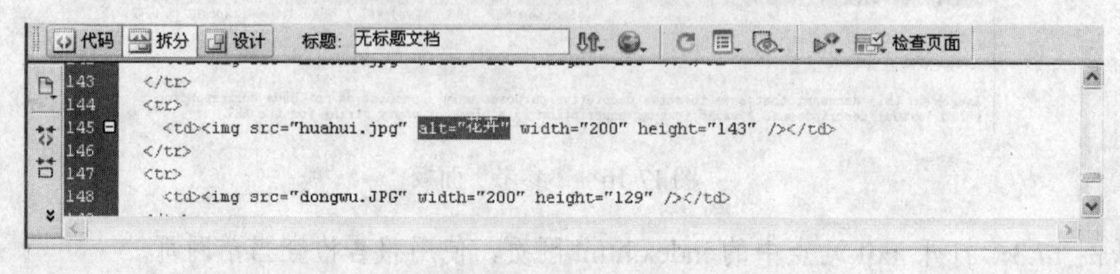

图 17-20 添加代码

（9）由于选择了“工作流程”选项组中的“最近修改的项目”复选框，所以系统自动生成如图 17-21 所示的报告。

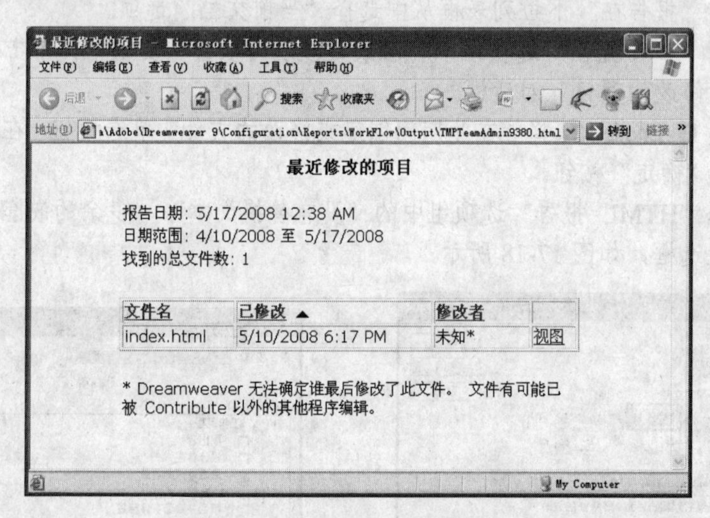

图 17-21 最近修改相关信息报告

17.3 申请网站空间

网站制作完毕后，就可以正式上传到 Internet。若要上传网站，应先在 Internet 上申请一个网站空间，以便用户可将网站上传到远程服务器中，供世界各地的浏览者访问。

17.3.1 选择网站空间

当前网络空间可分为免费和付费两类。如果用户创建的是个人主页，只须申请个人免费空间即可；如果创建的是公司网站，要求有足够的网络空间和技术支持并要求无广告及信函的干扰，最好申请付费网站空间。

在申请网站空间前一定要明确将网站所占的空间大小，以及以后更新站点可能需要的最大空间。除以上应注意的事项外，还可参考以下几个方面。

（1）是否支持CGI与ASP等程序：CGI与ASP通常是用来制作计数器或留言板等组件，或处理其他交互式表单。如果想把一些程序放到网站中，那就得看申请的免费空间是否支持这些程序。CGI与ASP等程序会加重服务器的负担，所以并不是所有的免费空间都支持这些程序。

（2） 广告出现的方式：免费网站空间通常会附带一些广告，一般是自动打开一个广告小窗口，有些则允许将广告内嵌到网页中。

（3） 文件上传方式：大部分网站都允许使用FTP的方式上传文件，有的只支持Web上传。

提示： 免费网络空间的好处是无须付费，其缺点是提供的网络空间小，且经常会出现网络广告、不定期的广告信函，而且还时常面临“倒站”的危险。付费网络空间的优点在于有“品牌”保证，无须担心会有“倒站”的危险，而且还具有自己独立的网址和IP地址。付费网络空间的缺点除需要付费外，还要求用户必须购买或租用服务主机，而且还必须租用虚拟主机目录，才能完整地上传网页。

17.3.2 申请免费空间

如果要申请个人免费网络空间，可在各搜索引擎中输入“免费空间”、“免费网站”或“免费网页”等字样，即可搜索到很多的相关信息。如果用户知道某些特定的网站提供有免费空间，则可直接登录该网站申请。

★例 17.4: 在 http://www.3326.com（中联网）上申请个人免费空间。

（1） 连接到 Internet，然后打开浏览器，在地址栏中输入 http://www.3326.com。

（2） 按 Enter 键打开如图 17-22 所示的网页，单击“注册”按钮。

图 17-22　进入中联网

（3） 进入“申请注册用户请确定以下条款”网页，认真阅读条款后单击“我同意”按钮，打开如图 17-23 所示的“用户注册”表单网页。根据表单给出项目填充资料，如“用户名”、“密码”、“个人主页”和“详细信息”等内容，填写完毕单击“提交”按钮。

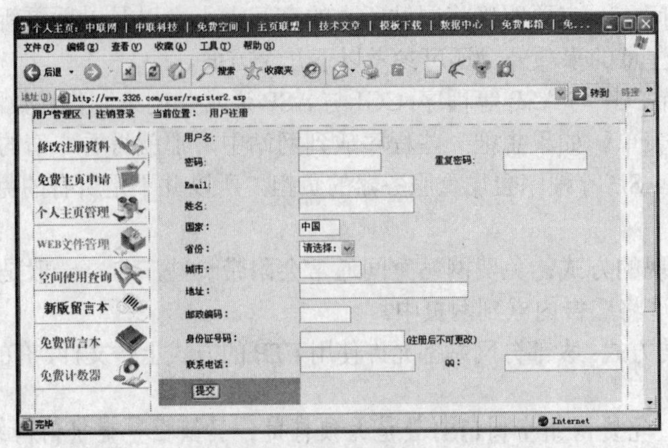

图 17-23 空间使用协议

（4） 进入如图 17-24 所示的网页，提示注册资料已经成功提交。

图 17-24 FTP 相关信息

（5） 打开用户邮箱，会收到一封 3326 管理员发来的“新用户注册确认信”邮件，要求用户确认资料，并提示用户等候管理员审核，通过审核后即可开通用户申请的个人空间，如图 17-25 所示。

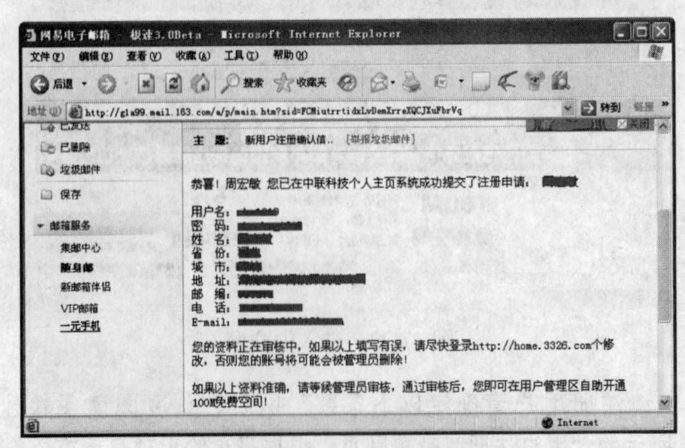

图 17-25 新用户注册确认信

17.4　上传站点

网站空间申请好后，就可以把自己的网站上传到 Internet 服务器。Dreamweaver 提供了多种上传方式，而最常使用的上传方式为 FTP 上传。

17.4.1　设置本地服务器地址

在上传站点前应先对站点的远程信息进行设置。选择“站点”|“管理站点”命令，打开“管理站点”对话框。选择要上传的站点，单击“编辑”按钮，打开站点定义的对话框的“高级”选项卡。选择“分类”列表框中的“远程信息”选项，从“访问”下拉列表框中选择 FTP 选项。然后在其下的选项中进行相关设置，如图 17-26 所示。设置后单击“确定”按钮，返回“管理站点”对话框。单击“完成”按钮，结束设置。

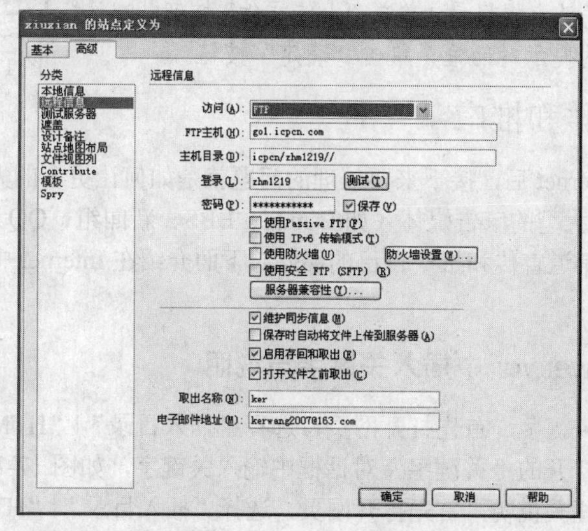

图 17-26　进行 FTP 设置

提示：在设置 FTP 方式上传时，为确保顺利上传，可先单击“测试”按钮，测试连接情况。如果系统打开一个提示已成功连接 Web 服务器的对话框，则表示设置无误。

17.4.2　传送站点

在进行上传操作时，“文件”面板中的远程文件列表中不会显示任何文件。单击“站点管理”对话框中的“连接/断开”按钮，系统会自动与远程服务器连接，当此按钮变为时，表示登录成功，再次单击此按钮，可以断开 FTP 服务连接。

如果要上传整个站点，可选择站点根文件夹（若只上传某些文件，直接选择这些文件即可），然后单击“上传文件”按钮，打开询问用户是否确定要上传整个站点的提示对话框，单击“确定”按钮即可。

★例 17.5: 假设已经在中联网成功申请个人站点，并给定上传服务器为“go1.icpcn.com”,

上传文件目录为“icppcn/zhm1219”。要求用户使用FTP上方的方式将xiuxian站点上传至网络。

（1） 选择“站点”|“管理站点”命令，打开“管理站点”对话框。

（2） 选择要上传的站点xiuxian，单击“编辑”按钮，打开“xiuxian的站点定义为”对话框。

（3） 选择“高级”选项卡“分类”列表框中的“远程信息”选项，切换至“远程信息”选项页。

（4） 在“访问”下拉列表框中选择“FTP”选项，在“FTP主机”文本框中输入“go1.icpcn.com”，在“主机目录”文本框中输入“icppcn/zhm1219/”。

（5） 在“登录”和“密码”文本框输入用户申请个人站点时设置的用户名及密码。

（6） 单击“确定”按钮，返回“管理站点”对话框。

（7） 单击“完成”按钮，退出“管理站点”对话框。

（8） 确认选择了站点根目录，单击“上传文件”按钮，打开如图17-27所示的提示对话框，单击“确定”按钮。

图17-27　提示对话框

17.5　网站的宣传和推广

将网站上传到Internet后，接下来要处理的问题就是如何让更多的人访问自己的网站。而Internet本身就是一个大型的广告媒体（如E-mail、BBS、新闻组、QQ群等），所以无须花钱做广告，即可有多种渠道宣传和推广自己的网站。下面介绍在Internet中常见的宣传和推广网站的方法。

17.5.1　在Dreamweaver中插入关键字与说明

要在网页中插入关键字，首先打开网页，选择“插入目录”|“HTML”|“文本头标签”|“关键字”命令，在打开的“关键字”对话框中输入关键字，如图17-28所示。

要在网页中插入相关说明，首先打开网页，选择“插入目录”|“HTML”|“文件头标签”|“说明”命令，在打开的“说明”对话框中输入网站描述，如图17-29所示。

图17-28　插入关键词

图17-29　插入说明

17.5.2　广告与友情链接

设计网页时，可以在网页中多添加广告、友情链接之类的与其他网站交流的元素，以达到宣传自己网站的目的。别小看这些链接，它们对网站的宣传起着极大的作用。

17.5.3　应用E-mail与聊天软件进行宣传

要推广网站，最简单的方法就是发送E-mail给亲朋好友，向他们简单介绍网站的内容特色，并邀请他们上网逛逛。也可以在E-mail的签名文件中加上网站地址和简介，这样无论是寄信给别人或是发布信件到BBS新闻群组都可以替网站做宣传。

现在上网聊天成为了一种时尚，用户可以应用QQ、POPO、Yahoo等聊天软件，直接将网址发送给好友。例如，使用QQ聊天时，可直接打开聊天窗口将网址发送给好友，或在填充写个人资料时完善个人网址，或是直接在QQ群中发送信息。

17.5.4 在BBS或新闻组中宣传

每天访问BBS或新闻群组的人很多，如果把网站简介发布到相关的讨论群组中，让读者了解用户的网站。但值得注意的是，发布时不要一次发很多内容，也不要发送到不相关的讨论群组中，这样反而会让人讨厌。

17.5.5 在搜索引擎网站中宣传

大部分用户在上网时，如果想要搜索什么内容，都是先进入搜索引擎，在其中输入相应要搜索的内容，然后搜索，从搜索网页查找自己所需的网页。

有些网站提供了宣传网站的功能，用户注册后，只须在打开的表单中输入站点地址、站点简介等内容即可。

17.6 典型实例——测试上传站点

复制xiuxian站点并重命名为xxian，打开xxian站点重新整理后，测试站点中index.html是否有断链，并将该站点以“本地/网络”的方式上传至wwwroot文件夹中。

1. 安装IIS

（1） 打开“控制面板”窗口，双击“添加或删除程序”图标，打开“添加或删除程序”对话框，单击左侧的“添加/删除Windows组件”图标，打开“Windows组件向导”对话框。

（2） 将Windows安装盘放入光驱，选择“组件”列表框中的“Internet信息服务（IIS）”复选框，单击“下一步”按钮，如图17-30所示。

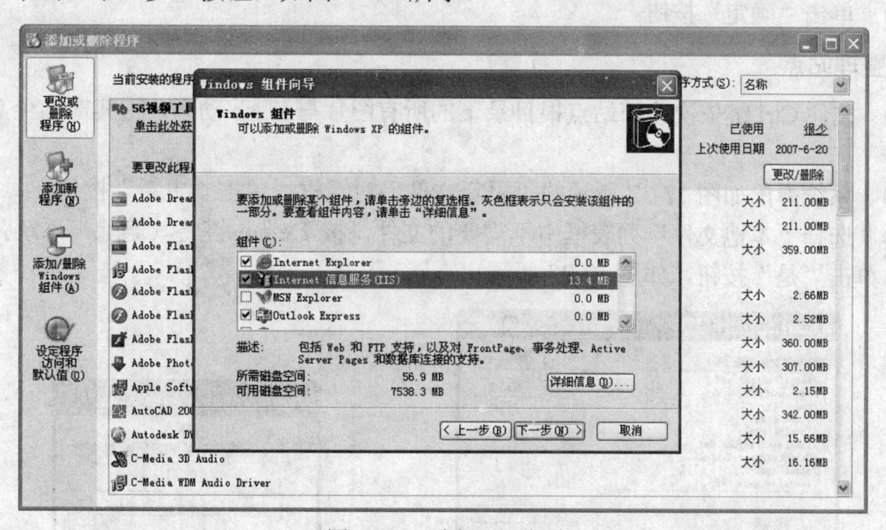

图17-30 选择IIS选项

（3） 稍等片刻安装完毕后，打开如图 17-31 所示的对话框，单击“完成”按钮。

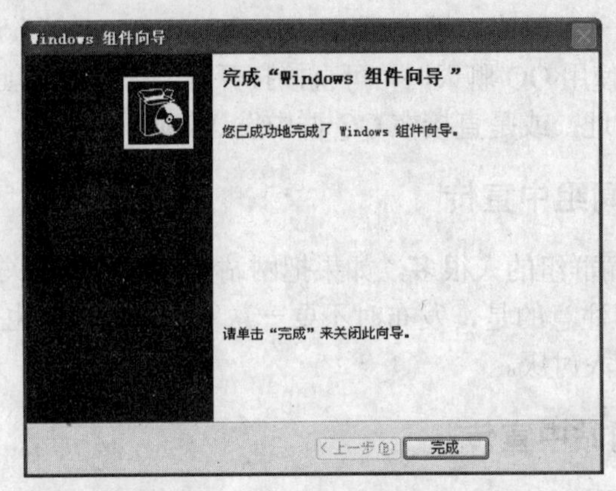

图 17-31 完成组件安装

2. 定义站点

（1） 进入保存 xiuxian 站点的文件夹，复制该站点并将其重命名为 xxian。

（2） 选择“站点” | “新建站点”命令，打开未命名站点对话框，切换至“高级”选项卡。

（3） 选择“分类”列表框中的“本地信息”选项，在“站点名称”文本框中输入“xxian”，在“本地根文件夹”文本框中输入“E:\webs\xxian”。

（4） 在“类别”列表框中选择“远程信息”选项，在“访问”下拉列表框中选择“本地/网络”选项。

（5）单击“远程文件夹”右侧的文件夹图标，在打开的对话框中选择 C:\Inetpub\wwwroot\ 文件夹。

（6） 在“类别”列表框中选择“测试服务器”选项，在“服务器模型”下拉列表框中选择 ASP VBScript 选项，在“访问”下拉列表框中选择“本地/网络”选项。

（7） 单击“确定”按钮。

3. 整理站点

（1） 按住 Ctrl 键依次选择站点根目录下的所有图片与 Flash 动画，将其拖动至 image 文件夹中。

（2） 系统弹出如图 17-32 所示的“更新文件”对话框，单击“更新”按钮。

（3） 选择“本地文件”列表框中不需要的文件，按 Delete 键将其删除，系统弹出提示对话框，单击“是”按钮，如图 17-33 所示。

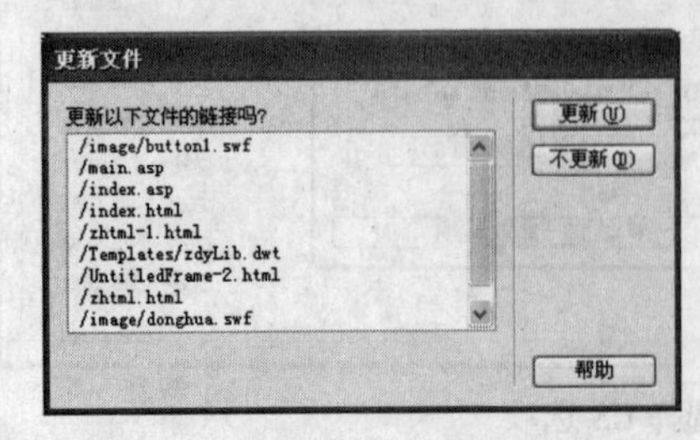

图 17-32 “更新文件”对话框

图 17-33 提示对话框

（4） 在 main.asp 文件上右击，从弹出的快捷菜单中选择“重命名”命令，将其名称更改为 default.html；以同样的方式更改 wenji.asp 为 wenji.html。

4. 测试链接

（1） 双击 index.html 网页，选择“文件”|“检查页”|“检查链接”命令，显示如图 17-34 所示的“链接检查器”面板。

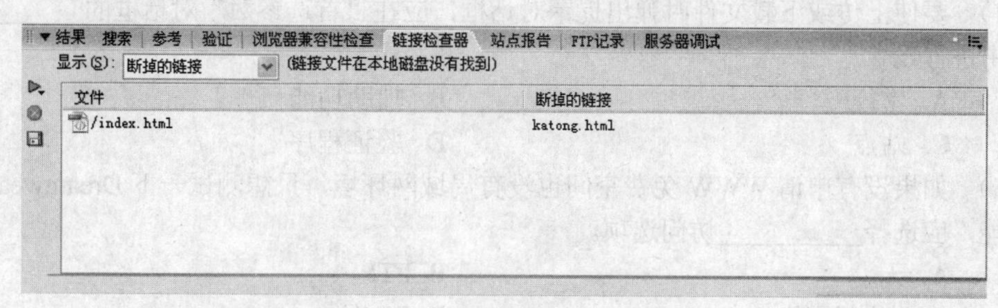

图 17-34 “链接检查器”面板

（2） 在站点根目录下创建名为“katong.html”的网页。

（3） 再次选择“文件”|“检查页”|“检查链接”命令进行测试，“链接检查器”面板不显示任何信息。

5. 上传站点

（1） 选择站点根目录，单击“文件”面板中的“上传”按钮。

（2） 弹出提示对话框，单击“确定”按钮。

（3） 显示“后台文件活动”对话框，稍等片刻完成上传。

17.7 本章小结

大型网站往往都是多人一起共同开发的，因此站点制作完成后必须进行各种测试才能发布到网络。本章主要介绍了使用文件的“存回”与“取出”功能与他人合作开发网站、测试站点、上传网站的过程及相关知识，以及上传网站和推广网站等内容。

17.8 上机练习与习题

17.8.1 选择题

（1） 要将站点上传到测试服务器上，可使用系统提供的__________功能，但不能使用__________功能。

A. 下载/上传　　存回/取出　　　　B. 存回/取出　　下载/上传

C. 下载/存回　　上传/取出　　　　D. 上传/取出　　下载/存回

（2） 共同开发站点的过程中，如果小组内某成员取出某文件，则在本地“文件”面板中该文件旁会显示__________标记；如果是自己取出文件，则会显示__________标记。

A. 绿色选中　　红色选中　　　　B. 红色选中　　红色选中

C. 红色选中　绿色选中　　D. 绿色选中　绿色选中

（3） 在“链接检查器”面板中的“显示”下拉列表框中，包含有 3 种可检查的链接类型，下面哪个选项不属于该下拉列表框＿＿＿＿＿。

A. 断掉的链接　　B. 外部链接
C. 孤立文件　　D. 检查链接

（4） 要使上传或下载文件时弹出提示对话框，应在“首选参数”对话框的＿＿＿＿＿分类选项中进行设置。

A. 常规　　B. 辅助功能
C. 站点　　D. 验证程序

（5） 如果没有申请 WWW 免费空间也没有局域网环境，只想测试一下 Dreamweaver 的上传功能，应选择＿＿＿＿＿访问选项。

A. 无　　B. FTP
C. 本地/网络　　D. RDS

17.8.2 填空题

（1） ＿＿＿＿＿＿是指将文件的编辑权还给网站，表示其他人可以对此网页进行编辑；＿＿＿＿＿是指从网站中取得文件的编辑权。

（2） 如果要应用 Dreamweaver 为网页设置相关说明，应使用“插入目录”|“HTML”|“文本头标签”子菜单中的＿＿＿＿＿命令。

（3） 大部分用户在上网时，如果要搜索一些信息，通常是先进入＿＿＿＿＿＿，在其中输入相应要搜索的内容，然后从搜索结果网页查找自己所需的网页。

（4） 如果取出一个文件后，决定不对其进行编辑，或者决定放弃所进行的更改，则应该执行＿＿＿＿＿＿命令。

17.8.3 问答题

（1） 简述设置存回和取出文件的过程。
（2） 简述如何检查浏览器的兼容性。
（3） 简述如何修复站点中的断链。
（4） 简述申请个人免费网络空间的方法。
（5） 简述站点宣传与推广的手段。

17.8.4 上机练习

（1） 应用报告检查自己制作的站点。
（2） 在网络中申请一个免费空间并上传站点。